水下波动推进机器人动力学研究

胡 桥 张堂佳 李士杰 石鑫东 魏 昶 著

科学出版社
北 京

内 容 简 介

本书聚焦水下波动推进机器人动力学研究的前沿技术，开展基于冲量原理的波动推进动力学建模关键技术研究，分析波动推进模型下推力和流体冲量之间的基本关系，系统阐述水动力性能的理论模型与数值预报方法，建立波动推进水动力性能预报模型。介绍二维、三维波动推进水动力性能预报与流场演化，优化水下波动推进机器人水动力性能。通过理论分析、数值模拟与实验研究相结合，深入探讨仿生波动推进的运动机制与性能优化方法，为高性能水下波动推进机器人的研发提供理论基础与技术支撑。

本书可供高等院校机械工程、海洋工程等专业本科生与研究生学习参考，也可供水下波动推进机器人领域的科研人员和工程技术人员阅读。

图书在版编目（CIP）数据

水下波动推进机器人动力学研究 / 胡桥等著. -- 北京：科学出版社，2025. 8. -- ISBN 978-7-03-082596-4

Ⅰ. TP242.2

中国国家版本馆 CIP 数据核字第 2025NR0569 号

责任编辑：杨　丹　罗　瑶／责任校对：崔向琳
责任印制：徐晓晨／封面设计：无极书装

科学出版社出版
北京东黄城根北街16号
邮政编码：100717
http://www.sciencep.com
北京建宏印刷有限公司印刷
科学出版社发行　各地新华书店经销

*

2025年8月第 一 版　开本：720×1000　1/16
2025年8月第一次印刷　印张：21
字数：422 000
定价：268.00元
（如有印装质量问题，我社负责调换）

序　一

在当今海洋资源开发和深远海工程日益深入的背景下，水下智能装备技术的创新与进步，成为海洋强国建设和海洋经济可持续发展的重要支撑。随着全球深海资源勘探、生态监测、军事安全与智能化运维需求的不断增长，传统的螺旋桨推进方式在部分复杂作业场景中显露出局限性，亟需新的高效、灵活且低扰动的推进模式。仿生波动推进技术，源于对自然界生物运动机理的深刻洞察，凭借其良好的水动力性能、低速高机动性及优异的稳态特性，成为水下装备的研究热点和技术突破口。

胡桥教授长期从事水下波动推进动力学与深海智能装备技术研究，积累了深厚的理论基础和丰富的工程实践经验。新著《水下波动推进机器人动力学研究》系统性地整合了作者近十年在仿生波动推进机理、动力学建模、数值模拟、实验验证和工程化应用等方面的重要研究成果，既具备科学理论深度，也紧密契合实际工程需求，展现出极高的学术价值和工程实用性。

全书主要内容分为"波动推进理论、仿生波动推进水动力学、波动推进机器人性能"三个部分，结构完整，条理清晰。此外，书中的第 1 章"绪论"，对水下波动推进机器人的研究背景与发展趋势进行系统梳理，全面介绍了仿生波动推进技术的研究现状及面临的关键科学问题和技术挑战，指出了现有研究中亟待解决的问题，为全书后续章节的深入展开奠定了坚实的理论基础。

总体而言，该书不仅在理论层面对仿生波动推进机理进行了系统、深入的分析，更以多维度的数值模拟、实验研究和工程应用探索为支撑，打通了理论分析—数值模拟—实验研究的完整研究链条，形成了严谨的科学逻辑和工程实践路径。这种研究思路不仅契合了现代仿生波动推进技术的交叉融合发展趋势，也充分体现了从自然界生物启发式设计到深海工程化装备研发的技术转化潜力。

在工程应用层面，该书提出的一系列创新性研究成果，紧密对接深海资源勘探、海洋生态监测、军事安防、水下设施维护与应急救援等多元化应用场景。波动推进模式具有优异的低速稳定性、灵活机动性和高效推进特性，在复杂海况下的作业表现尤为突出，能够有效降低装备在水下航行中的扰动噪声和能耗，提高深海装备的作业效率与可靠性。此外，书中关于稳性优化与机器人控制策略的研究，也为深海装备的多任务适应性与作业安全性提供了理论和实践支撑，展现出广阔的工程化前景。

我相信，该书不仅可为从事仿生波动推进技术研究的学者与工程师提供系统完整的理论参考，也可为深海智能装备的工程化研制和应用推广提供坚实的技术支撑与创新启示。期待该书的出版能够推动仿生波动推进技术在更广泛的领域中实现突破和跨越，助力我国深海装备技术持续向更高水平迈进。

尹韶平

2025 年 4 月

序　二

　　海洋，作为地球生命的摇篮和资源宝库，始终承载着人类探索与开发的无限憧憬。随着深海探测、深海开发和国防需求的日益增长，传统螺旋桨推进技术已难以满足高隐蔽性、高机动性和低噪声的海洋高端装备的发展需求。在此背景下，仿生波动推进技术以其独特的运动机制和高效能特性，成为水下波动推进机器人领域的前沿研究方向。该书正是在这一背景下应运而生的，系统性地探讨了水下波动推进的理论分析、数值模拟与实验研究，为这一领域的研究与应用提供了重要的理论支撑和技术指南。

　　该书以海洋高端装备发展的迫切需求为出发点，围绕水下波动推进技术的核心问题展开深入介绍。作者团队基于对尼罗河魔鬼鱼等生物推进机制的细致观察，揭示了波动鳍运动与流体动力学之间的复杂耦合关系。全书内容层层递进，从基础理论到实际应用，构建了完整的水下波动推进研究体系。在理论层面，书中提出了基于冲量原理的波动推动水动力性能，将推力产生机制与流场涡旋演化相结合，揭示了波动运动参数与推进性能之间的内在规律。在数值模拟方面，通过建立二维线性化波动推进数学模型和高精度三维约束浸入边界法，实现了从理想流体到黏性湍流的跨尺度仿真，为复杂流场分析提供了可靠工具。此外，该书将理论与实践结合，详细介绍了水下波动推进机器人的结构设计、控制策略及水面稳性优化方法，并通过实验验证了理论模型的准确性，全书体现了从"形似"到"神似"的仿生设计理念。

　　该书结构严谨、内容翔实，系统地构建了水下波动推进理论、仿生水动力学及其在机器人中的应用研究体系。以生物运动机制为启发，结合冲量原理与复变函数等数学工具，建立了波动推进的动力学分析框架；通过数值模拟与实验手段，深入探讨了二维流场与三维流场的演化特征；在此基础上，推动了波动推进机器人在结构设计、控制优化与稳性分析等方面的工程实践。全书体现了从基础理论到应用实践的有机衔接，呈现出强烈的系统性思维与多学科交叉融合的创新特色。

　　该书的读者群体广泛，对于理论研究者，书中构建的数学模型与数值预报方法可启发新的研究思路；对于工程实践者，书中实验设计与优化案例为技术转化提供了参考。此外，通过大量图表与实例分析，使复杂理论更易理解，兼顾学术深度与表述清晰性，提高了可读性。

海洋强国建设的推进离不开技术创新，而仿生波动推进技术正是连接自然智慧与工程实践的重要桥梁。该书的出版不仅凝聚了作者团队近十年的研究成果，更承载着推动我国海洋高端装备技术迈向国际前沿的使命。

期待该书能为相关领域的研究者与从业者带来启发，共同探索海洋科技的无限可能。

胡海豹

2025 年 6 月

前　言

　　海洋高端装备正经历由机械化向智能化的历史跃迁。正如中国科学院丁汉院士所说，仿生机器人领域正迎来生物智能与人工系统深度融合的关键突破期，其发展将重构人类探索自然的维度。作为"深海物联网"核心载体，配备仿生波动推进技术的水下无人航行器(UUV)突破传统螺旋桨的物理局限，这一变革不仅具有学术价值，更将重塑海洋作业的时空尺度，推动长期驻留水下的智能装备网络成为现实。

　　海洋作为战略资源富集区，其开发深度直接关乎国家未来。UUV 在海洋调查与勘探、国防安全等领域应用广泛，但其推进系统中的传统螺旋桨存在噪声显著、隐蔽性弱等固有缺陷。受尼罗河魔鬼鱼等高效游动生物启发，仿生波动推进技术通过复现生物鳍行波传递机制，在推进效率、运动精准度及环境适应性方面展现突破性优势。其柔性运动模式兼具低噪声与强隐蔽性，为构建新一代智能水下装备提供了颠覆性技术路径。

　　水下波动推进的科学源流根植于海洋生物亿万年的自然进化。相比传统身体/尾鳍(BCF)推进模式，中间鳍/对鳍(MPF)推进模式通过调控行波频率、幅值等参数实现多维运动控制，特殊涡旋演化机制使推进效率提升 30%以上，在极地勘探、暗流监测等场景更具技术优势。经实验验证，基于该原理的机器人平台低速抗扰动能力较传统系统提升 5.8 倍，在军民融合领域展现出广阔应用前景。然而，相关技术在工程转化中存在三大挑战：第一，复杂流固耦合过程的理论建模精度亟待突破；第二，多模态控制与三维涡旋演化机制尚不明确；第三，近海水面运动稳定性尚未形成系统性理论框架。因此，本书构建起"理论分析—数值模拟—实验研究"的完整研究体系，致力于突破基础研究向装备研制的转化瓶颈。

　　本书相关研究依托于十余项国家级项目，如国家自然科学基金项目"基于刚柔感知融合的水下机器人波动推进步态与时变流场自匹配研究"(项目编号为52371337)，国家自然科学基金"叶企孙"科学基金项目"水下流电复合侧线阵列高精度感知机制"(项目编号为U2441288)等。

　　本书主要内容分三部分：第一部分为波动推进理论，包含第 2 章和第 3 章，基于冲量原理波动推进模型和二维线性化波动推进模型，揭示运动参数与推进效率的量化规律；第二部分为仿生波动推进水动力学，包含第 4~6 章，主要借助高精度数值方法解析波动推进涡旋演化耦合机制；第三部分为波动推进机器人性能,包含第 7 章和第 8 章,创新提出波动推进机器人结构设计,结合船舶稳性理论实现抗风浪能力突破。各章贯穿"机理认知-模型构建-装备设计"的转化逻辑,为仿生机器人工程化提供创新方法。

本书作为融合水动力学、仿生技术与海洋工程的系统性成果,着力打通理论创新与工程实践的双向路径,既有水下波动推进动力学的理论突破,还包含多型机器人样机的实验验证数据,为科研工作者提供从创新思维到技术实现的全要素支持。

本书成果得益于西安交通大学海洋技术与装备创新团队多学科协同创新。学科交叉的协同创新,使我国在海洋智能装备领域实现从追赶者向领跑者的历史跨越。在本书撰写过程中,作者研究团队的曾杨彬、孙良杰、姜川等博士在内容整理、图表绘制、内容校核等方面给予了很大帮助,在此一并表示感谢!

期待本书为相关领域研究者提供创新启示,共同助力海洋强国的科技崛起。

目 录

序一
序二
前言
第1章 绪论 ··· 1
  1.1 引言 ·· 1
  1.2 国内外研究现状分析 ··· 3
    1.2.1 波动推进机器人研究现状 ··· 3
    1.2.2 仿生波动推进机制 ·· 12
    1.2.3 仿生波动推进水动力数值预报 ·· 18
  1.3 水下波动推进机器人研究存在的主要问题 ································· 24
  1.4 本书内容安排 ··· 26
  参考文献 ·· 28

第一部分　波动推进理论

第2章 基于冲量原理的波动推进水动力性能 ······································ 37
  2.1 波动推进生物模型 ··· 37
  2.2 波动推进模型下的冲量理论 ··· 39
    2.2.1 导数矩变换 ·· 39
    2.2.2 广义冲量公式 ·· 42
  2.3 二维波动推进尾流模型 ··· 45
  2.4 波动推进尾流涡旋模化 ··· 49
  2.5 推力计算及参数分析 ··· 54
    2.5.1 二维流场冲量计算 ·· 54
    2.5.2 平均推力计算 ·· 56
  2.6 本章小结 ··· 60
  参考文献 ·· 61
第3章 二维线性化波动推进数学模型 ··· 63
  3.1 引言 ··· 63
  3.2 波动推进模型下的流场控制方程与边界条件 ····························· 63

3.2.1 线性化流场模型 …………………………………………… 63
3.2.2 线性化流场边界条件 ……………………………………… 65
3.3 波动推进模型下的黎曼-希尔伯特问题与普莱姆利公式 …………… 69
3.3.1 标量黎曼-希尔伯特问题与普莱姆利公式 ………………… 69
3.3.2 奇异边值问题的数学求解 ………………………………… 73
3.4 复加速度势函数特性分析 …………………………………………… 78
3.5 波动推进水动力性能计算 …………………………………………… 83
3.6 本章小结 ……………………………………………………………… 89
参考文献 …………………………………………………………………… 90

第二部分　仿生波动推进水动力学

第 4 章　二维波动推进水动力性能预报与流场演化 ……………………… 95
4.1 引言 …………………………………………………………………… 95
4.2 二维波动推进的流场数值模型 ……………………………………… 95
4.3 二维系牵模型下波动推进水动力性能预报 ………………………… 98
4.3.1 二维系牵模型下运动参数对推进性能的影响 …………… 98
4.3.2 二维系牵模型下流场结构分析 …………………………… 106
4.4 二维系牵模型与理论模型结果对比 ………………………………… 111
4.4.1 水动力合力 ………………………………………………… 111
4.4.2 水动力功率 ………………………………………………… 114
4.5 二维系牵模型下波动鳍尺度的影响 ………………………………… 117
4.6 二维自推进模型下波动推进水动力性能预报 ……………………… 120
4.6.1 二维自推进模型下运动参数对推进性能的影响 ………… 120
4.6.2 二维自推进模型下流场结构分析 ………………………… 126
4.6.3 二维系牵模型和二维自推进模型对比 …………………… 129
4.7 复杂流场非定常效应对二维波动推进水动力性能的影响 ………… 131
4.7.1 并列双波动鳍推进水动力性能特性研究 ………………… 131
4.7.2 水翼尾流对波动鳍推进性能的影响 ……………………… 163
4.7.3 二维波动推进在时变流场下的水动力演化规律 ………… 176
4.8 本章小结 ……………………………………………………………… 189
参考文献 …………………………………………………………………… 190

第 5 章　三维波动推进水动力性能预报与流场演化 ……………………… 193
5.1 引言 …………………………………………………………………… 193
5.2 三维约束浸入边界法 ………………………………………………… 193

	5.2.1 数学模型 ·· 193
	5.2.2 数值策略 ·· 195
	5.2.3 求解算法可靠性验证 ·· 196
5.3	波动运动参数对三维推进性能影响 ·· 198
	5.3.1 网格模型 ·· 198
	5.3.2 运动参数对水动力性能的影响 ······································ 200
5.4	三维波动推进机制和流场涡结构分析 ·· 205
	5.4.1 三维流场收束效应 ·· 205
	5.4.2 运动参数对三维流场的影响 ·· 209
	5.4.3 射流角 ·· 212
5.5	二维与三维波动推进特性对比 ·· 213
5.6	本章小结 ·· 218
参考文献 ·· 219

第 6 章 三维波动推进水动力性能实验 ·· 221
6.1	引言 ·· 221
6.2	波动推进实验平台设计 ·· 221
	6.2.1 总体设计 ·· 221
	6.2.2 样机设计 ·· 222
6.3	三维波动推进水动力性能实验测试原理 ···································· 225
	6.3.1 基本实验原理 ·· 225
	6.3.2 波动基线影响分析 ·· 227
6.4	三维波动推进性能变化规律验证 ·· 229
	6.4.1 推力变化规律验证 ·· 229
	6.4.2 实验准确性对比 ·· 233
6.5	流场可视化结果分析 ·· 234
6.6	本章小结 ·· 239
参考文献 ·· 240

第三部分 波动推进机器人性能

第 7 章 波动推进机器人水动力性能 ·· 245
7.1	引言 ·· 245
7.2	波动推进机器人结构设计 ·· 245
	7.2.1 总体需求设计 ·· 245
	7.2.2 机器人机械结构设计 ·· 246

7.2.3 机器人控制系统硬件设计 252
7.3 波动推进驱动控制优化 260
  7.3.1 中枢模式发生器的控制原理 260
  7.3.2 基于 Hopf 振荡器的 CPG 系统建模与特性 260
  7.3.3 基于 CPG 模型的机器人多模态运动控制 268
7.4 波动推进机器人性能分析 271
  7.4.1 波动推进机器人推进机理分析 271
  7.4.2 波动推进机器人推力性能预测 278
  7.4.3 波动推进机器人转向性能预测 284
7.5 波动推进机器人推进性能实验 287
  7.5.1 实验平台设计 287
  7.5.2 推力性能实验 289
  7.5.3 转向性能实验 291
7.6 本章小结 293
参考文献 293

第 8 章 波动推进机器人水面稳性分析 295

8.1 引言 295
8.2 波浪理论 295
  8.2.1 常见波浪理论 295
  8.2.2 波浪理论数值验证 299
8.3 水面稳性理论建模 301
  8.3.1 水面稳性理论 301
  8.3.2 机器人稳性建模 303
8.4 中部舱体稳性优化 304
  8.4.1 中部舱体稳性复原力矩计算 304
  8.4.2 稳性复原机理与结果对比 306
8.5 稳性预测 310
  8.5.1 静水下稳性预测 310
  8.5.2 波浪下稳性变化 314
8.6 波动推进机器人水面稳性实验 316
  8.6.1 造浪实验台搭建 316
  8.6.2 静水工况下稳性实验 318
  8.6.3 波浪工况下稳性实验 320
8.7 本章小结 322
参考文献 322

第 1 章　绪　　论

本章彩图

水下波动推进机器人(简称"波动推进机器人")作为一种新型水下无人装备，依靠柔性波动鳍多模态运动机制实现了优异的推进性能，具有推进效率高、灵活性强、噪声低等优点，在国防装备、资源开发、搜救侦察等领域具有广阔的应用前景。本章以海洋装备发展对高性能水下推进技术的迫切需求为背景，围绕仿生波动推进水动力性能理论模型与数值预报开展深入研究，为研制高性能水下波动推进机器人奠定理论与技术基础。

1.1　引　　言

海洋科技发展与创新对于国家海洋强国建设的重要性日益凸显，水下无人航行器作为海洋科技中重要的组成部分，在海洋资源探测、水下应急救援、军事侦察打击等领域具有广泛的应用前景。为维护我国主权与海洋权益，高精度探测、高隐蔽侦察及高机动追踪等实战任务对水下航行器的综合性能提出了更高要求。以螺旋桨推进为代表的传统水下装备具有技术成熟、工况稳定、推进速度高等明显优势，但一些固有缺陷，如体积大、噪声大、隐蔽性差等，限制了其在水下监听、侦察等领域的进一步应用。探索非传统的新型水下推进模式已成为水下无人航行技术研究的前沿与热点问题。其中，仿生波动推进被认为是一种潜力巨大的新型水下推进模式[1]，国内外研究团队已经开展了大量水下波动推进机器人相关研究，如机器人领域权威期刊 Science Robotics 等报道的软体机器鱼[2, 3]、仿生电鳗[4, 5]、仿生金枪鱼[6, 7]等。

波动推进机器人是一类以黑魔鬼鱼为原型，旨在借鉴光背电鳗科鱼类高机动性运动模式，以进一步提高推进性能的新型仿生水下装备。波动鳍也被称为波动中间鳍、波动长鳍、波状鳍等[8]，这种鳍通常长在水生生物的腹部或者背部，生物依靠鳍面传递行波进而产生推进作用[9]。黑魔鬼鱼是一类典型的使用波动鳍游动的水生生物，其多种波动运动步态如图 1.1 所示。黑魔鬼鱼臀鳍与腹鳍相连，呈波状直达尾部，宽大而发达。尽管黑魔鬼鱼背鳍与尾鳍已退化，但依靠柔性波动鳍面多模态运动机制可实现优异的推进性能：通过调节柔性鳍面的频率、波长、波动幅值和波向等运动参数，进而控制推力的大小和方向，实现前进、后退、机动转弯和水中悬停等多种运动模式[10]。这种运动机制不仅能够在高速条件下保持高效推进，在低速条件下也表现出灵活机动和抗扰动能力强的特点[9]。尽管国内外众多研究团队深耕于仿生波动推进领域，并取得了一定研究成果，但相关技术大多处于实验室起步阶段。一些波动推进机器人虽然已经实现了多种运动模式切换功能，并具有一定作业能力，但是实际综合性能远远不及真实生物。究其原因，波动推进机器人多是"形似"生物推进，在波动推进机制、波动推进水动力性能及流固交互作用等基础研究领域依然存在较大空白。

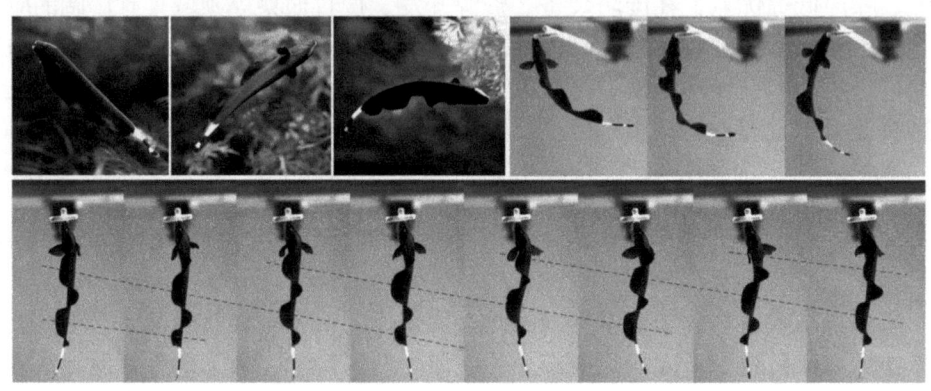

图 1.1　黑魔鬼鱼多种波动运动步态[11]

　　水动力性能研究是设计高性能水下航行器的理论基础与先决条件。中间鳍/对鳍水动力性能和运动机制相关研究 2000 年才逐渐兴起，因此研究成果远不及身体/尾鳍(body and/or caudal fin，BCF)推进模式研究领域[12]。仿生波动运动具有时变性、非线性、柔性等特点，诱导的非保守力使得流场呈现出多尺度、大雷诺数、强耦合等特性，这也增大了波动推进性能预测的理论分析和数值计算的难度。因此，如何建立准确的波动推进性能预报模型，是仿生波动推进领域面临的首要问题，也是仿生波动推进从理论概念走向水下复杂应用场景的必要条件。同时，仿生波动推进机制、复杂流场演化规律等相关领域研究成果十分欠缺，一些机理上的相关问题依然是学术争议点[13]。另外，中间鳍/对鳍运动机制与涡流场结构和演化密切相关，传统的一些二维数学模型，以及一些低精度的雷诺时均数值模型，尚未完全揭示波动推进模式在不同运动参数下的涡体交互机制，导致三维流场演化规律研究不清晰。相关研究更是没有开展功率、效率及自推进速度等重要水动力指标的变化规律分析。理论基础的不完善导致水下波动推进机器人与真实生物相比缺乏"神似"，推进速度、效率等水动力性能存在一定差距。因此，开展深入的波动推进水动力性能和运动机制研究,对进一步提高和优化水下波动推进机器人的综合性能具有重要意义。

1.2 国内外研究现状分析

本节围绕仿生波动推进机制和性能预报模型等关键问题,首先开展波动推进机器人研究现状分析,对比分析水下波动推进机器人实际推进性能,并指明样机设计的不足与缺陷。进一步,从仿生波动推进机制和仿生波动推进水动力数值预报两个方面深入探讨波动推进机器人研究基础领域的现状和成果。

1.2.1 波动推进机器人研究现状

1. 传统电机驱动波动推进机器人

波动推进模式是一种典型的中间鳍/对鳍(median and/or paired fin,MPF)推进模式,凭借灵活性高、稳定性好和隐蔽性强等优势,逐渐成为仿生机器人领域的研究热点[10,14]。国际方面,美国 PES(Pliant Energy Systems)公司研发了一款水陆两栖波动推进机器人,仅用一对波动鳍作为驱动器就能实现水下、水面及陆地等工况下的多种运动模式,展现了波动推进模式高灵活性的优势。德国 Festo 公司发布了一款仿海扁虫机器人,该机器人效仿海扁虫的波动鳍结构,通过鳍面波动运动实现了水中多模态运动。南洋理工大学 Zhou 等[15]设计了一款具有多个自由度的仿生魔鬼鱼,两侧的波动鳍均由舵机配合鳍条进行驱动,游动速度达到 0.4m/s。新加坡国立大学 Chew 等[16]针对传统仿生魔鬼鱼驱动电机数目多等问题,设计了一种由单舵机驱动的被动变形柔性鳍机构,实现了高推力、高效率的波动推进。此外,Sfakiotakis 等[17]采用中枢模式发生器(central pattern generators,CPG)模型控制鳍面运动,并开展了波动鳍样机性能测试实验。Ruiz-Torres 等[18]采用多鳍条多电机驱动方式设计了波动鳍样机并进行了水动力性能实验,揭示了部分运动参数对推进性能的影响规律。Uddin 等[19]设计了一款由 16 个电机直驱的单波动鳍推进机器人,并通过水动力实验测试了该机器人自推进模式和系牵模式下的水动力性能,结果表明机器人最高推进效率约 0.75。相似的机器人研究还包括 Simons 等[20]研制的胸鳍波动仿生水下波动推进机器人 Galatea,Alvarado 等[21]研制的拥有柔性机体的仿鲔鱼水下波动推进机器人,以及 Lamas 等[22]设计的一套模拟裸背鳗式鱼类的波动鳍装置。部分代表性的传统电机驱动的 MPF 推进模式机器人相关成果如表 1.1 所示。

表 1.1 部分代表性的传统电机驱动的 MPF 推进模式机器人相关成果

研究者	样机特点	样机示意图
Hu 等[23] (国防科技大学，2009)	● 9 根鳍条驱动鳍面 ● 最大摆动幅度为 π/4 ● 每根鳍条由伺服舵机驱动	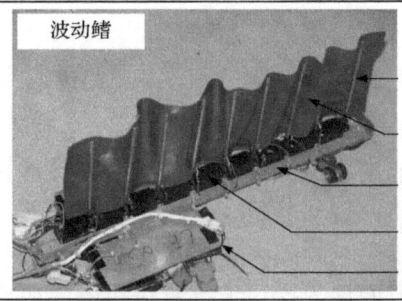
Low[24] (新加坡南洋理工大学，2009)	● 质量 11.62kg ● 尺寸 700mm×420mm×135mm ● 8 个驱动舵机，舵机与鳍面采用曲柄连接 ● 鳍面为刚性材料，不可变形 ● 具有单独的浮力控制模块	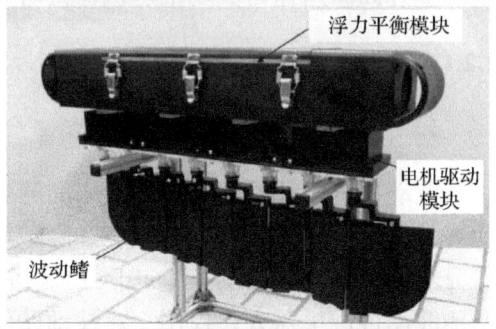
Shang 等[25] (中国科学院自动化研究所，2009)	● 尺寸 817mm×401mm×158mm ● 两侧各安装 10 个舵机，不可上浮下潜 ● 通过 Mega128 接收上位机信号 ● 基于 FPGA 的控制中心	
Curet 等[26] (美国西北大学，2011)	● 整机质量 2.3kg，高度集成化 ● 波动鳍尺寸 326mm×33.7mm ● 内含 32 个 10mm 的微型电机 ● 齿轮减速器和编码器减速比为 64∶1，螺旋状排列 ● 每个鳍条额定转矩为 50mN·m	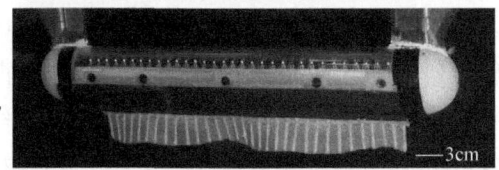

续表

研究者	样机特点	样机示意图
Rahman 等[27] (日本大阪大学，2011)	● 两侧各有 17 个舵机 ● 内部具有重心调节系统	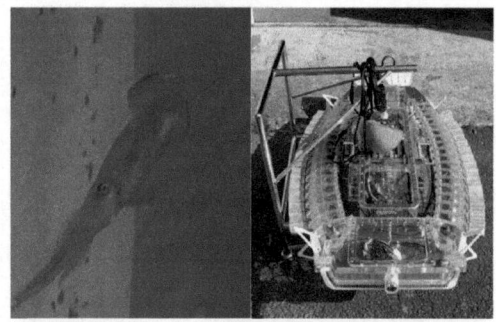
Sfakiotakis 等[28] (希腊克里特学院，2015)	● 舵机连接连杆直接驱动鳍面 ● 鳍面材料为硅胶	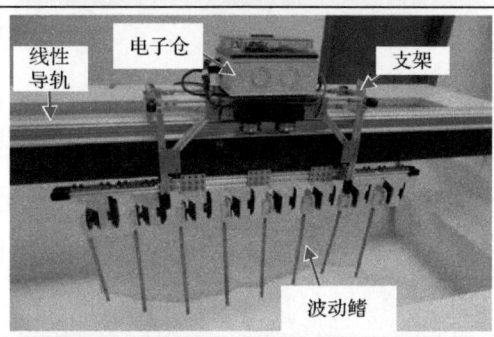
Sfakiotakis 等[17] (希腊克里特学院，2016)	● 整机尺寸 240mm×570mm，质量 2.85kg ● 一共 6 个驱动电机 ● 7.4V 锂电池	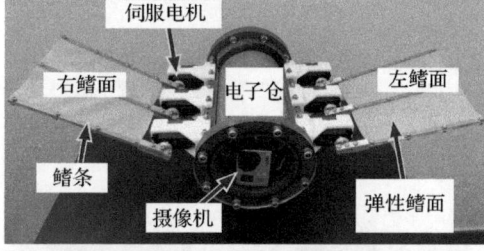
Liu 等[29] (美国亚特兰大大学，2017)	● 15 根舵机驱动鳍条 ● 舵机和鳍条间具有齿轮曲柄机构 ● 鳍面材料展开后为一个扇形弹性薄膜	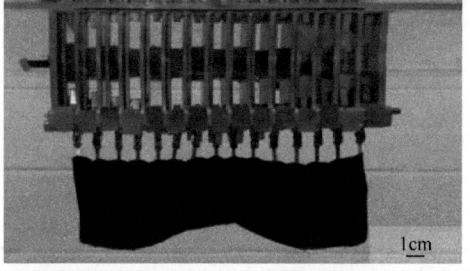

续表

研究者	样机特点	样机示意图
Liu 等[30]（美国亚特兰大大学，2018）	● 尺寸 462mm×77mm×140mm ● 16 个舵机驱动 ● 具有一个主控板，4 个从属控制板 ● 通过编码器实现角度反馈	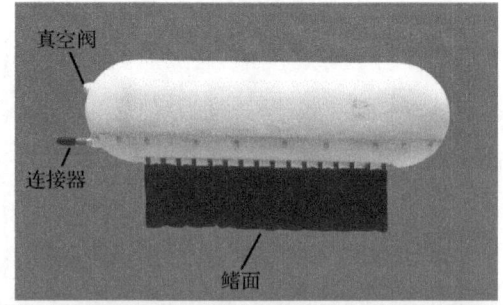
德国 Festo 公司[31]（2018）	● 可以通过无线电与外界通信 ● 柔性硅胶鳍面，不需要其他支撑元件 ● 在水中产生更少的涡流	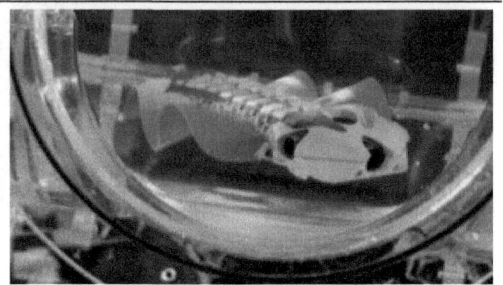
美国 PES 公司[32]（2019）	● 实现水下、地面、冰面等运动 ● 隐蔽性强、能实现上浮下潜 ● 高机动性，技术成熟度较高	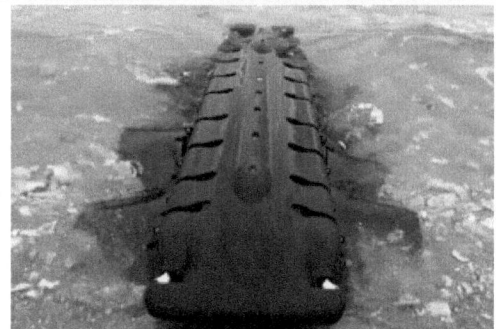
Li 等[33]（西安交通大学，2021）	● 基于矩形截面构型(QSF)波动推进方式 ● 实现多种工况下推进运动 ● 高推力系数	

续表

研究者	样机特点	样机示意图
Uddin 等[19]（美国亚特兰大大学，2022）	● 单波动鳍驱动，16 个独立电机 ● 质量 3.26kg，外壳为合金 6061 ● 一个主板、四个电机控制板 ● 最大推进效率达到 0.754	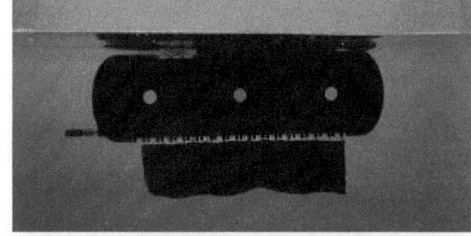
Zeng 等[34]（国防科技大学，2022）	● 多自由度级联 PID 控制 ● 新型模块化驱动装置 ● 波动鳍最高频率 3Hz	
Hu 等[35-37]（西安交通大学，2021）	● 优化了鳍面波动运动 ● 实现多种工况下推进运动 ● 水下速度约 0.5m/s，地面速度约 0.3m/s ● 高机动性	
Liu 等[38]（浙江大学，2022）	● 舵机驱动胸鳍，尾部具有一个螺旋桨 ● 整机质量 12kg，最大水深 100m ● 装有锂电池，2h 水下续航	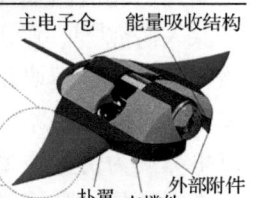
Chen 等[39]（北京航空航天大学，2022）	● 尺寸 0.58m×0.89m，总质量 14.2kg ● 直流和伺服电机混合驱动 ● 具有压力、IMU、声呐等多种传感模块 ● 最大游动速度 0.68m/s，转弯速度 69(°)/s	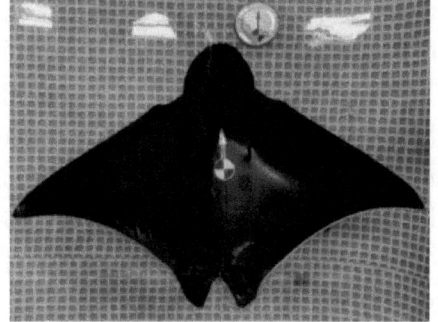

续表

研究者	样机特点	样机示意图
Xing 等[40] (西北工业大学，2022)	● 振荡频率 0.1~0.6Hz ● 最大推力 20N ● 不对称振荡运动	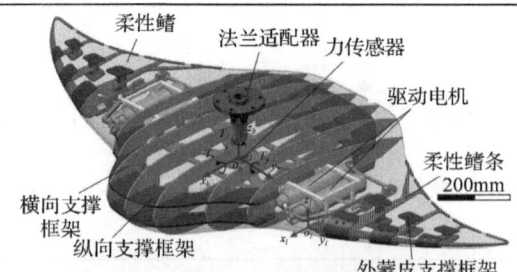
Xia 等[41] (国防科技大学，2023)	● 一种新型鳍面结构设计方法 ● 鳍面材料为硅胶，鳍条由舵机直驱 ● 水下最大频率 2Hz，最大游动速度 0.31m/s ● 陆地最大频率 1.6Hz，最大推进速度 0.1m/s	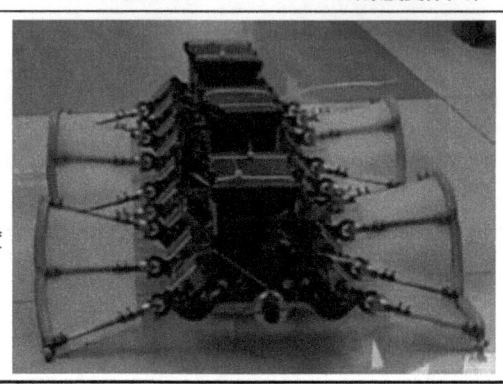

注：PID 为比例-积分-微分；IMU 为惯性测量单元；FPGA 为现场可编程逻辑门阵列。

国内方面，国防科技大学是最早开展波动鳍研究的单位之一，相继设计出凸轮模式、舵机模式及液压模式的波动鳍样机，并对控制策略和样机水下特性进行了深入研究[42]。章永华等[43]基于形态学、生理学及运动学特征研制了仿生魟鱼，该样机由 8 对模块化的鳍条单元组成。北京航空航天大学毕树生等以牛鼻鲼为蓝本研制了一款胸鳍扑翼式机器鱼，最大航行速度可达 0.64m/s[44]。之后，该团队又以牛鼻鲼为仿生原型设计了一种新型仿生机器人，提出了具有主/被动复合柔性变形能力的仿生胸鳍样机[45]。北京航空航天大学 Zhang 等[46]结合柔性结构和刚性连接设计了一种新型仿生魔鬼鱼，最大航行速度可达 0.4m/s。中国科学院自动化研究所科研团队长期从事仿生机器人相关研究，曾设计三代仿生波动鳍机器人，实现了前进、后退、定深、定向等多种运动模式。西安交通大学 Li 等[33]对比分析了矩形截面构型(quadrangular section frame, QSF)和三角截面构型(triangular section frame, TSF)两种推进方式的性能差异，并基于 QSF 设计了一种水陆两栖波动推进机器人，实现了具有高推进系数的多工况波动推进运动模式。国防科技大学 Xia 等[41]受尼罗河魔鬼鱼背鳍推进方式启发，设计了一种水陆两栖波动推进机器人，重点研究和分析了样机的水陆两栖推进性能，通过实验测得了样机最大陆地推进速度约 0.1m/s，最大游动速度约 0.3m/s。该团队[47]还设计了一款水陆两栖波动推进机器人，最大陆地推进速度可达到 2.26m/s。西安交通大学 Hu 等受尼罗河魔鬼鱼背鳍推进方式启发，设计了多种水陆两栖波动推进机器人，如图 1.2 所示，重点研究和分析了样机的陆地推进性能，通过实验测得了水陆两栖波动推进机器人的最大陆地推进速度约 0.38m/s[48]。同时，为了实现波动推进机器人的运动控制，该团队提出一种改进的 CPG 控制方法，实现波动推进机器人前进、后退、悬停等多模态运动[11]。哈尔滨工业大学[49]、西安交通大学[50]团队进一步分析了波动推进陆地性能，扩展了波动推进模式的应用范式。

图 1.2　西安交通大学 Hu 等研制的水陆两栖波动推进机器人[8, 48]

2. 智能材料驱动的波动推进机器人

随着仿生、材料、机械设计等多学科交叉发展，采用新型智能材料驱动水下波动推进机器人逐渐成为新的发展趋势，其目标是通过材料与结构一体化设计，发展出具有高驱动效率、高机动性能和低噪声的新型水下波动推进机器人[51]。介电弹性体(dielectric elastomer, DE)、电致伸缩聚合物(electrostrictive polymer, ESP)、离子聚合物-金属复合(ionic polymer-metal composite, IPMC)材料等不同特性的智能材料逐渐被应用于水下波动推进机器人领域。浙江大学 Li 等[52]利用 DE 材料和离子导电水凝胶设计了一款仿蝠鲼运动的机器鱼，样机游动速度可达 6.4cm/s，机器人具有近乎透明外形并实现了无声隐身航行，水下续航达 3h。Ye 等[53]基于 IPMC 材料制作了一款仿生机器鱼，整机质量约 290g，最快游动速度约 12mm/s，利用胸鳍摆动可实现转弯速度 2.5(°)/s。Shen 等[54]利用 IPMC 材料设计了一种仿生波动鳍机器人，驱动器由热输入和电输入控制，基于材料的形状记忆和机电行为实现了机器人的多种运动模式。Zhang 等[55]使用 DE 材料和伺服电机制作了一款混合驱动的仿蝠鲼水下波动推进机器人，DE 材料提供向前推力，电机实现转向功能，研究团队制作了多个软体机器人并实现了机器鱼群三种典型集群行为。部分代表性智能材料驱动的 MPF 推进模式波动推进机器人研制成果如表 1.2 所示。除上述典型的 MPF 推进模式机器鱼外，还有大量研究者利用智能材料制备仿生尾鳍，研制出各种 BCF 推进模式机器鱼。

表 1.2　部分代表性智能材料驱动的 MPF 推进模式波动推进机器人研制成果

研究者	样机特点	样机示意图
Takagi 等[56] (日本名古屋 大学，2006)	● 16 片 IPMC 驱动 ● 对称胸鳍驱动，最大游动速度可达 16mm/s	
Chen 等[57] (美国弗吉尼亚 大学，2011)	● IPMC 驱动 ● 样机尺寸约为 18cm×8cm ● 最大游动速度为 4.2mm/s	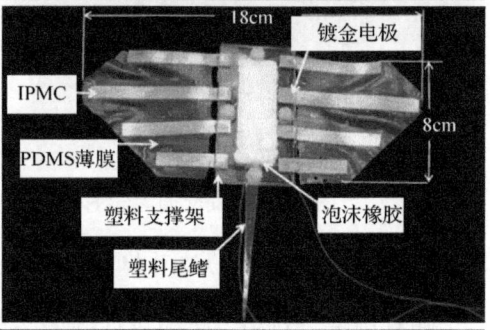
Hubbard 等[58] (美国内华达 大学，2014)	● 基于 IPMC 材料胸鳍和尾鳍混合驱动 ● 最大游动速度为 28mm/s ● 力和力矩可达 16.5N 和 0.83N·mm	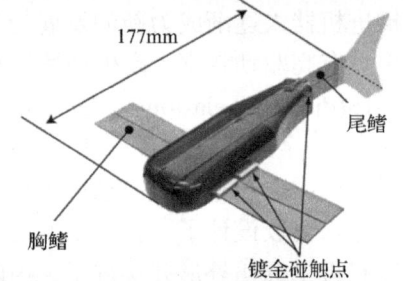
Ye 等[53] (美国威奇托州 立大学，2017)	● IPMC 驱动，具有尾鳍和胸鳍 ● 整机质量约 290g，最快游动速度约 12mm/s	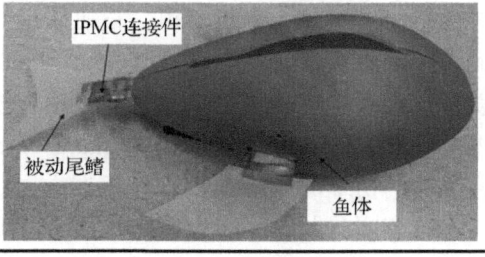

续表

研究者	样机特点	样机示意图
Li 等[52] (浙江大学, 2017)	● 可实现转弯速度 2.5(°)/s ● DE 材料和离子导电水凝胶 ● 外形透明,可实现无声隐身航行 ● 最大游动速度 6.4cm/s,续航 3h	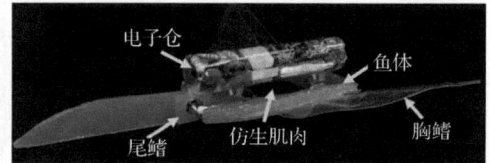
Shen 等[54] (美国内华达 大学,2020)	● 采用 IPMC 材料制备鳍条 ● 峰值推力 12mN(频率 0.5Hz,波数 1) ● 整体长度约 25mm ● IPMC 鳍片长×宽为 16.15mm×2.65mm	
Zhang 等[55] (浙江大学, 2021)	● DE 材料和电机混合驱动 ● 游动速度约 3.0m/s ● 具有转向功能千伏驱动电压	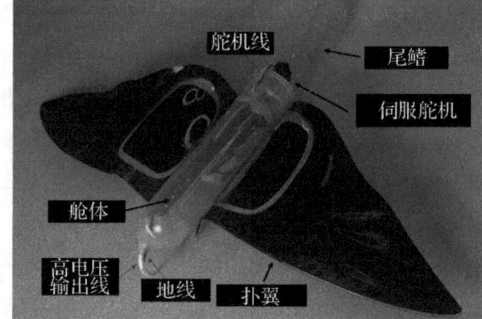
Li 等[59] (浙江大学, 2021)	● DE 材料驱动 ● 抗高压,在深达 10900m 的马里亚纳海沟完成实验测试	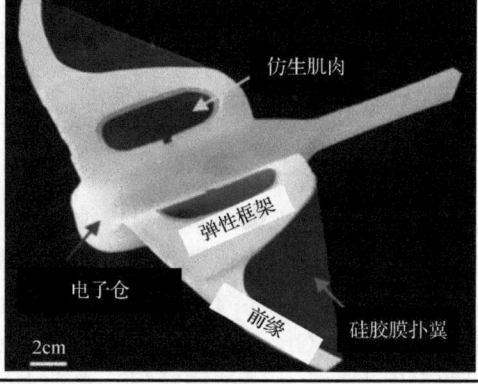

续表

研究者	样机特点	样机示意图
Kim 等[60] (首尔国立大学，2021)	● 基于 SMA 材料实现波动推进 ● 实现向前、向后、转弯运动	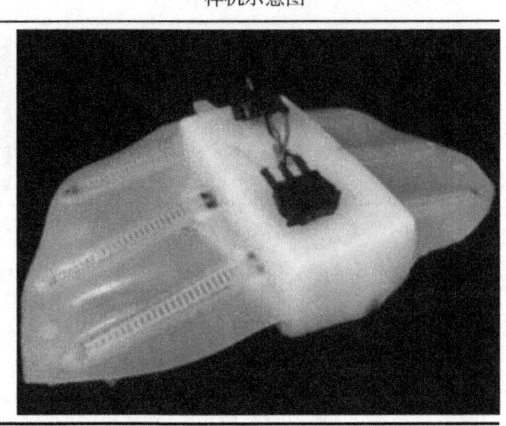

尽管研究者们已经基于智能材料研制了大量水下仿生机器人，但是，相关材料也具有明显缺点。IPMC 材料由于驱动电压小、能量转换效率高、与水亲和性强等优势受到广泛关注。然而，IPMC 材料综合驱动性能不足，输出力、变形响应速度和变形性能之间相互影响，整体性能无法同时得到有效提高。压电高分子(piezoelectric polymer，PZT)等作为驱动器，虽然输出力大，但是驱动电压大且应变小，不易应用于自主游动的水下波动推进机器人。形状记忆合金(shape memory alloy，SMA)材料驱动频率低、续航差，同时 SMA 变形需要加热到一定温度，散热时间长且能耗高，不适用于高频动作，因此应用受到较大限制。介电弹性体材料作为电场型电活性聚合物(electroactive polymer，EAP)材料，在电致变形过程中可能会发生失效破坏，使得材料发展受到一定限制。综合来看，智能材料驱动技术大多处于起步阶段，尚不能满足工程应用需求，技术成熟度也远不如传统电机驱动技术，相关研究仍具有较大发展空间。

1.2.2 仿生波动推进机制

1. 理论模型研究

仿生波动推进机制研究可以追溯到 20 世纪 30 年代 Gray[61]对海豚游动阻力的研究。Gray 的研究表明，刚体海豚模型在拖曳运动下克服流体阻力所需功率是相同游动速度下真实海豚肌肉输出功率的 7 倍，这个与生物学事实相违背的研究结论也被称为 Gray 悖论。尽管 Gray 悖论已被完全解决，但是围绕 Gray 悖论开展的水生生物表皮微结构减阻、水动力性能数值计算、水动力性能实验测试方法等研究都得到广泛关注。Gray 悖论提出至今，水生生物运动机制已经成为研究热点，开展基于生物学、流体力学、机械设计等多学科交叉的仿生学研究，实现如生物高性能运动一般的仿生波动推进，已经成为海洋工程领域的重要研究方向。

早期理论模型研究中，Lighthill[62]提出细长体及大摆幅细长体理论，是 BCF 推进模式推进机制研究的里程碑，相关理论得到广泛应用与发展。尽管在 Lighthill 的理论诞生前，Taylor 已经提出了用于分析稳态运动下鱼类水动力性能的抗力理论，但受阻力简化条件的影响，抗力理论仅适用于分析小尺度、小雷诺数运动，如水蛭、蠕虫等游动，适用范围较窄。相比而言，细长体理论视生物体与流体间反作用效应导致的附加质量(虚质量)为推力产生的核心因素，相关理论更适用于分析较大雷诺数下的鱼类运动。在 Lighthill[62]将其推广到大摆幅条件之后，理论适用范围得到进一步拓展，但由于引入了势流、线性化等假设，细长体理论的计算准确性与数值仿真结果相比具有一定差距。Saffman 对"虚质量"这一概念从理论上作了解释，并分析指出，理想流体下类似于鱼体的变形体可以在不产生任何涡旋的情况下实现空间运动，因此理想流体下变形体产生正推力的关键在于虚质量效应。Chopra 等[63]进一步推广了细长体理论的应用范围，并将相关方法应用于分析非均匀运动下的具有月牙形尾鳍的鱼类摆动运动，典型例子是鲸类等哺乳动物运动。

在细长体理论诞生的第二年，Wu[64]提出了适用于分析 MPF 推进模式水动力性能的波动板理论。不同于细长体理论中 BCF 推进模式"头部小、尾部大"的运动幅值特征，波动板理论对无厚度变形体施加了等幅值正弦波运动，因此研究对象的运动模式类似于二维 MPF 推进模式。本质上，二维波动板理论可视为空气动力学中薄翼理论在水下波动推进运动的具体应用。除薄翼理论外，空气动力学中关于翼型的理论，如升力线理论，也能应用于水翼或仿生波动推进研究。进一步，Sturges 将波动板理论从无黏流体条件推广到黏弹性流体。为了简化黏性效应，Sturges 利用里夫林-埃里克森(Rivlin-Ericksen)张量模型模化了额外引入的黏性应力项。尽管该理论立足于分析黏弹性流体下的波动运动特性，但是非线性流场及无厚度变形体导致的一些奇异积分在纯理论上难以处理，相关分析仅停留在形式上给出结果。三维波动板理论由童秉纲院士提出[65]，旨在分析三维柔性无厚度平板波动推进模式下的水动力性能。三维波动板理论也引入了无黏、小幅值和控制方程线性化三个重要假设，同时需要配合面元法或者涡格法进行数值求解。三维波动板理论考虑了尾涡分布对水动力性能的影响，适用于具有钝前缘和尖后缘的任意形状和展弦比的小波幅波动板运动。

20 世纪 60~90 年代是仿生波动推进理论研究的黄金期，其间诞生了众多经典的仿生波动推进理论模型，如表 1.3 所示，其中不少理论模型至今也被广泛应用于仿生波动推进研究。2000 年以来，仿生波动推进理论模型研究未取得重要进展。一方面，因为理论方法的局限性，具有二维势流等假设条件的简化理论模型计算条件苛刻、准确性低、适用范围窄。另一方面，随着计算机技术快速发展，研究者们意识到，借助数值模拟计算，建立半理论半经验或者理论与仿真相结合的推进机制模型，能够取得更为准确的预测效果。

表 1.3　经典的仿生波动推进理论模型

理论名称	基本假设	研究对象	适用范围
抗力理论[66]	势流、阻力模型	二维细鱼体	小雷诺数
细长体理论[67]	势流、虚质量模型	二维细长鱼体	小幅值摆动
大摆幅细长体理论[62]	势流、虚质量模型	二维细长鱼体	大幅值
广义细长体理论[63]	涡旋分布、运动限制	二维细长鱼体	带月牙形尾鳍的摆动
二维波动板理论[64, 68]	势流、线性化流场	二维波动推进	小摆幅、无厚度波动
黏弹性波动板理论[69]	建模黏性应力项	二维波动推进	难以实际应用
薄体理论[70]	势流、虚质量模型	二维细长鱼体	小幅值摆动
渐进理论[71]	升力线理论、准稳态	三维高展弦比水翼	弱扰动
三维波动板理论[65]	势流、压力分布模型	三维波动推进	小幅值、定常流

2. 数值模型研究

流体阻力模型是一种典型的半理论半数值模型[8]，Sfakiotakis 等[72]提出了该模型并确定其适用范围，同时结合三维波动鳍运动学模型建立了波动运动的动力学模型，实现对波动运动推力和力矩的理论计算。西安交通大学 Chen 等[36]基于流体阻力模型建立了近水面波动鳍运动的动力学模型，并分析了波动运动的近水面特性。国防科技大学 Xia 等[41]应用流体阻力模型分析了波动推进运动的水动力性能。可以看到，流体阻力模型被广泛应用于建模波动鳍运动的动力学模型。流体阻力模型原理如图 1.3 所示，本质上，流体阻力模型视鳍面微单元具有定常的力学特性，并将其建模为类似于流体阻力公式的基本模型，最后对整个运动鳍面进行积分得到宏观的推力和侧向力。这种模型的优势在于具有较强的可行性，易于建立动力学模型并能快速获取三维波动鳍力学特性；缺点在于利用简单的流体阻力公式替代微元面上的力学模型，并引入一个定常的流体阻力系数，缺乏严谨的数学依据[73]。同时，流体阻力模型中阻力系数无法通过理论推导确定，只能基于数值仿真或实验测试得到，这也是该模型被称为半理论半数值模型的原因。

通过纯粹的数学解析模型，或者是半理论半数值模型，准确计算仿生运动水动力性能依然是困难的。数值模型直接建模流场中的流体运动，通过有限体积、有限差分等方法离散整个计算区域，结合相关数值策略实现高精度流场求解，并准确预报仿生运动水动力性能。这种基于计算流体动力学的研究思想已经成为仿生波动推进机制研究的主流策略。表 1.4 列出了一些基于计算流体动力学(CFD)

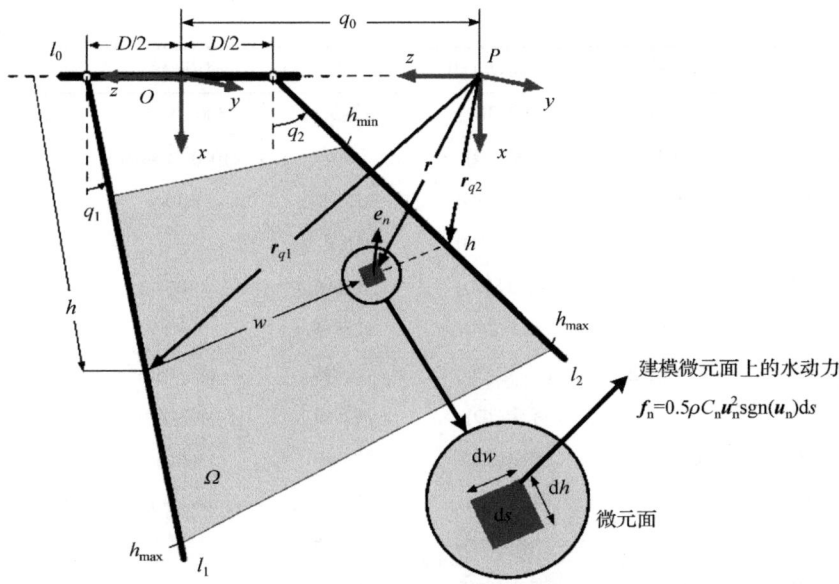

图 1.3 流体阻力模型原理示意图[74]

f_n-微元面水动力；dh-微元面长度；dw-微元面宽度；ds-微元面面积；h-鳍面坐标；w-两鳍面之间的宽度；h_{max}-鳍面最大长度；q_1和q_2-鳍面摆动角度；h_{min}-鳍面最小长度；q_0-鳍面基线 x 轴坐标点；D-两鳍面在 z 方向的间距；l_0-鳍面摆动基点；l_r-鳍面编号；P-惯性坐标系原点；O-波动鳍机体坐标系原点；e_n-微元面法向量；r_{q1}-鳍面 l_1 坐标点在惯性坐标系的坐标；r_{q2}-鳍面 l_2 在惯性坐标系的坐标；ρ-流体密度；C_n-阻力系数；u_n-来流速度；Ω-鳍面的摆动角度形成的斜四边形鳍面

技术的仿生波动推进机制研究成果，其中包含了二维(2D)[75]或三维(3D)[76]、波动或摆动、自推进或系牵[73]等不同方法相结合的研究成果。

表 1.4 基于 CFD 技术的仿生波动推进机制研究成果

相关研究	数值模型	全局运动类型	局部运动模型	雷诺数	施特鲁哈尔数
Yang 等[77]	层流	自推进(2D)	鱼体摆动	5×10^5	—
Xiao 等[78]	层流	系牵(2D)	鱼体摆动	45000	0.12~1.76
Liu 等[79]	层流	系牵(2D)	鱼体摆动	5000~50000	—
Zhu 等[80]	IBM 和 FSI	自推进(2D)	柔性水翼摆动	—	0.28~5.41
Thekkethil 等[81]	LS-IBM	系牵(2D)	鱼体和水翼	4000	0.4
Cui 等[82]	LS-IBM	自推进(2D)	鱼体摆动	—	—
Khalid 等[83]	IBM	系牵(2D)	鱼群	500	0.05~0.80
Li 等[84]	ALE	系牵(2D)	鱼群	1000	0.15~0.625
Wei 等[85]	层流	自推进(2D)	鱼群	5000~10000	—
Sun 等[86]	层流	系牵(2D)	鱼体摆动	716.8~71680	—
Ghommem 等[87]	BCE-IBM	系牵(2D)	鱼体摆动	500	0.1~0.8

续表

相关研究	数值模型	全局运动类型	局部运动模型	雷诺数	施特鲁哈尔数
Liu 等[88]	IBM	系牵(3D)	鱼体摆动	500~8000	0.3~0.6
Deng 等[89]	SA-DDES	系牵(3D)	飞鱼	11000~15000	—
Luo 等[90]	FSI	自推进(3D)	鱼体摆动	330	—
Feng 等[91]	URANS	自推进(3D)	鱼体摆动	—	—
Park 等[92]	IB-FSI	自推进(2D)	波动鳍	100	—
Pang 等[93]	$k\text{-}\varepsilon$ 模型	系牵(2D)	波动鳍	$10^5 \sim 10^6$	—
Wei 等[13]	SST 模型	自推进(2D)	波动鳍	$10^5 \sim 10^6$	—
Hu 等[94]	SST 模型	系牵(2D)	波动鳍	$10^5 \sim 10^6$	—
Ren 等[95]	$k\text{-}\varepsilon$ 模型	系牵(2D)	波动鳍	30000	0.05~0.30
Li 等[96]	层流	系牵(3D)	波动鳍	14~5500	0.69~2.56
Sprinkle 等[97]	cIBM	自推进(3D)	波动鳍	—	—
Zhao 等[98]	SA 模型	系牵(3D)	波动鳍	4.5×10^5	—
Zhang 等[99]	WMLES	系牵(3D)	波动鳍	—	—
Quan 等[100]	SST 模型	系牵(3D)	波动鳍	—	—

注：IBM 为浸入边界法；FSI 为流固耦合；LS-IBM 为基于水平集方法的浸入边界法；ALE 为任意拉格朗日-欧拉(ALE)方法；BCE-IBM 为边界条件约束浸入边界法；SA-DDES 为延迟分离涡模拟湍流方法；URANS 为非定常雷诺平均纳维-斯托克斯法；IB-FSI 为基于浸入边界法的流固耦合方法；$k\text{-}\varepsilon$ 模型为湍动能-耗散率湍流模型；SST 模型为剪切应力传输湍流模型；cIBM 为约束浸入边界法；SA 模型为 Spalart-Allmaras 湍流模型；WMLES 为壁面建模大涡模拟方法。

系牵模型应用最为广泛，它是指研究对象不运动或者只在固定位置进行周期运动，通过施加来流速度模拟研究对象向前运动的过程[101]。系牵模型主要的问题在于：研究对象最终能够达到的稳定游动速度是未知的，无法准确计算研究对象的水动力效率。自推进模型本质上是一种简化的显式流固耦合模型，它是在求解流场统治方程的基础上，通过动量和角动量守恒直接计算研究对象的全局运动速度和角速度。两种模型中，仿生柔性运动都被描述为预定义的柔性变形(变形直接由运动控制方程决定)，流体对柔性体造成的反作用效应，如受迫变形等现象，相对于预定义的大变形可忽略不计。直接求解流固耦合方程能够得到最为接近真实情况的数值解。但是，需要额外使用有限元等方法求解固体变形方程，极大增加了计算成本。

基于数值模拟技术的仿生波动推进机制研究已经取得了巨大进展，一些研究成果也实现了应用层面转化，但是数值模拟得到的一些结果却存在明显的学术争议。例如，一些数值研究表明，波动运动存在一个最优波长使得研究对象游动速度和推力最大。Thekkethil 等[81]的研究却表明,振荡翼的平均推力系数是随着波长增大而增大的。对于推进效率而言,由于没有统一定义,准推进效率、弗劳德效率、净推进效率都被广泛应用于仿生数值研究[102]。不同体系的水动力性能指标之间是否具有可比性,还未有研究给出答案。本章将在 1.2.3 小节对国内外团队采用的具体水动力数值方法与求解策略进行详细讨论。

3. 实验测试技术

实验测试是探究仿生波动推进机制的重要途径,也是验证仿生波动推进理论和数值计算可靠性与准确性的重要手段。无论是 BCF 推进模式还是 MFP 推进模式的机器人,它们的水动力性能实验测试方法具有相似性。尹盛林[103]搭建了基于粒子图像测速(particle image velocimetry,PIV)技术的波动推进机器人性能测试实验台,并完成了对波动推进机器人推力等性能指标的测试。陈振汉[104]基于相似的 PIV 循环水槽,分别搭建了波动推进机器人在自由面波浪运动下稳性、推力和偏航力矩测量台架,对机器人在不同鳍面设计方案下的推力变化进行了实验研究,验证了鳍面性能仿真优化的可行性。典型地,这类基于系牵模型的实验测试方案中,相关研究通常以机器人为载体,基于循环水槽平台并通过改变来流速度模拟机器人实际工况,通过工业摄像机、高速摄像机等设备记录、处理和分析机器人运动学特性,采用力传感器测量机器人推力和力矩,并结合 PIV 等流场可视化设备进行尾流特性研究。

Curet 等[105]结合波动推进机器人、数值仿真技术和数字 PIV 实验平台等多种研究技术,揭示了波动推进行波向内反向传播的动力特性。研究比较了向内反向传播的行波、驻波、单向行波和向外反向传播行波等不同行波模式对波动推进机器人水动力性能的影响。Ruiz-Torres 等[18]基于信号采集与生物力学理论,使用高速视频和无标记运动捕获系统记录鳍的位置,提出了波动鳍的神经控制假设,解释了波动鳍生物运动机制。Zhou 等[106]围绕波动推进运动控制策略提出了一种 CPG 控制模型在线优化策略,并利用导轨、滑台、激光传感器等设备搭建了一个闭环游动控制实验测试平台,验证了优化策略的可行性。Sfakiotakis 等[72]搭建了一个单波动鳍面性能测试实验台,如图 1.4 所示,验证了所提出的波动鳍推力理论计算模型的准确性。Nguyen 等[107]构建了一个简易的波动推进实验装置,采用多个直流电机直接驱动鳍面运动,通过实验验证了 CPG 控制方法的有效性。此外,还有一些研究将水下波动推进机器人放置于宽阔的实验水池,通过机器人自身的传感模块实现游动过程中运动学物理量的测量,或配合全局摄像头进行游动路径、运动速度测量。对于波动推进机器人实验,相似的研究不再赘述。

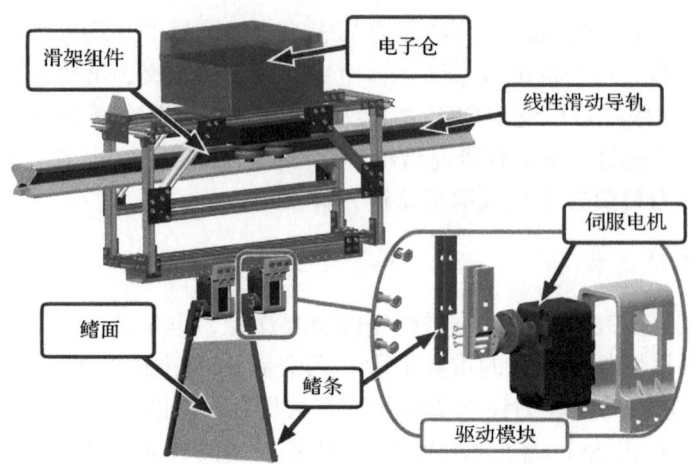

图 1.4 单波动鳍面性能测试实验台示意图[72]

一些关于仿生机器鱼推进机制和水动力性能的研究成果，对波动推进实验具有重要参考意义。Wen 等[108]开展仿生机器鱼实验时，对比分析了主动拖曳和被动拖曳两种实验方法，设计和搭建了一套水下波动推进机器人自推进性能测试平台，并给出了一种简单的水动力功率估算方法，实现了对水下波动推进机器人自推进速度、功率和效率的同时测量。Dewey 等[109]搭建了一个水翼测试平台，用摄像机记录刚性水翼和柔性水翼振荡运动过程，通过传感器测量水翼推力和功率并计算推进效率，探究了不同流场条件下的最优运动模式。Li 等[110]提出一种"涡流相位匹配"策略，以研究鱼群之间的水动力交互效应，用两条仿生机器鱼实现两鱼跟随实验测试，通过测定个体的水动力性能验证了在此种策略下游动个体能够实现能量节约。Omari 等[111]搭建了一个配有测力计和距离激光传感器的测试平台，实现了对仿生尾鳍频率和横向振动幅值的测量。对于 BCF 推进模式测试实验，相似的研究不再赘述。

仿生学及其仿生波动推进机制研究受到国内外学者广泛关注，基于理论模型、数值仿真及实验测试等研究方法，水下 BCF 推进模式研究领域发展得十分迅速。然而，仿生波动推进水动力性能理论研究多围绕鱼体运动开展，流体阻力模型等半理论半数值模型无法准确反映出波动推进水动力性能变化规律，波动推进研究领域依然面临理论基础研究不充分等关键问题。

1.2.3 仿生波动推进水动力数值预报

1. 奇异单元法

早期研究中，面元法或者涡格法由于计算量较低，被成功应用于仿生波动推进水动力性能数值研究。Zhu 等[112]在研究三维鱼体运动时，基于势流理论，引入了体扰动速度势函数和尾流扰动速度势函数，通过格林理论建立了势函数的边界条件。尽管流体控制方程为拉普拉斯方程,但由于边界条件的复杂性,研究采用面元法数值求解流体控制方程,进而阐明了三维鱼体摆动在势流假设下的运动机制。然而,这种数值模型仅能捕捉流场大尺度演化规律,可以计算得到尾流演化趋势,但算法难以捕捉尾流涡旋具体演化过程。三维鱼体尾流涡片的形成情况如图 1.5 所示。基于类似数学原理,苏玉民等[113]基于面元法研究了三维新月形尾鳍运动的水动力性能,并揭示了推力、侧向力等参数的变化规律。杨侠[114]以三维波动板理论为依据,结合涡格数值理论探究了柔性尾鳍模型的水动力性能。以面元法为代表的奇异单元理论,主要基于势流解开展仿生波动推进运动的水动力性能分析,由于忽略流体黏性或者仅在尾涡系中考虑黏性效应,其计算结果,特别是涡旋演化机制,与真实生物运动具有一定差距。

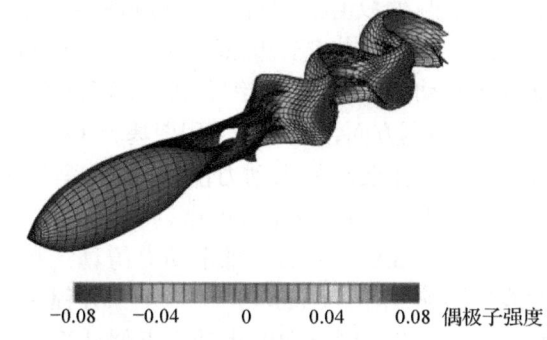

图 1.5　三维鱼体尾流涡片的形成情况[112](扫描章前二维码查看彩图)
以偶极子强度分布为等值线绘制,已用 UL 归一化,U 为来流速(向右为正),L 为鱼体长度

2. 雷诺时均模型

近二十年,研究者更多地着眼于纳维-斯托克斯(Navier-Stokes,NS)方程本身的模化与数值求解,基于计算流体动力学(computational fluid dynamics,CFD)理论,采用更为准确的计算方法开展仿生波动推进水动力研究。由于计算机技术大幅提升,直接数值模拟(direct numerical simulation,DNS)成为可能,大涡模拟(large eddy simulation,LES)已经在工程领域得到初步应用,非定常雷诺平均纳维-斯托克斯(unsteady Reynolds averaged Navier-Stokes,URANS)模型更是成为 CFD 研究的基石。分离涡模拟(detached eddy simulation,DES)、壁面模化大涡模拟(wall-modeled large eddy simulation,WMLES)及尺度自适应模拟(scale-adaptive simulation,SAS)等模型也得到充分关注与发展。在仿生波动推机器人研究领域,这些模型都得到了成功应用。上述模型中,URANS 模型依然是研究中最常用的湍流模型,一个原因是其低廉的计算成本,另一个原因是二维 LES 模型的物理意义在学术上依然存在争议。因此,高雷诺数下的二维仿生波动推进,如鱼体摆动水动力性能分析研究,往往需要采用 URANS 模型进行湍流建模。在波动推进水

动力性能研究方面，Zhang 等[115]应用软件 ANSYS FLUENT，模拟了基于牵系模型的二维波动鳍在低雷诺数下的非定常运动，结果表明该模型的平均推力不到 0.1N，效率在 20%～50%[116, 117]。Pang 等[93]基于 k-ε 模型，研究了基于二维系牵模型的两个串联波动鳍的水动力性能，着重讨论了两者间相位差对推力、侧向力和效率的影响规律。Ren 等[95]基于标准 k-ε 模型，研究了"地面效应"对二维系牵模型下波动推进水动力性能的影响。研究表明，"地面效应"有利于提高运动的水动力推力和效率，影响规律与波动幅值、离地面间距等紧密相关。相似地，有一些研究者采用自推进模型，分析了二维柔性波动运动的"地面效应"，并讨论了"地面效应"在自推进模型下对波动推进水动力性能的影响。Wei 等[13]基于二方程 SST 模型，分别研究了二维系牵模型和单自由度自推进模型下波动推进运动的水动力性能，详细阐述了两种数值模型对波动推进性能计算的影响，并讨论了两种数值模型的适用范围。Hu 等[94]基于开源软件 OpenFOAM，讨论了处于不同雷诺数下二维波动推进的水动力性能，并详细分析了尾流中单涡、对涡等不同涡结构的演化规律。三维水动力仿真方面，Bianchi 等[118]基于 OpenFOAM 软件，采用 SST 二方程模型分析了三维鱼体摆动的水动力性能。Zhao 等[98]提出了一种组合波动推进模式(combined undulating motion pattern，CUMP)，结合软件 ANSYS FLUENT，实现了基于一方程 SA 模型的三维水动力仿真，并详细分析了 CUMP 对波动推进水动力性能的影响规律。Quan 等[100]基于二方程 SST 模型，研究了三维波动鳍的水动力性能，并给出不同方向的水动力近似计算公式。白亚强等[119]采用 SST 模型分析了三维波动鳍运动的水动力性能，揭示了波动推力与频率平方成正比的定量关系。Wang 等[120]优化分析了波动推进鳍水动力性能，考虑了运动攻角对推进性能的影响。

上述讨论的波动推进相关研究，多是基于二维或三维 URANS 模型。尽管这些研究都取得了一定成果，但是 URANS 模型本身计算精度较低，只能捕捉流场中平均的大尺度涡结构，相关研究能够实现对推力等动力学量的计算，但无法反映三维空间中涡旋的准确分布和演化规律[121]。因此，对于波动推进流场演化规律研究，需要采用一些高精度计算方法，实现涡流场分布的准确描述。

3. 高精度数值模型

大涡模拟及相关模拟方法，如 DES、WMLES 等，在仿生波动推进研究领域逐渐发挥重要作用。数值策略上，LES、DES 和 WMLES 的差别在于边界层区域的处理方法。Deng 等[89]采用 SA-DDES 模型计算了飞鱼模型在空气中不同攻角下的阻力系数，高精度求解了飞鱼尾流场中涡旋的空间分布，探讨并预测了飞鱼的运动轨迹。Khosronejad 等[122]采用 LES 模型，结合 PIV 等实验设备，研究了小型射手鱼跳跃出水面时的瞬时动力特性，并采用高速成像技术重建了鱼体从水中跳跃至空气中时两相流的涡结构，首次阐明了鱼体跳跃过程中水相和空气相中涡旋拟序结构的水动力特性。Ogunka 等[123]采用动态 Smagorinsky 大涡模型研究了三维鳗鱼波动运动模式下的"地面效应"。白亚强等[119]基于 WMLES 模型，详细讨论了三维波动鳍运动下的流场涡结构演化规律，阐明涡流场中流向涡和新月涡对波动推进的影响规律，并指出真实三维波动推进应同时具有波动和摆动两种水动力特性。

显式湍流模型(如 URANS 模型、DES 模型等)需要直接对涡黏系数(亚格子涡黏系数)进行建模，计算多依赖湍流壁面函数的选取。然而，在采用浸入边界法时，柔性体被简化为拉格朗日点，边界几何信息缺失，导致建立显式湍流壁面函数相对困难，因此部分浸入边界法依赖于高精度对流格式，不建模湍流壁面函数，实现隐式 LES 效果，最终实现高精度数值计算，这种策略也被广泛应用于仿生波动推进水动力数值计算研究中。高精度水动力数值计算的实现途径众多，除上述途径外，Li 等[124]发展了一种基于有限体积和多体嵌套网格的数值计算模型，并实现了对三维硬骨鱼幼鱼波动推进运动模式的水动力性能分析，揭示了涡旋脱落机制和鳍褶对水动力性能的影响规律，如图 1.6 所示。Shi 等[125]采用了双向流固耦合模型，通过非线性欧拉-伯努利(Euler-Bernoulli)梁建模柔性波动鳍的鳍条，实现了对波动推进水下波动推进机器人水动力性能的仿真分析。研究分析了波动推进性能和鳍条间相位差的关系，指明了双波动鳍在左右对称情况下，相位相差 90°时产生的推力最大，同时，推进效率最大值也随运动频率变化而变化。

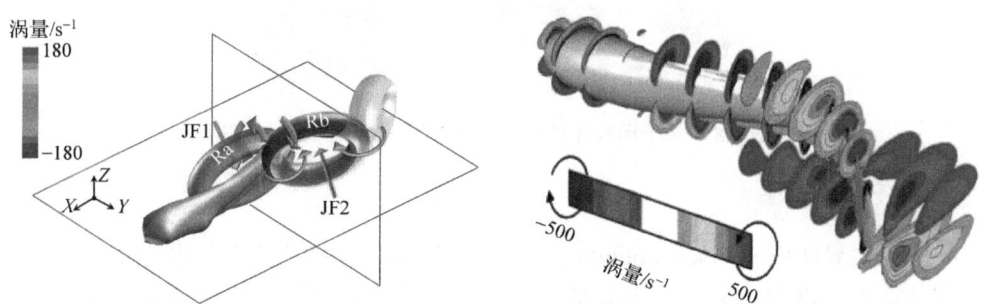

图 1.6　三维鱼体波动推进尾流结构[96](扫描章前二维码查看彩图)
Ra 和 Rb 为涡环标号，JF1 和 JF2 为体表上的射流标号

Moored[126]结合了非定常三维边界元方法、边界层求解器和自推进运动等模型，开发了一种非定常三维波动推进水动力分析方法，以实现仿生自推进运动的快速计算，如图 1.7 所示。

研究以三维波动推进为例，验证了数值方法的可行性，通过对波动推进流场结构的分析，阐明了动量射流的形成规律，并指明最高自推进效率约 78%。Gazzola 等[127]提出了一种涡粒子法和罚函数相结合的仿真技术，算法可以处理任意变形体

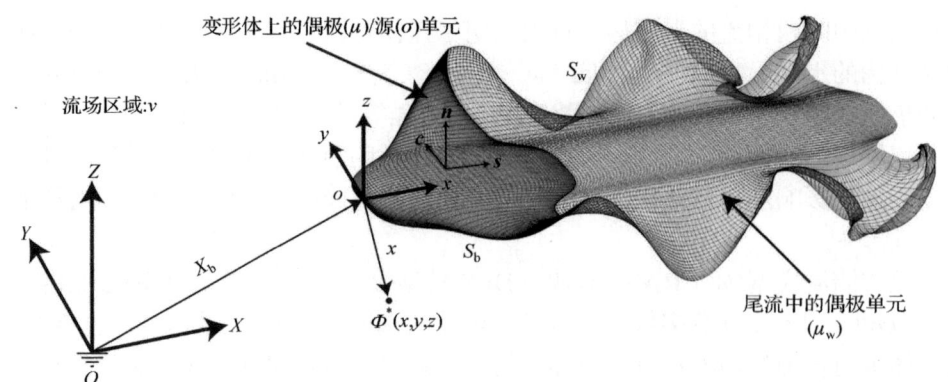

图 1.7 基于非定常三维边界元方法的三维波动推进水动力分析方法[126]
$\Phi^*(x,y,z)$-机器人表面坐标点；X_b-机体坐标系；S_b-机器人表面；S_w-尾流单元面

及其对应的自由变形速度场，并实现了对二维和三维鱼体摆动的仿真研究，基于涡粒子法的三维鱼体摆动水动力分析如图 1.8 所示。

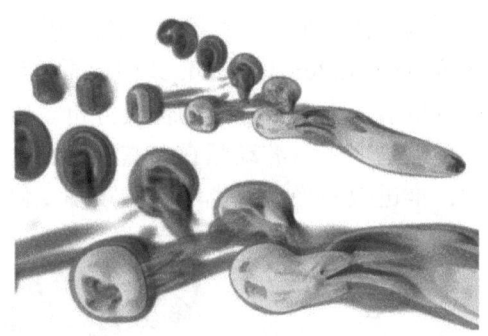

图 1.8 基于涡粒子法的三维鱼体摆动水动力分析[127]

4. 浸入边界法

浸入边界法(immersed boundary method，IBM)的发展对仿生波动推进水动力数值计算具有重要意义。水下波动推进运动往往都是柔性大变形运动，边界配合法(贴体网格)在处理这类问题时最大弊端是计算成本激增，而 IBM 能够以更低的计算成本处理复杂流固交互问题。浸入边界法由 Peskin[128]提出并用于心脏瓣膜仿真等医学流体力学领域，但早期的 IBM 存在一些缺陷，如体积不守恒、速度穿透、动边界不精确等问题。因此，Griffith 等[129]众多学者对 IBM 进行了改进和发展，IBM 及其改良算法已被广泛应用于水下生物运动的数值研究。典型地，Borazjani 等[130]采用混合笛卡儿网格浸入边界法(hybrid-Cartesian grid immersed boundary，HCIB)，仿真分析了四种具有不同幅值包络线的三维波动推进模式，详细对比了不同模式下流场涡旋产生机制和分布的差异，并计算了不同运动模型的水动力性

能参数。Neveln 等[131]基于约束浸入边界法(cIBM)，研究了波动推进机器人在自推进模型下的流场涡结构演化规律，分析了波动鳍运动过程中脱落的一系列涡管演化，阐明了斜向射流是波动运动产生推进作用的主要原因。Xin 等[132]基于浸入边界法，结合移动边界条件下的拓扑优化算法，用游泳效率、速度和运动方向构建目标函数，实现了三维自推进鱼体运动的尾鳍形状拓扑优化。Zhang 等[133]基于格子玻尔兹曼法和浸入边界法，探究了二维柔性板摆动下的近壁面水动力性能。Sprinkle 等[97]基于开源计算软件 IBAMR，使用约束浸入边界法分析了自推进运动下黑魔鬼鱼的水动力性能，探究了波动鳍基线角度对水动力性能的影响。三维魔鬼鱼波动推进射流结构如图 1.9 所示。Maertens 等[134]基于二阶边界数据浸入法，开展了二维和三维鱼体摆动运动水动力模拟，分析了施特鲁哈尔数等流场参数与相位角、攻角等运动参数间的关系，同时讨论了三维鱼体尾鳍摆动诱导的涡旋产生机制。Ghommem 等[87]基于强制边界条件——浸入边界法模拟了二维鱼体运动，并对不同条件下二维鱼体推力机制、侧向力及涡结构进行了详细讨论。

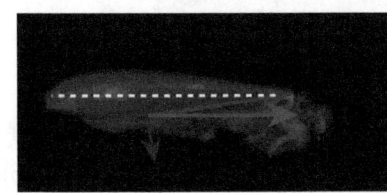 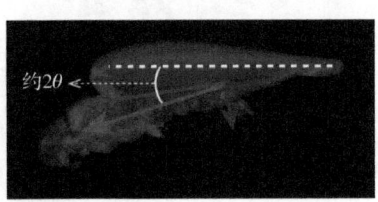

图 1.9　三维魔鬼鱼波动推进射流结构[97]

θ-攻角

　　Ghommem 等[87]考虑了三维鱼体的背鳍和臀鳍影响，详细研究了背鳍、臀鳍和尾鳍分别诱导产生的流体涡结构。Khalid 等[135]采用基于笛卡儿网格的尖锐界面浸入边界法分析了三维鱼体摆动的水动力性能，如图 1.10 所示。

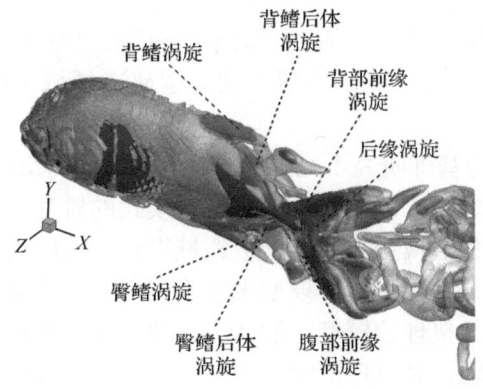

图 1.10　基于浸入边界法的三维鱼体水动力分析[135]

Zhong 等[136]使用一种二阶精度的浸入边界法分析了三维鱼体摆动的水动力性能和流场涡结构。西北工业大学张栋、潘光等将基于球函数的气体动力学格式和浸入边界法结合，发展了一种具有高精度高效率的适用于生物游动流体性能计算的数值方法，并将其应用于三维蝠鲼水动力性能和涡流动力学研究，进一步揭示了蝠鲼不对称胸鳍摆动运动下的推力增强机制[137]，如图1.11所示。

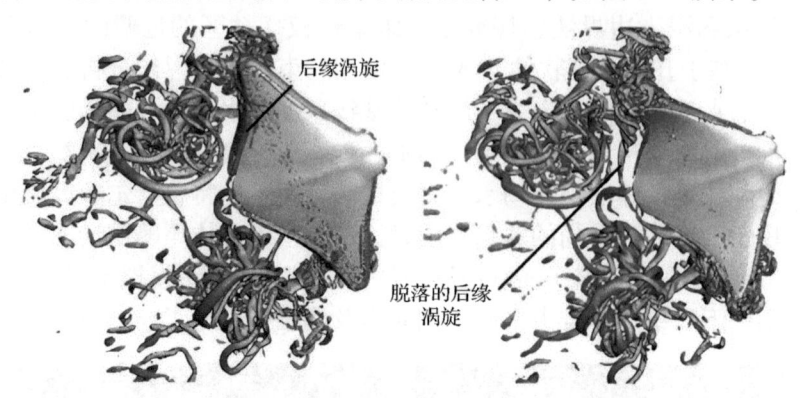

图 1.11　基于浸入边界法的三维蝠鲼水动力分析[137]

浸入边界法已经在 BCF 推进模式研究领域得到了广泛应用。然而，高精度数值求解策略在波动推进研究领域应用依然较少，致使相关领域存在波动推进流场演化规律研究不清晰等关键问题。因此，结合浸入边界法和高精度数值求解策略，既能多尺度解析流场演化过程，又能避免网格变形、网格质量差等数值问题，为波动推进数值预报研究提供了新的思路与方法。

1.3　水下波动推进机器人研究存在的主要问题

基于水下波动推进机器人、仿生波动推进机制、仿生波动推进水动力数值预报研究现状分析，水下波动推进机器人动力学研究领域至少存在以下问题亟待解决：

(1) 波动推进理论基础研究不充分。仿生波动推进水动力性能理论分析模型多围绕鱼体运动开展研究，针对波动推进运动模式的研究依然不充分。尽管流体阻力模型等半理论半数值模型在波动推进领域得到广泛应用，但是严格的适用条件、不严谨的数学推导，使得这类模型无法准确反映波动推进的基本规律。一些具有严格数学基础的经典理论模型，如 Wu[64]的二维波动板理论，存在理论推导复杂、适用性窄等问题，且该理论中一些关键数学推导和证明并未给出，使得该理论并未被广泛应用。

(2) 波动推进性能预报模型研究不完善。针对波动推进开展的数值研究，往往局限于某种特定运动条件，并未完全考虑运动参数(波动幅值、频率、波长等)和流场环境(来流速度等)对波动推进水动力性能的综合影响。同时，一些研究采用系牵模型，或是自推进模型开展波动推进水动力性能分析，但两种基本模型(系牵模型和自推进模型)计算得到的波动推进水动力性能是否相同，性能指标与运动参数之间映射关系是否一致，尚没有相关研究给出答案。此外，由于水动力性能指标(如推进效率，包括弗劳德效率、净推进效率、准推进效率等)的定义没有统一，同一运动模式采用不同水动力指标体系，指标与运动参数之间映射关系是否会发生变化，二维波动推进和三维波动推进水动力性能变化是否相同，以及单鳍波动推进与双鳍协作推进水动力性能变化规律是否统一。相关问题都需要展开进一步探索。

(3) 波动推进流场演化规律研究不清晰。URANS 模型被广泛应用于仿生波动推进水动力计算领域，但是该类模型只能解析得到大尺度涡旋的平均变化，不足以反映真实的三维波动推进流场演化规律。高精度、高分辨率的数值格式已在近些年得到显著发展，但相关技术应用于波动推进领域的研究依然较少。部分研究采用高精度格式解析流场涡旋，但只考虑了部分影响因素，且多设置来流速度为 0m/s，并未考虑来流速度对涡流场的影响。同时，相关研究开展波动推进流场分析时，多是定性地分析一些涡旋脱落、耗散等过程，缺少对波动推进流场演化规律的一般性总结。波动鳍运动诱导的尾流场与推进性能之间是否存在联系，这种联系是否是一一对应关系，二维波动推进和三维波动推进尾流场的异同性，相关问题仍需开展进一步研究。

(4) 水下波动推进机器人设计指导不统一。波动推进的研究灵感来源于黑魔鬼鱼，其依靠腹鳍就可以实现前进、后退、转弯、悬停、上浮、下潜等多种运动模式。但是，波动推进机器人的多模态运动设计往往依据对鱼类的生物观察或者设计经验来开展，缺乏统一的理论指导。同时，根据不同的运动性能需求，缺乏一个统一的硬件系统设置指导。另外，对于波动推进运动模式的生成，往往基于理想的数学模型，但是真实鱼类往往通过中枢模式发生器(CPG)实现节律运动的生成，因此对于波动推进机器人多模态运动仿生控制研究需要进一步开展研究。此外，双波动鳍协作推进机理与水动力性能规律缺乏统一定论，推进系统设计缺乏实际指导，相关问题均需要进一步明确。

(5) 水下波动推进机器人水面稳性理论不全面。水下波动推进机器人在水陆工况过渡时，水面中存在风浪、载荷变化等干扰，使得机器人运动稳定性严重不足。随着波动推进机器人的快速发展，亟须研究波动推进机器人水面稳性理论，进而优化其运动性能。此外，对波动推进机器人稳性预测分析研究严重匮乏，缺少统一的设计标准。因此，亟须开展波动推进机器人稳性水动力分析和实验性能研究，提升机器人运动稳定性，为机器人稳定性控制和机器人设计提供参考。

1.4 本书内容安排

本书以探究水下波动推进水动力机制和建立水下波动推进机器人水动力性能模型为目标，着重解决波动推进理论基础研究不充分，波动推进性能预报模型研究不完善，波动推进流场演化规律研究不清晰，水下波动推进机器人设计指导不统一，水下波动推进机器人水面稳性理论不全面等关键技术问题。

具体各章内容安排如下：

第 1 章为绪论。以未来海洋装备发展对高性能水下推进技术的迫切需求为背景，介绍了波动推进这一新型水下推进模式的研究意义。主要从波动推进机器人、仿生波动推进机制及仿生波动推进水动力数值预报三个方面分析了相关领域的研究现状。在此基础上，归纳和总结了波动推进研究领域的主要问题。针对这些问题，凝练出本书的研究目的、主要内容和结构安排。

第 2 章为基于冲量原理的波动推进水动力性能。为阐明波动运动诱导推力产生的本质原因，基于雷诺运输方程和导数矩变换，本章首先开展波动推进模型下推力和流体冲量之间基本关系介绍。其次，为定量计算流场总冲量和波动运动推力，开展二维波动推进尾流模型研究，并提出一种理想涡街重构法则和一种黏性涡旋模化，实现波动鳍尾流场中总冲量的数学计算。最后，基于冲量公式和量纲分析，开展波动推进模型下推力理论计算模型研究，并推导出平均推力表达式，进而揭示出运动学参数与推力之间的基本关系。

第 3 章为二维线性化波动推进数学模型。为建立波动推进水动力性能预报模型，本章以无黏流体下的欧拉方程为出发点，在波动推进小幅值运动假设下，首先开展波动推进模型下线性化流场模型研究，并详细讨论线性化流场的边界条件。其次，为处理无厚度鳍面运动带来的奇异性，基于普莱姆利公式等复变函数论，开展波动推进模型下边界奇异问题的数学求解研究，以实现波动鳍面两侧压力分布函数的计算。最后，基于线性化流场模型求解结果，开展二维波动推进水动力性能预报模型研究，并建立推力、总功率、效率等水动力指标的数学计算式。

第 4 章为二维波动推进水动力性能预报与流场演化。为揭示波动推进水动力性能变化规律，基于二方程 SST 模型，本章首先开展二维系牵模型下运动参数与水动力性能之间的映射关系研究，同时阐明二维系牵模型下来流速度和波动鳍鳍长对水动力性能的影响规律。其次，将系牵模型仿真结果与冲量理论、线性化流场模型计算结果进行对比，验证理论模型的计算准确性。分析不同条件下波动推进尾流场演化过程，揭示尾流结构和波动运动参数之间的基本关系。再次，开展自推进模型下波动推进水动力性能研究,并将仿真结果与二维系牵模型结果进行对比分析,阐明两种模型的异同和适用范围。最后,开展二维波动推进水动力性能优化研究,分别探究双鳍推进非定常耦合作用性能优化规律、运动水翼对波动鳍推进性能影响规律,以及波动推进在时变流场下的水动力演化规律。

第 5 章为三维波动推进水动力性能预报与流场演化。为揭示三维波动推进与流场间耦合作用机制,基于约束浸入边界法,本章首先提出一种模拟三维波动鳍运动的高精度数值计算策略。其次,开展不同运动参数下波动鳍三维水动力数值仿真(三维仿真),探究不同幅值、频率、波长及来流速度条件下波动鳍三维水动力性能变化规律。再次,分析不同条件下三维流场的演化过程,重点研究三维涡旋的生成、运输和耗散过程,揭示三维复杂流场的基本演化规律。同时,研究流场射流角和波动推力之间的基本关系,阐明三维波动推进尾流场和水动力性能之间的映射关系。最后,对二维和三维数值仿真策略进行归纳总结与对比分析,讨论两种模型的异同以及计算结果差异。

第 6 章为三维波动推进水动力性能实验。为验证数值仿真计算结果的准确性,本章首先研制三维波动鳍样机,并搭建水动力性能测试平台,在此基础上开展变幅值、变频率、变波长、变来流速度等条件下波动推进性能实验测试。其次,开展三维波动鳍样机自推进速度测试方法研究,同时探究实验中波动鳍基线运动对水动力性能的影响。再次,对比分析不同条件下三维数值仿真结果和实验测试数据之间的误差,分析总结实验误差的来源。最后,基于 PIV 装置开展流场可视化研究,将后处理结果与三维数值仿真结果形成对照,进一步验证数值模型预测结果的准确性和可靠性。

第 7 章为波动推进机器人水动力性能。为了探究双波动鳍推进机器人多模态运动机理,优化波动推进机器人设计方案,本章从黑魔鬼鱼形态特征研究出发,基于单波动鳍水动力性能预报结论,进行仿生双波动鳍推进单元结构设计,搭建机器人模型,同时根据多模态运动需求,开展控制系统设计,形成完整的波动推进机器人设计设置指导方案。进一步,对波动推进机器人水动力性能开展仿真和实验验证,研究机器人推进及转向机理,解释机器人不同运动模式的水动力性能规律。

第 8 章为波动推进机器人水面稳性分析。考虑波动推进机器人实际应用前景,针对机器人在江河湖海等工况环境中存在风浪作用、载荷变化等干扰问题,确保良好的水面运动稳性是机器人稳定、持久工作的关键。基于船舶稳性理论,开展波动推进机器人在静水和波动推进工况下的水面理论稳性建模。主要包括小倾角稳性、大倾角稳性及动稳性三方面。通过构建波动推进机器人理论倾覆理论动力学模型,结合仿真实验研究,对比不同工况、载荷和横倾角对机器人水面稳性的影响,为水下波动推进机器人运动稳定性能的提升与结构优化奠定基础。

参 考 文 献

[1] SALAZAR R, FUENTES V, ABDELKEFI A. Classification of biological and bioinspired aquatic systems: A review [J]. Ocean Engineering, 2018, 148(15): 75-114.

[2] KATZSCHMANN R K, DELPRETO J, MACCURDY R, et al. Exploration of underwater life with an acoustically controlled soft robotic fish [J]. Science Robotics, 2018, 3(16): 3449.

[3] LIU S, LIU C, WEI G, et al. Design, modeling, and optimization of hydraulically powered double-joint soft robotic fish [J]. IEEE Transactions on Robotics, 2025, 41: 1211-1223.

[4] THANDIACKAL R, MELO K, PAEZ L, et al. Emergence of robust self-organized undulatory swimming based on local hydrodynamic force sensing [J]. Science Robotics, 2021, 6(57): 6354.

[5] ZHANG S, YIN Z, ZHANG Q, et al. Simulation of self-powered electric-eel friction nanogenerator [J]. Procedia Computer Science, 2024, 243: 734-743.

[6] ZHONG Q, ZHU J, FISH F E, et al. Tunable stiffness enables fast and efficient swimming in fish-like robots [J]. Science Robotics, 2021, 6: eabe4088.

[7] WANG N, ZHANG Y, PENG L, et al. Hydrodynamic characteristics study of bionic dolphin tail fin based on bidirectional fluid-structure interaction simulation [J]. Biomimetics, 2025, 10(1): 59.

[8] ZENG Y, HU Q, ZHANG T, et al. Dynamic modeling and performance analysis of the undulating fin considering flexible deformation and fluid-fin interactions [J]. Ocean Engineering, 2025, 320: 120281.

[9] SFAKIOTAKIS M, LAN D M, DAVIES J B C. Review of fish swimming modes for aquatic locomotion [J]. IEEE Journal of Oceanic Engineering, 1999, 24(2): 237-252.

[10] REN K, YU J. Research status of bionic amphibious robots: A review [J]. Ocean Engineering, 2021, 227(8): 108862.

[11] ZHANG T J, HU Q, LI S J, et al. A CPG-based framework for flexible locomotion control and propulsion performance evaluation of underwater undulating fin platform [J]. Ocean Engineering, 2023, 288(15,2): 116118.

[12] SCARADOZZI D, PALMIERI G, COSTA D, et al. BCF swimming locomotion for autonomous underwater robots: A review and a novel solution to improve control and efficiency [J]. Ocean Engineering, 2017, 130(15): 437-453.

[13] WEI C, HU Q, SHI X, et al. A comparison for hydrodynamic performance of undulating fin propulsion on numerical self-propulsion and tethered models [J]. Ocean Engineering, 2022, 265: 112471.

[14] DURAISAMY P, SIDHARTHAN R K, SANTHANAKRISHNAN M N. Design, modeling, and control of biomimetic fish robot: A review [J]. Journal of Bionic Engineering, 2019, 16(6): 967-993.

[15] ZHOU C, LOW K H. Better endurance and load capacity: An improved design of manta ray robot (RoMan-Ⅱ) [J]. Journal of Bionic Engineering, 2010, 7: S137-S144.

[16] CHEW C M, LIM Q Y, YEO K S. Development of propulsion mechanism for Robot Manta Ray[C]. Zhuhai: Proceedings of the IEEE International Conference on Robotics and Biomimetics (ROBIO), 2016.

[17] SFAKIOTAKIS M, GLIVA R, MOUNTOUFARIS M. Steering-plane motion control for an underwater robot with a pair of undulatory fin propulsors[C]. Athens: Proceedings of the 24th Mediterranean Conference on Control and Automation (MED), 2016.

[18] RUIZ-TORRES R, CURET O M, LAUDER G V, et al. Kinematics of the ribbon fin in hovering and swimming of the electric ghost knifefish [J]. Journal of Experimental Biology, 2013, 216(5): 823-834.

[19] UDDIN M I, GARCIA G A, CURET O M. Force scaling and efficiency of elongated median fin propulsion [J].

Bioinspiration & Biomimetics, 2022, 17(4): 046004.

[20] SIMONS D, BERGERS M, HENRION S, et al. A highly versatile autonomous underwater vehicle with biomechanical propulsion[C]. Bremen: Proceedings of the OCEANS 2009-EUROPE, 2009.

[21] ALVARADO P V Y, CHIN S, LARSON W, et al. A soft body under-actuated approach to multi degree of freedom biomimetic robots: A stingray example[C]. Tokyo: Proceedings of the 3rd IEEE RAS & EMBS International Conference on Biomedical Robotics and Biomechatronics, 2010.

[22] LAMAS M, RODRÍGUEZ J, RODRÍGUEZ C, et al. Three-dimensional CFD analysis to study the thrust and efficiency of a biologically-inspired marine propulsor [J]. Polish Maritime Research, 2011, 18(1): 10-16.

[23] HU T, SHEN L, LIN L, et al. Biological inspirations, kinematics modeling, mechanism design and experiments on an undulating robotic fin inspired by Gymnarchus niloticus [J]. Mechanism and Machine Theory, 2009, 44(3): 633-645.

[24] LOW K. Modelling and parametric study of modular undulating fin rays for fish robots [J]. Mechanism and Machine Theory, 2009, 44(3): 615-632.

[25] SHANG L J, WANG S, TAN M, et al. Motion control for an underwater robotic fish with two undulating long-fins[C]. Shanghai: Proceedings of the 48h IEEE Conference on Decision and Control (CDC) held jointly with 2009 28th Chinese Control Conference, 2009.

[26] CURET O M, PATANKAR N A, LAUDER G V, et al. Mechanical properties of a bio-inspired robotic knifefish with an undulatory propulsor [J]. Bioinspiration & Biomimetics, 2011, 6(2): 026004.

[27] RAHMAN M M, TODA Y, MIKI H. Computational study on a squid-like underwater robot with two undulating side fins [J]. Journal of Bionic Engineering, 2011, 8(1): 25-32.

[28] SFAKIOTAKIS M, FASOULAS J, KAVOUSSANOS M M, et al. Experimental investigation and propulsion control for a bio-inspired robotic undulatory fin [J]. Robotica, 2015, 33(5): 1062-1084.

[29] LIU H, TAYLOR B, CURET O M. Fin ray stiffness and fin morphology control ribbon-fin-based propulsion [J]. Soft Robot, 2017, 4(2): 103-116.

[30] LIU H, CURET O. Swimming performance of a bio-inspired robotic vessel with undulating fin propulsion [J]. Bioinspiration & Biomimetics, 2018, 13(5): 056006.

[31] FESTO. BionicFinWave [EB /OL]. (2018-06-12)[2025-04-12]. https://www.festo.com.

[32] PLIANT ENERGY SYSTEMS. Robotics[EB/OL]. (2024-08-01)[2025-04-12]. https://www.pliantenergy.com.

[33] LI Q, ZHANG J, HONG J, et al. A novel undulatory propulsion strategy for underwater robots [J]. Journal of Bionic Engineering, 2021, 18(4): 812-823.

[34] ZENG X, XIA M, LUO Z, et al. Design and control of an underwater robot based on hybrid propulsion of quadrotor and bionic undulating fin [J]. Journal of Marine Science and Engineering, 2022, 10(9): 1327.

[35] YIN S, HU Q, ZENG Y, et al. Kinetic analysis and design of a bio-inspired amphibious robot with two undulatory fins[C]. Xining: Proceedings of the IEEE International Conference on Real-time Computing and Robotics (RCAR), 2021.

[36] CHEN Z, HU Q, CHEN Y, et al. Water surface stability prediction of amphibious bio-inspired undulatory fin robot [C]. Prague: Proceedings of the IEEE/RSJ International Conference on Intelligent Robots and Systems (IROS), 2021.

[37] ZENG Y, HU Q, YIN S, et al. The ground motion dynamics analysis of a bionic amphibious robot with undulatory fins[C]. Xining: Proceedings of the IEEE International Conference on Real-time Computing and Robotics (RCAR), 2021.

[38] LIU Q, CHEN H, WANG Z, et al. A manta ray robot with soft material based flapping wing [J]. Journal of Marine

Science & Engineering, 2022, 10(7): 962.

[39] CHEN L, BI S, CAI Y, et al. Design and experimental research on a bionic robot fish with tri-dimensional soft pectoral fins inspired by cownose ray [J]. Journal of Marine Science and Engineering, 2022, 10(4): 537.

[40] XING C, CAO Y, CAO Y, et al. Asymmetrical oscillating morphology hydrodynamic performance of a novel bionic pectoral fin [J]. Journal of Marine Science and Engineering, 2022, 10(2): 289.

[41] XIA M H, WANG H, YIN Q, et al. Design and mechanics of a composite wave-driven soft robotic fin for biomimetic amphibious robot [J]. Journal of Bionic Engineering, 2023, 20: 934-952.

[42] XU H J, ZHANG L, PAN C Y, et al. An investigation of undulating shape adaptation characteristics of a hydraulic-driven bionic undulating robot [J]. Applied Mechanics and Materials, 2015, 743: 150-156.

[43] 章永华, 何建慧. 仿生蓝点魟的结构设计及建模 [J]. 机械科学与技术, 2012, 31(4): 627-632.

[44] 高俊, 毕树生, 李吉, 等. 胸鳍扑翼式机器鱼的设计及水动力实验 [J]. 北京航空航天大学学报, 2011, 37(3): 344-350.

[45] 牛传猛, 毕树生, 蔡月日, 等. 胸鳍摆动推进仿生鱼的设计及水动力实验 [J]. 机器人, 2014, 36(5): 535-543.

[46] ZHANG Y, WANG S, WANG X, et al. Design and control of bionic manta ray robot with flexible pectoral fin[C]. Anchorage: Proceedings of the IEEE 14th International Conference on Control and Automation (ICCA), 2018.

[47] XIA M, ZHU Q, YIN Q, et al. Hydrodynamic simulation and experiment of a self-adaptive amphibious robot driven by tracks and bionic fins [J]. Biomimetics, 2024, 9(10): 580.

[48] CHEN L, HU Q, ZHANG H, et al. Research on underwater motion modeling and closed-loop control of bionic undulating fin robot [J]. Ocean Engineering, 2024, 299: 117400.

[49] YU D, CHE T, ZHANG H, et al. Optimizing terrestrial locomotion of undulating-fin amphibious robots: Asynchronous control and phase-difference optimization [J]. Ocean Engineering, 2024, 303: 117755.

[50] ZENG Y, HU Q, SUN L, et al. Nonlinear dynamics research of ground undulatory fin robot with flexible deformation and frictional contact [J]. Soft Robotics, 2025, 12(2): 253-267.

[51] WANG R, ZHANG C, TAN W, et al. Soft robotic fish actuated by bionic muscle with embedded sensing for self-adaptive multiple modes swimming [J]. IEEE Transactions on Robotics, 2025, 41: 1329-1345.

[52] LI T, LI G, LIANG Y, et al. Fast-moving soft electronic fish [J]. Science Advances, 2017, 3(4): e1602045.

[53] YE Z H, HOU P Q, CHEN Z. 2D maneuverable robotic fish propelled by multiple ionic polymer-metal composite artificial fins [J]. International Journal of Intelligent Robotics and Applications, 2017, 1(2): 195-208.

[54] SHEN Q, OLSEN Z, STALBAUM T, et al. Basic design of a biomimetic underwater soft robot with switchable swimming modes and programmable artificial muscles [J]. Smart Materials & Structures, 2020, 29(3): 035038.

[55] ZHANG Z, YANG T, ZHANG T, et al. Global vision-based formation control of soft robotic fish swarm [J]. Soft Robotics, 2021, 8(3): 310-318.

[56] TAKAGI K, YAMAMURA M, LUO Z W, et al. Development of a rajiform swimming robot using ionic polymer artificial muscles[C]. Beijing: Proceedings of the IEEE/RSJ International Conference on Intelligent Robots and Systems, 2006.

[57] CHEN Z, UM T I, BART-SMITH H. A novel fabrication of ionic polymer-metal composite membrane actuator capable of 3-dimensional kinematic motions [J]. Sensors and Actuators A Physical, 2011, 168(1): 131-139.

[58] HUBBARD J J, FLEMING M, PALMRE V, et al. Monolithic IPMC fins for propulsion and maneuvering in bioinspired underwater robotics [J]. IEEE Journal of Oceanic Engineering, 2014, 39(3): 540-551.

[59] LI G, CHEN X, ZHOU F, et al. Self-powered soft robot in the Mariana Trench [J]. Nature, 2021, 591(7848): 66-71.

[60] KIM H S, HEO J K, CHOI I G, et al. Shape memory alloy-driven undulatory locomotion of a soft biomimetic ray robot [J]. Bioinspiration & Biomimetics, 2021, 16(6): 066006.

[61] GRAY J. Studies in animal locomotion Ⅳ. The propulsive powers of the dolphin [J]. Company of Biologists, 1936, 13(2): 192-199.

[62] LIGHTHILL M J. Aquatic animal propulsion of high hydromechanical efficiency [J]. Journal of Fluid Mechanics, 1970, 44(2): 265-301.

[63] CHOPRA M G, KAMBE T. Hydromechanics of lunate-tail swimming propulsion. Part 2 [J]. Journal of Fluid Mechanics, 1977, 64(1): 375-392.

[64] WU Y T. Hydromechanics of swimming propulsion. Part 1. Swimming of a two-dimensional flexible plate at variable forward speeds in an inviscid fluid [J]. Journal of Fluid Mechanics, 1971, 46(2): 337-355.

[65] CHENG J Y, ZHUANG L X, TONG B G. Analysis of swimming three-dimensional waving plates [J]. Journal of Fluid Mechanics, 1991, 232: 341-355.

[66] TAYLOR G I. Analysis of the swimming of long and narrow animals [J]. Proceedings of the Royal Society of London Series A Mathematical and Physical Sciences, 1952, 214(1117): 158-183.

[67] LIGHTHILL M. Note on the swimming of slender fish [J]. Journal of Fluid Mechanics, 1960, 9(2): 305-317.

[68] WU Y T. Swimming of a waving plate [J]. Journal of Fluid Mechanics, 1961, 10(3): 321-344.

[69] STURGES L D. Motion induced by a waving plate [J]. Journal of Non-Newtonian Fluid Mechanics, 1981, 8(3-4): 357-364.

[70] VIDELER J J, HESS F. Fast continuous swimming of two pelagic predators, saithe (pollachius virens) and mackerel (scomber scombrus): A kinematic analysis [J]. Journal of Experimental Biology, 1984, 109(1): 209-228.

[71] CHENG H K, MURILLO L E. Lunate-tail swimming propulsion as a problem of curved lifting line in unsteady flow. Part 1. Asymptotic theory [J]. Journal of Fluid Mechanics, 1984, 143: 327-350.

[72] SFAKIOTAKIS M, FASOULAS J, GLIVA R. Dynamic modeling and experimental analysis of a two-ray undulatory fin robot[C]. Hamburg: Proceedings of the IEEE/RSJ International Conference on Intelligent Robots and Systems (IROS), 2015.

[73] LI G, LIU G, MA P, et al. Study on stable thrust of separated undulating fins [J]. Ocean Engineering, 2024, 306: 118046.

[74] WENG J, ZHU Y, DU X, et al. Theoretical and numerical studies on a five-ray flexible pectoral fin during labriform swimming [J]. Bioinspiration & Biomimetics, 2019, 15(1): 16007-160020.

[75] SHI X, HU Q, ZHANG T, et al. Research on hydrodynamic performance of 2D undulating fin in the wake of a semi-cylinder [J]. Ocean Engineering, 2024, 308: 118055.

[76] WEI C, LI S, HU Q. Hydrodynamic performance analysis of formations of dual three-dimensional undulating fins [J]. Ocean Engineering, 2024, 305: 117939.

[77] YANG Y, WU G H, YU Y L, et al. Two-dimensional self-propelled fish motion in medium: An integrated method for deforming body dynamics and unsteady fluid dynamics [J]. Chinese Physics Letters, 2008, 25(2): 597.

[78] XIAO Q, SUN K, LIU H, et al. Computational study on near wake interaction between undulation body and a D-section cylinder [J]. Ocean Engineering, 2011, 38(4): 673-683.

[79] LIU G, YU Y L, TONG B G. Optimal energy-utilization ratio for long-distance cruising of a model fish [J]. Physical Review E Statistical Nonlinear & Soft Matter Physics, 2012, 86(1): 016308.

[80] ZHU X, HE G, ZHANG X. Numerical study on hydrodynamic effect of flexibility in a self-propelled plunging foil [J].

Computers & Fluids, 2014, 97: 1-20.

[81] THEKKETHIL N, MUKUL S, AMIT A, et al. Effect of wavelength of fish-like undulation of a hydrofoil in a free-stream flow [J]. Sadhana: Academy Proceedings in Engineering Science, 2017, 42(4): 585-595.

[82] CUI Z, GU X, LI K, et al. CFD studies of the effects of waveform on swimming performance of carangiform fish [J]. Applied Sciences, 2017, 7(2): 149.

[83] KHALID M S U, AKHTAR I, IMTIAZ H, et al. On the hydrodynamics and nonlinear interaction between fish in tandem configuration [J]. Ocean Engineering, 2018, 157: 108-120.

[84] LI S, LI C, XU L, et al. Numerical simulation and analysis of fish-like robots swarm [J]. Applied Sciences, 2019, 9(8): 1652.

[85] WEI C, HU Q, ZHANG T, et al. Passive hydrodynamic interactions in minimal fish schools [J]. Ocean Engineering, 2022, 247: 110574.

[86] SUN X, JI F, ZHONG S, et al. Numerical study of an undulatory airfoil with different leading edge shape in power-extraction regime and propulsive regime [J]. Renewable Energy, 2020, 146: 986-996.

[87] GHOMMEM M, BOURANTAS G, WITTEK A, et al. Hydrodynamic modeling and performance analysis of bio-inspired swimming [J]. Ocean Engineering, 2020, 197: 106897.

[88] LIU G, REN Y, DONG H, et al. Computational analysis of vortex dynamics and performance enhancement due to body-fin and fin-fin interactions in fish-like locomotion [J]. Journal of Fluid Mechanics, 2017, 829: 65-88.

[89] DENG J, ZHANG L, LIU Z, et al. Numerical prediction of aerodynamic performance for a flying fish during gliding flight [J]. Bioinspiration & Biomimetics, 2019, 14(4): 046009.

[90] LUO Y, XIAO Q, SHI G, et al. A fluid-structure interaction solver for the study on a passively deformed fish fin with non-uniformly distributed stiffness [J]. Journal of Fluids and Structures, 2019, 92: 102778.

[91] FENG Y, LIU H, SU Y, et al. Numerical study on the hydrodynamics of C-turn maneuvering of a tuna-like fish body under self-propulsion [J]. Journal of Fluids and Structures, 2020, 94: 102954.

[92] PARK S G, KIM B, SUNG H J. Hydrodynamics of a self-propelled flexible fin near the ground [J]. Physics of Fluids, 2017, 29(5): 051902.

[93] PANG S, QIN F, SHANG W, et al. Optimized design and investigation about propulsion of bionic Tandem undulating fins Ⅰ: Effect of phase difference [J]. Ocean Engineering, 2021, 239: 109842.

[94] HU Q Q, YU Y L. The hydrodynamic effects of undulating patterns on propulsion and braking performances of long-based fin [J]. AIP Advances, 2022, 12(3): 1-15.

[95] REN K, YU J. Amplitude of undulating fin in the vicinity of a wall: Influence of unsteady wall effect on marine propulsion [J]. Ocean Engineering, 2022, 249: 110987.

[96] LI G, MÜLLER U K, VAN LEEUWEN J L, et al. Fish larvae exploit edge vortices along their dorsal and ventral fin folds to propel themselves [J]. Journal of the Royal Society Interface, 2016, 13(116): 20160068.

[97] SPRINKLE B, BALE R, BHALLA A P S, et al. Hydrodynamic optimality of balistiform and gymnotiform locomotion [J]. European Journal of Computational Mechanics, 2017, 26(1-2): 31-43.

[98] ZHAO Z, DOU L. Computational research on a combined undulating-motion pattern considering undulations of both the ribbon fin and fish body [J]. Ocean Engineering, 2019, 183(221): 1-10.

[99] ZHANG J, BAI Y, ZHAI S, et al. Numerical study on vortex structure of undulating fins in stationary water [J]. Ocean Engineering, 2019, 187: 106166.

[100] QUAN X, ZHAO X, ZHANG S, et al. Research on the undulatory motion mechanism of seahorse based on dynamic

mesh [J]. Applied Bionics and Biomechanics, 2021, 2021(1): 2807236.

[101] XIA D, LEI M, LI Z, et al. A combined IB-LB method for predicting the hydrodynamics of bionic undulating fin thrusters [J]. Ocean Engineering, 2024, 303: 117790.

[102] SUN G, WANG Z, LING H, et al. Investigation on the propulsive efficiency of undulating fin propulsor [J]. Ocean Engineering, 2024, 312: 119113.

[103] 尹盛林. 仿生波动鳍水陆两栖机器人设计与控制技术研究 [D]. 西安: 西安交通大学, 2021.

[104] 陈振汉. 仿波状鳍机器人水面稳性与推进性能研究 [D]. 西安: 西安交通大学, 2022.

[105] CURET O M, PATANKAR N A, LAUDER G V, et al. Aquatic manoeuvering with counter-propagating waves: A novel locomotive strategy [J]. Journal of the Royal Society Interface, 2011, 8(60): 1041-1050.

[106] ZHOU C, LOW K H. On-line optimization of biomimetic undulatory swimming by an experiment-based approach [J]. Journal of Bionic Engineering, 2014, 11(2): 213-225.

[107] NGUYEN V D, TRAN Q D, VU Q T, et al. Force optimization of elongated undulating fin robot using improved PSO‐based CPG [J]. Computational Intelligence and Neuroscience, 2022(1): 2763865.

[108] WEN L, WANG T, WU G, et al. A novel method based on a force-feedback technique for the hydrodynamic investigation of kinematic effects on robotic fish[C].Shanghai: Proceedings of the IEEE International Conference on Robotics and Automation, 2011.

[109] DEWEY P A, BOSCHITSCH B M, MOORED K W, et al. Scaling laws for the thrust production of flexible pitching panels [J]. Journal of Fluid Mechanics, 2013, 732: 29-46.

[110] LI Y, HU J, ZHAO Q, et al. Hydrodynamic performance of autonomous underwater gliders with active twin undulatory wings of different aspect ratios [J]. Journal of Marine Science and Engineering, 2020, 8(7): 476.

[111] OMARI M, GHOMMEM M, ROMDHANE L, et al. Performance analysis of bio-inspired transformable robotic fish tail [J]. Ocean Engineering, 2022, 244: 110406.

[112] ZHU Q, WOLFGANG M J, YUE D K P, et al. Three-dimensional flow structures and vorticity control in fish-like swimming [J]. Journal of Fluid Mechanics, 2002, 468: 1-28.

[113] 苏玉民, 黄胜, 庞永杰, 等. 仿鱼尾潜器推进系统的水动力分析[J]. 海洋工程, 2002, 20(2): 54-59.

[114] 杨侠. 柔性尾鳍的水动力分析及实验研究 [D]. 武汉: 华中科技大学, 2006.

[115] ZHANG Y H, JIA L B, ZHANG S W, et al. Computational research on modular undulating fin for biorobotic underwater propulsor [J]. Journal of Bionic Engineering, 2007, 4(1): 25-32.

[116] ZHANG T, HU Q, LI S, et al. Influence of hydrofoil motion patterns on the hydrodynamic performance of undulating fin for biomimetic underwater robots [J]. Ocean Engineering, 2024, 314: 119694.

[117] LI S, HU Q, ZHANG T, et al. Bionic parallel undulating fins: Influence of unsteady coupling effect on robot propulsion performance [J]. Ocean Engineering, 2024, 312: 119075.

[118] BIANCHI G, CINQUEMANI S, SCHITO P, et al. A numerical model for the analysis of the locomotion of a cownose ray [J]. Journal of Fluids Engineering: Transactions of the ASME, 2022, 144(3): 031203.

[119] 白亚强, 张军, 丁恩宝, 等. 静水中长鳍扭波推进的水动力数值研究 [J]. 水动力学研究与进展, 2016, 31(4): 402-408.

[120] WANG C, LIU Q, YANG J, et al. Numerical and experimental study of a hydrodynamic analysis of the periodical fluctuation of bio-inspired banded fins [J]. Journal of Marine Science and Engineering, 2025, 13(3): 462.

[121] LIU C, ZHANG X, WANG C. Hydrodynamic performance of two-dimensional undulating fins under flow excitation near the free surface in three-dimensional numerical tank [J]. Physics of Fluids, 2025, 37(1): 015158.

[122] KHOSRONEJAD A, MENDELSON L, TECHET A H, et al. Water exit dynamics of jumping archer fish: Integrating two-phase flow large-eddy simulation with experimental measurements [J]. Physics of Fluids, 2020, 32(1): 011904.

[123] OGUNKA U E, DAGHOOGHI M, AKBARZADEH A M, et al. The ground effect in anguilliform swimming [J]. Biomimetics, 2020, 5(1): 13.

[124] LI G, MULLER U K, VAN LEEUWEN J L, et al. Body dynamics and hydrodynamics of swimming fish larvae: A computational study [J]. Journal of Experimental Biology, 2012, 215(22): 4015-4033.

[125] SHI G X, QING X. Numerical investigation of a bio-inspired underwater robot with skeleton-reinforced undulating fins [J]. European Journal of Mechanics, B Fluids, 2021, 87(1): 75-91.

[126] MOORED K W. Unsteady three-dimensional boundary element method for self-propelled bio-inspired locomotion [J]. Computers & Fluids, 2018, 167: 324-340.

[127] GAZZOLA M, CHATELAIN P, REES W M V, et al. Simulations of single and multiple swimmers with non-divergence free deforming geometries [J]. Journal of Computational Physics, 2011, 230(19): 7093-7114.

[128] PESKIN C S. Flow patterns around heart valves: A numerical method [J]. Journal of Computational Physics, 1972, 10(2): 252-271.

[129] GRIFFITH B E, LUO X, MCQUEEN D M, et al. Simulating the fluid dynamics of natural and prosthetic heart valves using the immersed boundary method [J]. International Journal of Applied Mechanics, 2009, 1(1): 0900011-0900020.

[130] BORAZJANI I, SOTIROPOULOS F. On the role of form and kinematics on the hydrodynamics of self-propelled body/caudal fin swimming [J]. Journal of Experimental Biology, 2010, 213(1): 89-107.

[131] NEVELN I D, BALE R, BHALLA A P S, et al. Undulating fins produce off-axis thrust and flow structures [J]. Journal of Experimental Biology, 2013, 217(2): 201-213.

[132] XIN Z Q, WU C J. Topology optimization of the caudal fin of the three-dimensional self-propelled swimming fish [J]. Advances in Applied Mathematics and Mechanics, 2014, 6(6): 732-763.

[133] ZHANG C Y, HUANG H B, LU X Y. Free locomotion of a flexible plate near the ground [J]. Physics of Fluids, 2017, 29(4): 25.

[134] MAERTENS A P, GAO A, TRIANTAFYLLOU M S. Optimal undulatory swimming for a single fish-like body and for a pair of interacting swimmers [J]. Journal of Fluid Mechanics, 2017, 813: 301-345.

[135] KHALID M, WANG J, AKHTAR I, et al. Larger wavelengths suit hydrodynamics of carangiform swimmers [J]. Physical Review Fluids, 2020, 6(7): 073101.

[136] ZHONG Y, WU J, WANG C, et al. Hydrodynamic effects of the caudal fin shape of fish in carangiform undulatory swimming [J]. Proceedings of the Institution of Mechanical Engineers, Part C Journal of Mechanical Engineering Science, 2022, 236(12): 6385-6394.

[137] ZHANG D, HUANG Q G, PAN G, et al. Vortex dynamics and hydrodynamic performance enhancement mechanism in batoid fish oscillatory swimming [J]. Journal of Fluid Mechanics, 2022, 930: A28.

第一部分　波动推进理论

第 2 章　基于冲量原理的波动推进水动力性能

本章彩图

本章为阐明水下波动运动推力产生原理和基本运动机制，基于雷诺运输方程和导数矩变换等数学理论，从波动推进生物学研究出发，首先推导出适用于二维或者三维的、具有普适性的波动运动推力计算法则，并详细讨论公式的物理意义。为定量计算二维流场总冲量，基于二维涡街重构和黏性涡旋环量模型，研究将波动鳍尾流模化成一种理想涡街结构，通过定量描述尾流中每个涡旋(简称"涡")的生成、运输、耗散等物理过程，进而估算尾流场总冲量。在此基础上，结合冲量公式和量纲分析推导出二维波动推进平均推力表达式，揭示推力与波动运动参数之间的变化关系。

2.1　波动推进生物模型

从尼罗河魔鬼鱼的背鳍波动推进中获得灵感，通过仿生机械学设计，开发出了人造仿生波动鳍驱动的机器人。为了使人造仿生波动鳍能够模拟尼罗河魔鬼鱼的背鳍运动形态，重现其波动过程中周围的流场和涡街结构，本节将对尼罗河魔鬼鱼的形态特征和推进机理进行研究。由于尼罗河魔鬼鱼是波动推进模式生物的典型代表[1]，其高效稳定推进吸引了生物学研究领域众多学者的关注，与其生理结构[2-4]和游动特性[5]分析的相关技术已经非常成熟。因此，本节在引用相关技术新成果的基础上，对尼罗河魔鬼鱼波动鳍的结构、形态学参数和波动运动特征进行分析。

1. 尼罗河魔鬼鱼形态学特征

尼罗河魔鬼鱼，原名裸臀鱼(*Gymnarchus niloticus*)，又称"反天刀"，是一种生活在非洲尼罗河流域的淡水鱼，其眼睛已经基本退化，依靠身体发出的微弱电流感知周围环境变化。如图 2.1 所示，尼罗河魔鬼鱼身体呈流线型，没有腹鳍、臀鳍及尾鳍，背鳍是其唯一的游泳器官，从项部一直延续到尾尖，背鳍高度从头部到尾部先增大后减小，只有一个波峰。其平滑过渡的外形使得鱼体能够保持良好的流线型，可以有效减少游动过程中的形体阻力，实现在水中的快速启停和变向运动[6]。

尼罗河魔鬼鱼形态特征参数如表 2.1 所示。

图 2.1 尼罗河魔鬼鱼[7]

表 2.1 尼罗河魔鬼鱼形态特征参数[8]

形态特征参数	数值
身体总长/cm	25
背鳍长度/cm	17
平均背鳍高度/cm	0.5
最大背鳍高度/cm	0.95
背鳍厚度/cm	约 0.05

从表 2.1 可以看出，尼罗河魔鬼鱼的背鳍长度约占身体总长的 70%，背鳍的展弦比约为 5%，背鳍厚度约为背鳍长度的 0.3%，这些数据为运动学建模及简化提供了依据[9]。

2. 尼罗河魔鬼鱼波动推进机理

身体/尾鳍(BCF)推进模式跟中央鳍/对鳍(MPF)推进模式是鱼类生物最常见的两种推进模式。与 BCF 推进模式相比，MPF 推进模式的稳定性更好，低速游动时的推进效率和机动性更高。尼罗河魔鬼鱼是 MPF 推进模式的典型代表，其依靠发达的背鳍波动产生前进推力[10,11]。尼罗河魔鬼鱼在正向巡游时，背鳍鳍面产生类正弦波动，波从鱼体头部向尾部方向传播，能够改变背鳍推进波的波形、频率、相位关系、波幅和波数，控制游动速度，同时可改变背鳍推进波的传播方向，实现直行与倒游的方向切换[12-14]。但是，尼罗河魔鬼鱼单靠背鳍波动是无法实现转弯运动的，必须借助身体的弯曲才能实现灵活的转弯[5]。

尼罗河魔鬼鱼的高效游动是在中枢神经系统的精密指挥下，肌肉驱动肋条协调摆动带动柔性鳍面形成连续的波状变形，对身体周围流场和涡结构进行精准控制实现的[15,16]。当前的水下波动推进机器人技术水平[17]是无法完全复刻这种精妙的生理结构和控制技术的，因此本节采用结构仿生设计思想，根据真鱼的波动鳍进行仿生波动鳍结构设计，同时开发有效的波动控制技术，力求达到"形似"的设计效果。

2.2 波动推进模型下的冲量理论

在形态学特征研究基础上，建立尼罗河魔鬼鱼波动鳍和仿生波动鳍的运动学模型，为仿生波动鳍的结构设计和推进动力学建模研究奠定基础。

2.2.1 导数矩变换

波动鳍面运动学模型均为等幅值正弦模型。二维空间中，如图 2.2 所示，鳍面运动模型为[18]

$$y = h(x,t) = A\cos(2\pi ft - 2\pi x / \lambda) \tag{2.1}$$

式中，t 表示时间；x 表示鳍面一点在局部坐标系下的横坐标；y 和 $h(x,t)$ 均表示鳍面一点在简谐振荡下的侧向距离；A 表示波动运动的单侧幅值；f 表示波动运动的频率；λ 表示波动运动的波长。在三维空间下，波动运动方程采用参数方程描述[12]：

$$\begin{cases} x = x \\ y(x,d,t) = d\cos\left(\theta_m \sin(2\pi ft - 2\pi x / \lambda)\right) \\ z(x,d,t) = d\sin\left(\theta_m \sin(2\pi ft - 2\pi x / \lambda)\right) \end{cases} \tag{2.2}$$

式中，θ_m 表示鳍面一点 p 的切线与基线 x 轴之间的最大摆动角度(表征幅值)；d 表示鳍面点 p 到基线 x 轴的垂直距离。

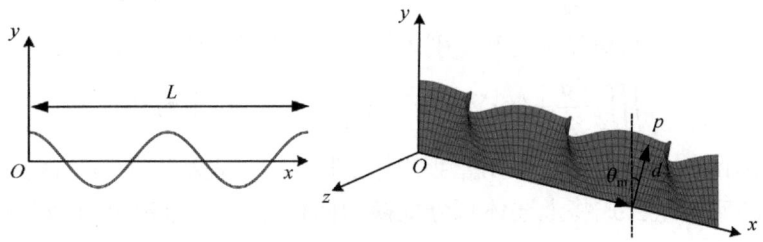

图 2.2 二维和三维波动鳍坐标系示意图

本章的主要内容是基于上述运动学模型介绍波动运动的推力产生机制，以及计算给定运动参数下波动运动产生的推力。一般地，黏性流体下变形体运动产生的推力由微元面上黏性应力张量的空间面积分决定，然而，通过理论精确分析鳍面微元上的受力情况几乎是不可能的。因此，研究从整体出发，而不着重于微元面的分析。引入雷诺输运方程，对任意张量场 $\mathcal{F}$，有

$$\frac{\mathrm{d}}{\mathrm{d}t}\iiint_V \mathcal{F}\,\mathrm{d}V = \iiint_V \frac{\partial \mathcal{F}}{\partial t}\mathrm{d}V + \iint_{\partial V} \mathcal{F}\boldsymbol{n}\cdot\boldsymbol{v}\mathrm{d}S \tag{2.3}$$

式中，V 表示将波动鳍包含在内的空间任意一个控制体；S 表示控制体外侧以及内侧的表面；$\boldsymbol{v}$ 表示控制体表面上微元面的变化速度；$\boldsymbol{n}$ 表示法向量。

雷诺运输定理的意义在于建立了拉格朗日观测系统下的物质导数与欧拉观测系统下控制体内局部导数之间的联系。由于张量场 $\mathcal{F}$ 的任意性，令 $\mathcal{F}=\boldsymbol{u}$，其中 $\boldsymbol{u}$ 是流场任意一点的速度。结合高斯通量公式(散度定理)，公式(2.3)等号右侧第二项可以张量指标形式改写为

$$\iint_{\partial V} n_j v_j u_i\,\mathrm{d}S = \iiint_V \frac{\partial}{\partial x_j}(v_j u_i)\mathrm{d}V = \iiint_V \frac{\partial}{\partial x_j}\big(u_j u_i - (u_j - v_j)u_i\big)\mathrm{d}V \tag{2.4}$$

根据公式(2.4)第二个等号右侧因式，结合不可压缩流体的连续性条件 $\nabla\cdot\boldsymbol{u}=0$，进一步可得

$$\frac{\partial}{\partial x_j}(u_j u_i) = u_i \frac{\partial u_j}{\partial x_j} + u_j \frac{\partial u_i}{\partial x_j} = \boldsymbol{u}(\nabla\cdot\boldsymbol{u}) + (\boldsymbol{u}\cdot\nabla)\boldsymbol{u} = (\boldsymbol{u}\cdot\nabla)\boldsymbol{u} \tag{2.5}$$

结合公式(2.3)~公式(2.5)，关于 $\boldsymbol{u}$ 的运输方程可以改写为

$$\frac{\mathrm{d}}{\mathrm{d}t}\iiint_V \boldsymbol{u}\,\mathrm{d}V = \iiint_V \frac{\partial \boldsymbol{u}}{\partial t}\mathrm{d}V + \iiint_V (\boldsymbol{u}\cdot\nabla)\boldsymbol{u} - \frac{\partial}{\partial x_j}(u_j u_i - v_j u_i)\mathrm{d}V$$

$$= \iiint_V \frac{\partial \boldsymbol{u}}{\partial t} + (\boldsymbol{u}\cdot\nabla)\boldsymbol{u}\,\mathrm{d}V - \iint_{\partial V}(\boldsymbol{n}\cdot\boldsymbol{u} - \boldsymbol{n}\cdot\boldsymbol{v})\boldsymbol{u}\mathrm{d}S \tag{2.6}$$

式中，体积分到面积分的转化依然使用了高斯通量公式，并将指标形式进一步写为矢量形式。此外，注意到 $\iiint_V \frac{\partial \boldsymbol{u}}{\partial t} + (\boldsymbol{u}\cdot\nabla)\boldsymbol{u}\,\mathrm{d}V$ 恰好就是关于速度 $\boldsymbol{u}$ 的随体导数(物质导数)，即非定常项与对流项之和。引入柯西动量公式(2.7)并忽略重力项：

$$\iiint_V \frac{\partial \boldsymbol{u}}{\partial t} + (\boldsymbol{u}\cdot\nabla)\boldsymbol{u}\,\mathrm{d}V = \iiint_V \frac{1}{\rho}\nabla\cdot(-p\mathbb{I} + \boldsymbol{\tau})\mathrm{d}V \tag{2.7}$$

式中，$\mathbb{I}$ 表示单位张量；$\boldsymbol{\tau}$ 表示黏性切应力张量；ρ 表示流体的定常密度。

使用高斯通量公式将上述体积分变换为面积分，公式(2.6)可转变为

$$\iint_{S+S_b}\boldsymbol{n}\cdot(-p\mathbb{I}+\boldsymbol{\tau})\mathrm{d}S = \rho\frac{\mathrm{d}}{\mathrm{d}t}\iiint_V \boldsymbol{u}\,\mathrm{d}V + \rho\iint_{S+S_b}(\boldsymbol{n}\cdot\boldsymbol{u} - \boldsymbol{n}\cdot\boldsymbol{v})\boldsymbol{u}\mathrm{d}S \tag{2.8}$$

由于使用了高斯通量公式，公式(2.8)将包裹流体区域的整个控制面分成了两部分，如图2.3所示，S 表示流场区域的外表面；S_b 表示处于流场区域中的物体表面，波动推进模型下即是波动鳍的鳍面。同时，注意到单位法向量 $\boldsymbol{n}$ 的方向，S 上法向量指向外侧，而 S_b 上法向量指向内侧，这是由高斯通量公式决定的。三维波动鳍模型同理，控制体外表面可以是三维空间的任意封闭曲面。

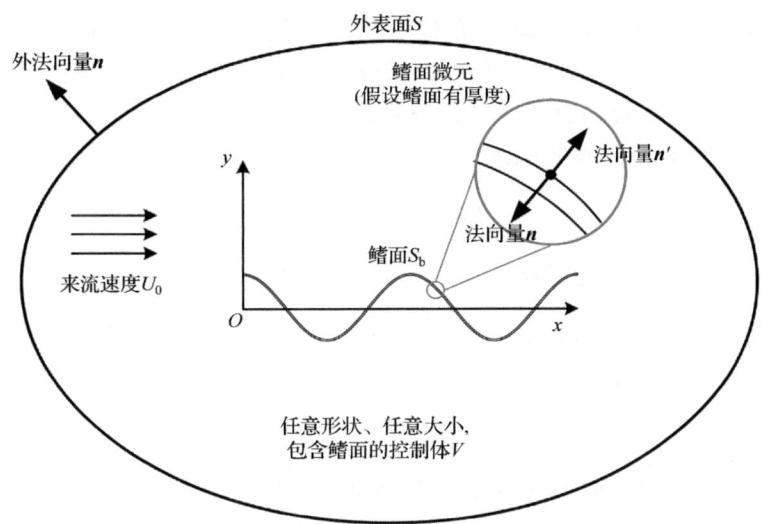

图 2.3 包裹流体区域的整个控制面

一般地，波动鳍面上作用力在笛卡儿坐标系下可以写为

$$\begin{cases} F_x = \iint_{S_b} \left(-pn'_x + \tau_{xi}n'_i\right) \mathrm{d}S \\ F_y = \iint_{S_b} \left(-pn'_y + \tau_{yi}n'_i\right) \mathrm{d}S \\ F_z = \iint_{S_b} \left(-pn'_z + \tau_{zi}n'_i\right) \mathrm{d}S \end{cases} \quad (2.9)$$

式中，法向量 $\boldsymbol{n}'$ 方向与法向量 $\boldsymbol{n}$ 不同，在力的一般定义中，法向量 $\boldsymbol{n}'$ 的方向指向流场，即指向物体面外法向，如图 2.3 所示。因此可得

$$\boldsymbol{F} = -\iint_{S_b} \boldsymbol{n} \cdot (-p\mathbb{I} + \boldsymbol{\tau}) \mathrm{d}S \quad (2.10)$$

式中，$\boldsymbol{F}$ 表示波动鳍产生的力。结合无滑移无渗透壁面条件，在鳍面 S_b 上有 $\boldsymbol{u} = \boldsymbol{v}$，因此公式(2.8)中，右侧关于 S_b 的面积分为 0，将公式(2.9)代入公式(2.10)中，移项可得

$$\boldsymbol{F} = -\rho \frac{\mathrm{d}}{\mathrm{d}t} \iiint_V \boldsymbol{u} \, \mathrm{d}V - \rho \iint_S (\boldsymbol{n} \cdot \boldsymbol{u} - \boldsymbol{n} \cdot \boldsymbol{v}) \boldsymbol{u} \, \mathrm{d}S + \iint_S \boldsymbol{n} \cdot (-p\mathbb{I} + \boldsymbol{\tau}) \mathrm{d}S \quad (2.11)$$

公式(2.11)是波动推进产生的水动力合力的一般表达公式，其中，应力张量采用最简单的本构模型——牛顿流体模型进行计算，这样的流体是各向同性的，即

$$\boldsymbol{\tau} = \mu \left(\nabla \boldsymbol{u} + \nabla \boldsymbol{u}^{\mathrm{T}} \right) \quad (2.12)$$

式中，$\nabla \boldsymbol{u}$ 表示速度梯度张量。

将公式(2.12)代入柯西动量方程(2.7)即得到著名的纳维-斯托克斯方程。公式(2.12)的意义在于找到了一种可以精确求解波动鳍水动力的途径。然而，为了实现体积分计算，需要知道流场任意一点的速度 u，这增大了公式(2.12)应用难度，为了消去这项体积分，首先引入以下张量恒等式：

$$\left(\mathcal{F}_i x_j\right)_{,i} = \mathcal{F}_j + \mathcal{F}_{i,i} x_j \tag{2.13}$$

式中，$\left(\mathcal{F}_i x_j\right)_{,i}$ 表示对 x_i 的偏导；$\mathcal{F}_j$ 表示向量场 $\mathcal{F}$ 的第 j 个分量，$\mathcal{F}_{i,i} = \partial \mathcal{F}_i / \partial x_i$；$x_j$ 表示空间坐标系的基向量，在三维笛卡儿坐标系下自由指标 $j = 1, 2, 3$，因此 x_j 分别表示三个方向基向量，二维空间同理。结合高斯通量公式和公式(2.3)～公式(2.13)，可得

$$\iiint_V u \, dV = -\iiint_V x (\nabla \cdot u) dV + \iint_{S+S_b} x(n \cdot u) dS \tag{2.14}$$

如果将公式(2.14)代入公式(2.11)，并让控制面 S 保持静止 ($v = 0$)，最终得到公式(2.15)，即波动鳍产生的水动力合力由物面和流体区域外表面上水动力性能唯一确定：

$$F = -\rho \frac{d}{dt} \left(\iint_{S_b} x u_{bn} \, dS + \iint_S x u_n \, dS \right) + \iint_S (-p n - \rho u_n u + n \cdot \tau) dS \tag{2.15}$$

式中，u_{bn} 是物体面 S_b 上速度法向分量；u_n 是流体控制面 S 上速度法向分量。

上述积分变换也被称为导数矩变换(derivative moment transformation，DMT)，已被广泛应用于仿生波动推进的水动力性能研究[19]。公式(2.15)应用难点在于如何获取控制面上的速度分布，在理论上这依然非常困难。应用途径之一是结合 PIV 等实验流体设备获取流体控制面上的速度，再估算柔性体运动产生的水动力合力，这在一些活体生物实验研究中具有一定应用价值[20, 21]。

2.2.2 广义冲量公式

公式(2.11)和公式(2.15)在无额外假设的情况下，提供了一种精确计算水动力合力的方法。但是，由于数学形式复杂，直接计算变形体产生的推力困难，因此本小节将结合波动运动特性对公式(2.15)进行数学化简，引入矢量恒等式：

$$\iiint_V \mathcal{F} \, dV = \frac{1}{N-1} \iiint_V r \times (\nabla \times \mathcal{F}) dV - \frac{1}{N-1} \iint_{\partial V} r \times (n \times \mathcal{F}) dS \tag{2.16}$$

式中，$\mathcal{F}$ 表示任意一个与空间位置相关的矢量或张量；N 表示维度，二维系统下 $N = 2$，三维系统下 $N = 3$；r 表示空间一点的位置矢量。公式(2.16)的证明主要是运用高斯通量公式和张量恒等式：

$$\epsilon_{ijk} \epsilon_{jlm} \left(\mathcal{F}_m r_k\right)_{,l} = \epsilon_{ijk} \left(\epsilon_{jlm} \mathcal{F}_{m,l}\right) r_k + \epsilon_{ijk} \epsilon_{jkm} \mathcal{F}_m \tag{2.17}$$

式中，ϵ 表示张量的置换符号。令 $\mathcal{F} = u$，可得

$$\iiint_V u \, dV = \frac{1}{N-1} \iiint_V r \times (\nabla \times u) dV - \frac{1}{N-1} \iint_{\partial V} r \times (n \times u) dS \quad (2.18)$$

等号左侧的速度体积分 $\iiint_V u \, dV$ 在以上数学推导中多次出现，它的物理意义实则指流体动量。同时，注意到：

$$\omega = \nabla \times u \quad (2.19)$$

式中，ω 表示速度场旋度，又称涡量，定义：

$$I = \frac{1}{N-1} \iiint_V r \times \omega \, dV \quad (2.20)$$

式中，I 表示流体冲量。将公式(2.20)和公式(2.18)代入公式(2.11)，整理得

$$F = -\rho \frac{d}{dt} I + \frac{\rho}{N-1} \frac{d}{dt} \iint_{S_b} r \times (n \times u) dS$$
$$+ \frac{\rho}{N-1} \frac{d}{dt} \iint_S r \times (n \times u) dS - \rho \iint_S (n \cdot u - n \cdot v) u \, dS$$
$$+ \iint_S n \cdot (-p\mathbb{I} + \tau) dS \quad (2.21)$$

如果考虑流体控制面 S 离物体面无穷远，那么控制面 S 上的流体几乎不受物体运动的扰动，选择具有对称性的控制面 S 将使得公式(2.21)后三项积分和为零。更严谨地，Wu[22,23]在分析仿生鱼运动的水动力合力时得到相似结果，并严格证明了黏性流体下随着控制面趋于无穷大，无穷远处扰动速度和涡量迅速衰减，后三项积分之和可忽略。因此，可以得到流体冲量的一般公式：

$$F = -\rho \frac{dI}{dt} + \frac{\rho}{N-1} \frac{d}{dt} \iint_{S_b} r \times (n \times u) dS \quad (2.22)$$

进一步矫正法向量 n 的方向，由于其是根据高斯通量公式确定的，指向物面内侧(从流体区域指向物体内部)，并不符合使用习惯，可以定义 $n_b = -n$，冲量公式可表述为

$$F = -\rho \frac{dI}{dt} - \frac{\rho}{N-1} \frac{d}{dt} \iint_{S_b} r \times (n_b \times u) dS \quad (2.23)$$

冲量公式(2.23)是流体运动满足的一般规律，具有普适物理意义。进一步地，公式(2.23)的等号右侧第二项面积分 $\iint_{S_b} r \times (n_b \times u) dS$ 可以证明，该项在波动鳍模型中应该为 0。这是因为一般的波动鳍模型，或者波动板模型，在长度和宽度方向具有较大尺寸，而厚度一般小得多，在理论上通常能简化为无厚度壁面[24]。这样的无厚度壁面模型，尽管厚度为零，但是壁面两侧的压力分布在运动过程中显

然是不同的。因此，壁面一点的两侧尽管数学上位于同一空间位置，但是物理属性是不连续的。由于无滑移壁面条件，壁面运动速度与近壁面流体速度相同，即壁面一点两侧的流体速度相同，且位置矢量也相同，但是法向量方向却相反，由壁面指向流体区域。因此，公式(2.23)等号右侧第二项面积分计算结果一定为零。此外，即便考虑有厚度的鳍面模型，只要厚度相对较小，公式(2.23)等号右侧第二项面积分的数量级比第一项也小得多。波动鳍模型下的流体冲量公式可以写为

$$F = -\rho \frac{dI}{dt} \tag{2.24}$$

公式(2.24)对于二维或三维的波动鳍模型都成立，具有普适性，称其为广义冲量公式。该公式和经典物理学中的刚体冲量定理十分相似，不同点在于公式(2.24)中冲量是指整个流场中流体的总冲量。广义冲量公式的一个重要意义如下：

(1) 从数学上看，冲量就是涡量的 1 阶矩($I = \iiint_V r \times \omega dV$)。相似地，数学上还可以定义涡量的 0 阶矩、2 阶矩、高阶矩等。涡量的 0 阶矩，二维空间下其实就是环量，即 $\Gamma = \iint_S \omega dS$ ，三维空间下则是总涡量。涡量的 2 阶矩，可以定义为 $\iiint_V r^2 \omega dV$ ，即冲量矩，将与物体运动产生的力矩相关联。

(2) 公式(2.24)实际表明了波动鳍产生的合力正比与于流场总冲量的变化率。对波动鳍推力的研究，可以归结为对整个流体系统冲量变化的研究。对冲量的研究，又可以归结为对涡量的研究。特别是在二维空间下，流体涡量是一个标量，公式(2.24)将矢量力与标量涡量相联系。因此，冲量公式另一个重要意义在于，将对于变形体运动合力的研究转变为对于流场涡量的研究。

(3) 进一步考虑流体-波动鳍系统下的涡量生成规律。涡动力方程表明，流体涡量的产生与耗散主要受三个因素影响：流体的斜压性、黏性及非保守的彻体力。波动鳍模型下，大变形鳍面运动对流体施加的非保守彻体力是涡量产生的主要原因。结合冲量定义公式(2.20)和公式(2.24)，研究表明，涡旋生成、涡旋强度增大、涡旋向下游运动等过程都会诱导运动产生正推力，因为这些过程都意味着流场总冲量增加。在图 2.2 所示坐标系下，正推力实际指向 x 轴负方向。波动鳍推力的一个重要来源便是尾流，尽管涡旋耗散过程使得总冲量减少，但涡旋向后运动意味着涡旋全局位移增大，进而增大流场总冲量，并诱导正推力产生。由于流场中涡旋主要分布在尾流中，而尾流中涡旋向后运动的过程最终形成了射流，因此，射流是诱导波动运动产生正推力的主要原因。

本小节研究以雷诺运输方程为起点，结合积分变换和张量运算，推导了波动推进模型下的冲量公式，将关于矢量力的研究转变为对涡量的研究，定性分析了波动鳍运动产生推力的基本机制，即黏性流场下波动运动产生的射流是诱导正推

力的主要原因。然而，上述讨论对波动鳍推力的认识依然是定性的，如何定量描述推力，建立推力与波动鳍运动学参数之间关系，依然是研究的重点与难点。

2.3 二维波动推进尾流模型

为了建立波动鳍运动学参量与推力之间的定量关系，必须要定量描述流场冲量，也等价于定量研究流场中涡量的分布规律。然而，从理论上精确求解流场涡量分布依然十分困难。特别是三维湍流流场下的涡旋呈现多尺度、非线性分布特点，使得相关研究几乎无法实现。因此，本节基于二维波动推进模型，引入涡街结构假设和涡模型假设，进而量化二维涡旋运动。为说明研究思路，下面介绍二维波动鳍运动产生的尾流涡街一般特性。典型的二维波动鳍涡街如图 2.4 所示。

图 2.4　典型的二维波动鳍涡街示意图[18](扫描章前二维码查看彩图)

理想情况下，二维波动鳍运动产生单涡交替脱落的周期性涡街，也称为 2S 型反卡门涡街[25,26]。涡街中，涡旋仅从波动鳍后缘脱落并进入尾流，其几乎以恒定速度(约为自由来流速度)向后运动，涡与涡之间的间隔几乎相同。尽管鳍的壁面附着涡量，但是无厚度鳍面上任意一点两侧的涡量相反且位置相同，因此波动鳍壁面上涡量变化诱导的冲量变化相对于尾流来说可以忽略，整个流场冲量主要由尾流决定，即

$$F = -\rho \frac{dI_w}{dt} \tag{2.25}$$

在理想涡街结构的假设下，可以对每个涡旋的生成、脱落、运输、耗散过程进行建模，实现数学量化，如图 2.5 所示。对模化后的涡街结构详细分析如下：对于每一个涡，规定其半径始终为 r_0、形状为圆形、涡强度不断衰减。二维空间下，涡量为标量，记为 ω，图 2.5 中用红色表示逆时针旋转的正涡，蓝色表示顺时针旋转的负涡，用颜色深浅表示涡的强度。二维空间下的涡强度其实就是环量 Γ，即

$$\Gamma = \oint_C \boldsymbol{u} \cdot d\boldsymbol{r} = \iint \boldsymbol{\omega} \cdot \boldsymbol{n} dS = \iint \omega dS \tag{2.26}$$

式中，Γ 表示涡旋的环量；C 表示二维空间下包含涡旋的任意控制曲线；$\boldsymbol{u}$ 表示控制曲线上任意点的速度。

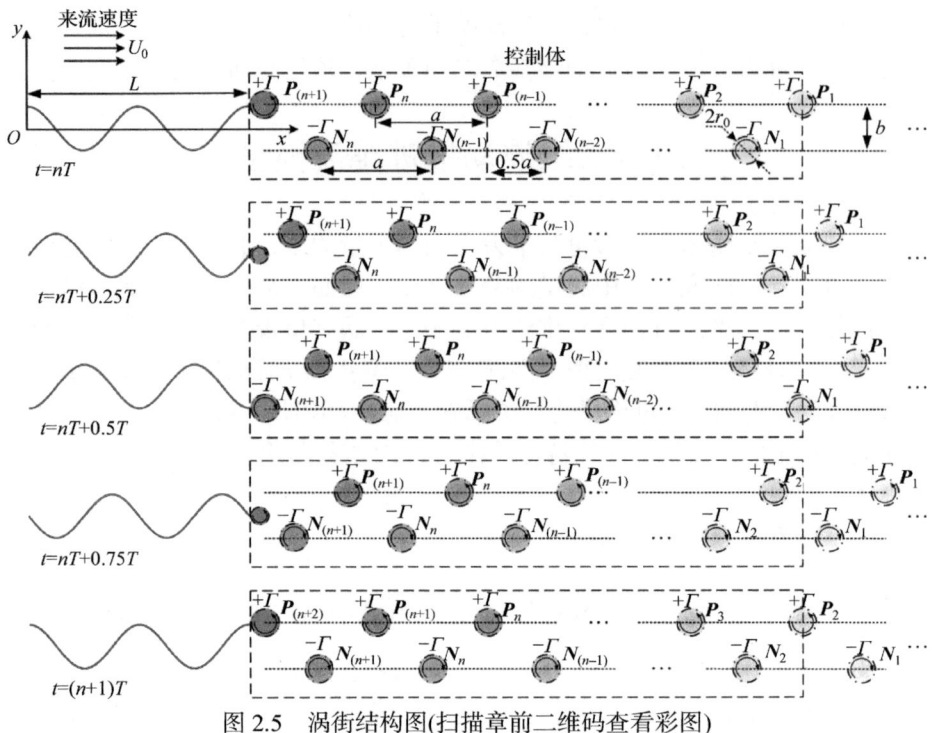

图 2.5 涡街结构图(扫描章前二维码查看彩图)

尽管限定了涡旋的半径与形状,但是由于流体的黏性,涡旋在向后运动过程中逐渐被耗散,强度逐渐降低,因此环量是时间的函数,记为 $\Gamma(t)$。自由来流速度为 U_0,假设涡街中每个涡旋向后平移的速度为匀速,涡与涡之间的横向间距 a 和纵向间距 b 在运动过程中不变。尾流区域中,考虑一个起始于波动鳍后缘且足够大的控制面,将足够多的涡旋包含在控制面内,由于控制面足够大,超出控制面的涡旋基本被耗散至强度非常低,因此可以忽略不计。研究中,可以对每个涡旋进行编号,正负涡分别记为 P_i 和 N_i。符号 P_i/N_i 既可以指第 i 个正涡/负涡,又可以指第 i 个正涡/负涡圆心处的空间位置矢量。涡旋从远离波动鳍后缘的下游开始编号,P_1 或者 N_1 并不代表起始的涡旋,由于尾流已经得到充分发展,控制体下游依然存在其他的涡旋,只是因为这些离波动鳍足够远的涡旋强度已经可以忽略不计了。涡街结构中,不仅包含了涡旋的耗散过程,还有涡旋的生成过程。当第 n 个周期开始时,伴随着 P_{n+1} 这个涡旋的脱离,波动鳍后缘向下运动,逐渐诱导 N_{n+1} 这个涡旋的生成。模型中,假设涡旋仅在后缘生成,生成过程中随着后缘运动,并在半周期后脱离,即一个运动周期内生成两个涡旋,脱落两个涡旋。由于波动鳍运动具有周期性,而涡街模型也具有相应的周期性,仅需要考虑一个周期内涡街的分布情况,即 $t \in (nT, (n+1)T]$,T 表示波动周期。当 $t=nT$ 时,尾流中恰好有 $2n$ 个涡旋,且 P_{n+1} 这个涡旋马上将从鳍面后缘脱落。

根据上述涡分布规律，整个尾流中的冲量可以写为

$$I_\mathrm{w} = \sum_{i=1}^{n+2} I_{P_i} + \sum_{i=1}^{n+1} I_{N_i} \tag{2.27}$$

公式(2.27)中，涉及 N_{n+1} 和 P_{n+2} 这两个涡旋的生成过程。P_1、N_1 和 P_2 这三个涡旋的共同特点是，在一个周期内它们都会运动至超出控制面边界。其他涡旋在一个周期内都被包含在控制面内，向下游运动过程中只涉及耗散过程。由于控制面足够大(计算中将对 n 取极限)，P_1 和 N_1 两个涡旋基本被耗散了，可以忽略不计。P_2 这个涡旋只有在一个周期内最后一小段时间中部分超出控制面，因此计算中假定它总是在控制面内。由于这些涡旋的强度非常小，简化并不会影响最终结果。需强调的是，$t=0$ 并不代表物理上的零时刻，而是代表尾流充分发展后某一正涡恰从尾鳍后缘脱落的时刻。公式(2.27)进一步化简为

$$\begin{aligned} I_\mathrm{w} &= \sum_{i=2}^{n+1} I_{P_i} + \sum_{i=2}^{n} I_{N_i} + I_{P_{n+2}} + I_{N_{n+1}} + I_{N_1} + I_{P_1} \\ &\approx \sum_{i=2}^{n+1} I_{P_i} + \sum_{i=2}^{n} I_{N_i} + I_{P_{n+2}} + I_{N_{n+1}} \\ &\approx I_\Sigma + I_{P_{n+1}} + I_{P_{n+2}} + I_{N_{n+1}} \end{aligned} \tag{2.28}$$

式中，I_Σ 被定义为

$$I_\Sigma = \sum_{i=2}^{n} I_{P_i} + \sum_{i=2}^{n} I_{N_i} \tag{2.29}$$

这里将 $I_{P_{n+1}}$ 单独提出来，仅是为了计算形式上的简化。分析公式(2.29)中的每个单涡，这些涡的特点是不涉及生成过程，不会运动超出控制面，因此并不需要额外处理。根据冲量定义公式(2.20)，冲量依赖于涡量和位置矢量，其中位置矢量是全局坐标系下的位置矢量。引入涡的各向同性耗散假设：单涡的涡量在流场中的耗散是不具备方向性的，各个方向的耗散程度相同。在涡旋半径 r_0 内，以其圆心为涡旋局部坐标系原点，涡旋内任意点可以由极半径和角度描述，如图 2.6 所示。以涡旋圆心为坐标系原点建立局部坐标系 $x'O'y'$，涡旋内任意一点的位置矢量用 r' 表示，P_i 表示第 i 个正涡及该涡旋圆心在波动鳍坐标系 xOy 下的位置矢量，其涡量为 ω_{P_i}，尽管二维的涡量是标量，即 $\omega_{P_i}=(0,0,\omega_{P_i})$，但为了计算方便这里依然写为矢量形式。因此，$P_i$ 涡的冲量可以写为

$$\begin{aligned} I_{P_i} &= \iint_S (r \times \omega_{P_i}) \mathrm{d}S = \iint_S (P_i \times \omega_{P_i}) \mathrm{d}S + \iint_S (r' \times \omega_{P_i}) \mathrm{d}S \\ &= \iint_S (P_i \times \omega_{P_i}) \mathrm{d}S + 0 \\ &= e_x (P_i)_y \varGamma_{P_i}(t) - e_y (P_i)_x \varGamma_{P_i}(t) \end{aligned} \tag{2.30}$$

式中，e_x 和 e_y 分别表示波动鳍坐标 xOy 下两个基向量；$(P_i)_x$ 和 $(P_i)_y$ 分别表示位置矢量 P_i 在 xOy 下的分量；P_i 表示涡的圆心坐标，与局部坐标系无关，因此可以写到积分外侧。积分 $\iint_S (r' \times \omega_{P_i}) dS$ 具有对称性，等于 0。积分 $\iint_S \omega_{P_i} dS$ 实际物理意义表示 P_i 涡的环量，记为 $\Gamma_{P_i}(t)$，即环量是时间的函数。在上述简化模型下，单个涡旋的冲量只和涡的环量、涡心全局坐标有关。因此，I_Σ 在 xOy 坐标系下的两个分量可以写为

$$(I_\Sigma)_x = \left(\sum_{i=2}^n I_{P_i} + \sum_{i=2}^n I_{N_i} \right)_x = \sum_{i=2}^n (P_i)_y \Gamma_{P_i}(t) + \sum_{i=2}^n (N_i)_y \Gamma_{N_i}(t)$$

$$= \frac{b}{2} \sum_{i=2}^n \Gamma_{P_i}(t) + \frac{-b}{2} \sum_{i=2}^n \Gamma_{N_i}(t) \tag{2.31}$$

$$(I_\Sigma)_y = \left(\sum_{i=2}^n I_{P_i} + \sum_{i=2}^n I_{N_i} \right)_y$$

$$= -\sum_{i=2}^n (P_i)_x \Gamma_{P_i}(t) - \sum_{i=2}^n (N_i)_x \Gamma_{N_i}(t) \tag{2.32}$$

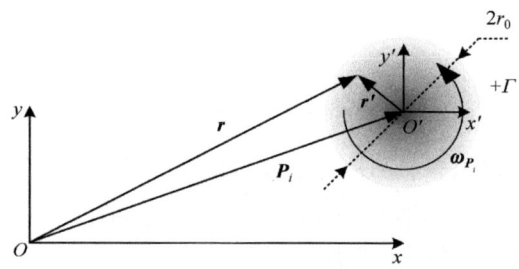

图 2.6　涡旋局部坐标系 $x'O'y'$ 与鳍面坐标系 xOy 示意图

根据图 2.5 中的涡街结构，尾流中涡旋的全局纵坐标为 $b/2$，横坐标与时间相关，但涡与涡之间的横向间距为 a。由于波动鳍运动具有周期性，研究只需考虑一个周期内涡街结构变化，令 $nT < t \leqslant (n+1)T$，即 $t/T = n + \tilde{t}$，其中 $0 < \tilde{t} \leqslant 1$。因此，只需要考虑无量纲时间 $\tilde{t}$。对于 P_{n+1}，由于涡旋在尾流中匀速向后运动，它的全局横坐标可以写为 $L + \tilde{t}a$，L 是波动鳍横向投影的长度。一般地，P_i 涡的横坐标写为

$$(P_i)_x = L + (n+1-i)a + \tilde{t}a \tag{2.33}$$

对于 N_i 有

$$(N_i)_x = L + (n+0.5-i)a + \tilde{t}a \tag{2.34}$$

上述位移函数不适用于描述 $I_{P_{n+2}}$ 和 $I_{N_{n+1}}$，二者的位移函数将在 2.4 节单独讨论。为了计算波动鳍尾流中每个涡旋的全局位移，研究采用了一种涡街结构假设，模化了每个涡旋的运动轨迹。为计算 I_Σ，尽管公式(2.31)和公式(2.32)中每个涡旋中心的位置矢量已知，但其环量依然未知。同时，为计算总涡量还需要考虑三个单涡的冲量变化规律，即 $I_{P_{n+1}}$、$I_{P_{n+2}}$ 和 $I_{N_{n+1}}$。$I_{P_{n+1}}$ 涡在 $\tilde{t}=0$ 时刻已经生成并脱落，因此只需要考虑其在整个周期内的耗散过程，而其他两个单涡还涉及涡的生成过程。量化环量是要解决的主要难题。

2.4 波动推进尾流涡旋模化

为了建立能够描述波动鳍尾流中涡旋生成、耗散等过程的环量模型，本节研究从探讨基本的奥辛流模型开始，它是一种非定常、平面轴对称下的涡旋精确解模型[27, 28]。奥辛流模型中涡量和切向速度分别为

$$\begin{cases} \omega = \dfrac{\Gamma^*}{4\pi\nu t}\mathrm{e}^{\left(-\dfrac{r^2}{4\nu t}\right)} \\ u_\theta = \dfrac{\Gamma^*}{2\pi r}\left(1-\mathrm{e}^{\left(-\dfrac{r^2}{4\nu t}\right)}\right) \end{cases} \tag{2.35}$$

式中，ω 表示某一点的涡量；Γ^* 表示一个涡旋的环量常数；ν 表示流体运动黏性系数；t 表示时间；r 表示极半径；u_θ 表示切向速度。此外，在柱坐标系中奥辛流模型的径向速度 u_r 和轴向速度 u_z 都为 0。容易验证，ω 和 u_θ 满足以下关系：

$$\omega = \frac{1}{r}\frac{\partial(ru_\theta)}{\partial r} \tag{2.36}$$

结合坐标变换法则与涡动力方程，易得环量与涡量关系如下：

$$\omega = \frac{1}{r}\frac{\partial \Gamma}{\partial r} \tag{2.37}$$

结合公式(2.35)~公式(2.37)，奥辛流模型下的环量计算公式为

$$\Gamma = \Gamma_0\left(1-\mathrm{e}^{\left(-\dfrac{r^2}{4\nu t}\right)}\right) \tag{2.38}$$

式中，Γ_0 是个与环量相关的常数，$\Gamma_0 = \Gamma^*/(2\pi)$。奥辛流是一种紧致形式的涡旋模型，虽然涡量会随着时间变化逐渐向外扩散，但是在任意时刻涡量分布主要集中在半径 $r = 4\sqrt{\nu t}$ 内。在公式(2.38)中取 $r = 4\sqrt{\nu t}$，由于 $1-\mathrm{e}^{-4} \approx 0.98$，这意味着该

圆周内包含了98%的总涡量。另外,奥辛流的涡核半径并非只有一种定义,将速度达到极大值处的涡半径定义为涡核半径,即 $r_c = \sqrt{4\alpha v t}$,其中 α 为常数,约为 1.256。本节采用后者定义,将涡核半径 $r_c = \sqrt{4\alpha v t}$ 代入环量公式(2.38)可得

$$\Gamma = \Gamma_0 (1 - e^{-\alpha}) \tag{2.39}$$

公式(2.39)表明,在奥辛流模型下涡旋环量是常数。由于奥辛流模型的涡核半径随着时间变化,当时间趋于无穷时涡核半径也将趋于无穷,这种模型和 2.2 节中采用的涡旋模型假设矛盾。在 2.2 节涡旋模型假设中,研究固定涡旋半径始终为 r_0,因此涡旋形状总是一个半径为 r_0 的规则圆形,假设超出其半径的涡量已经被耗散了。同时,2.3 节涡街结构假设也指出,涡旋应该包含生成和耗散两个过程,一个涡的环量应该先从生成时刻开始增加,脱落时刻达到最大值,进入尾流后逐渐减少。因此,公式(2.39)被改写为以下形式:

$$\Gamma(\tilde{t}) = \Gamma_0 \frac{e^{-q\tilde{t}_m/\tilde{t}}}{\tilde{t}^q}(1 - e^{-\alpha}) \tag{2.40}$$

对公式(2.40)求导可以发现,Γ 将在 $\tilde{t}_m$ 处取得极大值,即

$$\frac{d}{d\tilde{t}}\Gamma_c(\tilde{t}_m) = 0 \tag{2.41}$$

Γ 在 $\tilde{t}_m$ 处取得极值,通过求取二阶导数进而确定其为极大值。Γ 是关于无量纲时间 $\tilde{t}$ 的函数。定义中指数 q 是一个正常数。从物理意义分析,$\tilde{t}_m$ 应该为0.5。应注意:

$$\lim_{\tilde{t} \to 0} \Gamma(\tilde{t}) = \Gamma_0 (1 - e^{-\alpha}) \lim_{\tilde{t} \to 0} \frac{\frac{1}{\tilde{t}^q}}{e^{q\tilde{t}_m/\tilde{t}}} = \Gamma_0 (1 - e^{-\alpha}) \lim_{x \to +\infty} \frac{x^q}{e^{q\tilde{t}_m x}} = 0 \tag{2.42}$$

因此,$\tilde{t} = 0$ 时,总环量也为 0,意味着此时涡旋刚刚处于生成初始时刻。随着时间延长,$\tilde{t} = \tilde{t}_m$ 时,对应一个半周期($\tilde{t}_m = 0.5$),此时涡旋的总涡量应该达到最大值,并从波动鳍后缘脱落,即物理含义为半周期生成一个涡旋并从后缘脱落,与 2.3 节提出的涡街结构假设一致。随着时间继续延长,涡的环量应该逐渐减少,随着时间趋于无穷大,环量也趋于 0。然而,公式(2.40)存在缺陷。这里考虑的无量纲时间 $\tilde{t}$,其定义为 $t/T = n + \tilde{t}$,$0 < \tilde{t} \leq 1$,也就是说,$\tilde{t} = 0$ 本质上是指时刻 $t = nT$,然而,尾流中每一个涡旋的生成时刻其实是不一样的,并非都是在 $\tilde{t} = 0$ 时刻生成。同时,研究提出的涡街结构模型,本质上是一种准稳态模型,是波动鳍经过一段时间运动,尾流得到充分发展,最后形成的周期性结构。因此,一个更加符合物理意义的涡旋模型应该满足:涡旋环量是无量纲时间 t/T 的函数,用 $\tilde{t}_0$ 表示其生成的时刻,当 $t/T < \tilde{t}_0$ 时,环量为 0,表示涡旋尚未生成;当

$\tilde{t}_0 < t/T < \tilde{t}_0 + 0.5$ 时，涡旋的环量逐渐增大，其处于生成阶段；当 $t/T = \tilde{t}_0 + 0.5$ 时，环量最大，并从后缘脱落进入尾流，这也表明一个涡旋从生成到脱落的时间周期是半个波动周期；当 $t/T > \tilde{t}_0 + 0.5$ 时，涡旋处于向后运输过程中，由于流体黏性而不断耗散，环量逐渐减少并随着时间增加而趋于0。因此，公式(2.40)被矫正为

$$\Gamma(\tilde{t}) = \frac{\Gamma_0}{1+e^{-C_0(\tilde{t}-\tilde{t}_0-0.25)}} \cdot \frac{e^{-0.5q/|\tilde{t}-\tilde{t}_0|}}{(\tilde{t}-\tilde{t}_0)^q}(1-e^{-\alpha}) \tag{2.43}$$

式中，C_0 可取任意一个较大的正数。

公式(2.43)包含的分式部分 $\dfrac{1}{1+e^{-C_0(\tilde{t}-\tilde{t}_0-0.25)}}$ 本质上是一个光顺阶跃函数。为了区分，公式(2.40)称为涡旋的环量模型，而公式(2.43)被称为涡旋的矫正环量模型。两个公式随时间的变化如图 2.7 所示。在图 2.7(a)中，如果令公式(2.43)中的 $\tilde{t}_0$ 取任意值，那么环量将在 $t/T < \tilde{t}_0$ 的阶段都为 0，意味着此时涡旋并没有生成，$\tilde{t}_0$ 表示涡旋的生成时刻。同时，矫正环量模型公式(2.43)也满足涡旋半周期内生成并脱落这一物理事实。随着时间继续增大，涡量将受流体黏性影响而逐渐耗散。如果令公式(2.43)中的 $\tilde{t}_0$ 取 0，此时，矫正环量模型和环量模型的比较如图 2.7(b)所示，可以看到，尽管矫正环量公式是在环量公式基础上乘了一个光顺阶跃函数，但是函数整体性态并没有产生显著变化，特别是在涡旋的耗散阶段，两者变化完全一致。只有在涡旋的生成阶段，环量增长速率略有差别。在实际计算中，如果一个涡旋不涉及生成过程，那么上述两个模型都可以表示其耗散阶段的环量变化规律。

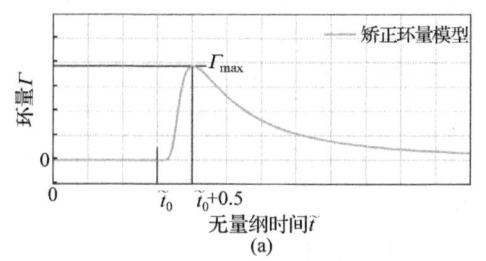 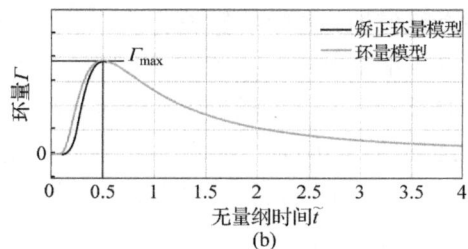

图 2.7 环量模型与矫正环量模型
(a) 矫正环量模型的 $\tilde{t}_0$ 取任意值；(b) 矫正环量模型的 $\tilde{t}_0 = 0$

基于矫正环量模型，2.2 节提出的涡街结构中每一个涡旋的环量变化过程都可以写出其数学表达。涡旋 $\boldsymbol{P}_{n+1}$ 的冲量表示为

$$\boldsymbol{I}_{\boldsymbol{P}_{n+1}} = \boldsymbol{e}_x (P_{n+1})_y \Gamma_{\boldsymbol{P}_{n+1}}(\tilde{t}) - \boldsymbol{e}_y (P_{n+1})_x \Gamma_{\boldsymbol{P}_{n+1}}(\tilde{t}) \tag{2.44}$$

涡旋 $\boldsymbol{P}_{n+1}$ 在 $\tilde{t}=0$ 时刻恰恰从波动鳍后缘脱落并进入尾流，在对流作用下向后平移运动。因此，其空间位置为

$$\begin{cases} (P_{n+1})_x = L + \tilde{t}a \\ (P_{n+1})_y = \dfrac{b}{2} \end{cases} \quad (2.45)$$

同时，该涡旋的环量变化过程主要体现在耗散方面。注意到，由于该涡旋在 $\tilde{t}=0$ 脱落，因此，其生成时刻应该在此基础上再向前推移 0.5 个周期。其环量变化可以写为

$$\Gamma_{P_{n+1}}(\tilde{t}) = \frac{\Gamma_0}{1+\mathrm{e}^{-C_0(\tilde{t}+0.25)}} \cdot \frac{\mathrm{e}^{-0.5q/(\tilde{t}+0.5)}}{(\tilde{t}+0.5)^q}(1-\mathrm{e}^{-\alpha}) \quad (2.46)$$

式中，$t/T = n+\tilde{t}$，$0 < \tilde{t} \leq 1$。正如上面所讨论的，由于该涡旋不涉及生成过程，采用矫正环量模型或环量模型计算的结果一致，因此其环量可简化为

$$\Gamma_{P_{n+1}}(\tilde{t}) = \Gamma_0 \frac{\mathrm{e}^{-0.5q/(\tilde{t}+0.5)}}{(\tilde{t}+0.5)^q}(1-\mathrm{e}^{-\alpha}) \quad (2.47)$$

涡旋 N_{n+1} 的冲量表示为

$$\boldsymbol{I}_{N_{n+1}} = \boldsymbol{e}_x(N_{n+1})_y \Gamma_{N_{n+1}}(\tilde{t}) - \boldsymbol{e}_y(N_{n+1})_x \Gamma_{N_{n+1}}(\tilde{t}) \quad (2.48)$$

该涡旋的生成时间恰恰是 $\tilde{t}=0$，同时，N_{n+1} 是负涡，环量需要取负值。因此，该涡旋的环量变化为

$$\Gamma_{N_{n+1}}(\tilde{t}) = \frac{-\Gamma_0}{1+\mathrm{e}^{-C_0(\tilde{t}-0.25)}} \cdot \frac{\mathrm{e}^{-0.5q/\tilde{t}}}{\tilde{t}^q}(1-\mathrm{e}^{-\alpha}) \quad (2.49)$$

该涡旋的特殊性在于，在涡街结构假设下，当 $\tilde{t}=0$ 时，波动鳍后缘位于正的波动峰值处，此时恰好 P_{n+1} 这个正涡脱落。波动鳍后缘向下运动，将伴随着负涡 N_{n+1} 逐渐生成，环量逐渐增大。此过程中，近似认为涡旋圆心与波动鳍后缘尖点总是重合的，运动过程中 x 坐标不发生变化，但是 y 坐标逐渐减少。当波动鳍后缘运动到 $\tilde{t}=0.5$ 时，负涡 N_{n+1} 脱落，此时 y 坐标不再变化，涡旋沿着 x 轴向后运动。因此，上述过程可以用分段函数表示为

$$(N_{n+1})_x = \begin{cases} L, & 0 < \tilde{t} \leq 0.5 \\ L+(\tilde{t}-0.5)a, & 0.5 < \tilde{t} \leq 1 \end{cases} \quad (2.50)$$

$$(N_{n+1})_y = \begin{cases} A\cos(2\pi\tilde{t}), & 0 < \tilde{t} \leq 0.5 \\ -\dfrac{b}{2}, & 0.5 < \tilde{t} \leq 1 \end{cases} \quad (2.51)$$

$A\cos(2\pi\tilde{t})$ 实际上是波动运动方程 $A\cos(2\pi ft - 2\pi x/\lambda)$ 的简化，在涡街结构假设下，只需要考虑一个稳定周期，为计算方便总是可以取波动鳍后缘达到正峰值时为初始时刻（$\tilde{t}=0$），因此后缘处尖点运动可以简化为一个余弦函数。同时，根

据上述讨论，涡街的半宽度 $b/2$ 应该等于波动鳍幅值 A。冲量公式中，力依赖于冲量的一阶导数，要保证力的光顺性必须要求计算涉及的物理量至少一阶导数连续。物理上，波动鳍连续周期运动诱导的合力也应该具有连续性和周期性。为了保证位移变化函数一阶连续，研究采用光顺阶跃函数矫正位移分段函数，N_{n+1} 的位移函数被矫正为

$$\begin{cases}(N_{n+1})_x = L + \dfrac{(\tilde{t}-0.5)a}{1+\mathrm{e}^{-C_0(\tilde{t}-0.5)}} \\ (N_{n+1})_y = \dfrac{A\cos(2\pi\tilde{t})}{1+\mathrm{e}^{-C_0(-\tilde{t}+0.5)}} - \dfrac{b/2}{1+\mathrm{e}^{-C_0(\tilde{t}-0.5)}}\end{cases} \quad (2.52)$$

式中，涡街的半宽度 $b/2$ 等于波动鳍波动幅值 A。

如图 2.8 所示，关于涡旋 N_{n+1} 在 x 方向位移变化，矫正函数和分段函数描述的位移变化规律几乎一致，并未明显改变后者数学性质。关于 y 方向位移变化，矫正函数还可以描述 $b/2 \neq A$ 的情况，这是原始分段函数不具备的性质。

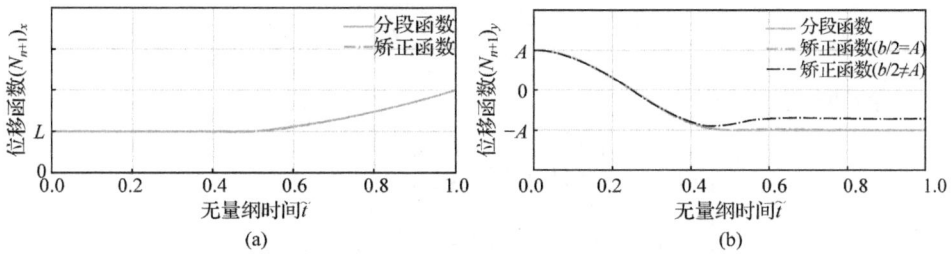

图 2.8 涡旋 N_{n+1} 位移函数比较示意图
(a) x 方向的位移函数比较；(b) y 方向的位移函数比较

同理，对于涡旋 P_{n+2}，按照上述研究思路，容易写出其冲量表达式为

$$I_{P_{n+2}} = e_x(P_{n+2})_y \varGamma_{P_{n+2}}(\tilde{t}) - e_y(P_{n+2})_x \varGamma_{P_{n+2}}(\tilde{t}) \quad (2.53)$$

该涡旋的特殊性在于生成时间 $\tilde{t}_0 = 0.5$，即当波动鳍后缘位于负的峰值时，生成的涡旋 N_{n+1} 恰好脱落并进入尾流。在之后的半个周期内，随着波动鳍后缘逐渐上移，涡旋 P_{n+2} 逐渐生成。因此，其环量函数可以表示为

$$\varGamma_{P_{n+2}}(\tilde{t}) = \dfrac{\varGamma_0}{1+\mathrm{e}^{-C_0(\tilde{t}-0.75)}} \cdot \dfrac{\mathrm{e}^{-0.5q/(|\tilde{t}-0.5|)}}{(\tilde{t}-0.5)^q}(1-\mathrm{e}^{-\alpha}) \quad (2.54)$$

其光顺位移函数表示为

$$\begin{cases}(P_{n+2})_x = L \\ (P_{n+2})_y = \dfrac{A\cos(2\pi\tilde{t})}{1+\mathrm{e}^{-C_0(\tilde{t}-0.5)}}\end{cases} \quad (2.55)$$

式中，$0 < \tilde{t} \leqslant 1$。

注意到，涡旋 P_{n+2} 的位移函数在 $0<\tilde{t}\leq 0.5$ 并非要和物理意义对应，任意取值即可，这是因为其环量函数在该时间区间内始终为 0，保证其冲量为 0，即该涡旋在此时间区间内并未生成。

本小节提出了一种具有黏性耗散效应的二维涡旋环量模型，并对涡街结构中存在的三个特殊涡旋的位移函数进行了光顺处理，实现对波动鳍涡街中涡旋生成、运输、耗散等过程的数学描述。如何具体计算波动鳍推力，将在 2.5 节详细探讨。

2.5 推力计算及参数分析

2.5.1 二维流场冲量计算

利用 2.4 节中提出的环量模型和涡旋位移函数，已经能够描述波动鳍尾流场中所有涡旋的演变过程。其中，三个特殊单涡的冲量 $I_{P_{n+1}}$、$I_{P_{n+2}}$ 和 $I_{N_{n+1}}$ 根据上一节的结论可以直接计算。因此，为计算波动运动推力只需再计算 I_Σ：

$$I_\Sigma = \sum_{i=2}^{n} I_{P_i} + \sum_{i=2}^{n} I_{N_i} \tag{2.56}$$

I_Σ 的两个分量分别为

$$\begin{cases} (I_\Sigma)_x = \dfrac{b}{2}\sum_{i=2}^{n} \varGamma_{P_i}(\tilde{t}) - \dfrac{b}{2}\sum_{i=2}^{n} \varGamma_{N_i}(\tilde{t}) \\ (I_\Sigma)_y = -\sum_{i=2}^{n} (P_i)_x \varGamma_{P_i}(\tilde{t}) - \sum_{i=2}^{n} (N_i)_x \varGamma_{N_i}(\tilde{t}) \end{cases} \tag{2.57}$$

涡旋 P_i 和 N_i（$i=2,3,\cdots,n$）的共同特征是不涉及生成过程，因此环量模型公式(2.40)和矫正环量模型公式(2.43)都可以用来描述其耗散过程，如图 2.7(b)所示。为方便计算，后文采用了环量模型。尽管每个涡旋的计算模型相同，但区别在于它们的生成时间均不相同，P_2、N_2 等涡旋最早生成，而编号越大生成时间越晚。不同的生成时间意味着不同涡旋的耗散程度不一致，全局位移也不一致。为表征这些涡旋的耗散程度，需要找到对应的生成时刻。考虑一个周期中某个时刻 t，$nT < t \leq (n+1)T$，即 $t/T = n + \tilde{t}$，其中 $0 < \tilde{t} \leq 1$。对于涡旋 P_i（$i=2,3,\cdots,n$），其开始生成时刻为 $(i-1)T - 0.5T$，其从后缘脱落时刻为 $(i-1)T$。当前物理时间为 $nT + \tilde{t}T$ 时，该涡在尾流中向后运动的总时间为 $nT + \tilde{t}T - (i-1)T$，由于涡旋在流场被假设为匀速向后运动，且一个周期运动距离为 a。因此，波动鳍坐标系下该涡旋 x 方向坐标为 $L + (n+1-i)a + \tilde{t}a$，与公式(2.33)一致，上述过程也可结合涡街结构图 2.5 进行验证。也就是说，P_i 从生成到当前时刻，经历的总时间为 $nT + \tilde{t}T - (i-1)T + 0.5T$，将此时间代入环量公式(2.40)即可。此外，涡旋 N_i 比涡旋 P_i 晚生成半个周期，因此经历的总时间为 $nT + \tilde{t}T - (i-1)T$。基于环量模型

公式(2.40)，$(I_\Sigma)_x$ 可进一步表示为

$$(I_\Sigma)_x = \frac{b}{2}\sum_{i=2}^{n}\Gamma(n+\tilde{t}-(i-1)+0.5) - \frac{b}{2}\sum_{i=2}^{n}(-\Gamma(n+\tilde{t}-(i-1)))$$

$$= \frac{b}{2}\sum_{k=1}^{n-1}\Gamma(k+\tilde{t}+0.5) + \frac{b}{2}\sum_{k=1}^{n-1}\Gamma(k+\tilde{t}) \quad (2.58)$$

令 $k = n-i+1$，使得表达式进一步化简。同时注意到，环量公式(2.40)中应该代入无量纲时间参与计算。令一个级数 κ_1 表达如下：

$$\kappa_1(\tilde{t}) = \frac{1}{\Gamma_0}\sum_{k=1}^{n-1}\Gamma(k+\tilde{t}) = \sum_{k=1}^{n-1}\frac{e^{-0.5q/(k+\tilde{t})}}{(k+\tilde{t})^q}(1-e^{-\alpha}) \quad (2.59)$$

式中，乘以因子 $\frac{1}{\Gamma_0}$ 是为了无量纲化，使级数 κ_1 为一个无量纲函数。公式(2.58)可以进一步化简成以下形式：

$$(I_\Sigma)_x = \frac{b\Gamma_0}{2}(\kappa_1(\tilde{t}) + \kappa_1(\tilde{t}+0.5)) \quad (2.60)$$

式中，级数 κ_1 无量纲，因此冲量量纲与 $b\Gamma_0$ 一致。实际计算中，认为波动鳍尾流已经得到充分发展，令 $n\to\infty$，κ_1 变成一个无穷级数。κ_1 的收敛性容易证明：

$$\kappa_1(\tilde{t}) = \sum_{k=1}^{\infty}\frac{e^{-0.5q/(k+\tilde{t})}}{(k+\tilde{t})^q}(1-e^{-\alpha}) < (1-e^{-\alpha})\sum_{k=1}^{\infty}\frac{1}{(k+\tilde{t})^q} \quad (2.61)$$

式中，只要 $q>1$，<右侧幂级数将是收敛的，根据级数收敛的比较定理，容易确定无穷级数 κ_1 也是收敛的，即当 $n\to\infty$，κ_1 的结果是一个与无量纲时间 $\tilde{t}$ 相关的有限值。因此，收敛性保证了 κ_1 是可以准确计算的。

进一步考虑 $(I_\Sigma)_y$，结合环量公式(2.40)可得

$$\sum_{i=2}^{n}(P_i)_x\Gamma_{P_i}(\tilde{t}) = \sum_{i=2}^{n}(L+(n+1-i)a+\tilde{t}a)\Gamma(n+\tilde{t}-(i-1)+0.5)$$

$$= (L+\tilde{t}a)\sum_{k=1}^{n-1}\Gamma(k+\tilde{t}+0.5) + a\sum_{k=1}^{n-1}k\Gamma(k+\tilde{t}+0.5)$$

$$= (L+\tilde{t}a)\Gamma_0\kappa_1(\tilde{t}+0.5) + a\Gamma_0\sum_{k=1}^{n-1}\frac{ke^{-0.5q/(k+\tilde{t}+0.5)}}{(k+\tilde{t}+0.5)^q}\left(1-e^{-\alpha}\right) \quad (2.62)$$

$$\sum_{i=2}^{n}(N_i)_x\Gamma_{N_i}(\tilde{t}) = -\sum_{i=2}^{n}(L+(n+0.5-i)a+\tilde{t}a)\Gamma(n+\tilde{t}-(i-1))$$

$$= -(L+\tilde{t}a-0.5a)\sum_{k=1}^{n-1}\Gamma(k+\tilde{t}) - a\sum_{k=1}^{n-1}k\Gamma(k+\tilde{t})$$

$$= -(L+\tilde{t}a-0.5a)\Gamma_0\kappa_1(\tilde{t}) - a\Gamma_0\sum_{k=1}^{n-1}\frac{ke^{-0.5q/(k+\tilde{t})}}{(k+\tilde{t})^q}\left(1-e^{-\alpha}\right) \quad (2.63)$$

式中，$\sum_{i=2}^{n}(N_i)_x \Gamma_{N_i}(\tilde{t})$ 中引入了一个负号是因为负涡旋的环量应该取负值。结合公式(2.62)和公式(2.63)，有

$$(I_\Sigma)_y = (L+\tilde{t}a-0.5a)\Gamma_0 \kappa_1(\tilde{t}) - (L+\tilde{t}a)\Gamma_0 \kappa_1(\tilde{t}+0.5) + a\Gamma_0 \kappa_2(\tilde{t}) \tag{2.64}$$

式中，$\kappa_2(\tilde{t})$ 也是个无量纲级数，被定义为

$$\kappa_2(\tilde{t}) = \sum_{k=1}^{n-1} \frac{k\mathrm{e}^{-0.5q/(k+\tilde{t})}}{(k+\tilde{t})^q}(1-\mathrm{e}^{-\alpha}) - \sum_{k=1}^{n-1} \frac{k\mathrm{e}^{-0.5q/(k+\tilde{t}+0.5)}}{(k+\tilde{t}+0.5)^q}(1-\mathrm{e}^{-\alpha}) \tag{2.65}$$

式中，当 $n \to \infty$ 时，$\kappa_2(\tilde{t})$ 是个无穷级数，同时也是收敛的，由于 $1-\mathrm{e}^{-\alpha}$ 是独立的常数，可暂时忽略，其收敛性证明如下：

$$\sum_{k=1}^{\infty} \frac{k\mathrm{e}^{-0.5q/(k+\tilde{t})}}{(k+\tilde{t})^q} - \sum_{k=1}^{\infty} \frac{k\mathrm{e}^{-0.5q/(k+\tilde{t}+0.5)}}{(k+\tilde{t}+0.5)^q} < \sum_{k=1}^{\infty} \frac{k}{(k+\tilde{t})^q} - \sum_{k=1}^{\infty} \frac{k}{(k+\tilde{t}+0.5)^q}\left(1-\frac{0.5q}{k+\tilde{t}+0.5}\right)$$

$$< \sum_{k=1}^{\infty} \frac{k}{(k+\tilde{t})^q} - \sum_{k=1}^{\infty} \frac{k}{(k+\tilde{t}+1)^q} + 0.5q \sum_{k=1}^{\infty} \frac{1}{(k+\tilde{t}+0.5)^q}$$

$$= \frac{1}{(1+\tilde{t})^q} + (1+0.5q)\sum_{k=1}^{\infty} \frac{1}{(k+\tilde{t}+1)^q}$$

$$\tag{2.66}$$

上述推导过程中，根据级数收敛的比较定理，只要 $q>1$，其收敛性是显然的。此外，证明过程中用到以下两个不等式：第一，对于任意实数 x，总有 $\mathrm{e}^x \geqslant x+1$；第二，当实数 $x<0$ 时，$\mathrm{e}^x < 1$。级数 κ_2 的收敛性保证了计算可行性。因此，结合公式(2.60)和公式(2.64)，可实现对冲量 I_Σ 的计算。

2.5.2 平均推力计算

基于涡街结构假设、环量模型及式(2.56)~式(2.66)，二维波动推进的水动力合力计算过程总结如下：首先，根据冲量公式计算合力，即

$$F = -\rho \frac{\mathrm{d}I}{\mathrm{d}t} \tag{2.67}$$

冲量 I 被分为四个部分

$$I = I_\Sigma + I_{P_{n+1}} + I_{P_{n+2}} + I_{N_{n+1}} \tag{2.68}$$

式中，冲量 I_Σ 需结合公式(2.60)和公式(2.64)进行计算，计算过程中引入了两个收敛的无穷级数 κ_1 和 κ_2 辅助计算；冲量 $I_{P_{n+1}}$ 需结合公式(2.44)、公式(2.45)和公式(2.47)进行计算；冲量 $I_{N_{n+1}}$ 需结合公式(2.48)、公式(2.49)和公式(2.52)进行计算；

冲量 $I_{P_{n+2}}$ 需结合公式(2.53)、公式(2.54)和公式(2.55)进行计算。

实际计算过程中一些常数尚未确定，如涡旋环量常数 Γ_0、涡街结构下的涡与涡横向间距 a 和纵向间距 b，以及涡旋环量模型中引入的参数 q 和 C_0。这些参数中，有一些是经验参数，如无量纲系数 C_0，它并没有实际的物理意义，仅是数学模型计算引入的。其他参数往往具有明确的物理意义，同时这些参数也可能随着波动鳍运动学参数的变化而变化，但在本节计算中均将这些参数视为常量。其中，q 是涡旋环量模型中的指数参量，它表示涡旋环量的耗散速度，且需满足 $q>1$。另外，涡街结构模型中纵向间距 b 约等于两倍波动鳍波动幅值，而一个周期内涡旋的横向间距 a 约为来流速度与波动周期的乘积。对于涡旋环量常数 Γ_0，由于环量模型公式(2.40)和矫正环量模型公式(2.43)都包含了涡旋的生成、发展、脱落和耗散阶段，一个涡旋也总是从零环量发展而来的，因此 Γ_0 并不代表初始环量。环量模型表明，如果涡旋的生成时刻是 $\tilde{t}=0$，那么 $\tilde{t}=0.5$ 时整个涡旋的环量达到最大，即

$$\Gamma_{\max} = \Gamma_0 \left(\frac{2}{e}\right)^q (1-e^{-\alpha}) \tag{2.69}$$

公式(2.69)表明，环量初始参数 Γ_0 正比于最大环量 $\Gamma_{\max}$，当涡旋恰从波动鳍后缘处脱落时环量最大。涡旋最大环量与波动鳍运动参数相关，也与尺寸参数相关。准确的环量计算只能依赖于数值仿真，为简化理论计算，本节提出一种最大环量估计式，即

$$\begin{aligned}\Gamma_{\max} &= C''(f\lambda - U_0)\int_0^L \sqrt{1+\left(\frac{d}{dx}A\cos(0-2\pi x/\lambda)\right)^2}dx \\ &= C''(f\lambda - U_0)\int_0^L \sqrt{1+\frac{4\pi^2 A^2}{\lambda^2}\sin^2(2\pi x/\lambda)}dx\end{aligned} \tag{2.70}$$

式中，C'' 是一个定常数。从量纲上分析，为确定环量的估算式，需要寻找对应的特征速度和特征长度。公式(2.70)中，选取 $f\lambda - U_0$ 为特征速度。二维波动鳍数值研究表明，行波波速 $f\lambda$ 和来流速度 U_0 的相对关系将决定二维波动鳍的尾流结构、涡旋排布及涡旋方向，也间接决定了涡旋最大环量和正负涡旋脱落顺序。因此，只有行波波速大于来流速度时波动推进才能产生正推力，这与细长体理论、波动板理论的结论一致[29]。数值研究表明，不同幅值、波长、鳍面横向投影长度都将影响波动鳍推力，而鳍面曲线长度正好囊括了上述参数的共同影响。对于波动运动方程 $y=A\cos(2\pi ft-2\pi x/\lambda)$，鳍长在运动过程中并不会发生变化，因此公式(2.70)取 $t=0$ 时的鳍长作为特征长度。公式(2.70)表明，最大环量正比于波动鳍曲线长度，正比于波动鳍行波波速与自由来流速度之差。环量估计表达式中包含

了 $f\lambda - U_0$，意味着当行波波速 $f\lambda$ 小于来流速度 U_0 时，涡街结构中正涡和负涡位置将会互换，即涡旋排布规则发生了变化。

在上述理论框架下，结合量纲关系可推导出推力平均计算法则。波动鳍产生的总推力，即 x 方向水动力合力，可以写为

$$F_x = -\rho \left(\frac{\mathrm{d}I(\tilde{t})}{\mathrm{d}t} \right)_x = -\rho f \frac{\mathrm{d}I_x(\tilde{t})}{\mathrm{d}\tilde{t}} \tag{2.71}$$

由于波动鳍行波是沿着 x 轴正方向传递的，因此推力实际指向 x 轴负方向。尽管总冲量包含了四个部分，但是采用了无量纲化的数学推导，量纲关系变得明显。对于 $(I_\Sigma)_x$，如公式(2.60)所示，κ_1 是一个无量纲函数，因此 $(I_\Sigma)_x$ 正比于 $b\Gamma_0$，其中，纵向间距 b 取值为波动幅值的两倍。由 $(I_\Sigma)_x$ 贡献的推力部分记为 F_{x1}，满足以下关系：

$$F_{x1} = -\rho A f \Gamma_0 \frac{\mathrm{d}(\kappa_1(\tilde{t}) + \kappa_1(\tilde{t} + 0.5))}{\mathrm{d}\tilde{t}} \tag{2.72}$$

对公式(2.72)两侧取平均值，即

$$\overline{F}_{x1} = -\rho A f \Gamma_0 \overline{\frac{\mathrm{d}(\kappa_1(\tilde{t}) + \kappa_1(\tilde{t} + 0.5))}{\mathrm{d}\tilde{t}}} = -\rho A f \Gamma_0 \cdot k \tag{2.73}$$

式中，k 为常数；导数项的均值也为一个常数。注意到 $\kappa_1(\tilde{t})$ 的定义公式(2.59)，q 是一个与涡旋耗散相关的常数，取值为2，α 是基于奥辛流模型引入的常数，取值为1.256。当级数 $\kappa_1(\tilde{t})$ 中 n 取无穷大时，收敛性保证了该无穷级数的结果将是个关于 $\tilde{t}$ ($0 < \tilde{t} \leq 1$) 的函数，且该函数与波动鳍运动参数无关。如果考虑波动鳍一个周期内的平均推力，且关于无量纲时间 $\tilde{t}$ 的积分区间为 $[0,1]$，积分结果显然是一个与波动鳍运动无关的常量。因此，由 $(I_\Sigma)_x$ 贡献的平均推力 $\overline{F}_{x1}$ 可以简记为

$$\overline{F}_{x1} \propto \rho A f \Gamma_0 \tag{2.74}$$

相似地，涡旋 P_{n+1}、N_{n+1}、P_{n+2} 对总推力的贡献分别记为 F_{x2}、F_{x3}、F_{x4}，分别考虑每一项的均值，基于上述相似的推导过程，可得

$$\begin{cases} \overline{F}_{x2} \propto \rho A f \Gamma_0 \\ \overline{F}_{x3} \propto \rho A f \Gamma_0 \\ \overline{F}_{x4} \propto \rho A f \Gamma_0 \end{cases} \tag{2.75}$$

上述推导表明，三个特殊单涡对平均推力的贡献值正比于 $\rho A f \Gamma_0$。因此，一个无量纲周期内波动鳍运动产生的平均总推力可以近似表达为

$$\overline{T} \approx \alpha' \rho A f (f\lambda - U_0) \int_0^L \sqrt{1 + \frac{4\pi^2 A^2}{\lambda^2} \sin^2(2\pi x/\lambda)} \mathrm{d}x \tag{2.76}$$

式中，α' 是一个常数。水动力合力 F_x 依赖于坐标轴的选取，而 x 轴方向的波动鳍

推力 T 是一个无方向的标量。本节中,实际以指向 x 轴负方向的力表示正推力。不同条件下,公式(2.76)对于推力的预测结果如图 2.9 所示,其中,鳍长 L 取值为 1m,α' 取值为 0.15,来流速度 U_0 为 0.1m/s。由于本章研究构建的理论模型本质

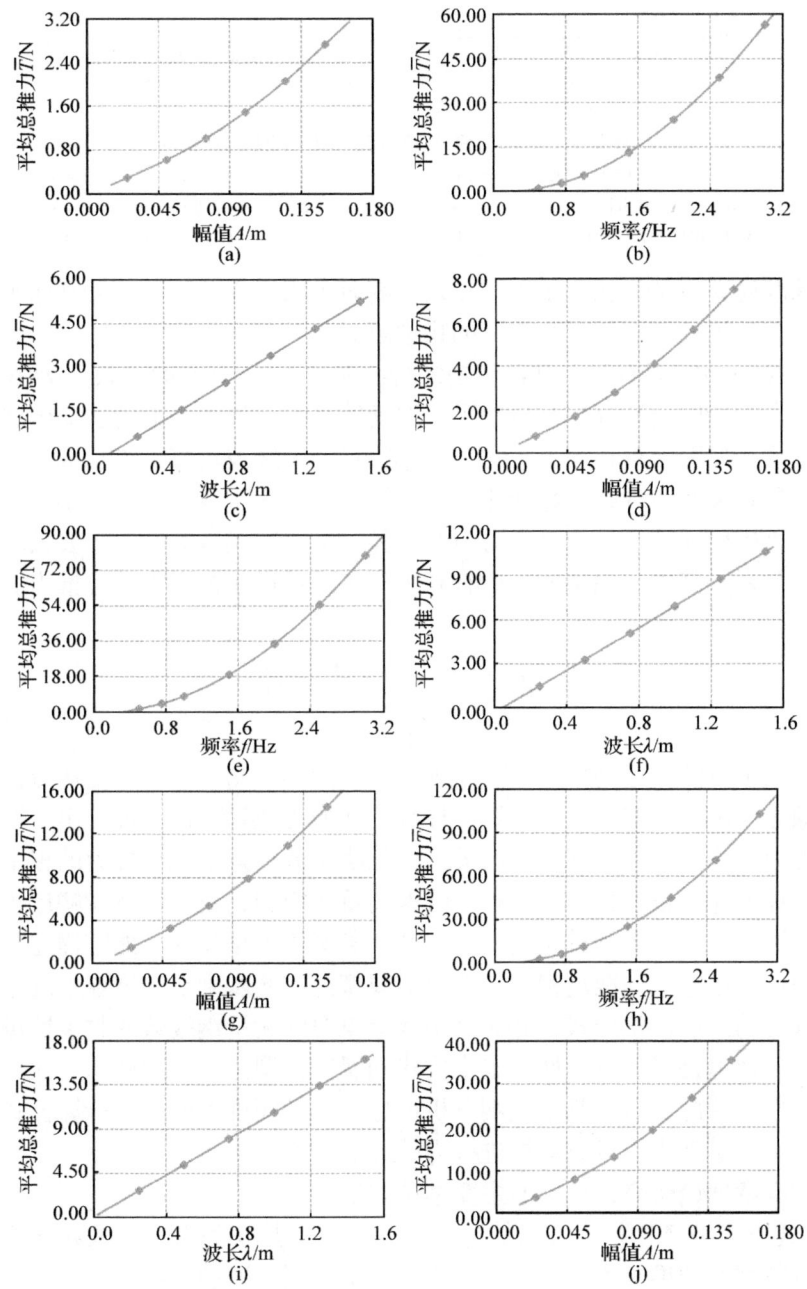

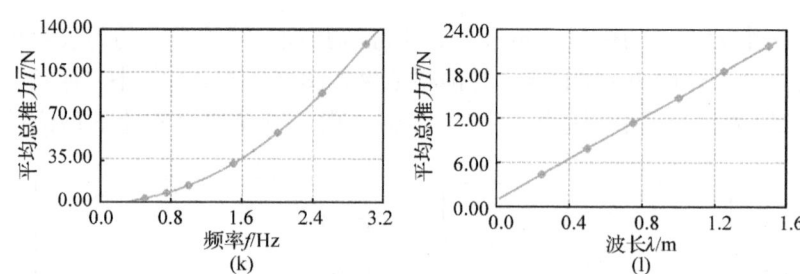

图 2.9　不同条件下冲量模型推力预测结果

(a) $f=0.5\text{Hz}, \lambda=0.5\text{m}$; (b) $A=0.075\text{m}, \lambda=0.5\text{m}$; (c) $f=0.5\text{Hz}, A=0.025\text{m}$; (d) $f=0.75\text{Hz}, \lambda=0.5\text{m}$; (e) $A=0.075\text{m}, \lambda=0.075\text{m}$; (f) $f=0.5\text{Hz}, A=0.05\text{m}$; (g) $f=1.0\text{Hz}, \lambda=0.5\text{m}$; (h) $A=0.075\text{m}, \lambda=1\text{m}$; (i) $f=0.5\text{Hz}, A=0.075\text{m}$; (j) $f=1.5\text{Hz}, \lambda=0.5\text{m}$; (k) $A=0.075\text{m}, \lambda=1.25\text{m}$; (l) $f=0.5\text{Hz}, A=1\text{m}$

上是一种准稳态模型，相比于采用复杂的瞬时推力计算式，计算波动鳍平均推力更为简便，且更加符合"准稳态"的物理意义。

式(2.76)表明，只有当波动鳍传递的行波波速大于来流速度时，波动运动才能产生正推力。同时，公式(2.76)也展示了波动鳍平均总推力与运动学参数之间的基本变化关系，如图 2.9(a)、(d)、(g)以及(j)所示，二维波动鳍平均总推力正比于波动幅值，二者关系呈现幂函数变化规律，增长速度大于线性增长而小于二次函数增长。图 2.9 也展现了平均总推力与波动频率呈二次函数关系，与波长增长近似呈现线性关系。其中，频率增长最有利于促进波动运动提高平均总推力。

2.6　本章小结

为阐明水下波动运动推力产生原理和基本运动机制，本章研究从流体动力学雷诺运输方程出发，基于张量运算、导数矩变换等数学理论，推导出了波动推进模型下推力和流体冲量之间的一般关系，阐明了波动运动产生推力的根本原因。为定量计算流体冲量，提出了一种二维涡街重构模型，将二维波动鳍尾流场模化为由黏性涡旋构成的规则排布涡街，并基于奥辛流模型建立了能够描述黏性涡旋生成、脱落、运输和耗散过程的一般涡旋模型。在此基础上，推导了理论计算波动运动推力的一般数学公式，并对其中两个重要的无量纲级数的收敛性进行了证明，保证了理论公式的可靠性。本章构建的涡街模型是一种准稳态、充分发展后的理想模型。因此，研究基于量纲分析推导出波动鳍推力的平均计算公式，简化了计算成本，实现了二维波动推进推力的近似估算。

通过本章理论研究，得出的主要结论如下：

(1) 建立了波动鳍推力和流体冲量之间的基本数学关系，且该数学关系对于二维或者三维波动推进模型都成立。研究结果表明，波动运动推力正比于流体冲量变化率，即只有变化的流体冲量才能诱导正推力产生。

(2) 提出了一种二维波动推进尾流涡街结构模化假设，定量描述了波动运动尾流中每个涡旋的运动轨迹，并采用黏性涡旋环量模型描述了涡旋的生成、脱落、运输和耗散过程。

(3) 建立了二维波动推进推力的瞬态表达式，并结合量纲分析给出了平均推力的代数估算式。理论结果表明，推力与波动频率呈二次函数关系，正相关于波动幅值，正相关于波动鳍长度。

参 考 文 献

[1] WEI C, HU Q, LI S, et al. Hydrodynamic performance analysis of undulating fin propulsion [J]. Physics of Fluids, 2023, 35(9): 091906.

[2] PISKUR P. Strouhal number measurement for novel biomimetic folding fins using an image processing method [J]. Journal of Marine Science and Engineering, 2022, 10(4): 484.

[3] PEIXOTO L A W, DATOVO A, CAMPOS-DA-PAZ R, et al. Anatomical, taxonomic, and phylogenetic reappraisal of a poorly known ghost knifefish, Tembeassu marauna (Ostariophysi: Gymnotiformes), using X-ray microcomputed tomography [J]. PLoS One, 2019, 14(11): e0225342.

[4] TORGERSEN K T, AKIN D R, FIGUEIREDO-FILHO J M, et al. A dorsally expressed anal fin in the black ghost knifefish Apteronotus albifrons (Gymnotiformes: Apteronotidae) [J]. Ichthyology & Herpetology, 2024, 112(4): 645-651.

[5] HAWKINS O H, ORTEGA-JIMÉNEZ V M, SANFORD C P. Knifefish turning control and hydrodynamics during forward swimming [J]. Journal of Experimental Biology, 2022, 225(7): jeb243498.

[6] STODDARD P K. Predation enhances complexity in the evolution of electric fish signals [J]. Nature, 1999, 400(6741): 254-256.

[7] YIN S L, HU Q, ZENG Y B, et al. Kinetic analysis and design of a bio-inspired amphibious robot with two undulatory fins[C]. Xining: Proceedings of the IEEE International Conference on Real-time Computing and Robotics (RCAR), 2021.

[8] 王光明, 胡天江, 李非, 等. 长背鳍波动推进游动研究[J]. 机械工程学报, 2006, 42(3): 88-92.

[9] TAYLOR Z J, LIBERZON A, GURKA R, et al. Experiments on the vortex wake of a swimming knifefish [J]. Experiments in Fluids, 2013, 54(8): 1588.

[10] XIA D, LEI M, LI Z, et al. A combined IB-LB method for predicting the hydrodynamics of bionic undulating fin thrusters [J]. Ocean Engineering, 2024, 303: 117790.

[11] CHU H F, HUI X L, BAI X J, et al. Hydrodynamic characteristic analysis of a biomimetic underwater vehicle-manipulator system [J]. Journal of Bionic Engineering, 2025: 654-669.

[12] ZHANG T, HU Q, LI S, et al. A CPG-based framework for flexible locomotion control and propulsion performance evaluation of underwater undulating fin platform [J]. Ocean Engineering, 2023, 288: 116118.

[13] CURET O M, PATANKAR N A, LAUDER G V, et al. Mechanical properties of a bio-inspired robotic knifefish with an undulatory propulsor [J]. Bioinspiration & Biomimetics, 2011, 6(2): 026004.

[14] YOUNGERMAN E D, FLAMMANG B E, LAUDER G V. Locomotion of free-swimming ghost knifefish: Anal fin kinematics during four behaviors [J]. Zoology, 2014, 117(5): 337-348.

[15] LI G, LIU G, MA P, et al. Study on stable thrust of separated undulating fins [J]. Ocean Engineering, 2024, 306:

118046.

[16] SUN G, WANG Z, LING H, et al. Investigation on the propulsive efficiency of undulating fin propulsor [J]. Ocean Engineering, 2024, 312: 119113.

[17] WANG R, WANG S, WANG Y, et al. Vision-based autonomous hovering for the biomimetic underwater robot: RobCutt-Ⅱ [J]. IEEE Transactions on Industrial Electronics, 2019, 66(11): 8578-8588.

[18] WEI C, HU Q, SHI X, et al. A comparison for hydrodynamic performance of undulating fin propulsion on numerical self-propulsion and tethered models [J]. Ocean Engineering, 2022, 265: 112471.

[19] WEI C, LI S, HU Q. Hydrodynamic performance analysis of formations of dual three-dimensional undulating fins [J]. Ocean Engineering, 2024, 305: 117939.

[20] NEVELN I D, BALE R, BHALLA A P S, et al. Undulating fins produce off-axis thrust and flow structures [J]. Journal of Experimental Biology, 2014, 217(2): 201-213.

[21] BALE R, SHIRGAONKAR A A, NEVELN I D, et al. Separability of drag and thrust in undulatory animals and machines [J]. Scientific Reports, 2014, 4(1): 7329.

[22] WU T Y- T. Hydromechanics of swimming propulsion. Part 1. Swimming of a two-dimensional flexible plate at variable forward speeds in an inviscid fluid [J]. Journal of Fluid Mechanics, 1971, 46(2): 337-355.

[23] WU T Y- T. Swimming of a waving plate [J]. Journal of Fluid Mechanics, 1961, 10(3): 321-344.

[24] QIAN Q J, SUN D J. Numerical method for optimum motion of undulatory swimming plate in fluid flow [J]. Applied Mathematics and Mechanics, 2011, 32(3): 339-348.

[25] PULLIN D I, SHEN N. On vortex-sheet evolution beyond singularity formation [J]. Journal of Fluid Mechanics, 2023, 976: A17.

[26] DYNNIKOVA G Y, DYNNIKOV Y A, GUVERNYUK S V, et al. Stability of a reverse Karman vortex street [J]. Physics of Fluids, 2021, 33(2): 024102.

[27] BEIRÃO DA VEIGA L, DASSI F, VACCA G. Vorticity-stabilized virtual elements for the Oseen equation [J]. Mathematical Models and Methods in Applied Sciences, 2021, 31(14): 3009-3052.

[28] LIU P Q, ZHAO Y, QU Q L, et al. Physical properties of vortex and applicability of different vortex identification methods [J]. Journal of Hydrodynamics, 2020, 32(5): 984-996.

[29] RUIZ-TORRES R, CURET O M, LAUDER G V, et al. Kinematics of the ribbon fin in hovering and swimming of the electric ghost knifefish [J]. Journal of Experimental Biology, 2013, 216(5): 823-834.

第3章 二维线性化波动推进数学模型

3.1 引　　言

冲量理论阐明了波动运动推力产生的基本机制，实现了二维波动推进推力的理论计算，但该理论无法获取鳍面压力等局部水动力性能变化规律。为实现波动推进功率、效率等指标的理论计算，本章首先在无黏、不可压缩、波动鳍小幅值运动条件下建立线性化流场模型(线性化流场控制方程)，并详细讨论线性化流场边界条件。其次，基于复函数相关数学理论求解构造的标量黎曼-希尔伯特问题，获得了波动推进线性化流场控制方程下加速度势函数的解析解。最后，通过对鳍面压力分布函数进行积分进获得波动运动的主推力，基于薄翼理论估算鳍面的前缘吸力，功率、效率等指标均可实现理论计算。本章研究成果可视为对二维波动板理论的发展和完善。

3.2 波动推进模型下的流场控制方程与边界条件

3.2.1 线性化流场模型

波动鳍推力、功率及效率等动力学物理量都依赖于流场特性[1-8]。如果能先解析流场，并获取流场任意一点速度和压力变化规律，那么相关物理量都可以在此基础上求得。然而，复杂边界条件下直接求解纳维-斯托克斯(NS)方程几乎是不可能的，要从理论上求解波动鳍流场势必需要对标准控制方程进行简化。实际波动运动往往呈现出高雷诺数特性，水动力合力主要由压力差决定[9]，因此忽略流场黏性能极大降低问题难度。高雷诺数下，二维无黏流体的欧拉方程为

$$\frac{\partial \boldsymbol{q}}{\partial t} + (\boldsymbol{q} \cdot \nabla)\boldsymbol{q} = -\frac{1}{\rho}\nabla p \tag{3.1}$$

式中，t是时间；p是流场一点的压力。流场一点的合速度$\boldsymbol{q}$包含了沿着x方向的定常自由来流速度U_0和波动鳍运动产生的扰动速度$\boldsymbol{u}=(u,v)$，即$K_1(p)$。因此，流体不可压缩条件为$\nabla \cdot \boldsymbol{q} = \nabla \cdot \boldsymbol{u} = 0$。将$\boldsymbol{q}=(u+U_0,v)$代入式(3.1)可得

$$\left(\frac{\partial}{\partial t} + U_0\frac{\partial}{\partial x}\right)\boldsymbol{q} + (\boldsymbol{u}\cdot\nabla)\boldsymbol{u} = -\frac{1}{\rho}\nabla p \tag{3.2}$$

式中，对流项 $(u \cdot \nabla)u$ 具有很强的非线性，高雷诺数条件下流体呈现非线性、多尺度特征，这也是 NS 方程或者欧拉方程难以理论求解的主要原因。Wu[10]在薄翼理论基础上提出了以下处理方法：波动鳍运动幅值较小时，诱导速度 $u = (u,v)$ 将远小于自由来流速度 U_0，因此对流项量级远小于第一项。小扰动假设下，上述欧拉方程可以线性化为[11]

$$\left(\frac{\partial}{\partial t} + U_0 \frac{\partial}{\partial x}\right)q = -\frac{1}{\rho}\nabla p \tag{3.3}$$

式(3.3)两端同时取散度，由于 $\nabla \cdot q = 0$，因此可以得到关于压力 p 的拉普拉斯方程。引入变量 ϕ，定义：

$$\phi(z,t) = \phi(x,y,t) = \frac{-p}{\rho} \tag{3.4}$$

式(3.3)等价于

$$\Delta \phi = 0 \tag{3.5}$$

式中，ϕ 是线性化的普朗特加速度势函数。式(3.5)是关于 ϕ 的拉普拉斯方程，是建立在无黏、不可压缩、波动鳍小幅值运动条件下的线性化模型。理想流体模型下，由于函数 ϕ 具有调和性，根据柯西-黎曼(Cauchy-Riemann, CR)条件，必定存在另一个共轭调和函数 ψ，两者满足：

$$\begin{cases} \phi_x = \psi_y \\ \phi_y = -\psi_x \end{cases} \tag{3.6}$$

由于 CR 条件也是开集上复函数全纯的充要条件，因此使用式(3.6)能够构造一个全纯复函数：

$$f(x,y,t) = \phi(x,y,t) + i\psi(x,y,t) \tag{3.7}$$

式中，$f(x,y,t)$ 是复加速度势函数。在理想流体模型下，结合无黏、无旋两个条件，扰动速度 $u(x,y,t)$ 和 $-v(x,y,t)$ 将满足 CR 条件。因此，引入扰动速度势函数：

$$w(x,y,t) = u(x,y,t) - iv(x,y,t) \tag{3.8}$$

式(3.8)中的负号是由 CR 条件决定的。式(3.3)的分量展开可以写为

$$\begin{cases} \phi_x = \dfrac{\partial(u+U_0)}{\partial t} + U_0 \dfrac{\partial(u+U_0)}{\partial x} = \dfrac{\partial u}{\partial t} + U_0 \dfrac{\partial u}{\partial x} \\ \phi_y = \dfrac{\partial v}{\partial t} + U_0 \dfrac{\partial v}{\partial x} \end{cases} \tag{3.9}$$

式中，自由来流速度 U_0 是一个常量。结合复变函数求导法则、式(3.9)和 CR 条件

(式(3.6)), 容易得证以下关系:

$$\frac{\partial f}{\partial z} = \frac{\partial w}{\partial t} + U_0 \frac{\partial w}{\partial z} \tag{3.10}$$

式中，复平面内一点(x,y)通常用复数z表示。式(3.10)与式(3.9)等价，且式(3.9)两部分恰好对应式(3.10)的实部与虚部。为了使得等式(3.10)便于分析，引入以下变量替换：

$$\tau = U_0 t \tag{3.11}$$

变量替换目的在于消去式(3.10)中的常数U_0，这是因为：

$$\frac{\partial w(z,t(\tau))}{\partial t} = \frac{\partial w(z,\tau)}{\partial \tau} \frac{\partial \tau}{\partial t} = U_0 \frac{\partial w(z,\tau)}{\partial \tau} \tag{3.12}$$

式(3.10)可以写为

$$\frac{\partial F(z,\tau)}{\partial z} = \frac{\partial w(z,\tau)}{\partial \tau} + \frac{\partial w(z,\tau)}{\partial z} \tag{3.13}$$

式中，$F(z,\tau)$定义为

$$F(z,\tau) = \Phi(z,\tau) + \mathrm{i}\Psi(z,\tau) = \frac{f(z,\tau)}{U_0} = \frac{\phi(z,\tau)}{U_0} + \mathrm{i}\frac{\psi(z,\tau)}{U_0} \tag{3.14}$$

式(3.10)和式(3.14)都是波动推进模型下的线性化流场控制方程，展现了流场速度势函数和加速度势函数之间的基本关系。为建立该关系，本节首先引入大雷诺数下无黏、无旋理想流体假设，在此基础上流体控制方程简化为欧拉方程。进一步地，引入波动推进小幅值运动假设，此时来流速度远大于波动运动产生的扰动速度，波动运动诱导的非线性扰动速度对流项可以消去。最终，在复函数变换基础上，得到了二维波动推进模型下的线性化一阶偏微分流场控制方程。

3.2.2 线性化流场边界条件

流场求解不仅依赖于控制方程，还依赖于边界条件，而波动推进模型下的边界条件则与波动运动特性紧密相关。考虑无穷大流体区域，无黏的理想流体不会导致波动运动产生的扰动速度$\boldsymbol{u}=(u,v)$在传递过程中产生衰减，但离鳍面足够远处的扰动也不可能趋于无穷大。因此，流体的远场条件写为

$$\begin{cases} |f(z,t)| < \infty, |z| \to \infty \\ |w(z,t)| < \infty, |z| \to \infty \end{cases} \tag{3.15}$$

对于无厚度的二维波动鳍面，由于引入了小幅值运动假设，波动幅值相对于鳍长小得多，因此从几何上看波动鳍为一条直线，如图3.1所示。不失一般性，考虑坐标系xOy，让波动鳍这条"直线"重合于x轴，前缘端点为点$a(-1,0)$，后

缘端点为点 $b(1,0)$，波动鳍长度为 2。一般地，波动鳍长度具有任意性，但是本节鳍面长度的坐标对称设置有利于后面理论计算。同时，记 x 轴上半平面为 D^+，x 轴下半平面为 D^-，因此整个流体区域被划分为 D^+、D^- 和 x 轴。尽管波动鳍本身被简化为一条位于 x 轴的直线，但是鳍面上任意一点两侧的压力是不连续的，这种物理意义上的间断性是流场控制方程在数学上呈现奇异性的关键所在。虽然压力分布具有间断性，但是无黏流体下物面法向速度分布具有连续性，即

$$\boldsymbol{n} \cdot \boldsymbol{u} = \boldsymbol{n} \cdot \boldsymbol{u}_b \tag{3.16}$$

式中，$\boldsymbol{u}$ 是近鳍面上一点的流体速度；$\boldsymbol{u}_b$ 是鳍面上对应点的运动速度，式(3.16)在波动鳍面 L 上成立。该条件就是无黏流体下物面运动的速度边界条件，流体速度和物面运动速度的法方向分量相同，即两者无渗透，并且鳍面两侧都应该满足该条件。需要注意的是，无黏流体下流体靠近物面的切向运动速度是未知的，即无滑移条件是不成立的。速度边界条件式(3.16)可以写为

$$v_b(x,t) = v(x,\pm 0,t) = V(x,t), \quad -1 < x < 1 \tag{3.17}$$

式中，$v_b(x,t)$ 是鳍面一点的运动速度；$v(x,\pm 0,t)$ 是近壁面两侧的流体法向速度，$V(x,t)$ 是其简写形式。由于二维空间下波动鳍波动方程为 $h(x,t) = A\cos(2\pi f t - 2\pi x / \lambda)$，波动方程 $h(x,t)$ 指明了鳍面一点总是做垂直方向的简谐运动，对应点的流体运动轨迹也由 $h(x,t)$ 确定。小幅值、线性化假设下，流体速度容易根据物质导数求得，近鳍面一点的流体运动速度分量 $V(x,t)$ 近似表示为

$$v(x,\pm 0,t) = V(x,t) = \frac{\mathrm{d}h(x,t)}{\mathrm{d}t} = \frac{\partial h}{\partial t} + \frac{\partial x}{\partial t}\frac{\partial h}{\partial x} = \frac{\partial h}{\partial t} + U_0 \frac{\partial h}{\partial x} \tag{3.18}$$

式中，鳍面一点速度和对应点流体速度都可以表达为 h_t，区别在于对于鳍面本身，坐标 x 与 t 无关。对于流体而言，坐标 x 与 t 相关，这是典型的欧拉描述视角。结合流体控制方程(3.9)的第二式，在鳍面上可得

$$\phi_y = -\psi_x = \frac{\partial V}{\partial t} + U_0 \frac{\partial V}{\partial x} \tag{3.19}$$

式(3.19)也可表示为

$$\phi_y = -\psi_x = \left(\frac{\partial}{\partial t} + U_0 \frac{\partial}{\partial x}\right)^2 h(x,t) \tag{3.20}$$

速度边界条件都是仅在鳍面 L 上成立，L 的范围为

$$L = \{-1 < x < 1, y = 0\} \tag{3.21}$$

需要强调的是，无厚度鳍面 L 两侧的近壁面流体区域可以写为 $\{-1 < x < 1, y = \pm 0\}$，分别记为 $L^{\pm}$，$\pm$ 表明了鳍面 L 两侧的水动力性能并不一致。前缘端点 $a(-1,0)$

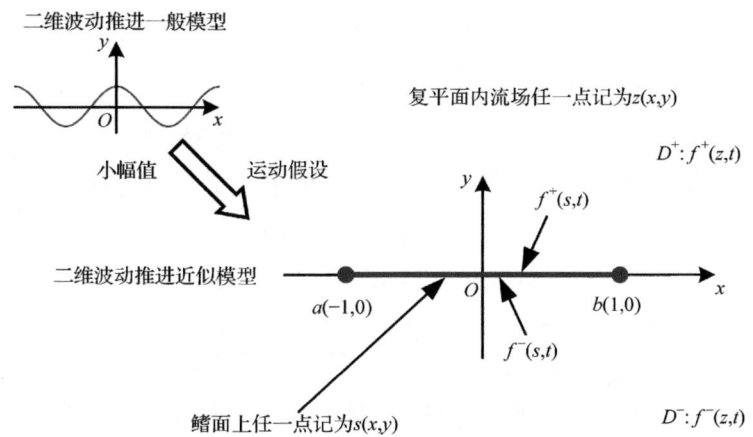

图 3.1 小幅值运动假设下二维波动推进流场边界条件示意图

和后缘端点 $b(1,0)$ 由于特殊性需要单独讨论。在无黏流体理论中，通常由库塔条件保证了后缘点的水动力性能不可能趋于无限大，即

$$|f(1,t)|<\infty \tag{3.22}$$

忽略黏性导致的必然结果就是前缘点通常具有奇异性，即

$$|f(-1,t)|=\infty \tag{3.23}$$

奇异性广泛存在于空气动力学的薄翼模型中[12-14]，这也是诱导前缘吸力[15-17]的本质原因。以上是线性化波动推进模型下可得到的所有边界条件，本章研究目标就是结合这些边界条件，理论求解流体控制方程(式(3.10))。

根据以上边界条件，可以进一步分析流场特性分布的奇偶性(对称性)。边界条件(式(3.17)和式(3.18))表明，靠近鳍面两侧的流体速度分量 v 是相同的，这展示了对称性。波动推进小幅值运动假设下，当鳍面一点向上运动时，会迫使上侧流体和下侧流体向上运动，由于无黏流体不会使得速度扰动衰减，因此速度 v 关于 x 轴对称分布，即 $v(x,y)$ 是关于变量 y 的偶函数。根据 CR 条件和式(3.9)，也能确定 $\phi_y(x,y)$ 和 $\psi_x(x,y)$ 是关于变量 y 的偶函数。由于 $\psi_x(x,y)$ 是关于变量 y 的偶函数，可以推导得到 ψ 也应该是关于变量 y 的偶函数。根据调和函数性质和 CR 条件，$-v$ 的共轭调和函数是 u，ψ 的共轭调和函数是 ϕ，因此 u 和 ϕ 都应该是关于变量 y 的奇函数。下面简要证明 u 是关于变量 y 的奇函数。由于 $-v$ 和 u 互为共轭调和函数，满足 CR 条件：

$$\begin{cases} u_x(x,y)=-v_y(x,y) \\ u_y(x,y)=v_x(x,y) \end{cases} \tag{3.24}$$

且 v 是关于变量 y 的偶函数，因此有

$$v(x,y) = v(x,-y) \tag{3.25}$$

将式(3.25)代入式(3.24),可得

$$u_y(x,-y) = v_x(x,-y) = v_x(x,y) = u_y(x,y) \tag{3.26}$$

关于 x 的偏导数不会改变关于变量 y 的奇偶性。式(3.26)两侧同时积分得

$$-u(x,-y) = u(x,y) + C \tag{3.27}$$

式中,C 是一个常数,令 $x \to -\infty$ 且 $y=0$,有 $-u(-\infty,0) = u(-\infty,0) + C$。尽管无黏流体不会导致无穷远处的速度扰动衰减,但是小扰动假设下流速 U_0 比扰动速度大得多,因此扰动传递具有方向性。波动鳍上游无穷远处的扰动 $u(-\infty,0) = 0$。$C=0$ 意味着 u 是关于变量 y 的奇函数。同理可证,ϕ 是关于变量 y 的奇函数。

小幅值运动下波动鳍所在的 xOy 坐标系的实轴,即 x 轴,将流体分为 x 轴上半平面为 D^+,将 x 轴下半平面为 D^-,因此两部分的复函数 f 分别记为

$$\begin{cases} f^+(z,t) = \phi^+(z,t) + i\psi^+(z,t), z \in D^+ \\ f^-(z,t) = \phi^-(z,t) + i\psi^-(z,t), z \in D^- \end{cases} \tag{3.28}$$

式中,通常用 z 表示在复平面上,但不在波动鳍鳍面上的一点,之后的理论推导同此惯例。用 s 表示在波动鳍鳍面上一点(s 是个实数),有

$$\begin{cases} f^+(s,t) = \phi^+(s,t) + i\psi^+(s,t), s \in L^+, L^+ = \{-1 < x < 1, y = +0\} \\ f^-(s,t) = \phi^-(s,t) + i\psi^-(s,t), s \in L^-, L^- = \{-1 < x < 1, y = -0\} \end{cases} \tag{3.29}$$

实际上,在连续流体区域中 $f(z,t)$ 应该是连续的,对应的物理意义是压力分布在流体区域中具有连续性,如图 3.1 所示,这里将 $f(z,t)$ 分为 $f^+(z,t)$ 和 $f^-(z,t)$ 是为了简化后面的理论推导。对于 $f^+(s,t)$ 和 $f^-(s,t)$,这两个函数一定是不同的,对应的物理意义是压力分布在波动鳍面两侧并不相同。当 $z \to s^+$,即复平面内一点 z 从 x 正半平面内趋近于 x 正半轴时,$\lim\limits_{z \to s} f^+(z,t) \neq f^+(s,t)$。数学上,称为全纯函数 f 在曲线 L 上是"病态"的。本章研究的目的就是在上述边界条件下求解 $f^+(z,t)$、$f^-(z,t)$、$f^+(s,t)$ 和 $f^-(s,t)$。结合之前对奇偶性的讨论,由于 ϕ 是变量 y 的奇函数,有

$$\phi^+(s,t) = \phi(x,+0,t) = -\phi(x,-0,t) = -\phi^-(s,t), \quad -1 < x < 1 \tag{3.30}$$

由于 ψ 是关于变量 y 的偶函数,有

$$\psi^+(s,t) = \psi(x,+0,t) = \psi(x,-0,t) = \psi^-(s,t), \quad -1 < x < 1 \tag{3.31}$$

上述两个性质是函数 ϕ 和 ψ 的奇偶性在鳍面 L 上的特殊表现。对于一般的、位于流体区域内一点 $z = (x,y)$,也有 $\phi(x,+y,t) = -\phi(x,-y,t)$ 和 $\psi(x,+y,t) = \psi(x,$

$-y, t)$。对于ϕ，考虑一点$z=(x,y)\in\{|x|>1, y=0\}$，区域$\{|x|>1, y=0\}$指的是波动鳍面L以外实轴上的其他区域，根据ϕ的奇偶性和流体区域内的连续性，易得

$$\phi(x,0,t)=0, |x|>1 \tag{3.32}$$

结合式(3.32)、复平面下的流体控制方程(式(3.10))和边界条件(式(3.19))，易得

$$\begin{cases} \dfrac{\partial \psi}{\partial x} = -\left(\dfrac{\partial}{\partial t}+U_0\dfrac{\partial}{\partial x}\right)v, & z=(x,y)\in\{|x|>1, y=0\} \\ \dfrac{\partial \psi}{\partial x} = -\left(\dfrac{\partial}{\partial t}+U_0\dfrac{\partial}{\partial x}\right)V, & z=(x,y)\in\{-1<x<1, y=0\} \end{cases} \tag{3.33}$$

结合式(3.29)、式(3.30)和式(3.31)可得

$$f^+(s,t)+f^-(s,t)=2\mathrm{i}\psi^+(s,t), \quad s\in L \tag{3.34}$$

式(3.34)是本章研究内容的核心，也是构建标量黎曼-希尔伯特问题的基础。

3.3 波动推进模型下的黎曼-希尔伯特问题与普莱姆利公式

3.3.1 标量黎曼-希尔伯特问题与普莱姆利公式

尽管二维波动推进模型下流体控制方程和边界条件都是已知的，但直接进行数学求解依然是困难的，这归因于式(3.28)和式(3.29)呈现的奇异性[18]，这种奇异性是复变函数特有的。奇异性导致构造的线性化波动推进问题本质上是一类奇异边值问题，也是一类黎曼-希尔伯特问题，该问题需进一步使用复变函数论中的相关理论与方法进行求解。

首先给出标量黎曼-希尔伯特问题的定义，它是指在复空间内存在一条闭围道L，闭围道L将复空间分成D^+和D^-两个部分，为了寻找相应区域内的两个全纯函数$\Phi^+(z)$和$\Phi^-(z)$，已知这两个函数在围道上满足以下条件：

$$\Phi^+(s)-g(s)\Phi^-(s)=f(s), s\in L \tag{3.35}$$

式中，函数$g(s)$和$f(s)$是已知函数且满足赫尔德条件[19]。根据上述边界条件寻找两个全纯函数的问题就是标量希尔伯特-普里瓦洛夫问题[19]。注意到3.2节推导得到的关于复加速度势函数f的性质式(3.34)，构成了一个简化的黎曼-希尔伯特问题，区别在于波动鳍模型下鳍面L是开围道。数学上，由开围道构成的这类奇异边值问题被称为黎曼-希尔伯特问题[19]。因此，波动鳍模型的理论求解最终归结为求解一个奇异边值问题，而复变函数是求解该问题的主要工具[18, 19]。

上述讨论的复函数奇异性，实际和一类重要积分相关联——柯西型积分，定义为

$$\Phi = \frac{1}{2\pi i} \int_L \frac{\phi(\tau)}{\tau - z} d\tau \tag{3.36}$$

柯西型积分与柯西积分公式有着密切联系，式(3.36)就是用函数在围道 L 上的值定义了一个围道内部的全纯函数。一般并不要求围道 L 是封闭的，但其应当是没有尖点的曲线。尽管 Φ 在除了围道 L 以外的复平面内都是解析的，但是当复平面上一点 z 趋近于围道 L 时，被积函数分母在某些积分点处将趋于 0。显然，柯西型积分也是一种"病态"函数。由于曲线 L 具有两侧，z 靠近围道 L 的方式存在两种，复函数 Φ 也对应存在 Φ^+ 和 Φ^- 两种形态。这里考虑 z 从正方向区域于围道 L 上一点 s，如图 3.2(a)所示。当 z 从正方向趋近于 s 时，式(3.36)被积函数分母趋于 0 的性质很类似于反常积分，柯西主值积分是研究该类问题的重要工具。在图 3.2(a)所示情况下考虑 $\Phi^+(s)$，将原曲线 L 按照图 3.2(b)所示方式进行变形，其中 C_ϵ 表示一个半径非常小的半圆。因此，曲线变形后 $\Phi^+(s)$ 为

$$\begin{aligned}\Phi^+(s) &= \lim_{z \to s} \frac{1}{2\pi i} \int_{L/C_\epsilon} \frac{\phi(\tau)}{\tau - z} d\tau + \lim_{z \to s} \frac{1}{2\pi i} \int_{C_\epsilon} \frac{\phi(\tau)}{\tau - z} d\tau \\ &= \frac{1}{2\pi i} \int_{L/C_\epsilon} \frac{\phi(\tau)}{\tau - s} d\tau + \frac{1}{2\pi i} \int_{C_\epsilon} \frac{\phi(\tau)}{\tau - s} d\tau \end{aligned} \tag{3.37}$$

式中，$C_\epsilon = \{z : |z - s| < \epsilon\}$。当小圆半径 $\epsilon \to 0$ 时，式(3.37)第一个等号右侧第一个积分就是一个柯西主值积分，而第二个积分可以根据留数定理进行计算。同理，$\Phi^-(s)$ 也可以按照上述思路进行计算。最终的结果被称为普莱姆利公式[18]，这是解决黎曼-希尔伯特奇异边界问题的关键：

$$\begin{cases} \Phi^+(s) = \dfrac{1}{2\pi i} \int_L \dfrac{\phi(\tau)}{\tau - s} d\tau + \dfrac{1}{2} \phi(s) \\ \Phi^-(s) = \dfrac{1}{2\pi i} \int_L \dfrac{\phi(\tau)}{\tau - s} d\tau - \dfrac{1}{2} \phi(s) \end{cases} \tag{3.38}$$

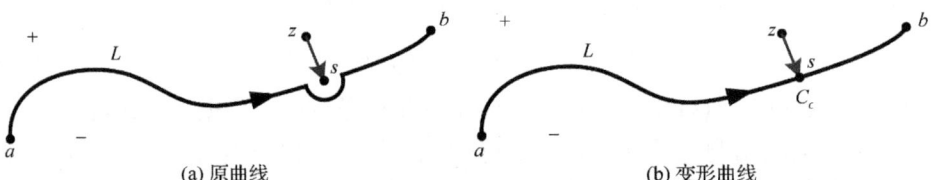

(a) 原曲线   (b) 变形曲线

图 3.2 普莱姆利公式下曲线变形示意图

式(3.38)及之后的数学推导中，都按照以下规则定义柯西主值积分：

$$\oint_L \frac{\phi(\tau)}{\tau - s} d\tau = P.V. \int_L \frac{\phi(\tau)}{\tau - s} d\tau = \lim_{\epsilon \to 0} \frac{1}{2\pi i} \int_{L/C_\epsilon} \frac{\phi(\tau)}{\tau - s} d\tau \tag{3.39}$$

将式(3.38)中两个分式相加减，可以得到普莱姆利公式的重要性质：

$$\begin{cases} \Phi^+(s) - \Phi^-(s) = \phi(s) \\ \Phi^+(s) + \Phi^-(s) = \dfrac{1}{\pi \mathrm{i}} \displaystyle\int_L \dfrac{\phi(\tau)}{\tau - s} \mathrm{d}\tau \end{cases} \quad (3.40)$$

上述推导是建立在曲线 L 足够光滑和函数 ϕ 严格连续的条件下，此外，上述曲线变形推导方法也不适用于计算开围道 L 的端点。尽管如此，上述定理实际具有一般性，而一般条件下的公式推导和函数 Φ 的性质在相关文献[20]中有详细论述。式(3.40)展示了柯西型积分的局部特征。

结合之前对线性化波动鳍模型的讨论，二维线性化后的波动鳍理论模型求解难点在于无厚度波动鳍面两侧流体性质(压力等)不一样，这正好与柯西型积分的数学性质一致，式(3.34)代表的黎曼-希尔伯特问题恰恰又与柯西型积分的性质式(3.40)对应。这说明该类奇异边值问题的解与柯西型积分有着直接联系。为说明求解思路，首先考虑如下问题：寻找一个除去曲线 L 之外的复平面内的全纯函数 $\Phi(z)$，已知函数在曲线 L 上满足以下条件：

$$\Phi^+(s) - \Phi^-(s) = f(s) \quad (3.41)$$

该问题构成了一个最简单的黎曼-希尔伯特问题，根据式(3.40)可以直接找到一个函数，它是一个柯西型积分，并满足黎曼-希尔伯特问题条件。然而，这个柯西型积分是上述问题的一个解，但不是唯一解。结合复变函数中的莫雷拉(Morera)定理可以证明，上述黎曼-希尔伯特问题一般解的形式应该为

$$\Phi(z) = \dfrac{1}{2\pi \mathrm{i}} \int_L \dfrac{f(\tau)}{\tau - z} \mathrm{d}\tau + h(z) \quad (3.42)$$

式中，$h(z)$ 是一个流场区域内的全纯函数，为确定 $h(z)$ 还需要除了式(3.41)外其他的边界条件。然而，对本书而言，影响线性化波动推进模型水动力性能的主要因素是鳍面压力差的分布，全纯函数 $h(z)$ 不会影响无厚度鳍面两侧压力差的分布。

基于上述黎曼-希尔伯特问题的求解思路，求解本章研究的线性化波动鳍模型，关键在于处理和复加速度势 f 相关的公式：

$$\begin{cases} f^+(s,t) = \phi^+(s,t) + \mathrm{i}\psi^+(s,t) \\ f^-(s,t) = \phi^-(s,t) + \mathrm{i}\psi^-(s,t) \end{cases} \quad (3.43)$$

结合奇偶性，将式(3.43)重新整理为

$$\begin{cases} f^+(s,t) + f^-(s,t) = 2\mathrm{i}\psi^+(s,t) \\ f^+(s,t) - f^-(s,t) = 2\phi^+(s,t) \end{cases} \quad (3.44)$$

结合式(3.29)、式(3.30)和式(3.31)也容易得到式(3.44)。根据柯西型积分的性质可以推断，$f(z)$ 应该具有一个类似柯西型积分形式的基本解，记为

$$f(z) = \frac{1}{2\pi i} \int_L \frac{f'(\tau)}{\tau - z} d\tau \qquad (3.45)$$

式中，$f'(\cdot)$是待求解的未知函数，结合普莱姆利公式(3.40)，可得

$$\begin{cases} f^+(s) + f^-(s) = \dfrac{1}{\pi i} \int \dfrac{f'(\tau)}{\tau - s} d\tau = 2i\psi^+(s,t) \\ f^+(s) - f^-(s) = f'(s) = 2\phi^+(s,t) \end{cases} \qquad (3.46)$$

式(3.46)关键在于$\phi^+(s,t)$和$\psi^+(s,t)$哪个函数是已知量。如果$\phi^+(s,t)$是已知的，那么整个问题的求解十分简单。如果$\phi^+(s,t)$是未知的，而$\psi^+(s,t)$是已知的，上述问题将归结为先寻找函数f'。为了求解这个函数，必须求解以下柯西型奇异积分方程：

$$\frac{1}{\pi i} \int_L \frac{f'(\tau)}{\tau - s} d\tau = 2i\psi^+(s,t) \qquad (3.47)$$

结合 3.2.2 小节对边界条件的讨论，波动鳍模型下鳍面L上仅有$\psi^+(s,t)$是可以根据边界条件获得的，如式(3.33)所示，而$\phi^+(s,t)$无法根据边界条件推得。因此，理论上需要先求解该奇异积分方程，再去寻找一般解，然而这是极其困难的。使用一些数学技巧和变换可以避免求解该奇异积分方程，为此，进一步引入一个辅助函数：

$$F(z) = \frac{f(z)}{\tilde{f}(z)} \qquad (3.48)$$

式中，$\tilde{f}(z)$是一个辅助函数，并且满足：①在除去鳍面L之外的复平面内解析；②在围道L上，有$\tilde{f}^+(s) = -\tilde{f}^-(s) \neq 0$，因此：

$$\begin{aligned} F^+(s) - F^-(s) &= \frac{f^+(s)}{\tilde{f}^+(s)} - \frac{f^-(s)}{\tilde{f}^-(s)} = \frac{f^+(s)}{\tilde{f}^+(s)} + \frac{f^-(s)}{\tilde{f}^+(s)} \\ &= \frac{f^+(s) + f^-(s)}{\tilde{f}^+(s)} = \frac{2i\psi^+(s,t)}{\tilde{f}^+(s)} \end{aligned} \qquad (3.49)$$

如果$\tilde{f}^+(s)$以及函数$\psi^+(s,t)$是已知的，那么式(3.49)将构成一个关于函数$F(z)$的黎曼-希尔伯特问题，且此时$F^+(s) - F^-(s)$的结果是已知量，该问题可以结合普莱姆利公式进行直接求解，并不需要求解积分方程。求解$F(z)$之后，进一步可以得到$f(z)$。因此，问题的关键转化为如何找到这样的辅助函数$\tilde{f}(z)$。同时，该辅助函数在围道L两侧应该满足$\tilde{f}^+(s) = -\tilde{f}^-(s)$。在$L$是开围道的情况下，辅助函数$\tilde{f}(z)$的构造依赖于开围道两个端点取值的奇异性，本质上，奇异性是通过多值复函数在支割线两侧数学性质差异体现的。在线性化波动推进模型下，可以构

造以下辅助函数：

$$\tilde{f}(z) = \left(\frac{z-b}{z-a}\right)^{\frac{1}{2}} \tag{3.50}$$

将式(3.50)回代至式(3.49)，并根据多值函数 $\tilde{f}(z)$ 的数学性质求得 $\tilde{f}^+(s)$，进而求解关于 $F(z)$ 的黎曼-希尔伯特问题，最后再反推 $f(z)$，整个过程避免了求解奇异积分方程。

本小节阐述了求解形如式(3.34)的黎曼-希尔伯特问题的核心思路，这是一种简化的奇异边值问题，本质上它关联于一类特殊的柯西型奇异积分方程。这类问题的解法并不唯一。本小节主要基于普莱姆利公式和复变函数论相关方法对该问题进行求解。一般性求解方法在相关文献中有详细阐述。

3.3.2 奇异边值问题的数学求解

在线性化、小幅值运动假设下，基于无黏、无旋流场特性，无厚度壁面的波动鳍如同一条位于复平面实轴的开围道 L，两个端点记为 $a(-1,0)$ 和 $b(1,0)$，波动推进模型最终被归结于求解如下奇异边值问题：

$$f^+(s,t) + f^-(s,t) = 2\mathrm{i}\psi^+(s,t), \quad s \in L \tag{3.51}$$

正如 3.3.1 小节讨论的，为求解该黎曼-希尔伯特问题首先需要确定 $\psi^+(s,t)$，奇偶性分析表明了 $\psi^+(s,t) = \psi^-(s,t)$。从数学求解角度讲，该问题的一个难点在于 $\psi^+(s,t)$ 是与时间相关的函数。为了方便处理时间 t，引入拉普拉斯变换。在式(3.11)~式(3.14)中引入了变量 τ，因此线性化流场控制方程为

$$\frac{\partial F(z,\tau)}{\partial z} = \frac{\partial w(z,\tau)}{\partial \tau} + \frac{\partial w(z,\tau)}{\partial z} \tag{3.52}$$

其中，

$$F(z,\tau) = \Phi(z,\tau) + \mathrm{i}\Psi(z,\tau) = \frac{f(z,\tau)}{U_0} = \frac{\phi(z,\tau)}{U_0} + \mathrm{i}\frac{\psi(z,\tau)}{U_0} \tag{3.53}$$

对复函数 $F(z,\tau)$ 进行拉普拉斯变换，记为

$$\tilde{F}(z,p) = \int_0^{+\infty} \mathrm{e}^{-p\tau} F(z,\tau) \mathrm{d}\tau, \quad Re(p) > 0 \tag{3.54}$$

式中，Re 表示雷诺数。之后的分析中，拉普拉斯变换及其逆变换按照以下规则进行，对任意复函数 $F(z,\tau)$，有

$$\mathcal{L}[F(z,\tau)] = \tilde{F}(z,p), \mathcal{L}^{-1}(\tilde{F}(z,p)) = F(z,\tau) \tag{3.55}$$

式中，$\mathcal{L}$ 和 $\mathcal{L}^{-1}$ 分别表示拉普拉斯变换算子和逆变换算子，拉普拉斯变换旨在变

换变量 τ 和 p。注意到边界条件式(3.33)，通过变量替换 $\tau = U_0 t$ 将方程统一写为

$$\frac{\partial \Psi}{\partial x} = -\left(\frac{\partial}{\partial \tau} + \frac{\partial}{\partial x}\right)v \tag{3.56}$$

式(3.56)两侧取拉普拉斯变换：

$$\frac{\partial \tilde{\Psi}}{\partial x} = -\left(p + \frac{\partial}{\partial x}\right)\tilde{v} \tag{3.57}$$

根据式(3.33)可知，式(3.57)既在流体区域内成立，也在鳍面边界上成立。考虑鳍面边界，波动鳍壁面上的流体速度 $\tilde{v}$ 根据无黏流体法方向速度条件确定，即 $\tilde{v} = \tilde{V}$，其中，近壁面流体速度 V 由线性化边界条件式(3.18)确定，$\sim$ 表示取拉普拉斯变换。研究上述边界条件的目的在于，通过求解该一阶偏微分方程可以获取边界上 $\tilde{\Psi}$ 的显式表达。引入微分算子 D，式(3.57)可表示为

$$D\tilde{\Psi} = -(p + D)\tilde{v} \tag{3.58}$$

根据式(3.58)，可得

$$\begin{cases} \tilde{\Psi} = -\tilde{v} - \dfrac{p}{D}\tilde{v} \\ \tilde{v} = -\tilde{\Psi} + \dfrac{p}{p+D}\tilde{\Psi} \end{cases} \tag{3.59}$$

利用微分算子的性质，可得

$$\begin{cases} \tilde{\Psi} = -\tilde{v} - p\displaystyle\int \tilde{v}\,\mathrm{d}x \\ \tilde{v} = -\tilde{\Psi} + \mathrm{e}^{-px}\dfrac{p}{D}(\tilde{\Psi}\mathrm{e}^{px}) = -\tilde{\Psi} + \mathrm{e}^{-px}p\displaystyle\int \tilde{\Psi}\mathrm{e}^{px}\,\mathrm{d}x \end{cases} \tag{3.60}$$

式(3.60)的推导基于式(3.57)，因此形式结果既在流体区域内成立，也在鳍面边界上成立。对于式(3.60)中第一个公式，先考虑鳍面边界情况，即复平面上考虑 x 是近壁面流体区域中的一点，即 $-1 < x < 1$，$y = \pm 0$，± 0 意味着鳍面两侧的局部水动力性能是不一致的，则

$$\tilde{\Psi}(x, \pm 0, p) = -\tilde{v}(x, \pm 0, p) - p\int_{-\infty}^{x} \tilde{v}(x, \pm 0, p)\,\mathrm{d}x \tag{3.61}$$

上述推导中需注意式(3.60)中不定积分与式(3.61)中变上限定积分之间的等价性。

区间 $(-\infty, x)$ 需要分成两部分看待，对于近壁面流体区域 $(-1, x)$，$\tilde{v}(x, \pm 0, p)$ 是由鳍面边界条件确定的。流场区间 $(-\infty, -1]$ 上，$\tilde{v}(x, \pm 0, p)$ 是未知的。式(3.61)可以写为

$$\tilde{\Psi}(x, \pm 0, p) = -\tilde{V}(x, p) - p\int_{-1}^{x} \tilde{V}(x, p)\,\mathrm{d}x - p\int_{-\infty}^{-1} \tilde{v}(x, \pm 0, p)\,\mathrm{d}x$$

$$= \tilde{\Psi}_0 + \tilde{A}_0 \tag{3.62}$$

式中，变量 x 的取值为 $-1<x<1$，此区间内式(3.62)才成立。式(3.62)等号右侧两个积分的被积变量也写为 x，形式上可替换为任意其他变量。式(3.62)引入了两个参变量，即

$$\tilde{\Psi}_0(x,p) = -\tilde{V}(x,p) - p\int_{-1}^{x}\tilde{V}(x,p)\mathrm{d}x \tag{3.63}$$

$$\tilde{A}_0(p) = -p\int_{-\infty}^{-1}\tilde{v}(x,\pm 0,p)\mathrm{d}x \tag{3.64}$$

式中，$\tilde{\Psi}_0(x,p)$ 是已知量，可以根据鳍面运动条件得出，而 $\tilde{A}_0(p)$ 是未知量，即流场区域内的 $\tilde{v}(x,\pm 0,p)$ 是未知的。进一步考虑 $\tilde{v}(x,\pm 0,p)$，尽管其是未知量，但是根据微分方程的解，即式(3.60)的第二式，$\tilde{v}(x,\pm 0,p)$ 也可以由 $\tilde{\Psi}$ 显式计算，因此考虑流场区域一点 $(x,\pm 0)$，其中 $x\in(-\infty,-1]$，可得

$$\begin{aligned}\tilde{v}(x,\pm 0,p) &= -\tilde{\Psi}(x,\pm 0,p) + \mathrm{e}^{-px}p\int_{-\infty}^{x}\tilde{\Psi}(x_1,\pm 0,p)\mathrm{e}^{px_1}\mathrm{d}x_1 \\ &= -\tilde{\Psi}(x,\pm 0,p) + p\int_{-\infty}^{x}\tilde{\Psi}(x_1,\pm 0,p)\mathrm{e}^{p(x_1-x)}\mathrm{d}x_1\end{aligned} \tag{3.65}$$

将式(3.65)重新写为

$$\tilde{\Psi}(x,\pm 0,p) = -\tilde{v}(x,\pm 0,p) + p\int_{-\infty}^{x}\tilde{\Psi}(x_1,\pm 0,p)\mathrm{e}^{p(x_1-x)}\mathrm{d}x_1, \quad x\leqslant -1 \tag{3.66}$$

形式上，式(3.61)不仅对于鳍面上一点 x 成立，对于流场中一点 $(x,\pm 0)$ 该积分也是成立的。因此，对比式(3.66)和式(3.61)，将两者的积分区间都考虑为 $(-\infty,x)$，其中 $x\leqslant -1, y=\pm 0$，对比可得

$$-p\int_{-\infty}^{x}\tilde{v}(x_1,\pm 0,p)\mathrm{d}x_1 = p\int_{-\infty}^{x}\tilde{\Psi}(x_1,\pm 0,p)\mathrm{e}^{p(x_1-x)}\mathrm{d}x_1 \tag{3.67}$$

将式(3.67)的积分上限 x 取 -1，并与式(3.64)比较，可得

$$\tilde{A}_0 = -p\int_{-\infty}^{-1}\tilde{v}(x,\pm 0,p)\mathrm{d}x = p\int_{-\infty}^{-1}\tilde{\Psi}(x,\pm 0,p)\mathrm{e}^{p(x+1)}\mathrm{d}x \tag{3.68}$$

式中，第二个积分中积分变量 x_1 被写成 x，这只是形式上的替换，并不影响积分结果。数学推导目的在于建立 $\tilde{A}_0$ 和 $\tilde{\Psi}(x,\pm 0,p)$ 之间的显式关系，这个结论来自对流场控制方程的直接处理和对边界条件的利用，这个结论将在后面推导中发挥重要作用。

基于上述理论基础，线性化波动推进模型下奇异边值问题的解推导如下。黎曼-希尔伯特问题的条件式(3.51)在拉普拉斯变换下重写为

$$\tilde{F}^{+}(s,p) + \tilde{F}^{-}(s,p) = 2\mathrm{i}\tilde{\Psi}(s,p) \tag{3.69}$$

式中，s 是鳍面上一点。需要强调的是，对于波动推进模型下的数学推导，研究用 z 表示在复平面上，但不在波动鳍鳍面上的一点，即 $z=z(x,y)\in\{|x|>1, y\in\mathbb{R}\}$。

鳍面任意一点的取值范围为 $|x|<1, y=\pm 0$，即为一个实数，为方便表示，研究以实数 s 表示鳍面上一点，如图 3.1 所示。相似地，近壁面流体区域表示为 $\{|x|<1, y=\pm 0\}$。空间上，鳍面和近壁面流体区域的位置实则是重合的，即流固交界面。式(3.69)中，$\tilde{F}^+(s,p)$ 等价于 $\tilde{F}(x,+0,p)$，$\tilde{F}^-(s,p)$ 等价于 $\tilde{F}(x,-0,p)$。对于鳍面两个端点，前缘端点流体特性具有奇异性，将在后文单独讨论，而后缘端点处流体特性则是有限且连续的。本节数学推导中，鳍面范围是否包含两个端点并不影响最终结果。式(3.62)表明：

$$\tilde{\Psi}^+(x,+0,p) = \tilde{\Psi}^-(x,-0,p) = \tilde{\Psi}_0 + \tilde{A}_0 \tag{3.70}$$

式(3.70)表明了 $\tilde{\Psi}$ 在鳍面处具有连续性，也可以表示为

$$\tilde{\Psi}^+(s,p) = \tilde{\Psi}(x,+0,p) = \tilde{\Psi}(x,-0,p) = \tilde{\Psi}^-(s,p), \quad -1<x<1 \tag{3.71}$$

3.3.1 小节中，研究已经讨论了黎曼-希尔伯特问题的一般解法，因此由式(3.69)和式(3.70)构成的奇异边值问题，其解为

$$\tilde{F}(z,p) = \frac{1}{\pi i}\sqrt{\frac{z-1}{z+1}}\int_{-1}^{1}\sqrt{\frac{1+\xi}{1-\xi}}\frac{\tilde{\Psi}(\xi,\pm 0,p)\mathrm{d}\xi}{\xi-z} \tag{3.72}$$

式中，$\tilde{\Psi}$ 由式(3.70)确定。然而，式(3.70)中 $\tilde{\Psi}_0$ 是已知的，$\tilde{A}_0$ 是未知的，因此 $\tilde{\Psi}$ 无法直接确定。条件式(3.68)表明，$\tilde{A}_0$ 可以由 $\tilde{\Psi}(x,\pm 0,p)$ 确定，而 $\tilde{\Psi}(x,\pm 0,p)$ 其实就是复函数 $\tilde{F}(x,\pm 0,p)$ 的虚部。因此，$\tilde{A}_0$ 并非一个完全独立的函数。从式(3.72)出发可以构造出一个关于 $\tilde{A}_0$ 的方程。首先对式(3.72)进行如下变形：

$$\tilde{F}(z,p) = \frac{1}{\pi i}\sqrt{\frac{z-1}{z+1}}\int_{-1}^{1}\sqrt{\frac{1+\xi}{1-\xi}}\frac{\tilde{\Psi}_0(\xi,p)\mathrm{d}\xi}{\xi-z} + \frac{\tilde{A}_0}{\pi i}\sqrt{\frac{z-1}{z+1}}\int_{-1}^{1}\sqrt{\frac{1+\xi}{1-\xi}}\frac{\mathrm{d}\xi}{\xi-z} \tag{3.73}$$

式中，$\tilde{A}_0$ 是一个与 x 无关的函数，由式(3.68)确定。此外，z 是个不在鳍面 L 上的复数。基于 3.3.1 小节研究对于对柯西型积分的讨论，$\tilde{F}$ 在鳍面上(近壁面流体区域)的取值并不等于直接将式(3.73)中的 z 替换成 s，而是需要根据普莱姆利公式分别计算 $\tilde{F}^+(s,p)$ 和 $\tilde{F}^-(s,p)$。此外，为了确定 $\tilde{A}_0$，推导关键就在于处理式(3.73)得到的两个积分，可以证明上述两个积分等价于：

$$\frac{\tilde{A}_0}{\pi i}\sqrt{\frac{z-1}{z+1}}\int_{-1}^{1}\sqrt{\frac{1+\xi}{1-\xi}}\frac{\mathrm{d}\xi}{\xi-z} = \mathrm{i}\tilde{A}_0 - \mathrm{i}\tilde{A}_0\left(\frac{z-1}{z+1}\right)^{\frac{1}{2}} \tag{3.74}$$

$$\frac{1}{\pi i}\sqrt{\frac{z-1}{z+1}}\int_{-1}^{1}\sqrt{\frac{1+\xi}{1-\xi}}\frac{\tilde{\Psi}_0(\xi,p)\mathrm{d}\xi}{\xi-z} = -\frac{\mathrm{i}}{\pi}\left(\frac{z-1}{z+1}\right)^{\frac{1}{2}}\int_{-1}^{1}\frac{1}{\sqrt{1-\xi^2}}\tilde{\Psi}_0(\xi,p)\mathrm{d}\xi$$
$$+ \frac{1}{\pi i}\int_L \frac{\sqrt{z^2-1}}{\sqrt{1-\xi^2}}\frac{\tilde{\Psi}_0(\xi,p)\mathrm{d}\xi}{\xi-z} \tag{3.75}$$

在此基础上，引入以下参变量，使得

$$\frac{1}{2}\tilde{a}_0(p) = \tilde{A}_0(p) + \frac{1}{\pi}\int_{-1}^{1}\frac{1}{\sqrt{1-\xi^2}}\tilde{\Psi}_0(\xi,p)\mathrm{d}\xi \tag{3.76}$$

结合式(3.73)~式(3.76)，可得

$$\tilde{F}(z,p) = \mathrm{i}\tilde{A}_0 - \frac{\mathrm{i}}{2}\tilde{a}_0\left(\frac{z-1}{z+1}\right)^{\frac{1}{2}} + \frac{1}{\pi\mathrm{i}}\int_{-1}^{1}\frac{\sqrt{z^2-1}}{\sqrt{1-\xi^2}}\frac{\tilde{\Psi}_0(\xi,p)}{\xi-z}\mathrm{d}\xi \tag{3.77}$$

复函数 $\tilde{F}(z,p)$ 也可写为 $\tilde{\Phi}(z,p) + \mathrm{i}\tilde{\Psi}(z,p)$，其中，$z$ 是复平面内除去鳍面曲线 L 外任意一点。取 $z = (x,0)$，且 $x < -1$，由式(3.32)可知：

$$\tilde{\Phi}(x,0,t) = 0, \quad |x| > 1 \tag{3.78}$$

因此，复函数 $\tilde{F}(z,p)$ 的虚部写为

$$\tilde{\Psi}(x,0,p) = \tilde{A}_0 - \frac{1}{2}\tilde{a}_0\left(\frac{x-1}{x+1}\right)^{\frac{1}{2}} - \frac{1}{\pi}\int_{-1}^{1}\frac{\sqrt{x^2-1}}{\sqrt{1-\xi^2}}\frac{\tilde{\Psi}_0(\xi,p)}{\xi-x}\mathrm{d}\xi \tag{3.79}$$

同时，式(3.68)表明以下关系成立：

$$\tilde{A}_0 = p\int_{-\infty}^{-1}\tilde{\Psi}(x,0,p)\mathrm{e}^{p(x+1)}\mathrm{d}x \tag{3.80}$$

结合式(3.79)和式(3.80)，对式(3.79)进行积分，并利用式(3.80)可得

$$\tilde{A}_0 = p\int_{-\infty}^{-1}\left(\tilde{A}_0 - \frac{1}{2}\tilde{a}_0\left(\frac{x-1}{x+1}\right)^{\frac{1}{2}} - \frac{1}{\pi}\int_{-1}^{1}\frac{\sqrt{x^2-1}}{\sqrt{1-\xi^2}}\frac{\tilde{\Psi}_0(\xi,p)}{\xi-x}\mathrm{d}\xi\right)\mathrm{e}^{p(x+1)}\mathrm{d}x \tag{3.81}$$

式(3.81)等号右侧的第一项积分可直接进行计算：

$$p\int_{-\infty}^{-1}\tilde{A}_0\mathrm{e}^{p(x+1)}\mathrm{d}x = p\tilde{A}_0\int_{-\infty}^{-1}\mathrm{e}^{p(x+1)}\mathrm{d}x = \tilde{A}_0 \tag{3.82}$$

式中，由于 $\tilde{A}_0$ 仅是关于 p 的函数，因此可以移到积分符号外侧。此外，式(3.76)表明，$\tilde{a}_0$ 也仅是关于 p 的函数。式(3.80)可进一步化简为

$$\tilde{a}_0 = \frac{-\dfrac{2}{\pi}\int_{-\infty}^{-1}\left(\int_{-1}^{1}\dfrac{\sqrt{x^2-1}}{\sqrt{1-\xi^2}}\dfrac{\tilde{\Psi}_0(\xi,p)\mathrm{d}\xi}{\xi-x}\right)\mathrm{e}^{px}\mathrm{d}x}{\int_{-\infty}^{-1}\left(\dfrac{x-1}{x+1}\right)^{\frac{1}{2}}\mathrm{e}^{px}\mathrm{d}x} \tag{3.83}$$

经过进一步数学推导，式(3.83)可化简为以下形式：

$$\tilde{a}_0 = \frac{\dfrac{2}{\pi}\displaystyle\int_{-1}^{1}(K_1(p)-\xi K_0(p))\dfrac{\tilde{V}(\xi,p)\mathrm{d}\xi}{\sqrt{1-\xi^2}}}{K_1(p)+K_0(p)} \tag{3.84}$$

下面对线性化波动推进模型下的黎曼-希尔伯特问题及其求解做一个小结。线性化波动推进模型的流场求解,本质上归结为求解一个数学上的奇异边值问题。本章的求解思路是,将这类特殊的边值问题视为一类黎曼-希尔伯特问题,采用复函数论相关方法进行求解。具体的求解方法是利用普莱姆利公式,已经在 3.2.1 小节给出。该问题的最终解为

$$\tilde{F}(z,p) = \mathrm{i}\tilde{A}_0 - \frac{\mathrm{i}}{2}\tilde{a}_0\left(\frac{z-1}{z+1}\right)^{\frac{1}{2}} + \frac{1}{\pi\mathrm{i}}\int_{-1}^{1}\frac{\sqrt{z^2-1}}{\sqrt{1-\xi^2}}\frac{\tilde{\Psi}_0(\xi,p)\mathrm{d}\xi}{\xi-z} \tag{3.85}$$

$$\tilde{A}_0(p) = \frac{1}{2}\tilde{a}_0(p) - \frac{1}{\pi}\int_{-1}^{1}\frac{1}{\sqrt{1-\xi^2}}\tilde{\Psi}_0(\xi,p)\mathrm{d}\xi \tag{3.86}$$

$$\tilde{a}_0 = \frac{\dfrac{2}{\pi}\displaystyle\int_{-1}^{1}(K_1(p)-\xi K_0(p))\dfrac{\tilde{V}(\xi,p)\mathrm{d}\xi}{\sqrt{1-\xi^2}}}{K_1(p)+K_0(p)} \tag{3.87}$$

式中,$\tilde{V}$ 和 $\tilde{\Psi}_0$ 都是直接从边界条件得到的已知函数,分别由式(3.18)和式(3.63)确定,需要注意的是,式(3.87)实际使用的边界条件是原函数拉普拉斯变换后的结果。

3.4 复加速度势函数特性分析

形式上,3.3 节研究已经完成了线性化波动推进模型下奇异边值问题的求解,该问题的解由式(3.85)~式(3.87)构成。然而,研究依然面临以下几个理论问题: ①如何进行逆拉普拉斯变换得到复加速度势函数的原始结果; ②如何计算鳍面两侧的压力分布函数; ③奇异边值问题的解是否满足 3.2.2 小节中讨论的边界条件; ④无厚度波动鳍在无黏流体下,前缘奇异性诱导的吸力如何进行计算。本节首先围绕问题①,研究原始解式(3.84)的逆拉普拉斯变换。为了计算方便,引入以下辅助函数:

$$\tilde{H}(p) = \frac{K_1(p)}{K_1(p)+K_0(p)} \tag{3.88}$$

将式(3.88)代入式(3.87),函数 $\tilde{a}_0$ 可以表达为

$$\tilde{a}_0 = \frac{2}{\pi}\int_{-1}^{1}(\tilde{H}(p)(1+\xi)-\xi)\frac{\tilde{V}(\xi,p)\mathrm{d}\xi}{\sqrt{1-\xi^2}} \tag{3.89}$$

第3章 二维线性化波动推进数学模型

对于象函数 $\tilde{F}(z,p)$，通过逆拉普拉斯变换得到原函数：

$$F(z,\tau) = \frac{1}{2\pi i}\int_{c-i\infty}^{c+i\infty} e^{p\tau}\tilde{F}(z,p)dp \tag{3.90}$$

式中，c 是一个足够大的实数，使得复函数 $\tilde{F}(z,p)$ 在半平面 $Re(p) > c - \epsilon$ 中不再存在奇点。此外，考虑的拉普拉斯变换是针对复变量 p 和实数 τ 而言的，其中，$\tau = U_0 t$。首先考虑函数 a_0 的逆拉普拉斯变换：

$$\begin{aligned}a_0(\tau) &= \frac{1}{2\pi i}\int_{c-i\infty}^{c+i\infty} e^{p\tau}\frac{2}{\pi}\int_{-1}^{1}(\tilde{H}(p)(1+\xi)-\xi)\frac{\tilde{V}(\xi,p)d\xi}{\sqrt{1-\xi^2}}dp \\ &= \frac{2}{\pi}\int_{-1}^{1}\left[\frac{1}{2\pi i}\int_{c-i\infty}^{c+i\infty} e^{p\tau}(\tilde{H}(p)\tilde{V}(\xi,p))dp\right]\frac{1+\xi}{\sqrt{1-\xi^2}}d\xi - \frac{2}{\pi}\int_{-1}^{1}V(\xi,\tau)\frac{\xi}{\sqrt{1-\xi^2}}d\xi\end{aligned} \tag{3.91}$$

式中，象函数 $\tilde{V}$ 经过逆拉普拉斯变换得到的原函数就是 V。根据卷积理论可得

$$\frac{1}{2\pi i}\int_{c-i\infty}^{c+i\infty} e^{p\tau}(\tilde{H}(p)\tilde{V}(\xi,p))dp = \int_0^{\tau} H(\tau-u)V(\xi,u)du \tag{3.92}$$

引入两个辅助函数，定义如下：

$$b_0(\tau) = \frac{2}{\pi}\int_{-1}^{1}V(\xi,\tau)\frac{1}{\sqrt{1-\xi^2}}d\xi, \quad b_1(\tau) = \frac{2}{\pi}\int_{-1}^{1}V(\xi,\tau)\frac{\xi}{\sqrt{1-\xi^2}}d\xi \tag{3.93}$$

结合式(3.91)和式(3.92)，可实现对式(3.90)的进一步化简：

$$\begin{aligned}a_0(\tau) &= \frac{2}{\pi}\int_{-1}^{1}\left(\int_0^{\tau}H(\tau-u)V(\xi,u)du\right)\frac{1+\xi}{\sqrt{1-\xi^2}}d\xi - b_1(\tau) \\ &= \int_0^{\tau}H(\tau-u)(b_0(u)+b_1(u))du - b_1(\tau)\end{aligned} \tag{3.94}$$

式中，函数 $H(\cdot)$ 可由以下公式进行计算：

$$H(\tau) = \frac{1}{2\pi i}\int_{c-i\infty}^{c+i\infty} e^{p\tau}\tilde{H}(p)dp = \frac{1}{2\pi i}\int_{c-i\infty}^{c+i\infty} e^{p\tau}\frac{K_1(p)}{K_1(p)+K_0(p)}dp \tag{3.95}$$

式(3.92)中两个辅助函数的积分均在积分上下限的两点具有奇异性，因此不能直接计算。为了消除这种奇异性，引入三角函数，推导如下：

$$b_0(\tau) = \frac{2}{\pi}\int_{\pi}^{0}V(\cos\theta,\tau)\frac{1}{\sin\theta}d\cos\theta = \frac{2}{\pi}\int_0^{\pi}V(\cos\theta,\tau)d\theta \tag{3.96}$$

$$b_1(\tau) = \frac{2}{\pi}\int_{\pi}^{0}V(\cos\theta,\tau)\frac{\cos\theta}{\sqrt{1-\cos^2\theta}}d\cos\theta = \frac{2}{\pi}\int_0^{\pi}V(\cos\theta,\tau)\cos\theta d\theta \tag{3.97}$$

式中，V 本身是边界已知量；b_0 和 b_1 都可以直接计算。参量 τ 的定义为 $\tau = U_0 t$。

函数 V 由边界条件式(3.18)确定，即

$$V(x,t) = \frac{\partial h}{\partial t} + U_0 \frac{\partial h}{\partial x} \tag{3.98}$$

式中，h 是二维波动鳍运动方程，定义为

$$h(x,t) = A\cos(2\pi f t - 2\pi x / \lambda) \tag{3.99}$$

式(3.84)和式(3.85)中，还需要确定 $\tilde{\Psi}_0(\xi,p)$，$\tilde{\Psi}_0(\xi,p)$ 由边界条件确定，即

$$\tilde{\Psi}_0(\xi,p) = -\tilde{V}(\xi,p) - p\int_{-1}^{\xi} \tilde{V}(\xi,p)\mathrm{d}\xi \tag{3.100}$$

式中，ξ 是鳍面上一点，即 $-1 < \xi < 1$。对式(3.100)进行逆拉普拉斯变换可得

$$\begin{aligned}
\Psi_0(\xi,\tau) &= \mathcal{L}^{-1}\left(-\tilde{V}(\xi,p) - p\int_{-1}^{\xi} \tilde{V}(\xi,p)\mathrm{d}\xi\right) \\
&= \mathcal{L}^{-1}\left(-\tilde{V}(\xi,p) - \left(\int_{-1}^{\xi} p\tilde{V}(\xi,p)\mathrm{d}\xi - \int_{-1}^{\xi} V(\xi,0)\mathrm{d}\xi\right) - \int_{-1}^{\xi} V(\xi,0)\mathrm{d}\xi\right) \\
&= -V(\xi,\tau) - \frac{1}{U_0}\int_{-1}^{\xi} \frac{\partial}{\partial t}V(\xi,\tau)\mathrm{d}\xi - \int_{-1}^{\xi} V(\xi,0)\mathrm{d}\xi
\end{aligned} \tag{3.101}$$

式中，最后一项关于 $V(\xi,0)$ 的积分说明了 $\Psi_0(\xi,\tau)$ 其实是与运动速度在 $t=0$ 时刻，即初始时刻的状态相关。但是，本章考虑的是二维波动鳍运动方程，如式(3.98)所示，这本质上是一种描述波动鳍稳态周期性运动的方程。因此，本章讨论的波动推进性能，实际上指的是流场得到充分发展后，波动鳍已经呈现稳态、周期性运动时的水动力性能。因此，这里可认为初始时刻的运动速度为 $V(\xi,0)=0$。

此外，函数 $F(z,\tau)$ 和 $f(z,\tau)$ 的关系由式(3.53)确定，因此对式(3.84)进行逆拉普拉斯变换可得

$$f(z,\tau)/U_0 = \mathrm{i}A_0(\tau) - \frac{\mathrm{i}}{2}a_0(\tau)\left(\frac{z-1}{z+1}\right)^{\frac{1}{2}} + \frac{1}{\pi\mathrm{i}}\int_{-1}^{1} \frac{\sqrt{z^2-1}}{\sqrt{1-\xi^2}} \frac{\psi_0(\xi,\tau)/U_0 \mathrm{d}\xi}{\xi - z} \tag{3.102}$$

式(3.102)就是流场复加速度势函数的一般表达式。为了方便阅读与计算，根据相关推导，重新整理线性化波动推进模型的流场复加速度势函数一般解：

$$f(z,t) = \mathrm{i}U_0 A_0(\tau(t)) - \frac{\mathrm{i}U_0}{2}a_0(\tau(t))\left(\frac{z-1}{z+1}\right)^{\frac{1}{2}} + \frac{1}{\pi\mathrm{i}}\int_{-1}^{1} \frac{\sqrt{z^2-1}}{\sqrt{1-\xi^2}} \frac{\psi_0(\xi,t)\mathrm{d}\xi}{\xi - z} \tag{3.103}$$

$$a_0(\tau) = \int_0^\tau H(\tau - u)(b_0(u) + b_1(u))\mathrm{d}u - b_1(\tau) \tag{3.104}$$

$$H(\tau) = \frac{1}{2\pi\mathrm{i}}\int_{c-\mathrm{i}\infty}^{c+\mathrm{i}\infty} \mathrm{e}^{p\tau} \frac{K_1(p)}{K_1(p) + K_0(p)} \mathrm{d}p \tag{3.105}$$

第3章 二维线性化波动推进数学模型

$$A_0(\tau) = \frac{1}{2}a_0(\tau) - \frac{1}{\pi}\int_{-1}^{1} \frac{1}{\sqrt{1-\xi^2}} \frac{\psi_0(\xi,\tau)}{U_0} d\xi \tag{3.106}$$

$$\psi_0(x,t) = -U_0 V(x,t) - \int_{-1}^{x} \frac{\partial}{\partial t} V(x,t) dx \tag{3.107}$$

$$b_0(\tau) = \frac{2}{\pi}\int_0^{\pi} V(\cos\theta,\tau) d\theta \tag{3.108}$$

$$b_1(\tau) = \frac{2}{\pi}\int_0^{\pi} V(\cos\theta,\tau)\cos\theta \, d\theta \tag{3.109}$$

$$V(x,t) = \frac{\partial h}{\partial t} + U_0 \frac{\partial h}{\partial x} \tag{3.110}$$

$$h(x,t) = A\cos(2\pi ft - 2\pi x/\lambda) \tag{3.111}$$

$$\tau = U_0 t \tag{3.112}$$

式(3.102)给出了复加速度势函数的一般解,通过该式可以间接确定流场中(不在鳍面上)任意一点的流体速度或者压力。由于复加速度势函数本质上是一个柯西型积分,波动鳍面上的复加速势并不能直接通过式(3.102)进行计算。正如之前所讨论的,柯西型积分在边界处的"病态"性质往往与多值函数相关联。在式(3.102)中,根式函数恰恰就是多值函数,波动鳍所在实轴是这些多值函数的支割线,因此使得鳍面两侧具有不一样的数学性质。为了使用普莱姆利公式确定式(3.102)在无厚度波动鳍两侧的复加速势,将式(3.102)变形如下:

$$y(z) = \frac{f(z,t) - iU_0 A_0(\tau) + \dfrac{iU_0}{2}a_0(\tau)R(z)}{W(z)} = \frac{1}{2\pi i}\int_{-1}^{1} \frac{1}{\sqrt{1-\xi^2}} \frac{2\psi_0(\xi,t)d\xi}{\xi - z} \tag{3.113}$$

式中,函数 $R(z)$ 和 $W(z)$ 满足:

$$R(z) = \left(\frac{z-1}{z+1}\right)^{\frac{1}{2}} \quad W(z) = \sqrt{z^2 - 1} \tag{3.114}$$

对式(3.112)使用普莱姆利公式,可得

$$\begin{aligned} y^{\pm}(s) &= \frac{f^{\pm}(s,t) - iU_0 A_0(\tau) + \dfrac{iU_0}{2}a_0(\tau)R^{\pm}(s)}{W^{\pm}(s)} \\ &= \frac{1}{\pi i}\int_L \frac{1}{\sqrt{1-\xi^2}} \frac{\psi_0(\xi,t)d\xi}{\xi - s} \pm \frac{2\psi_0(s,t)}{\sqrt{1-\xi^2}} \end{aligned} \tag{3.115}$$

基于普莱姆利公式,复变量 z 将变为鳍面上(实轴上)的实数变量 s,仅需要计算多值函数式(3.113)在实轴这条支割线两侧的表达式,这利用复变函数相关知识

容易获得。无厚度鳍面两侧的复加速度势函数 $f^{\pm}(s,t)$ 为

$$f^{\pm}(s,t) = \mathrm{i}U_0 A_0(\tau) \pm \frac{U_0}{2} a_0(\tau) \left(\frac{1-s}{1+s}\right)^{\frac{1}{2}}$$

$$\pm \frac{\sqrt{1-s^2}}{\pi} \int_L \frac{1}{\sqrt{1-\xi^2}} \frac{\psi_0(\xi,t)\mathrm{d}\xi}{\xi-s} + \frac{2\mathrm{i}\sqrt{1-s^2}\psi_0(s,t)}{\sqrt{1-\xi^2}} \qquad (3.116)$$

将式(3.116)中无厚度鳍面两侧的复加速度势函数 $f^{\pm}(s,t)$ 的实部和虚部分别写为

$$f^{\pm}(s,t) = \phi^{\pm}(s,t) + \mathrm{i}\psi^{\pm}(s,t) \qquad (3.117)$$

$$\phi^+(s,t) = \frac{U_0}{2} a_0(\tau) \left(\frac{1-s}{1+s}\right)^{\frac{1}{2}} + \frac{\sqrt{1-s^2}}{\pi} \int_L \frac{1}{\sqrt{1-\xi^2}} \frac{\psi_0(\xi,t)\mathrm{d}\xi}{\xi-s} \qquad (3.118)$$

$$\phi^-(s,t) = -\frac{U_0}{2} a_0(\tau) \left(\frac{1-s}{1+s}\right)^{\frac{1}{2}} - \frac{\sqrt{1-s^2}}{\pi} \int_L \frac{1}{\sqrt{1-\xi^2}} \frac{\psi_0(\xi,t)\mathrm{d}\xi}{\xi-s} \qquad (3.119)$$

$$\psi^+(s,t) = U_0 A_0(\tau) + \frac{2\sqrt{1-s^2}\psi_0(s,t)}{\sqrt{1-\xi^2}} \qquad (3.120)$$

$$\psi^-(s,t) = U_0 A_0(\tau) + \frac{2\sqrt{1-s^2}\psi_0(s,t)}{\sqrt{1-\xi^2}} \qquad (3.121)$$

容易验证,上述结果满足边界奇偶性条件式(3.30)和式(3.31)。首先,如果鳍面两侧复加速度势函数相加,即 $f^+ + f^-$,结果恰恰就是边界条件式(3.34),这就是研究最开始构造的黎曼-希尔伯特问题条件。其次,对于式(3.102),如果取 $z=(x,0)$,其中 $|x|>1$,那么,复函数 f 的实部将为 0,而这正好对应边界条件式(3.32)。最后,边界条件式(3.22)要求复加速度势函数在后缘处必须为有限值,对 $f^{\pm}(s,t)$ 取 $s=1$,结果是有限值,并只与 $U_0 A_0$ 相关。边界条件式(3.23)要求前缘处取值为无穷,而前缘($s=-1$)的奇异性恰恰是通过 $\frac{U_0}{2} a_0(\tau) \left(\frac{1-s}{1+s}\right)^{\frac{1}{2}}$ 体现的,因此前缘吸力将与 $a_0(\tau)$ 相关。其他的边界条件,如远场特性等,容易通过式(3.102)进行验证。上述结果满足 3.2.2 小节提出的所有边界条件。

本节研究旨在揭示复加速度势函数的基本数学性质,并基于逆拉普拉斯变换推导出复加速度势函数的简化数学表达式。研究基于逆拉普拉斯变换、三角函数替换、普莱姆利公式等数学理论,推导了线性化波动推进模型的流场复加速度势

函数 $f(z,\tau)$ 和 $f^{\pm}(s,t)$ 的一般表达式，并给出了公式中每个参数的具体计算方法。计算结果为建立二维波动推进性能预报模型奠定了理论基础。

3.5 波动推进水动力性能计算

尽管前文已经完成对线性化奇异边界问题的理论求解，然而，本章研究最终目的是探究该模型下二维波动鳍的水动力性能，包括推力、功率、效率等。因此，如何定义这些水动力指标，以及如何基于复加速度势函数计算这些水动力指标，是本节研究的主要目标。在 3.2.1 小节中，研究引入了线性化的普朗特加速度势函数，本质上，它就是流场压力的另一种表征，其定义为

$$\phi(z,t) = \phi(x,y,t) = \frac{-p}{\rho} \tag{3.122}$$

由于无厚度波动鳍两侧的压力相异，因此壁面两侧的加速度势函数 ϕ^+、ϕ^- 也是相异的。结合式(3.117)和式(3.118)，压力差如下所示：

$$\Delta p = p^-(s,t) - p^+(s,t) = 2\rho\phi^+(s,t), \quad |s|<1 \tag{3.123}$$

式中，s 表示鳍面上一点。

无黏流体下，波动鳍运动产生的水动力合力仅由鳍面两侧压力差决定。鳍面压力差将贡献横向和纵向两个方向的力效应，横向力效应对应于推力，纵向力效应对应于升力，如图 3.3 所示。由于波动运动曲线任意一点的切向量为 $(1, \partial h/\partial x)$，因此向量 $(-\partial h/\partial x, 1)$ 代表鳍面一点的内法向量。理论上，压力差沿着法向量方向，贡献的向量力实际为 $\Delta p(-\partial h/\partial x, 1)$，显然，其两个分量分别对应于推力和升力。然而，小幅值线性化模型下的波动鳍，鳍面本身几乎是横向排布，内法向量几乎与升力方向重合，压力差主要诱导了纵向力效应，横向力效应相对来说要小得多，即 $-\partial h/\partial x$ 相对于 1 小得多，$(-\partial h/\partial x, 1)$ 也近似代表了单位法向量。条件 $|\partial h/\partial x| \ll 1$ 实则是波动推进小幅值运动假设的数学表述。因此，定义升力 L 为

$$L = \int_{-1}^{1} \Delta p \, ds = 2\rho \int_{-1}^{1} \phi^+(s,t) ds \tag{3.124}$$

相似地，可以定义鳍面运动产生的力矩。在小幅值线性化假设下，横向力几乎与鳍面平行而不产生力矩效应，因此力矩主要由侧向力诱导。鳍面空间位置为 $(-1, 1)$，以原点为力矩中心，得到力矩 M 的表达式：

$$M = \int_{-1}^{1} \Delta p s \, ds = 2\rho \int_{-1}^{1} s\phi^+(s,t) ds \tag{3.125}$$

本节坐标系下波动运动的推力向左，为负值，这里忽略负号并将推力视为标量。记鳍面压力差贡献的推力为 T_b，写为

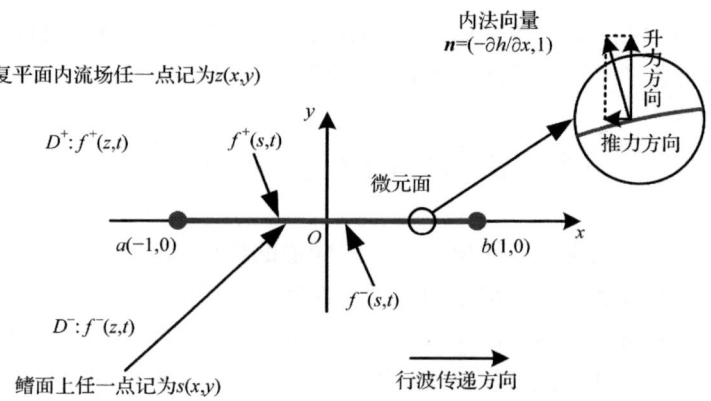

图 3.3 二维波动推进模型下鳍面微元面内法向量示意图

$$T_{\mathrm{b}} = \int_{-1}^{1} \Delta p \frac{\partial h}{\partial x} \mathrm{d}s \tag{3.126}$$

无厚度鳍面在前缘处具有奇异性,因而诱导了不可忽略的前缘吸引力 T_s,鳍面运动产生的总推力实际为

$$T = T_{\mathrm{b}} + T_{\mathrm{s}} \tag{3.127}$$

为计算前缘吸力,采用了薄翼理论对前缘吸力的估计方法。首先,需要计算复速度 w 在前缘处的奇异项。对线性化流场控制方程(3.52)先进行拉普拉斯变换,再利用微分算子法求得 $\tilde{w}$ 和 $\tilde{F}$ 之间的显式关系,结果如下:

$$\tilde{w}(z,p) = \tilde{F}(z,p) - p\int_{-\infty}^{z} \tilde{F}(z,p)\mathrm{e}^{p(z_1-z)} \mathrm{d}z_1 \tag{3.128}$$

对式(3.128)进行逆拉普拉斯变换,并使用平移性质,可得

$$w(z,\tau) = F(z,\tau) - \int_{-\infty}^{z} \frac{\partial}{\partial \tau} F\big(z_1, \tau-(z-z_1)\big) \mathrm{d}z_1 \tag{3.129}$$

式中,$F(z,\tau)$ 的表达式如下:

$$F(z,\tau) = \mathrm{i}A_0(\tau) - \frac{\mathrm{i}}{2}a_0(\tau)\left(\frac{z-1}{z+1}\right)^{\frac{1}{2}} + \frac{1}{\pi \mathrm{i}}\int_{-1}^{1} \frac{\sqrt{z^2-1}}{\sqrt{1-\xi^2}} \frac{\psi_0(\xi,\tau)/U_0 \mathrm{d}\xi}{\xi-z} \tag{3.130}$$

正如 3.4 节对解的性质讨论,$F(z,\tau)$ 的奇异性主要由 $a_0(\tau)$ 与多值函数相乘的结果体现,令 $z \to -1$ 时,忽略掉有限值的项,此时有

$$F(z,t) \sim \frac{a_0(\tau)}{\sqrt{2}} \frac{1}{(z+1)^{\frac{1}{2}}} \tag{3.131}$$

将式(3.131)代入式(3.128)可得

$$w(z,\tau) \sim \frac{a_0(\tau)}{\sqrt{2}} \frac{1}{(z+1)^{\frac{1}{2}}} - \frac{1}{\sqrt{2}} \int_{-\infty}^{z} \frac{1}{(z_1+1)^{\frac{1}{2}}} \frac{\partial}{\partial \tau} a_0(\tau - z + z_1) \mathrm{d}z_1 \qquad (3.132)$$

式(3.132)~右侧第二项关于 z_1 的积分，利用分部积分公式容易证明，积分将消除分式在 $z = -1$ 的奇异性。因此，奇异性主要由式(3.131)~右侧第一项体现。布拉休斯公式表明，前缘吸力取决于复速度奇异项的系数，即

$$T_s = \rho \pi \left(\frac{a_0(\tau)}{\sqrt{2}} \right)^2 = \frac{1}{2} \rho \pi a_0^2(\tau) \qquad (3.133)$$

推力 T_b 主要由压力差主导，根据其定义式(3.126)可得

$$T_b(t) = \rho U_0 a_0(\tau) \int_{-1}^{1} \left(\frac{1-s}{1+s} \right)^{\frac{1}{2}} \frac{\partial h(s,t)}{\partial s} \mathrm{d}s + \frac{2\rho}{\pi} \int_{-1}^{1} \left(f_L \frac{\sqrt{1-s^2}}{\sqrt{1-\xi^2}} \frac{\psi_0(\xi,t) \mathrm{d}\xi}{\xi - s} \right) \frac{\partial h(s,t)}{\partial s} \mathrm{d}s \qquad (3.134)$$

将 ϕ^+ 的表达式(3.118)代入式(3.134)并进行代数运算，可得

$$\begin{aligned} & \rho U_0 a_0(\tau) \int_{-1}^{1} \left(\frac{1-s}{1+s} \right)^{\frac{1}{2}} \frac{\partial h(s,t)}{\partial s} \mathrm{d}s \\ & = \frac{\pi \rho}{2} a_0(\tau) \left[b_0(\tau) - b_1(\tau) - \frac{\partial c_0(t)}{\partial t} + \frac{\partial c_1(t)}{\partial t} \right] \end{aligned} \qquad (3.135)$$

式中，4 个辅助函数 b_0、b_1、c_0 和 c_1 分别定义如下：

$$\begin{cases} b_0(\tau) = \frac{2}{\pi} \int_0^{\pi} V(\cos\theta, \tau) \mathrm{d}\theta, \quad b_1(\tau) = \frac{2}{\pi} \int_0^{\pi} V(\cos\theta, \tau) \cos\theta \mathrm{d}\theta \\ c_0(t) = \frac{2}{\pi} \int_0^{\pi} h(\cos\theta, t) \mathrm{d}\theta, \quad c_1(t) = \frac{2}{\pi} \int_0^{\pi} h(\cos\theta, t) \cos\theta \mathrm{d}\theta \end{cases} \qquad (3.136)$$

式中，三角函数代换消去了原积分在积分上下限处的奇异性。

式(3.134)等号后第二项涉及一个柯西主值积分，将这一项单独记为

$$C(s,t) = f_L \frac{\sqrt{1-s^2}}{\sqrt{1-\xi^2}} \frac{\psi_0(\xi,t) \mathrm{d}\xi}{\xi - s} \qquad (3.137)$$

式中，柯西主值积分的定义如式(3.39)所示，积分区间 L 实际代表 $(-1,1)$。因此，推力 T_b 的计算式(3.134)可进一步化简为

$$T_b(t) = \frac{\pi \rho}{2} a_0(\tau) \left[b_0(\tau) - b_1(\tau) - \frac{\partial c_0(t)}{\partial t} + \frac{\partial c_1(t)}{\partial t} \right] + \frac{2\rho}{\pi} \int_{-1}^{1} \frac{\partial h(s,t)}{\partial s} C(s,t) \mathrm{d}s \qquad (3.138)$$

其中，涉及的 4 个辅助函数都是容易计算的。第二项柯西主值积分 $C(s,t)$ 的特殊性在于具有 3 个奇异点，即 $\xi=s$、$\xi=-1$ 和 $\xi=1$。不同条件下，上述模型对于总推力的预测结果如图 3.4 所示，鳍长 L 取值为 2m，来流速度 U_0 为 0.2m/s。图中，总推力随着幅值、频率变化关系与第 2 章所述的冲量模型结果基本一致，但线性化流场模型下，当波动推进的波动大于鳍长时，总推力有显著增加。

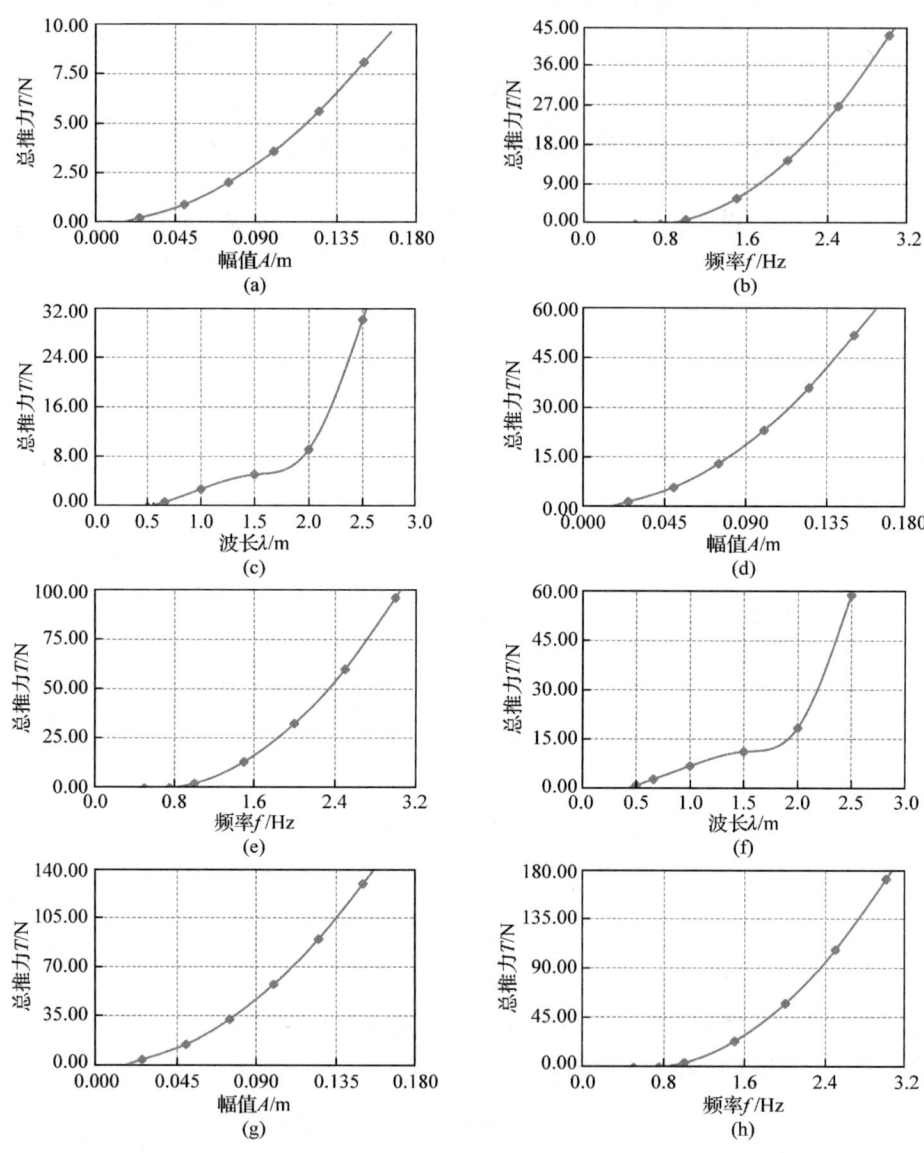

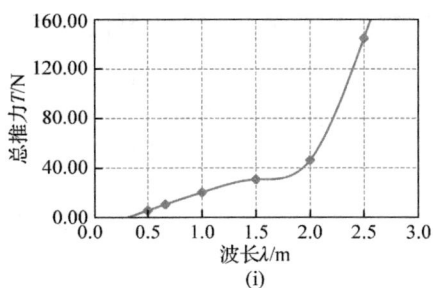

图 3.4 不同条件下线性化流场模型总推力预测结果

(a) $f = 1.0$Hz, $\lambda = 0.5$m; (b) $A = 0.05$m, $\lambda = 0.5$m; (c) $f = 0.75$Hz, $A = 0.05$m; (d) $f = 1.5$Hz, $\lambda = 0.5$m; (e) $A = 0.075$m, $\lambda = 0.5$m; (f) $f = 1.0$Hz, $A = 0.05$m; (g) $f = 2.0$Hz, $\lambda = 0.5$m; (h) $A = 0.1$m, $\lambda = 0.5$m; (i) $f = 1.5$Hz, $A = 0.05$m

波动鳍运动需要的总功率主要包含两个部分,一部分是维持运动需要的有效功率,另一部分表征能量耗散在流场中的无用功率,令波动鳍总功率为 P_t,侧向功率损失为 P_L,根据能量守恒,应该有以下关系成立[10, 21]:

$$P_t = (T_s + T_b)U_0 + P_L \tag{3.139}$$

在波动板理论或者细长体理论中[11, 21],总功率都被定义为

$$P_t = -\int_{-1}^{1} \Delta p \frac{\partial h(s,t)}{\partial t} ds = -\frac{\rho \pi U_0 a_0(\tau)}{2} \frac{\partial}{\partial t}(c_0(t) - c_1(t)) - \frac{2\rho}{\pi} \int_{-1}^{1} \mathcal{C}(s,t) \frac{\partial h(s,t)}{\partial t} ds \tag{3.140}$$

式中,速度 $\partial h / \partial t$ 表示鳍面上一点的实际运动速度,而非近壁面流体速度,因此并没有采用物质导数计算法则。这里定义的总功率,实际指单位时间内鳍面运动的输出功率。不同条件下,线性化流场模型对于总功率的预测结果如图 3.5 所示。

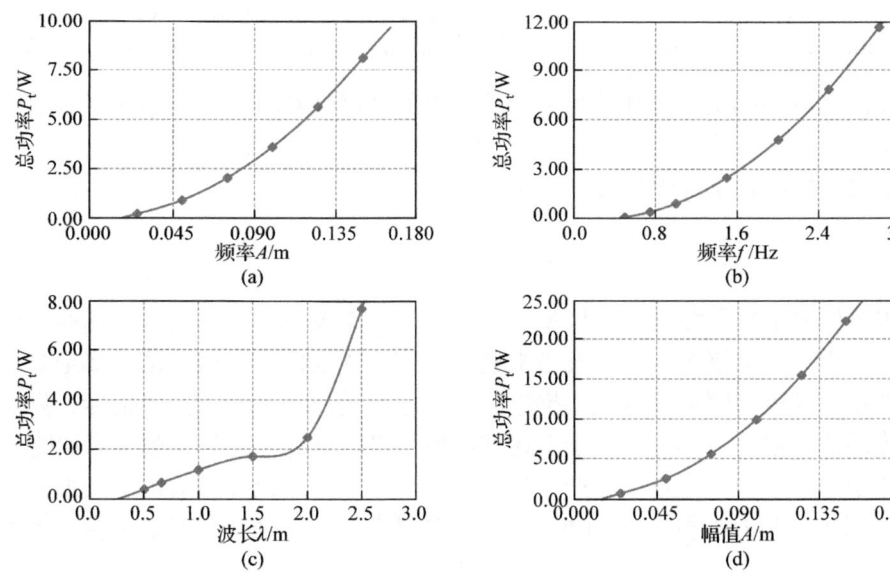

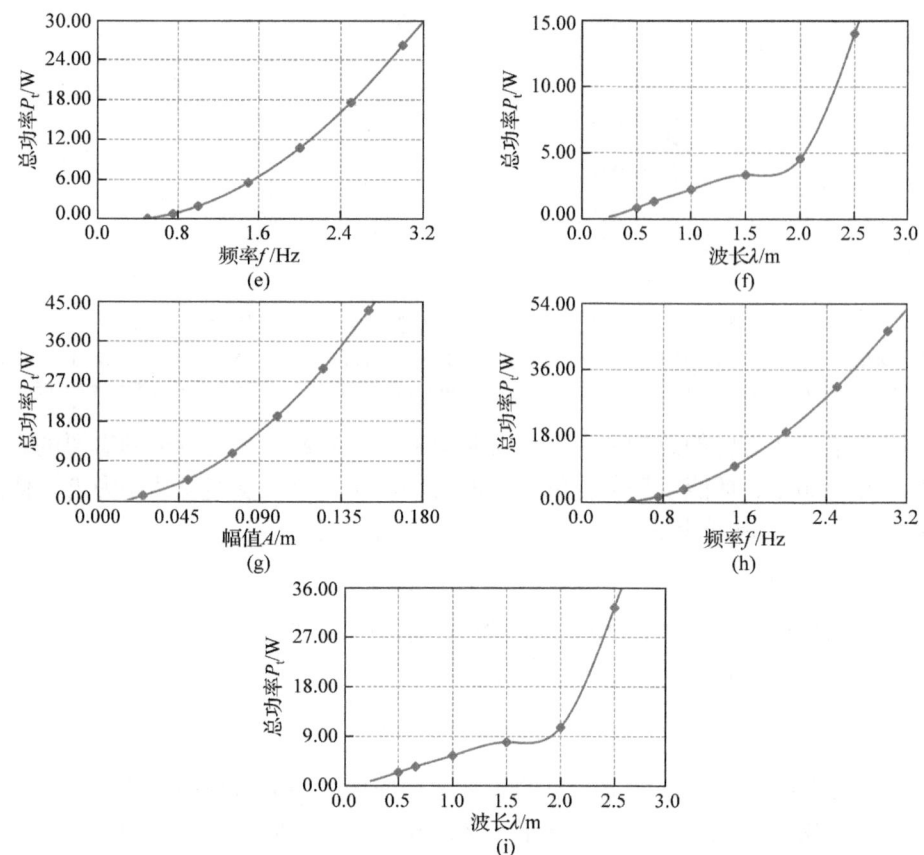

图 3.5 不同条件下线性化流场模型总功率预测结果

(a) $f=1.0$Hz, $\lambda=0.5$m; (b) $A=0.05$m, $\lambda=0.5$m; (c) $f=0.75$Hz, $A=0.05$m; (d) $f=1.5$Hz, $\lambda=0.5$m; (e) $A=0.075$m, $\lambda=0.5$m; (f) $f=1.0$Hz, $A=0.05$m; (g) $f=2.0$Hz, $\lambda=0.5$m; (h) $A=0.1$m, $\lambda=0.5$m; (i) $f=1.5$Hz, $A=0.05$m

对于线性化流场模型推力和总功率计算结果的准确性和可靠性，第 4 章将结合数值仿真进行详细讨论。

定义净推进效率 η[22]为

$$\eta = \frac{(T_s + T_b)U_0}{P} \tag{3.141}$$

本节研究推导了波动推进模型下总推力、功率及效率等水动力指标的计算表达式，建立了无黏流场下二维波动推进性能理论预报模型，这些结果都是波动推进线性化流场模型解析解的直接推论。对波动推进任何水动力性能指标，只要具有明确的数学定义，都可以基于上述理论模型进行计算。此外，第 2 章研究指出了尾流中总冲量增加是正推力产生的主要原因，这一结论并不适用于二维无黏情况。这是因为冲量公式(2.24)的推导依赖于流体黏性这一重要属性，无黏流体下公式(2.24)并不成立。对于无黏理想流体模型，Saffman[23]指出，理想流体下类似于鱼体的变形体是可以在不产生任何涡旋的情况下实现空间运动。理想流体下变形体产生推力的关键在于虚质量效应[24-26](附加质量效应)。本章研究中，波动鳍近壁面流体法向速度的确定正是依赖于这种附加质量效应。

3.6 本章小结

为建立二维波动推进水动力性能预报模型，本章研究以无黏流体下的欧拉方程为出发点，在波动鳍小幅值运动假设下，建立了关于加速度势函数的线性化流场控制方程，该控制方程是对大雷诺数下小幅值波动推进模型流场状态的近似刻画。进一步，研究引入了复速度势函数和复加速度势函数两个重要变量，建立了两者之间的数学关系，详细讨论了线性化流场的边界条件。物理上，尽管波动鳍被视为无厚度的、近似与坐标轴重合的小幅值运动壁面，但无厚度鳍面的两侧流体属性并不一致。数学上，这种流体属性的不连续性使得复加速度势函数等流场变量在近壁面具有奇异性，对应的流场控制方程也难以直接求解。在此基础上，研究进一步揭示简化后的波动推进模型本质上对应一个数学上的标量黎曼-希尔伯特问题，基于柯西型积分、普莱姆利公式、主值积分等复函数相关理论，研究实现了该奇异边界问题的数学求解，获得了流场加速度势函数的解析解，并计算了波动鳍面两侧的压力分布函数。研究建立了无黏流场下波动推进水动力性能指标计算体系，在给定波动运动参数和来流速度的情况下，实现了波动推进的推力、前缘吸力、水动力功率等主要水动力性能指标的理论计算。

通过本章理论研究，得到的主要成果与结论如下：

(1) 在波动鳍小幅值运动假设下，建立了关于加速度势函数的线性化流场控制方程，并详细讨论了线性化流场的边界条件。

(2) 将二维无厚度波动运动模型从数学角度视为一类具有奇异性的标量黎曼-希尔伯特问题，并提出了一种基于普莱姆利公式的数学求解方法，得到了流场加速度势函数解析解，实现了波动鳍面两侧的压力分布函数的理论计算。

(3) 建立了无黏流场下波动推进水动力性能预报模型，在给定波动推进运动参数和来流速度的情况下，实现了波动推进的推力、前缘吸力、水动力功率、净推进效率等主要水动力性能指标的理论计算。

从研究方法来看，本章研究思路与经典的二维波动板理论基本一致，同时也继承了空气动力学薄翼理论中构造线性普朗特加速度势、建立边界条件、计算前缘吸力的核心观点。与传统波动板理论[10]不同的是，本章主要从复函数论的视角出发，视波动推进模型为一类标量黎曼-希尔伯特问题，并结合普莱姆利公式进行理论求解。同时，研究给出了完整的数学推导过程，并对其中一些关键步骤、重要的积分变换进行了详细论述与证明，这些重要的数学证明和推导步骤正是二维波动板理论[11]所缺失的。因此，本章可视为对二维波动板理论的发展和完善。

参 考 文 献

[1] HU Q Q, YU Y L. The hydrodynamic effects of undulating patterns on propulsion and braking performances of long-based fin [J]. Aip Advances, 2022, 12(3): 035319.

[2] LI S, HU Q, ZHANG T, et al. Bionic parallel undulating fins: Influence of unsteady coupling effect on robot propulsion performance [J]. Ocean Engineering, 2024, 312: 119075.

[3] LIU C, ZHANG X, WANG C. Hydrodynamic performance of two-dimensional undulating fins under flow excitation near the free surface in three-dimensional numerical tank [J]. Physics of Fluids, 2025, 37(1): 015158.

[4] PANG S, QIN F, SHANG W, et al. Optimized design and investigation about propulsion of bionic tandem undulating fins I: Effect of phase difference [J]. Ocean Engineering, 2021, 239: 109842.

[5] SHI X, CHEN Z, ZHANG T, et al. Hydrodynamic performance of a biomimetic undulating fin robot under different water conditions [J]. Ocean Engineering, 2023, 288: 116068.

[6] SHI X, HU Q, ZHANG T, et al. Research on hydrodynamic performance of 2D undulating fin in the wake of a semi-cylinder [J]. Ocean Engineering, 2024, 308: 118055.

[7] YIN Q, XIA M, HU Z, et al. Hydrodynamic performance and energy efficiency of an undulating fin based on the composite motion of oscillation and pitch [J]. Ocean Engineering, 2024, 314: 119707.

[8] ZHANG T, HU Q, LI S, et al. Influence of hydrofoil motion patterns on the hydrodynamic performance of undulating fin for biomimetic underwater robots [J]. Ocean Engineering, 2024, 314: 119694.

[9] WEI C, HU Q, SHI X, et al. A comparison for hydrodynamic performance of undulating fin propulsion on numerical self-propulsion and tethered models [J]. Ocean Engineering, 2022, 265: 112471.

[10] WU Y T. Swimming of a waving plate [J]. Journal of Fluid Mechanics, 1961, 10(3): 321-344.

[11] CHOPRA M G, KAMBE T. Hydromechanics of lunate-tail swimming propulsion. Part 2[J]. Journal of Fluid Mechanics, 1977, 64(1): 375-392.

[12] PAULSON, BANKS D W, QUINTO P F. Effects of spanwise blowing and reverse thrust on fighter low-speed aerodynamics [J]. Journal of Aircraft, 1983, 20(2): 159-164.

[13] PENG L, PAN T, ZHENG M, et al. The spatial-temporal effects of wing flexibility on aerodynamic performance of the flapping wing [J]. Physics of Fluids, 2023, 35(1): 011908.

[14] SUZUKI K, YOSHINO M. A trapezoidal wing equivalent to a Janatella leucodesma's wing in terms of aerodynamic performance in the flapping flight of a butterfly model [J]. Bioinspiration & Biomimetics, 2019, 14(3): 036003.

[15] DEPARDAY J, MULLENERS K. Modeling the interplay between the shear layer and leading edge suction during dynamic stall [J]. Physics of Fluids, 2019, 31(10): 107104.

[16] JING S, ZHAO G, GAO Y, et al. Effects of leading edge radius on stall characteristics of rotor airfoil [J]. Aerospace, 2024, 11(6): 470.

[17] WOOTTON R J. Leading edge section and asymmetric twisting in the wings of flying butterflies (Insecta, Papilionoidea) [J]. Journal of Experimental Biology, 1993, 180(1): 105-117.

[18] KREISS H T. Initial boundary value problems for hyperbolic systems [J]. Communications on Pure and Applied Mathematics, 2010, 23(3): 277-298.

[19] ZEMYAN, STEPHEN M. Singular Integral Equations [M]. Boston: Birkhäuser Boston, 2012.

[20] FOKAS A S. Complex variables: Introduction and applications [J]. Mathematical Gazette, 2003, 83(496): 530-534.

[21] WU Y T. Hydromechanics of swimming propulsion. Part 3. Swimming and optimum movements of slender fish with side fins [J]. Journal of Fluid Mechanics, 1971, 46(3): 545-568.

[22] WEI C, HU Q, LIU Y, et al. Performance evaluation and optimization for two-dimensional fish-like propulsion [J]. Ocean Engineering, 2021, 233(4): 109191.

[23] SAFFMAN P G. The self-propulsion of a deformable body in a perfect fluid[J]. Journal of Fluid Mechanics, 1967, 28(2):385-389.

[24] KIANEJAD S, ENSHAEI H, DUFFY J, et al. Prediction of a ship roll added mass moment of inertia using numerical simulation [J]. Ocean Engineering, 2019, 173: 77-89.

[25] WANG X, XIAO S, WANG X, et al. Numerical simulation and analysis of added mass for the underwater variable speed motion of small objects [J]. Journal of Marine Science and Engineering, 2024, 12(4): 686.

[26] ZENG Y, YAO Z, ZHOU P, et al. Numerical investigation into the effect of the trailing edge shape on added mass and hydrodynamic damping for a hydrofoil [J]. Journal of Fluids and Structures, 2019, 88: 167-184.

第二部分　仿生波动推进水动力学

第 4 章 二维波动推进水动力性能预报与流场演化

4.1 引　　言

本章彩图

第 2 章提出的冲量理论及第 3 章的线性化流场模型,推导过程中都引入了假设条件,使得计算结果只是一定条件下波动推进水动力性能的近似预报。对于黏性流体下做大幅值运动的二维波动推进模型,上述理论模型不再适用。因此,为揭示二维波动推进准确的水动力性能变化和流场演化一般规律,本章基于二维数值仿真基本策略,探究二维波动推进水动力性能与运动参数之间的映射关系,同时选择三种典型流场环境(并列双波动鳍、水翼尾流及圆柱时变尾流中的波动鳍),进一步研究多种复杂流场条件下非定常耦合效应对波动推进的影响特性,揭示不同运动条件下波动运动尾流场结构和演化基本规律,并结合数值仿真验证冲量理论、线性化流场模型计算结果的准确性。

4.2　二维波动推进的流场数值模型

纳维-斯托克斯方程是描述宏观连续流体运动的基本方程,是宏观物质运动动量守恒的必然结果,而连续性方程则是宏观不可压缩流体质量守恒的数学体现。因此,二维不可压缩流体条件下,守恒形式的流场控制方程组为

$$\begin{cases} \nabla \cdot \boldsymbol{u} = 0 \\ \dfrac{\partial}{\partial t}(\rho \boldsymbol{u}) + \nabla \cdot (\rho \boldsymbol{u}\boldsymbol{u}) = -\nabla p + \nabla \cdot (\mu \nabla \cdot \boldsymbol{u}) \end{cases} \quad (4.1)$$

式中,$\boldsymbol{u}$ 是流体速度；p 是压力；t 是时间；ρ 是流体密度；μ 是动力学黏度。方程组(4.1)在笛卡儿坐标系中展开将得到 4 个标量方程和 4 个未知量,因此方程组本身封闭。尽管上述模型是封闭的,但高雷诺数湍流运动下的 NS 方程组难以直接求解,这是因为直接求解 NS 方程组需要的空间离散尺度非常小[1],然而,普通计算机硬件资源难以满足此类计算需求。因此,研究采用二方程 $k\text{-}\omega$ SST 模型建模湍流运动。对动量方程取系综平均后,方程中将会多出关于 $-\rho\overline{u_i' u_j'}$ 的雷诺应力项。为建模该项,URANS 模型通常基于布辛涅斯克各向同性湍流假设[2],认为雷诺应力张量关联于应变率张量和涡黏系数。其中,如果视涡黏系数为标量,则

建模后的湍流是各向同性的。在标准 $k\text{-}\omega$ 模型中，有以下关系：

$$\omega = \frac{\varepsilon}{C_\mu k} \tag{4.2}$$

式中，ω 是比耗散率；k 是湍动能；ε 是耗散率；C_μ 是常数。式(4.2)表明了 $k\text{-}\omega$ 模型与 $k\text{-}\varepsilon$ 模型之间的紧密联系。湍动能和比耗散率的运输方程分别为

$$\begin{cases} \dfrac{\partial}{\partial t}(\rho k) + \dfrac{\partial}{\partial x_i}(\rho u_i k) = \dfrac{\partial}{\partial x_j}\left(\Gamma_k \dfrac{\partial k}{\partial x_j}\right) + G_k - Y_k + S_k + G_b \\ \dfrac{\partial}{\partial t}(\rho \omega) + \dfrac{\partial}{\partial x_i}(\rho u_i \omega) = \dfrac{\partial}{\partial x_j}\left(\Gamma_\omega \dfrac{\partial \omega}{\partial x_j}\right) + G_\omega - Y_\omega + S_\omega + G_{\omega b} \end{cases} \tag{4.3}$$

式中，G_k 和 G_ω 分别是湍动能和比耗散率的生成项；Γ_k 和 Γ_ω 分别是两个方程的有效扩散系数；Y_k 和 Y_ω 是湍流耗散项；S_k 和 S_ω 是源项；G_b 和 $G_{\omega b}$ 是浮力驱动项。本章开展的二维数值仿真研究都是在 ANSYS FLUENT 软件中进行的，该软件采用有限体积法离散上述控制方程。数值研究采用的湍流模型是二方程 $k\text{-}\omega$ SST 模型。相比于标准 $k\text{-}\omega$ 模型，$k\text{-}\omega$ SST 模型在计算湍流普朗特数时引入了混合函数以增加计算准确性，在考虑了湍流剪切应力运输效应的基础上引入限制器，并重新定义了涡黏系数，避免过度预测涡黏系数，因此能较准确地预测光滑表面的流动分离。除湍流模型外，本章研究采用的压力速度解耦格式均为 PISO(压力的隐式算子)，时间与空间离散格式均保证二阶精度，线性系统求解采用 ANSYS FLUENT 软件提供的代数多重网格法。

本质上，波动鳍运动和流场构成复杂的双向流固耦合系统。然而，鳍面总是处于周期性的柔性大摆动运动模式下，受流体影响产生的鳍面二次变形相对于鳍面本身运动变形小得多，以至于这类二次影响可以被忽略。因此，鳍面运动被认为是一种预描述的给定运动[3-5]。在这种研究思路下，复杂流固耦合问题被简化为一个纯粹的水动力问题，而鳍面全局运动也能通过系牵模型或者自推进模型进行描述。自推进模型是一种简化的降阶流固耦合模型，适用于水下柔性体水动力性能研究，而系牵模型是特殊的自推进模型。自推进模型与流场求解器是分离的，在每个时间迭代步完成流场相关量求解后，通过计算变形体不同方向的水动力合力或者力矩，然后根据动量守恒和角动量守恒计算运动量，同时计算位移并进行全局位置更新。自推进模型是一种分离的显式计算方法，它的优点是计算成本低、算法简单，缺点是这种显式更新方式可能导致数值计算不稳定。系牵模型只计算和更新柔性体的预描述变形运动，不考虑柔性体全局平移和旋转运动。本节研究以二维自推进模型为例阐述其基本思路，不失一般性，自推进模型很容易扩展到三维仿真。这类方法已经在仿生水动力研究领域得到了广泛应用[3, 6-11]。

二维自推进模型下，波动鳍受到的水动力合力分别表示为

$$\begin{cases} F_x(t) = \int_\Sigma f_x \mathrm{d}s = \int_\Sigma (-pn_x + \tau_{xi}n_i)\mathrm{d}s, & i=x,y \\ F_y(t) = \int_\Sigma f_y \mathrm{d}s = \int_\Sigma (-pn_y + \tau_{yi}n_i)\mathrm{d}s, & i=x,y \end{cases} \quad (4.4)$$

式中，f_x、f_y 分别表示鳍面一微元面上 x、y 两个方向的水动力；n_i 表示微元面 $\mathrm{d}s$ 上法向单位向量在 i 方向的分量；p 表示单位面积上的压力，方向为指向面的内侧；τ_{ji} 表示应力张量分量，$i=x,y$，$j=x,y$；Σ 表示鳍面的外表面，通常为闭合封闭曲面。进一步地，以波动鳍质心 (x_0, y_0) 为中心的力矩为

$$M_z(t) = \iint_\Sigma (x-x_0)f_y - (y-y_0)f_x \mathrm{d}s \quad (4.5)$$

在每个时间迭代步中，需要根据牛顿第二定律和力矩定律显式计算波动鳍的运动加速度和角加速度，再进行速度和角速度计算。离散模型下，波动鳍在 x 轴方向的全局运动速度 U_x、y 轴方向的全局运动速度 U_y，以及围绕质心转动的角速度 Ω_z，可以按照以下二阶显式差分格式进行计算：

$$\begin{cases} \dfrac{3U_x^{n+1} - 4U_x^n + U_x^{n-1}}{2\Delta t} = \dfrac{F_x^{n+1}}{m} \\ \dfrac{3U_y^{n+1} - 4U_y^n + U_y^{n-1}}{2\Delta t} = \dfrac{F_y^{n+1}}{m} \\ \dfrac{3\Omega_z^{n+1} - 4\Omega_z^n + \Omega_z^{n-1}}{2\Delta t} = \dfrac{M_z^{n+1} - \Omega_z^n (\mathrm{d}I_z/\mathrm{d}t)^n}{I_z^n} \end{cases} \quad (4.6)$$

式中，I_z 表示对应的转动惯量；m 表示质量；上标 n 表示第 n 个时间步长。自推进模型是一种显式计算方法，可能导致数值计算不稳定，因此引入松弛因子到力和力矩的计算中以提高计算稳定性。在松弛格式下，计算的力和力矩分别为

$$\begin{cases} F_x^{n+1} = (1-\beta)F_x^n + \beta \tilde{F}_x^{n+1} \\ F_y^{n+1} = (1-\beta)F_y^n + \beta \tilde{F}_y^{n+1} \\ M_z^{n+1} = (1-\beta)M_z^n + \beta \tilde{M}_z^{n+1} \end{cases} \quad (4.7)$$

式中，$(\tilde{\cdot})$ 表示未经过松弛的物理量。松弛因子 β 根据具体问题和数值计算方法而定。连接鳍面和流场的速度边界条件为

$$\boldsymbol{u} = \boldsymbol{u}_b \quad (4.8)$$

式中，$\boldsymbol{u}_b$ 表示鳍面上对应点的运动速度。描述柔性体运动的自推进模型(式(4.4)～式(4.7))与流场求解器之间解耦，因此这种模型容易集成到现有的任意流场求解器中。ANSYS FLUENT 软件则是提供了名为用户自定义函数的 C 程序接口，上述

模型能够方便地植入 ANSYS FLUENT 软件中。

4.3 二维系牵模型下波动推进水动力性能预报

4.3.1 二维系牵模型下运动参数对推进性能的影响

本节研究采用系牵模型探究二维波动推进水动力性能，系牵模型下波动鳍仅做局部坐标系下的柔性变形运动，二维运动模型由式(2.1)给定，波动鳍不具有全局位移和旋转运动。除了幅值 A、频率 f、波长 λ 外，系牵模型下流场的自由来流速度 U_0、波动鳍自身的长度 L 都会影响水动力性能。其中，波动鳍自身的长度 L 对其性能的影响，将在后面章节进行讨论，本小节主要介绍其他4个参数对其水动力性能的影响。本小节对流场和波动鳍进行建模和网格划分，如图4.1所示。

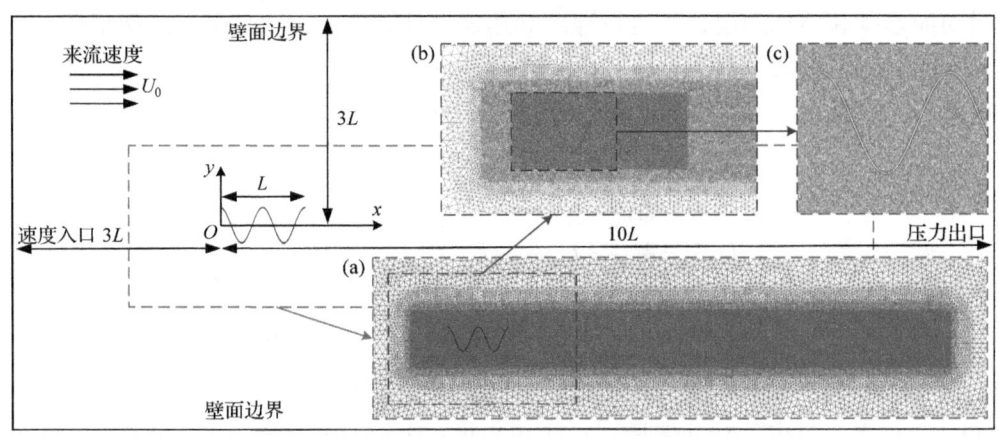

图 4.1 系牵模型下流场计算尺寸和波动鳍网格划分示意图
(a) 全局网格；(b) 加密区域网格；(c) 鳍面附近网格

场计算区域是一个尺寸为 $13L×6L$ 的矩形，上下侧壁面离波动鳍足够远，保证波动鳍水动力性能不受壁面效应影响。下游区域足够长，保证波动鳍尾流得到充分发展。由于系牵模型不涉及全局运动，因此整个流场计算区域全部划分为非结构三角形网格。为了充分捕捉波动鳍尾流与鳍近壁面边界层特性，研究采用了局部网格加密，波动鳍近壁面的网格尺寸为 $0.002L$，波动鳍周围的主要变形区域网格尺寸为 $0.0033L$，尾流区域的平均网格为 $0.02L$。边界条件方面，计算区域左侧设置为速度入口，右侧为压力出口，上下侧为壁面边界。系牵模型下，数值仿真的网格和时间步长无关性验证结果如图 4.2 所示。为了验证网格划分是否合理并确保网格无关性，保持网格拓扑不变并等比例加密每一层级所有网格，研究考虑了五种不同数目的网格模型，网格总数依次为 M_1(113069 个网格单元)、M_2(188678

个网格单元)、M_3(273631 个网格单元)、M_4(345953 个网格单元)及 M_5(424396 个网格单元)，仿真时间为 $10T$(T 表示波动周期)，评价指标为波动鳍在 x 方向产生的水动力合力 F_x。案例中，波动鳍幅值固定为 0.2m，波长为 0.5m，频率为 3Hz，来流速度为 0.2m/s，计算结果如图 4.2(a)所示。相似地，研究也考虑了五种时间步长，包括：ΔT_1(1/300T)、ΔT_2(1/400T)、ΔT_3(1/500T)、ΔT_4(1/600T)及 ΔT_5(1/800T)，计算结果如图 4.2(b)所示。结合两方面结果，研究最终采用时间步长 ΔT_3 和网格离散策略 M_3 开展之后的仿真计算，两种策略处于计算精度和计算成本之间的折中，结果相对于 ΔT_5 或者 M_5，平均相对误差不超过 2%，进一步加密网格或者减少时间步长，并不能显著提高计算精度。

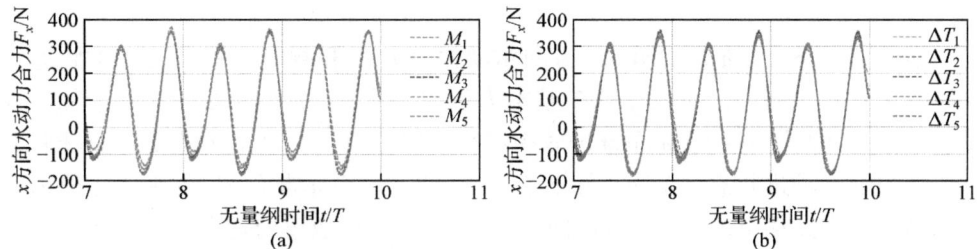

图 4.2 二维波动鳍系牵模型仿真无关性验证(扫描章前二维码查看彩图)
(a) 网格无关性验证；(b) 时间步长无关性验证

为了评估系牵模型下波动鳍的水动力性能，需定义一些性能指标。常见的指标是水动力合力，如式(4.4)所示，该定义具有一般性。在此基础上定义水动力功率：

$$P_x(t) = \iint_\Sigma f_x u_x \mathrm{d}s, \quad P_y(t) = \iint_\Sigma f_y u_y \mathrm{d}s \tag{4.9}$$

式中，u_x 和 u_y 分别表示鳍面微元面上的速度。微元面上的合力 f_x 和 f_y 由式(4.4)确定。相似地，功率的定义也具有一般性。为了消除量纲对一般变化规律的影响，按照式(4.10)对 x 方向的水动力合力 F_x 及侧向功率损失 P_L 进行无量纲化：

$$C_{F_x} = \frac{-F_x}{0.5\rho U_{\mathrm{ref}}^2 L}, \quad C_P = \frac{-P_L}{0.5\rho U_{\mathrm{ref}}^3 L} \tag{4.10}$$

侧向功率损失用于表征推进运动特征，本书中侧向功率就是 $P_y(t)$。式(4.10)定义中存在负号的原因是用于水动力性能无量纲参数计算的坐标系与数值仿真的坐标系是相反的。从图 4.1 中可以看到，x 正方向指向右侧，在该坐标系下波动鳍推力指向左侧，是负数。因此，为了方便讨论，仅在计算水动力无量系数时以 x 轴指向左为正，为保证坐标系满足右手法则，此时 y 正方向指向下侧。因此，依然以 C_{F_x} 正值表示运动产生了正推力，负值表示运动产生了阻力。参考速度 U_{ref} 的定义为

$$U_{\mathrm{ref}} = \frac{U_0 + c}{2} \tag{4.11}$$

式中，c是波速。参考速度避免了直接使用来流速度U_0，这是因为静水时，以U_0作为参考速度将使得无量化因为分母为0而无意义。进一步，可以定义一个净推进效率，用来表征波动鳍运动对总水动力功率的使用率。本小节研究主要采用了净推进效率的定义[3]，同时，考虑到水动力参数计算坐标系的方向问题，净推进效率定义如下：

$$\eta = \mathrm{sgn}(-\bar{F}_x)\frac{\bar{F}_x U_0}{\bar{F}_x U_0 + \bar{P}_\mathrm{L}} \tag{4.12}$$

式中，符号函数$\mathrm{sgn}(\cdot)$用来矫正净推进效率的正负值，$(\bar{\cdot})$表示平均值。例如，$\bar{F}_x$为正值意味着波动鳍的x方向合力指向右侧，表示阻力状态，因此净推进效率为负值。

  不同条件下，二维波动鳍的x方向水动力合力F_x和侧向功率损失P_L的瞬态结果如图4.3所示。注意到，F_x和P_L基本为负数，是因为这两个量定义在全局坐标系，研究仅对无量纲系数和净推进效率进行了符号矫正，因此F_x为负数意味着此时波动鳍处于推进状态。部分条件下F_x和P_L的数量级非常大，这是因为尽管研究考虑的是二维流场下波动鳍运动的水动力性能，但在数值处理上，二维仿真实际上是被处理为z方向尺寸为1的三维仿真。系牵模型下，由于波动鳍在固定位置做周期性摆动，相当于处在动稳态。理论上，波动鳍所有水动力参数都将呈现周期性变化规律，瞬时结果更多地反映出波动鳍运动的稳态特性。不同运动参数下，F_x和P_L也展现出一些相似特征。首先，瞬时的F_x或者P_L并没有呈现等幅值的周期性变化规律，特别是高频率情况下，一个周期内波动鳍产生两次峰值不等的推力极值，如图4.3所示。侧向功率损失的曲线也表现出相同规律。其次，图4.3(a)、(c)和(e)分别表明，波动鳍x方向水动力合力随着波动频率、幅值、波长的增大而增大。侧向功率损失也呈现相同变化趋势，这是因为推力越大的同时波动鳍运动也诱导了更大的侧向力，侧向流体运动速度和用于克服侧向流体运动的侧向功率损失也会增大，这种增大不仅体现在均值上，也体现在周期振荡峰的峰值上。

  尽管仿真是瞬态的，但是系牵模型得到的结果实质是一种"伪瞬态"，只能反映出波动鳍运动的稳态特性。因此，之后的系牵模型相关研究主要分析不同运动条件下波动鳍的平均水动力性能。在波动波长和来流速度固定的情况下，研究首先讨论波动频率f和幅值A对波动鳍水动力性能的影响，如图4.4所示，其他运动参数都为常数，即$\lambda = 0.5\mathrm{m}$，$U_0 = 0.2\mathrm{m/s}$，相关无量纲系数取最后三个周期的平均值，并根据C_{F_x}和C_P的平均值$\bar{C}_{F_x}$和$\bar{C}_P$计算平均净推进效率。由于该部分研究考虑7种不同幅值，每种幅值下进一步考虑了7种不同频率，因此，计算结果以云图(热图)方式呈现，并标注等值线。其中，实线标注的等值线为正值，虚线标注的等值线为负值。可以观察到，图4.4(a)中，$\bar{C}_{F_x}$总是随着f或A的增大而增

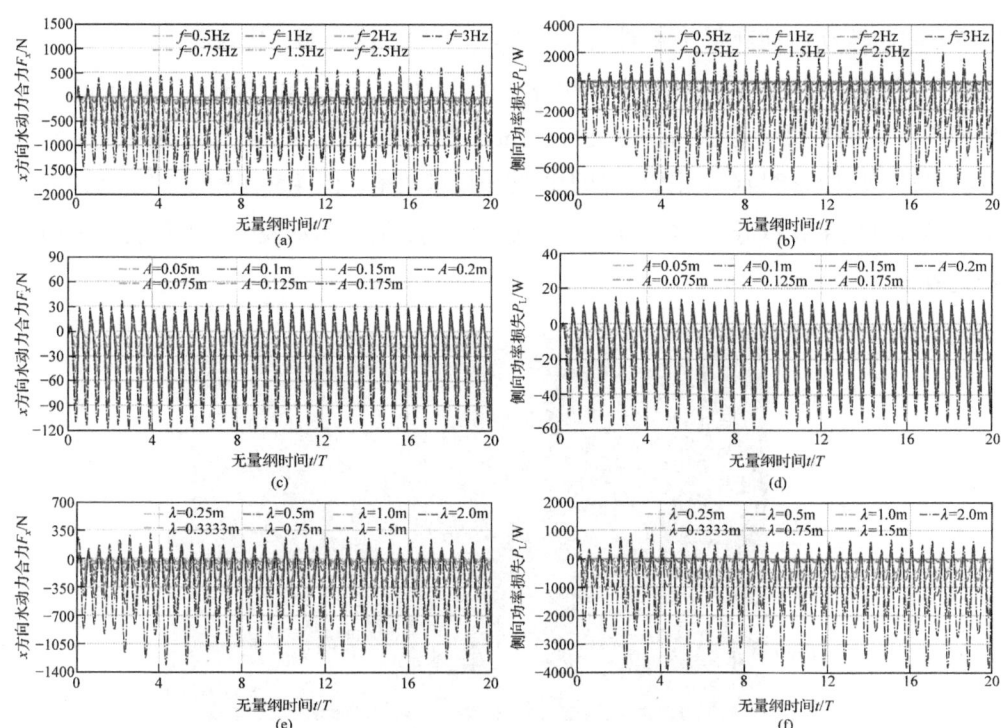

图 4.3 不同条件下 F_x 和 P_L 随无量纲周期变化的瞬态结果(扫描章前二维码查看彩图)
(a) $A=0.125\text{m}$, $h=1.00\text{m}$, $U_0=0.2\text{m/s}$ 下的水动力合力;(b) $A=0.125\text{m}$, $h=1.00\text{m}$, $U_0=0.2\text{m/s}$ 下的侧向功率损失;
(c) $f=1.00\text{Hz}$, $h=0.50\text{m}$, $U_0=0.2\text{m/s}$ 下的水动力合力;(d) $f=1.00\text{Hz}$, $h=0.50\text{m}$, $U_0=0.2\text{m/s}$ 下的侧向功率损失;
(e) $A=0.125\text{m}$, $f=1.5\text{Hz}$, $U_0=0.2\text{m/s}$ 下的水动力合力;(f) $A=0.125\text{m}$, $f=1.5\text{Hz}$, $U_0=0.2\text{m/s}$ 下的侧向功率损失

大,因此当 $f=3\text{Hz}$ 和 $A=0.2\text{m}$ 时,$\overline{C}_{F_x}$ 达到全局最大值 0.4088。对于 $\overline{C}_P$,如图 4.4(b) 所示,它也随着 f 或 A 的增加而增加。但是,平均净推进效率表现出不同的变化规律,如图 4.4(c)所示。当 $f=0.5\text{Hz}$ 且 $A=0.05\text{m}$,此时净推进效率为负值,说明波动鳍处于阻力状态,即运动产生的推力小于来流诱导的阻力。除此之外,总有平均净推进效率 $\overline{\eta}>0$。当幅值 A 一定时,随着频率 f 的增加,平均净推进效率先增加后减少。当 $f>1.5\text{Hz}$ 时,随着 A 的增加,$\overline{\eta}$ 变化不明显,总是约等于 0.1。这些结果表明,在保持正推进状态的前提下,低频率和小幅值运动有利于提高平均净推进效率。但是,如果幅值和频率太小,也会出现波动鳍运动产生的推力不足以克服流体阻力的情况。

下面针对波动鳍波长对水动力性能的影响进一步进行讨论,仿真结果如图 4.5 所示。相似地,研究首先考虑了 7 种不同的波长,每种波长下又考虑不同的波动频率,其他运动参数都为常数,即 $A=0.125\text{m}$,$U_0=0.2\text{m/s}$,结果以云图方式呈现。通常所说的波动运动,实际表明了行波波长应该小于波动鳍长度。一般将行波波长大于鳍长的运动称为摆动运动。图 4.5(a)和(b)表明,给定波动频率 f,随着波长增加,$\overline{C}_{F_x}$ 和 $\overline{C}_P$ 呈现先增大后减小的变化规律。当 $f>1.5\text{Hz}$ 且 $\lambda=0.5\sim$

0.75m 时，波动运动获得了相对较大的 $\bar{C}_{F_x}$ (> 0.2)。这表明，应该存在一个最佳波长使得平均推力系数 $\bar{C}_{F_x}$ 最大化。此外，太小的波长($\lambda = 0.25$m)也不利于运动产生推力。同时，波动模式($\lambda = 0.25 \sim 0.1$m)比摆动模式($\lambda > 1$m)具有更高的推力系数。$\bar{C}_P$ 的变化规律与 $\bar{C}_{F_x}$ 相似。对于平均净推进效率，图 4.5(c)展现了 $\bar{C}_P$ 越大，系统的净推进效率就越低。相反，$\bar{C}_{F_x}$ 较小且为正时，波动运动模式将保持较高平均净推进效率。

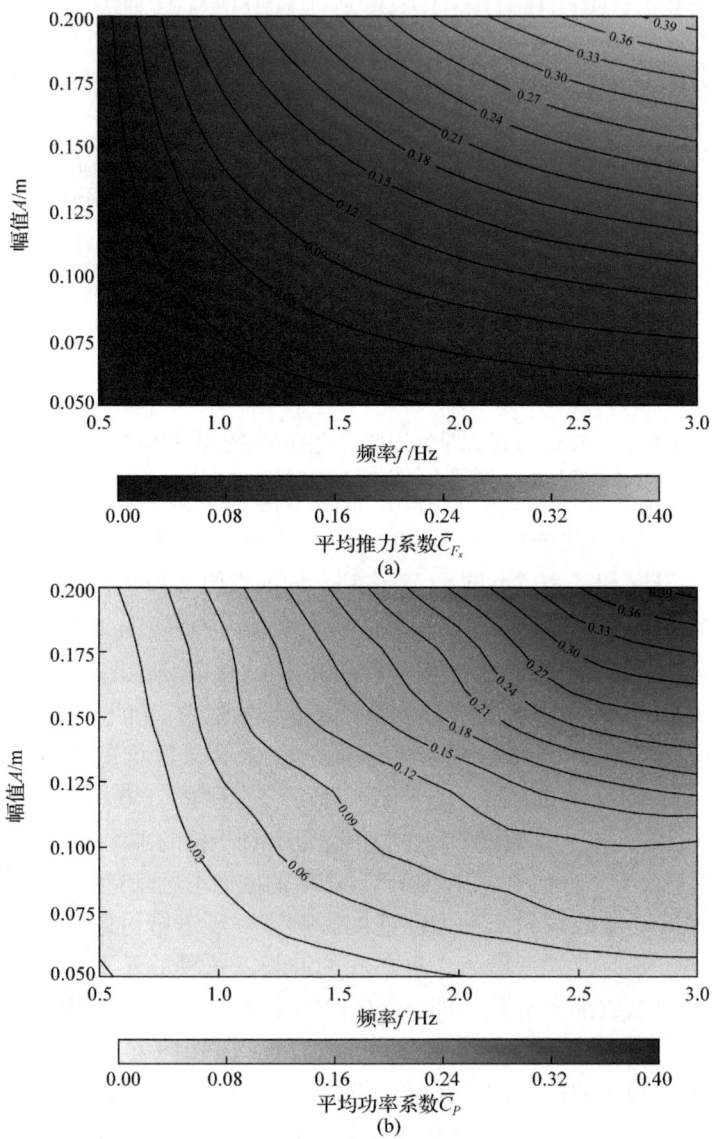

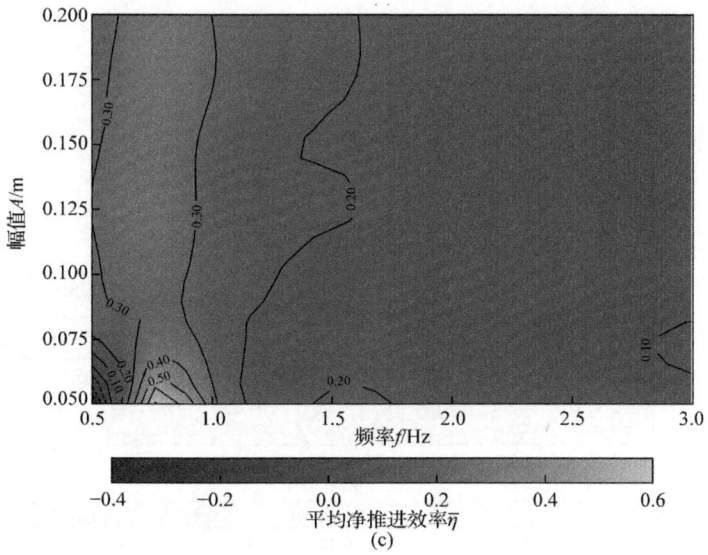

图 4.4 不同的波动频率和幅值对平均推力系数、平均功率系数和平均净推进效率的影响

(a) 平均推力系数 $\bar{C}_{F_x}$ 变化规律；(b) 平均功率系数 $\bar{C}_P$ 变化规律；(c) 平均净推进效率 $\bar{\eta}$ 变化规律

研究进一步分析来流速度 U_0 对波动鳍水动力性能的影响，仿真结果如图 4.6 所示。研究首先考虑了 7 种不同的来流速度，每种来流速度下又考虑不同的波动频率，其他运动参数都为常数，即 $A=0.125\mathrm{m}$，$\lambda=0.5\mathrm{m}$，结果依然以云图方式呈

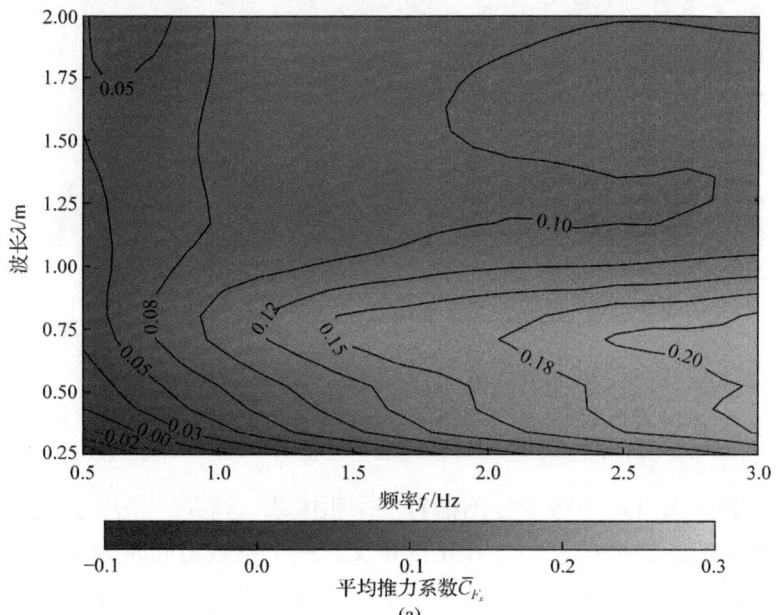

(a)

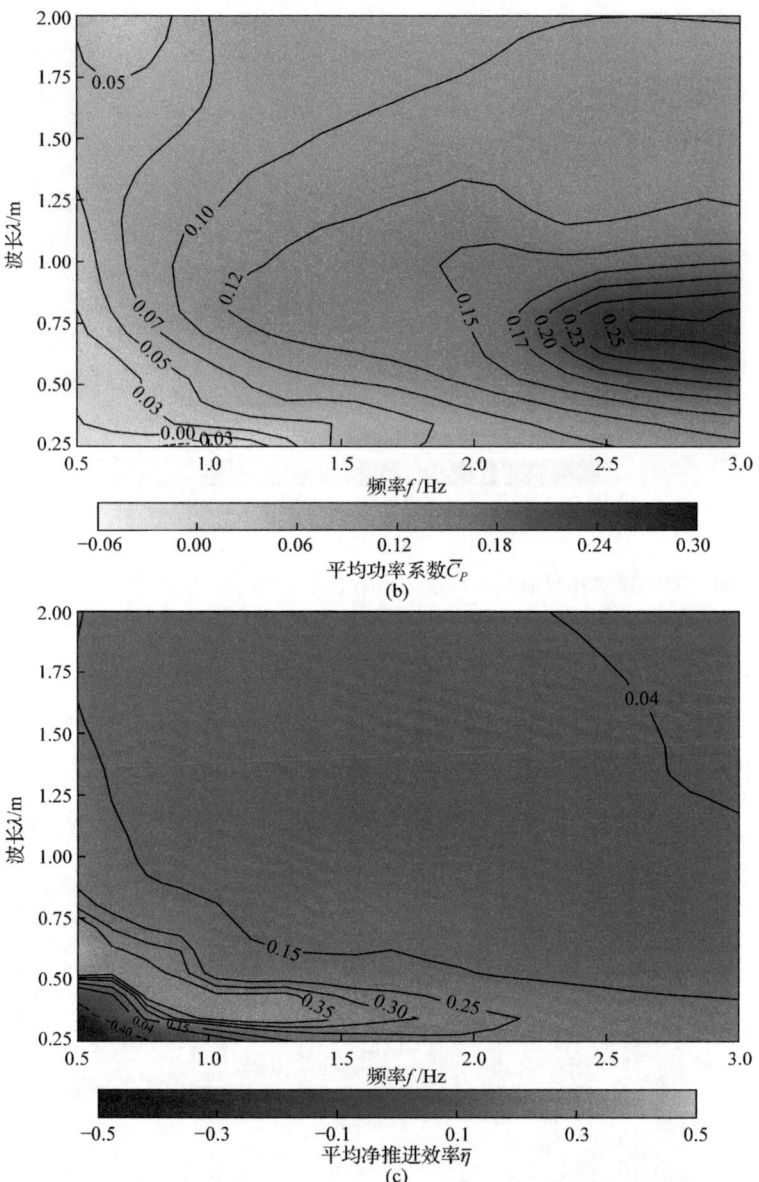

图 4.5 不同的波动波长和频率对平均推力系数、平均功率系数和平均净推进效率的影响

(a) 平均推力系数 $\bar{C}_{F_x}$ 变化规律；(b) 平均功率系数 $\bar{C}_P$ 变化规律；(c) 平均净推进效率 $\bar{\eta}$ 变化规律

现。可以看到，图 4.6 中每个分图都有一条粗虚线，这是一条用于区分正值和负值的理论分界线。根据 $\bar{C}_{F_x}$、$\bar{C}_P$ 和 $\bar{\eta}$ 的定义，三个系数将同时为正或负，因此分界线的位置也相同。分界线左侧的值为正，右侧的值为负。分界线为直线的原因

及其物理意义如下：当来流速度较大时，波动鳍受到的流体阻力大于自身运动产生的推力，此时波动鳍将处于阻力状态($\bar{C}_{F_x} < 0$)；相反，当来流速度较小时，波动鳍又将处于推力状态($\bar{C}_{F_x} > 0$)。可以推断，给定运动条件下，总是存在一个临界来流速度 U_0，在此情况下波动鳍能恰好实现推力和流体阻力之间的平衡，即 $\bar{C}_{F_x} = 0$。因此，也可以称 $\bar{C}_{F_x} = 0$ 下的临界速度为自推进速度，等价于波动鳍在自推进运动条件下达到了平衡状态。分界线是一条直线，这表明了波动频率与自推进速度呈线性关系，相似的结论也存在于二维鱼体研究中[12]。从物理角度看，当波动鳍产生正推力时，$\bar{C}_P$ 也应该是正值，这既和定义保持一致，也是维持波动运动所需要的，即正推力情况下波动鳍运动需要对流体做功，因此一定会有正值的侧向功率损失。但是，从数值上看，如图 4.6(b)所示，在分界线代表的自推进状态下，$\bar{C}_P$ 不等于零且较小，实际正负值的分界线相对于理论分界线也略微向下移动。在图 4.6(c)中，理论分界线附近形成了一条不连续的"断裂带"，而这条"断裂带"两侧平均净推进效率分别取得正的极大值和负的极小值。理论上，当波动鳍处于自推进状态($\bar{C}_{F_x} = 0$)时，平均净推进效率应该等于零，但是数值结果和理论略有不同，如图 4.6(c)所示。当波动鳍运动处于分界线附近区域代表的运动条件下时，由于 $\bar{C}_P$ 非常小，平均净推进效率将产生极值。这类现象可能只是数值结果，而不具有实际物理意义。结果表明，采用平均净推进效率评估波动鳍推进效率是不准确的，因为平均净推进效率极大依赖于来流速度，并存在一些非物理变化规律。

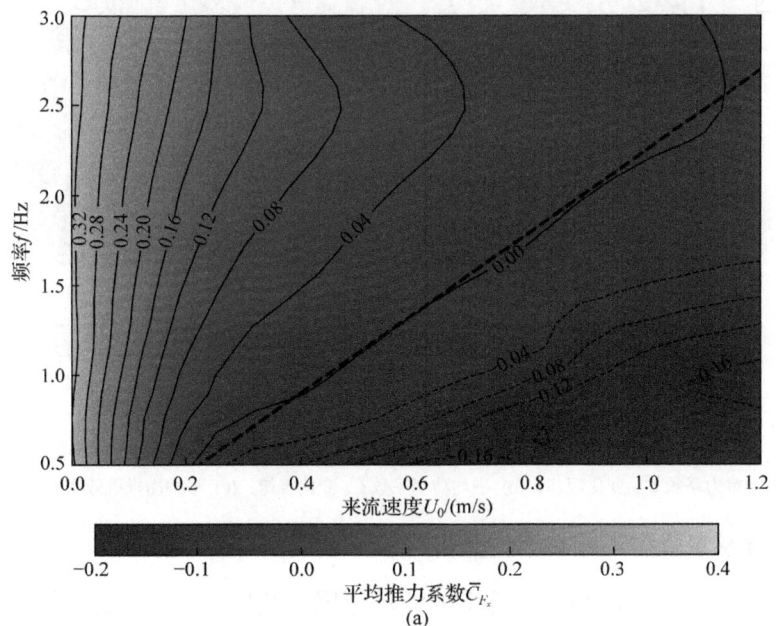

(a)

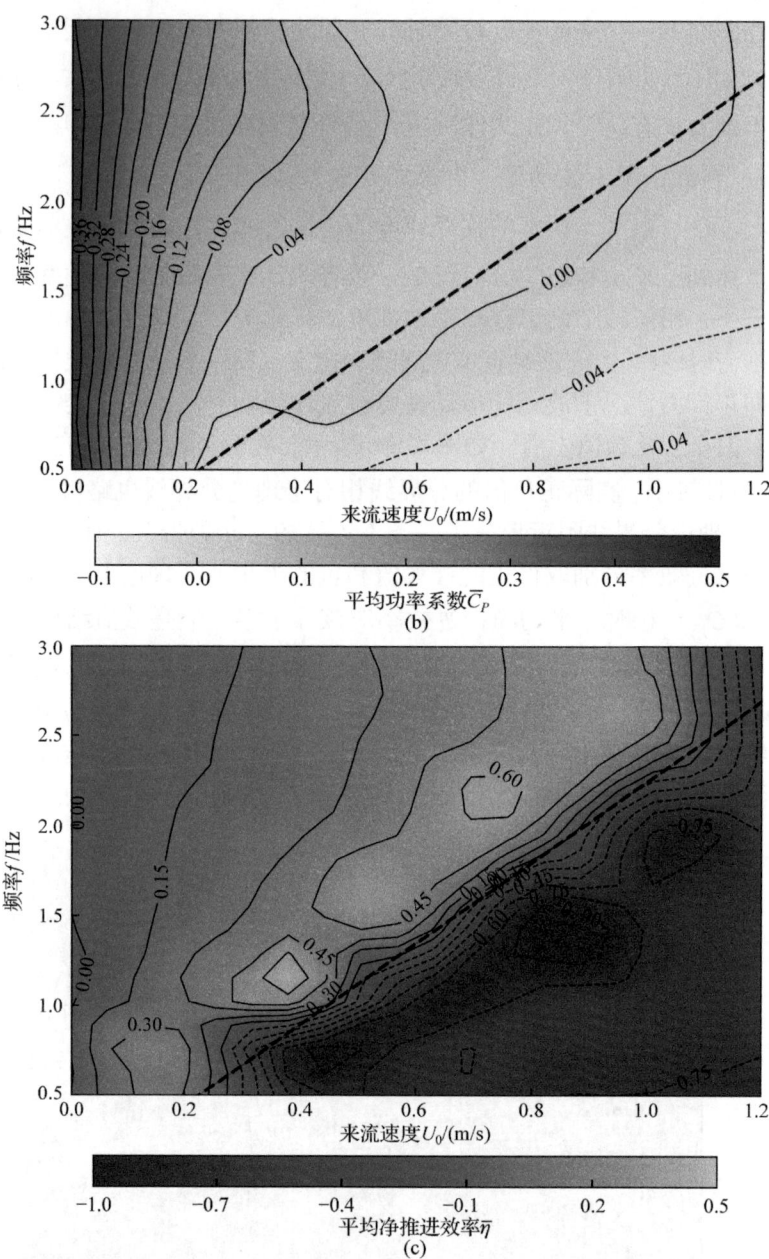

图 4.6　不同的来流速度和频率对平均推力系数、平均功率系数和平均净推进效率的影响

(a) 平均推力系数 $\bar{C}_{F_x}$ 变化规律；(b) 平均功率系数 $\bar{C}_P$ 变化规律；(c) 平均净推进效率 $\bar{\eta}$ 变化规律

4.3.2　二维系牵模型下流场结构分析

图 4.7 展现了不同频率条件下的波动鳍尾流结构，频率条件依次为 0.5Hz、

1.0Hz、1.5Hz、2.0Hz、2.5Hz 及 3.0Hz。其他参数恒定，即 $A=0.125\text{m}$，$\lambda=0.5\text{m}$，$U_0=0.2\text{m/s}$。黑色细实线表示流线，用来标记流体运动轨迹。二维模型下，涡量由公式 $\partial u_y/\partial x - \partial u_x/\partial y$ 定义。在这些尾流结构中，可以观察到 2S 型尾流结构。术语(mS+nP)型尾流结构由 Williamson 等提出，用于描述尾流类型。结果表明，f 的增加将导致尾流中涡旋强度增大。更大的频率意味着波速 c 更大，鳍表面上的行波传播更快，涡旋从鳍的后缘脱落更快。特别地，当波速远大于来流速度时，自由流的对流效应相比于行波的传递效应小得多，因此涡旋在脱落后会"挤在一起"，如图 4.7(f)所示。此外，理论已经证明[13,14]，波动运动产生净推力的必要条件是行波波速大于自由来流速度，即 $c>U_0$。在图 4.7 所示的六种情况下，行波波速始终大于来流速度($U_0=0.2\text{m/s}$)，因此波动鳍总是能够产生正推力。在图 4.7(a)中，行波波速只是略微大于来流速度，因此这种情况下波动鳍虽然产生正推进作用，但是净推力很小，尾流呈现出平滑的平行流线，涡旋涡量较小，涡旋之间互相作用较弱。随着波速 c 的增加，流线分布将变得更加混乱和交错。可以观察到的明显特征：波动鳍运动实现了流线的汇聚，即自由流经过波动鳍后，上游稀疏的流线在下游变得密集。本书将这种波动鳍特有的行为称为"收束效应"。显然，流场收束效应越强烈，波动鳍产生的推力越大。

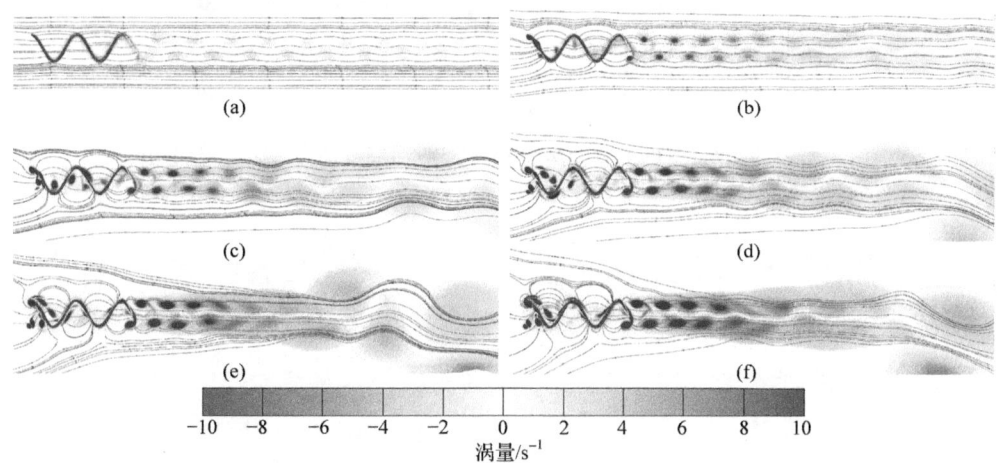

图 4.7 不同频率条件下波动鳍尾流涡量图(扫描章前二维码查看彩图)
(a)$f=0.5\text{Hz}$；(b)$f=1.0\text{Hz}$；(c)$f=1.5\text{Hz}$；(d)$f=2.0\text{Hz}$；(e)$f=2.5\text{Hz}$；(f)$f=3.0\text{Hz}$

流场收束效应与自由来流速度和行波运动的波速密切相关。对波动运动而言，提高波速的方法，除了增大波动频率之外，还可以增大波长。不同波长条件下，波动鳍尾流涡量如图 4.8 所示。图 4.8 中，波长条件分别为 0.25m、0.33m、0.50m、0.75m、1.00m 及 1.50m。其他参数恒定，即 $A=0.125\text{m}$，$f=2\text{Hz}$，$U_0=0.2\text{m/s}$。在这六种情况下，由于波动频率较大，最小波速都大于 $2U_0$，因此波动鳍总是能产生明显的正推力。需要强调的是，水动力合力随波长增加而增加的变化规律与推力系数的变化规律并不一致。图4.8表明，波长越大，收束效应越强，波动鳍产生的推力也就越大。因此，相比于波动模式，具有大波长特点的摆动模式将更有利于推力产生。相反，正如之前分析的，波动模式往往比摆动模式具有更大的净推力系数。不同幅值条件下，波动鳍尾流涡量如图4.9所示。图中，幅值条件分别为 0.05m、0.075m、0.10m、0.15m、0.175m 及 0.20m。其他参数恒定，即 $\lambda=0.5\text{m}$, $f=1.5\text{Hz}$, $U_0=0.2\text{m/s}$。幅值对波动鳍水动力性能的影响相对简单，幅值越大，流场的收束效应越强，波动鳍产生的推力也就越大。在这六种幅值条件

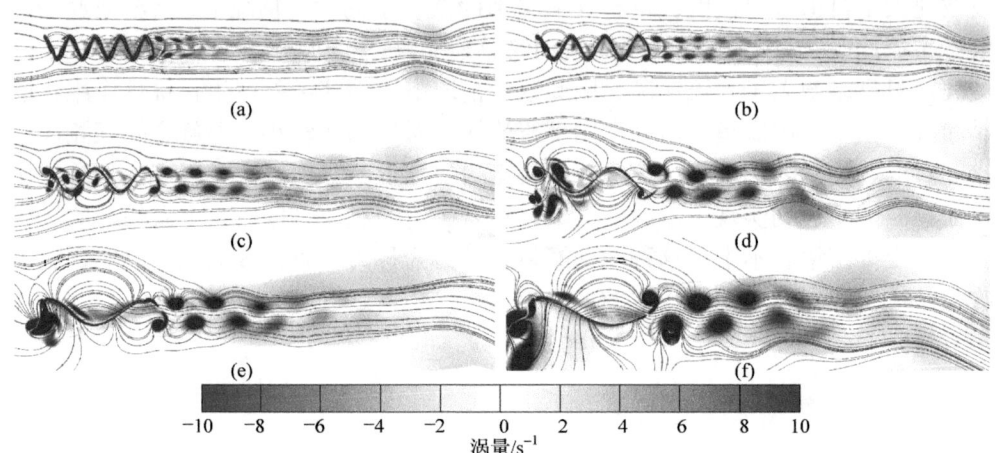

图 4.8 不同波长条件下波动鳍尾流涡量图(扫描章前二维码查看彩图)
(a) $\lambda=0.25\text{m}$; (b) $\lambda=0.33\text{m}$; (c) $\lambda=0.50\text{m}$; (d) $\lambda=0.75\text{m}$; (e) $\lambda=1.00\text{m}$; (f) $\lambda=1.50\text{m}$

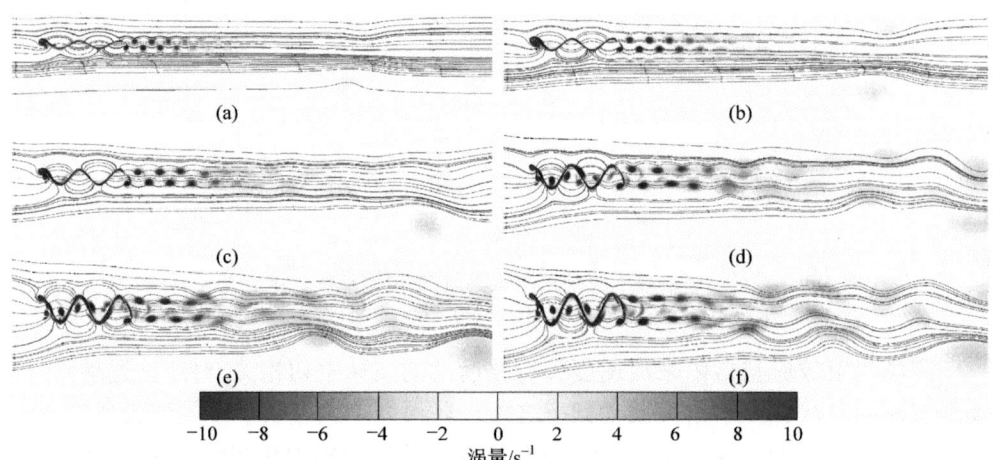

图 4.9 不同幅值条件下波动鳍尾流涡量图(扫描章前二维码查看彩图)
(a) $A=0.05\text{m}$; (b) $A=0.075\text{m}$; (c) $A=0.10\text{m}$; (d) $A=0.15\text{m}$; (e) $A=0.175\text{m}$; (f) $A=0.20\text{m}$

下，由于幅值的变化不影响波速 c 和参考速度 U_{ref}，因此无量纲推力系数 C_{F_x} 随幅值变化的规律与 F_x 一致，都是随着幅值的增大而单调增大的。

在上述讨论的运动条件下，波动鳍的尾流都展现出了 2S 型结构。但是，研究表明，尾流在一定条件下也存在 2P 型结构，如图 4.10 所示。图 4.10 展示了六种来流速度条件下波动鳍的尾流涡量图。图 4.10 中来流速度条件分别为 0m/s、0.4m/s、0.6m/s、0.8m/s、1.0m/s 及 1.2m/s。其他参数恒定，即 $\lambda=0.5\text{m}$，$f=2.5\text{Hz}$，$A=0.125\text{m}$。在图 4.10(a)中，来流速度为 0m/s，由于没有自由来流诱导额外的流体阻力，波动鳍净推力将达到最大值，并随着来流速度增加逐渐减小。同时，流线分布也不同于其他情况。尽管没有自由来流，波动鳍也将对整个流场施加收束作用，使得周围的流体汇聚到鳍表面，经过波动运动加速后形成向后的射流。随着来流速度逐渐增加，收束效应的强度逐渐减弱，流线逐渐变得平滑有序，特别是在图 4.10(e)和(f)中，每条流线几乎彼此平行，意味着在这些情况下波动鳍不会产生正推力，或者推力非常小。在图 4.10(f)中，尾流呈现 2P 型结构，即每个波动周期有两对涡旋脱落[15]。

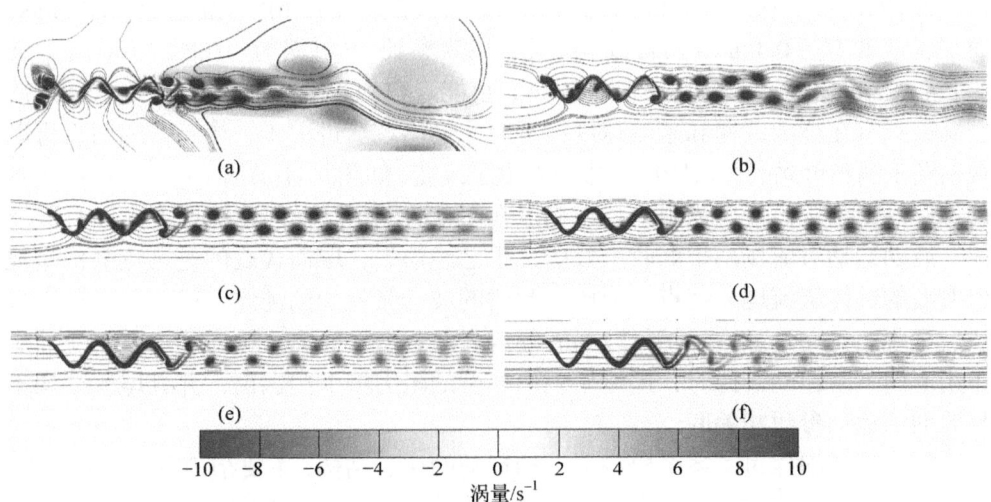

图 4.10　频率为 2.5Hz 时，不同来流速度条件下波动鳍尾流涡量图(扫描章前二维码查看彩图)
(a) $U_0=0\text{m/s}$；(b) $U_0=0.4\text{m/s}$；(c) $U_0=0.6\text{m/s}$；(d) $U_0=0.8\text{m/s}$；(e) $U_0=1.0\text{m/s}$；(f) $U_0=1.2\text{m/s}$

通常，典型的二维鱼体自推进运动将产生 2S 型、推力型涡街，即著名的反卡门涡街[12,16-18]。钝体绕流，如圆柱绕流，其尾流将呈现 2S 型、阻力型涡街，即卡门涡街。因此，可以猜测，2P 型涡街是一种过渡型的不稳定尾流结构，它预示着推力型 2S 涡街即将转变为阻力型 2S 涡街，或者相反。为了验证这一结果，如图 4.11 所示，图中包含的六种情况与图 4.10 中的一致，其区别在于图 4.11 中波动鳍的频率降低为 0.75Hz。显然，波动鳍的行波波速都降低了。由于其他运动条

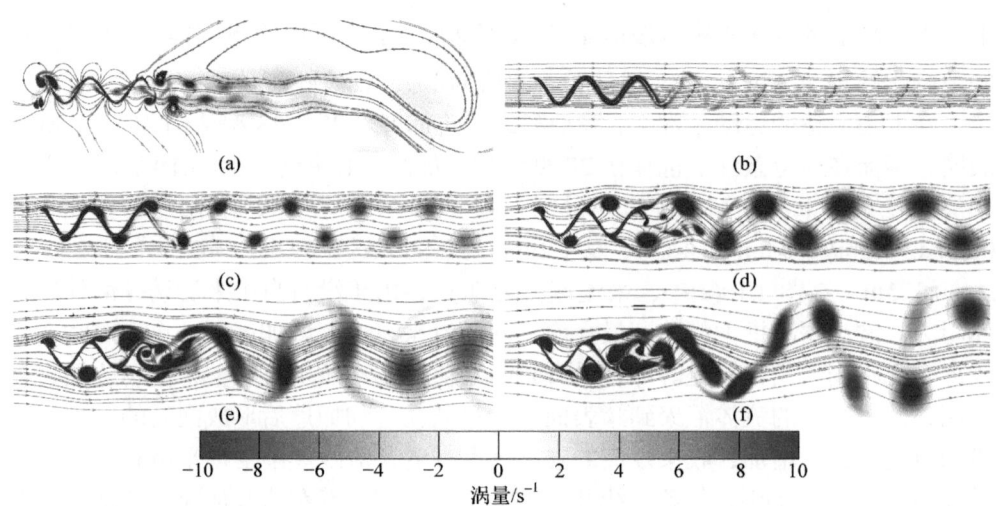

图 4.11　频率为 0.75Hz 时，不同来流速度条件下波动鳍尾流涡量图(扫描章前二维码查看彩图)
(a) $U_0=0$m/s；(b) $U_0=0.4$m/s；(c) $U_0=0.6$m/s；(d) $U_0=0.8$m/s；(e) $U_0=1.0$m/s；(f) $U_0=1.2$m/s

件相似，因此容易观察到类似的现象。特别注意，在图 4.11(b)中，波速 $c=0.375$m/s，而来流速度 $U_0=0.4$m/s，两者接近，且可以观察到 2P 型涡街。在图 4.10(f)中，波速 $c=1.25$m/s，而来流速度 $U_0=1.2$m/s，也能观察到 2P 型涡街。因此，这种过渡型涡街只有在行波波速和来流速度接近时才会出现。进一步，当 $c<U_0$ 时，可以观察到正涡和负涡的脱落顺序和排列发生了改变，如图 4.11(e)和(f)所示。这意味着推力型涡街结构已经变为阻力型结构。在图 4.11(f)中，此时来流速度大于行波波速，波动运动对流场产生的收束效应几乎已经消失，取而代之的是尾流结构呈现出典型的钝体绕流尾流特点。因此，此时的波动鳍就如同钝体一样，分离涡不再从后缘脱离，而是从波动鳍行波的波峰或者波谷直接脱离，并在流场强对流效应作用下向下游运动。此时，尾流呈现出典型的阻力型卡门涡街，并且尾流结构不与波动鳍运动参数相关联。

本小节详细探讨了系牵模型下波动运动的尾流结构，主要结论有两个：第一，波动鳍运动会对流场施加收束作用，这是波动运动能够产生推力的直观表现。自由流经过波动运动加速后形成一股指向下游的强射流，而波动鳍因为反作用力产生了与射流方向相反的推力。流场收束效应越强烈，波动鳍产生的推力越大。同时，这种效应高度依赖于行波波速和自由来流速度。第二，波动鳍的尾流将根据行波波速和自由来流速度之间的相对关系呈现三种不同结构。当 $c>U_0$ 时，波动鳍尾流呈现 2S 型、推力型的反卡门涡街，此时流场收束效应非常强烈；当 $c≈U_0$ 时，尾流将呈现 2P 型过渡结构，这意味着尾流即将从推力型涡街转变为阻力型涡街；当 $c<U_0$ 时，正涡旋、负涡旋的脱离顺序逐渐互相交换，尾流变为 2S 型、阻力型卡门涡街。如果 $c \ll U_0$，尾流结构甚至将呈现钝体绕流的结构特征。

4.4 二维系牵模型与理论模型结果对比

4.4.1 水动力合力

两种理论模型都可以实现水动力合力 F_x 的计算。其中，冲量理论采用式(2.71)和式(2.76)计算水动力合力，该理论是一种黏性流体下的水动力合力近似计算模型。此外，计算式中涉及一个常数 α'，常数 α' 只是将所有结果整体放大或者缩小，不影响结果和运动参数之间的数学关系，在之后研究中，取该经验常数为 0.15。在第 3 章的线性化流场模型中，水动力合力由式(3.128)、式(3.134)和式(3.135)共同决定。然而，这种理论本质是一种无黏流体理论，因此理论结果与考虑了流体黏性的数值仿真具有一定差距。为了补偿黏性影响，引入一个定常的黏性因子 β_w 作为补偿系数，线性化流场模型的推力预测值用 φ 表示，补偿结果定义为

$$\varphi' = \beta_w \varphi \tag{4.13}$$

式中，φ' 取决于 β_w 的大小，相当于将线性化流场模型计算结果整体进行了扩大或者缩小，之后研究中依据经验取 $\beta_w = 1.5$。为了比较不同模型下的水动力合力，定义推力系数 C_{F_x} 为

$$C_{F_x} = \frac{-F_x}{0.5\rho U_{\text{ref}}^2 L} \tag{4.14}$$

式中，负号起矫正方向的作用。之后研究中规定 C_{F_x} 为正数时，代表波动鳍运动能够产生正的推进作用。不同于式(4.10)的是，式(4.14)中的 U_{ref} 直接取来流速度 U_0。在本小节中，由于冲量理论和线性化流场模型的计算都依赖于来流速度 U_0，来流速度为 0m/s 将使得这两个理论模型失效，因此本节研究总是讨论有来流的情况。

本小节讨论不同波动频率条件下数值仿真、线性化流场模型和冲量理论三种模型关于 C_{F_x} 的预测结果，如图 4.12 所示。研究考虑了七种频率条件，在此基础上进一步考虑了四种幅值条件。从 C_{F_x} 随着频率 f 变化的趋势看，三种模型预测的变化趋势接近，即 C_{F_x} 近似地正比于频率的二次方。其中，数值仿真计算结果和线性化流场模型预测结果几乎一致，最大相对误差约 9%，结果偏差主要体现在高频条件下，频率越大两个模型的绝对偏差略微增大。冲量理论预测准确性受到波动幅值的显著影响，只有当幅值处于一定区间时，计算结果才具有较高可靠性。在图 4.12(b)中，冲量理论预测准确性较高，而图 4.12(c)中，冲量理论与仿真结果间最大相对误差约为 33%，最大误差主要出现在高频条件下，而数据整体的相对误差约为 21%。频率增大也导致冲量理论预测误差增大。在图 4.12(a)中，冲量理论

预测结果远大于仿真结果,而在图 4.12(d)中,冲量理论预测结果又小于仿真结果,这种现象和冲量理论中经验常数的选取有关。结果表明,冲量理论相比线性化流场模型适用范围更窄,预测精度较低。一个重要原因是冲量理论对波动鳍水动力性能的预测依赖于涡街重构。第 2 章中,研究考虑了一种规律的、交错排列的涡街,并模化了涡街的几何参数。但是,大雷诺数下尾流呈现的湍流涡街远比假设模型复杂得多。例如,涡旋之间的间距并非常数,涡旋在大雷诺数下耗散得更快,理论模型未考虑这些复杂效应。

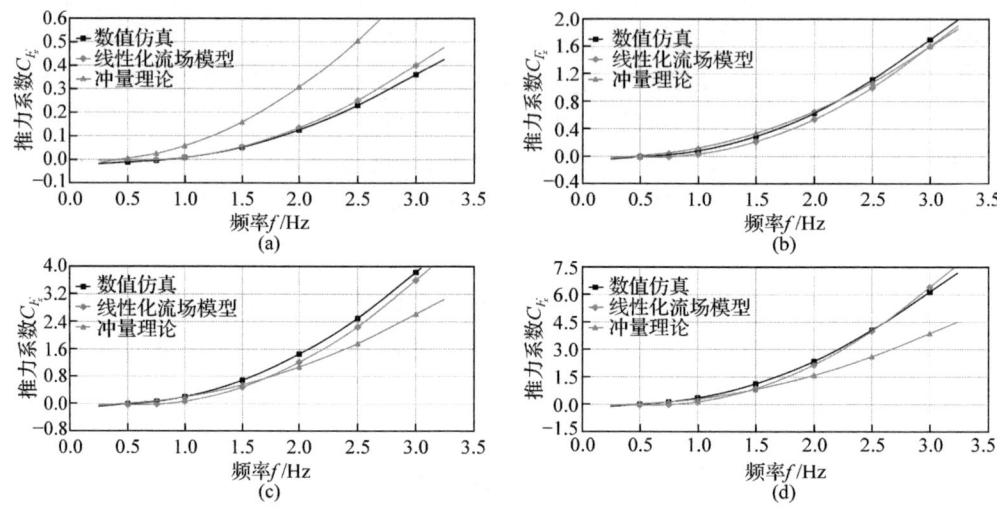

图 4.12　不同幅值下三种模型计算得到的 C_{F_x} 随频率变化规律

(a) $A = 0.025$m, $\lambda = 0.5$m, $U_0 = 0.2$m/s 下的推力系数;(b) $A = 0.050$m, $\lambda = 0.5$m, $U_0 = 0.2$m/s 下的推力系数;
(c) $A = 0.075$m, $\lambda = 0.5$m, $U_0 = 0.2$m/s 下的推力系数;(d) $A = 0.100$m, $\lambda = 0.5$m, $U_0 = 0.2$m/s 下的推力系数

不同幅值条件下,数值仿真、线性化流场模型和冲量理论三种模型计算得到的 C_{F_x} 结果如图 4.13 所示。不同模型都表明, C_{F_x} 与波动鳍幅值近似呈线性关系。在图 4.13(a)中,冲量理论预测结果与仿真结果之间的平均相对误差约 19%,预测准确性高于线性化流场模型。随着频率增加,线性化流场模型预测准确性反而提升,特别是在 $f = 2.0$Hz 和 $f = 2.5$Hz 两种条件下,线性化流场模型对 C_{F_x} 的预测值几乎与数值仿真结果一样,平均相对误差仅有 8%。在这两种条件下,冲量理论与数值仿真结果间的平均相对误差约 30%,预测准确性低于线性化流场模型。结果表明,不同幅值条件下线性化流场模型对 C_{F_x} 的预测准确性整体上要高于冲量理论。

不同波长条件下,数值仿真、线性化流场模型和冲量理论计算得到的 C_{F_x} 结果如图 4.14 所示。数值仿真结果表明, C_{F_x} 随着波长增加呈现先增大后平缓的变化规律，特别是当 $\lambda=2\mathrm{m}$ 时，C_{F_x} 甚至还略微减小。正是由于这种非单调性，线

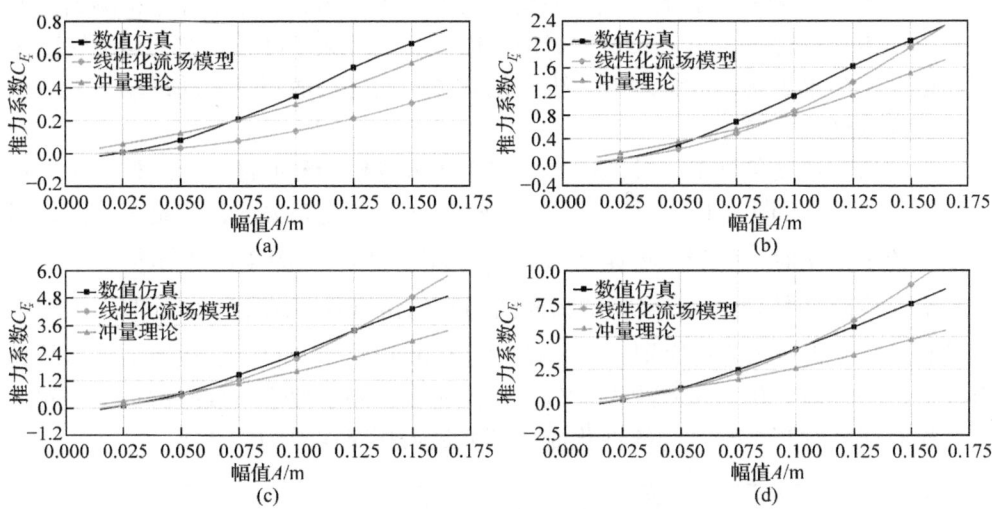

图 4.13　不同频率下三种模型计算得到的 C_{F_x} 随幅值变化规律

(a) $f=1\mathrm{Hz}$，$\lambda=0.5\mathrm{m}$，$U_0=0.2\mathrm{m/s}$ 下的推力系数；(b) $f=1.5\mathrm{Hz}$，$\lambda=0.5\mathrm{m}$，$U_0=0.2\mathrm{m/s}$ 下的推力系数；
(c) $f=2.0\mathrm{Hz}$，$\lambda=0.5\mathrm{m}$，$U_0=0.2\mathrm{m/s}$ 下的推力系数；(d) $f=2.5\mathrm{Hz}$，$\lambda=0.5\mathrm{m}$，$U_0=0.2\mathrm{m/s}$ 下的推力系数

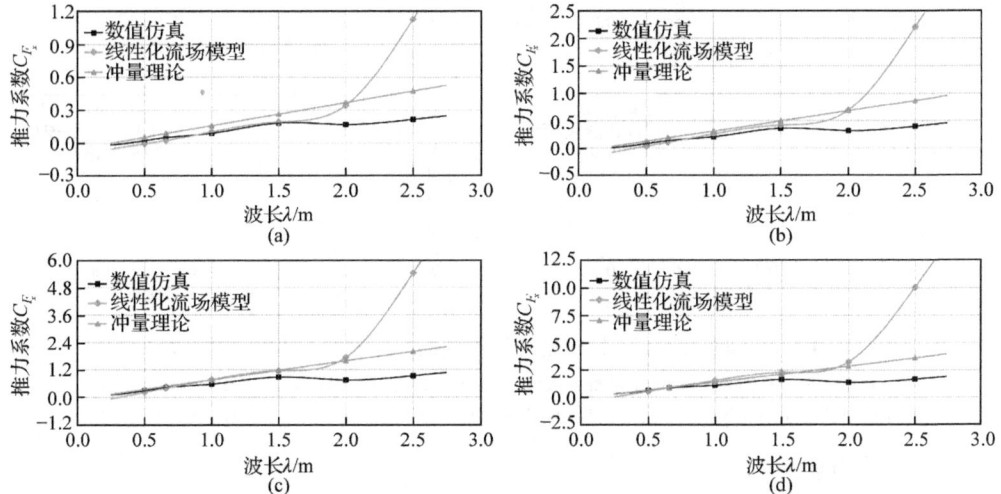

图 4.14　不同频率下三种模型计算得到的 C_{F_x} 随波长变化规律

(a) $f=0.75\mathrm{Hz}$，$A=0.05\mathrm{m}$，$U_0=0.2\mathrm{m/s}$ 下的推力系数；(b) $f=1.00\mathrm{Hz}$，$A=0.05\mathrm{m}$，$U_0=0.2\mathrm{m/s}$ 下的推力系数；
(c) $f=1.50\mathrm{Hz}$，$A=0.05\mathrm{m}$，$U_0=0.2\mathrm{m/s}$ 下的推力系数；(d) $f=2.00\mathrm{Hz}$，$A=0.05\mathrm{m}$，$U_0=0.2\mathrm{m/s}$ 下的推力系数

性化流场模型在 $\lambda>2\mathrm{m}$ 时完全失效，预测值与数值仿真结果差距非常大。在 $\lambda<2\mathrm{m}$ 的条件下，线性化流场模型预测值依然接近于数值仿真结果，数据整体的相对误差约为 18%。对变波长情况下波动鳍的 C_{F_x}，冲量理论预测精度明显优于线性

化流场模型,当 $\lambda < 2$m 时,冲量理论与数值仿真结果间的数据整体平均相对误差约 24%,如果包含 $\lambda > 2$m 的情况,平均相对误差约 34%,且冲量理论预测结果并没有呈现指数式增长。当 $\lambda > 2$m 时,波动鳍波长已经大于鳍长,波动运动转变为摆动运动。结果表明,冲量理论和线性化流场模型均只适用于波动运动,大波长条件会导致理论失效。

不同来流速度条件下,数值仿真、线性化流场模型和冲量理论三种模型计算得到的 C_{F_x} 结果如图 4.15 所示。三种模型对于 C_{F_x} 变化趋势的预测是一致的,当运动参数不变化时,随着来流速度增大 C_{F_x} 逐渐减小。在图 4.15 所示情况下,改变来流速度时冲量理论关于 C_{F_x} 的预测值与数值仿真计算结果十分近似,预测精度较高。对于线性化流场模型,在来流速度为 0.1m/s 的条件下,预测结果总是具有较大偏差,最大相对误差约为 34%。整体而言,冲量理论与数值仿真结果间的平均相对误差约为 17%,与线性化流场模型最大相对误差约为 23%。

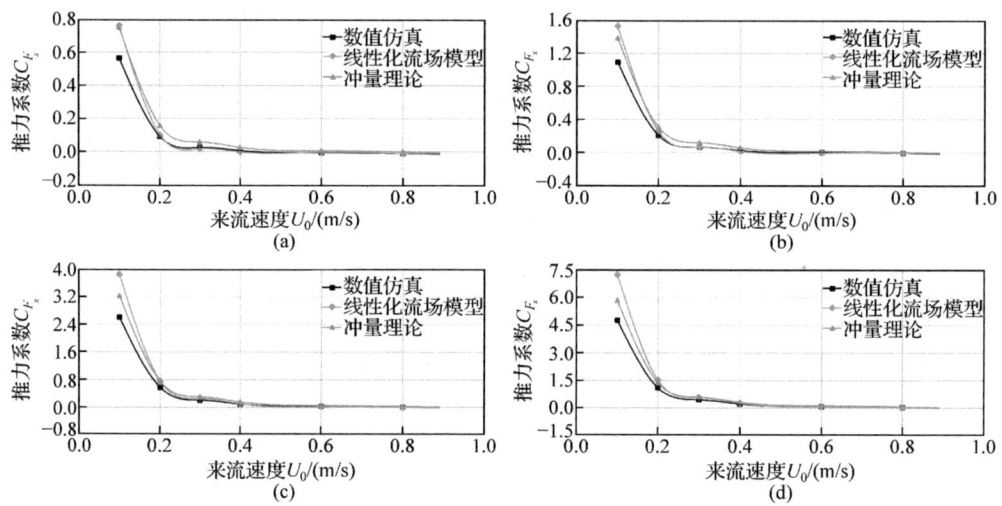

图 4.15　不同频率下三种模型计算得到的 C_{F_x} 随来流速度变化规律

(a) $f = 0.75$Hz, $A = 0.05$m, $\lambda = 1$m 下的推力系数;(b) $f = 1.00$Hz, $A = 0.05$m, $\lambda = 1$m 下的推力系数;
(c) $f = 1.50$Hz, $A = 0.05$m, $\lambda = 1$m 下的推力系数;(d) $f = 2.00$Hz, $A = 0.05$m, $\lambda = 1$m 下的推力系数

4.4.2　水动力功率

线性化流场模型中,水动力总功率 P_t 和侧向功率损失 P_L 分别由式(3.140)、式(3.139)确定。在数值仿真中,横向功率和侧向功率分别记为 P_x 和 P_y,根据式(4.9),数值仿真中水动力总功率为 $P_t = P_x + P_y$。由于线性化流场模型是无黏理论,实际计算结果小于黏性条件计算结果,因此效仿式(4.13)引入定常补偿系数对计算结果进行矫正,补偿系数取值 2.0。由于冲量理论无法计算总功率,本节仅比较数值仿真和线性化流场模型计算结果。定义功率系数 C_{P_t} 为

$$C_{P_t} = \frac{-P_t}{0.5\rho U_{\text{ref}}^3 L} \tag{4.15}$$

式中，负号起矫正方向的作用，增加负号的原因在讨论式(4.10)时已经说明。静水条件会使得线性化流场模型失效，因此本小节中参考速度 U_{ref} 取来流速度 U_0。

不同频率条件下，数值仿真和线性化流场模型计算得到的 C_{P_t} 结果如图 4.16 所示，研究考虑了七种频率条件。如果波动幅值较小，线性化流场模型能够实现较为可靠的预测，如图 4.16(a)所示，平均相对误差约为 25%，线性化流场模型理论预测和数值仿真结果趋势基本一致。随着幅值增加，平均相对误差也增加，如图 4.16(d)所示，数据间平均相对误差约为 34%。仿真结果表明，当波动频率 $f >$ 2Hz 时，功率系数的增长率增大，且数值仿真下的 C_{P_t} 增长得更快。特别是当 $f =$ 3Hz 时，数值仿真下 C_{P_t} 平均是线性化流场模型预测值的 1.5 倍。因此，理论预测在波动频率 $f >$ 2Hz 时已基本失效，相关原因归结为理论模型中小幅值线性化假设具有局限性，大幅值、高频率运动将导致假设条件失效。

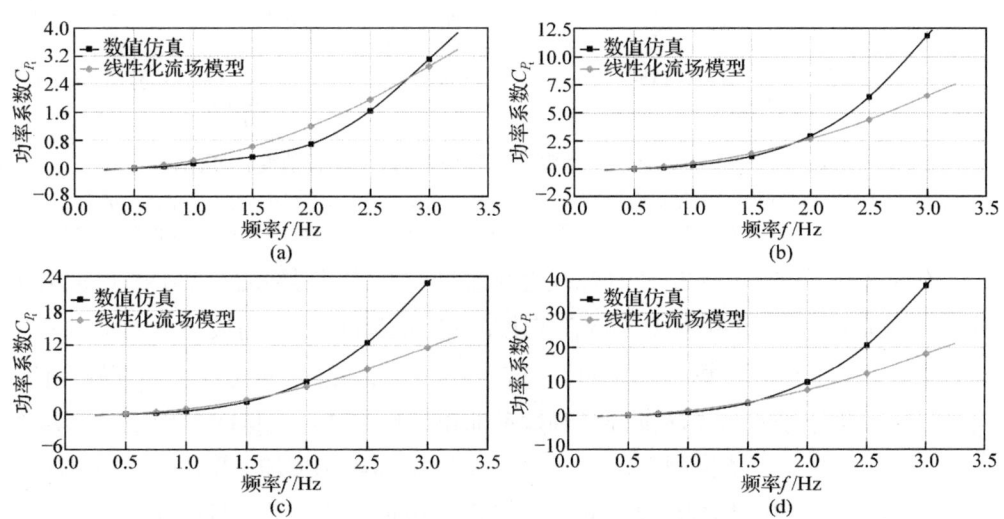

图 4.16 不同幅值下两种模型计算得到的 C_{P_t} 随频率变化规律

(a) $A = 0.05$m，$\lambda = 0.5$m，$U_0 = 0.2$m/s 下的功率系数；(b) $A = 0.075$m，$\lambda = 0.5$m，$U_0 = 0.2$m/s 下的功率系数；(c) $A = 0.1$m，$\lambda = 0.5$m，$U_0 = 0.2$m/s 下的功率系数；(d) $A = 0.125$m，$\lambda = 0.5$m，$U_0 = 0.2$m/s 下的功率系数

不同幅值条件下，数值仿真和线性化流场模型计算得到的 C_{P_t} 结果如图 4.17 所示。就 C_{P_t} 关于幅值 A 的变化趋势而言，两种模型预测基本一致，随着幅值增加 C_{P_t} 几乎与幅值呈线性关系。但是，仅当频率 $f = 1.5 \sim 2.0$Hz 时，线性化流场模型预测十分准确，平均相对误差约 15%。当频率较小时，随着波动幅值增加，线性化流场模型计算(理论预测)的 C_{P_t} 明显大于数值仿真值，平均相对误差约 35%，

如图 4.17(a)所示。相反，当频率较大时，随着波动幅值增加，理论预测的 C_{P_t} 又将小于数值仿真值，平均相对误差约 33%，如图 4.17(d)所示。此外，大频率、大幅值条件下理论预测误差增大，最大相对误差约 42%。结合图 4.16，结果表明，线性化流场模型的应用对幅值、频率具有严格限制，其中任何一个条件过大都将导致不可忽略的预测误差，这也和理论推导中要求的小幅值线性化条件一致。

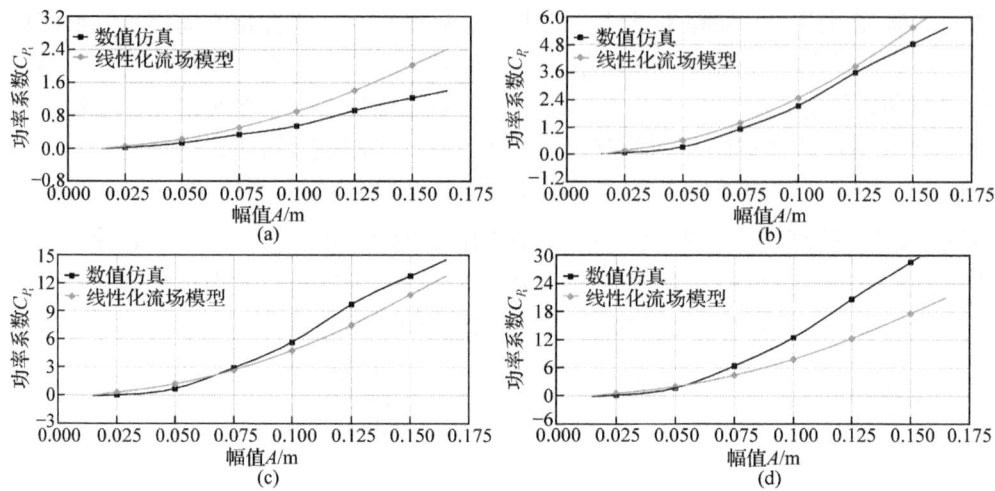

图 4.17　不同频率下两种模型计算得到的 C_{P_t} 随幅值变化规律

(a) f = 1Hz，λ = 0.5m，U_0 = 0.2m/s 下的功率系数；(b) f = 1.5Hz，λ = 0.5m，U_0 = 0.2m/s 下的功率系数；
(c) f = 2.0Hz，λ = 0.5m，U_0 = 0.2m/s 下的功率系数；(d) f = 2.5Hz，λ = 0.5m，U_0 = 0.2m/s 下的功率系数

不同波长条件下，数值仿真和线性化流场模型计算得到的 C_{P_t} 结果如图 4.18 所示。不同于 C_{P_t} 随着频率或者幅值变化呈现出单调性，C_{P_t} 与波长 λ 之间的关系更为复杂。数值仿真计算结果表明，当 λ = 1.5m 时，C_{P_t} 呈现出一个局部极大值。然而，线性化流场模型无法准确预测这种非单调性，致使数据间平均相对误差最大约 33%。线性化流场模型下，C_{P_t} 随着 λ 的增加而单调增加，并在波长超过波动鳍长度时 (λ > L = 2m)出现激增。相反，当 λ < 1m 时，无论波动频率如何变化，理论预测值都非常接近数值仿真值。结果展现了线性化流场模型在不超过鳍长一半时能够实现较准确的功率系数预测，但随着波长增大将不再可靠。

不同来流速度条件下，数值仿真和线性化流场模型计算得到的 C_{P_t} 结果如图 4.19 所示。数值仿真和线性化流场模型都建立在非零来流速度的条件上，因此来流速度为 0m/s 时理论模型都将失效。无论运动条件如何，只要来流速度较小，线性化流场模型关于 C_{P_t} 的预测都将与数值计算结果具有较大差距。但是，随着来流速度增大，两种模型的预测值基本一致，数据整体的平均相对误差约 36%。两种模型对于 C_{P_t} 变化趋势的预测是一致的，当运动参数不变化时，随着来流速度增

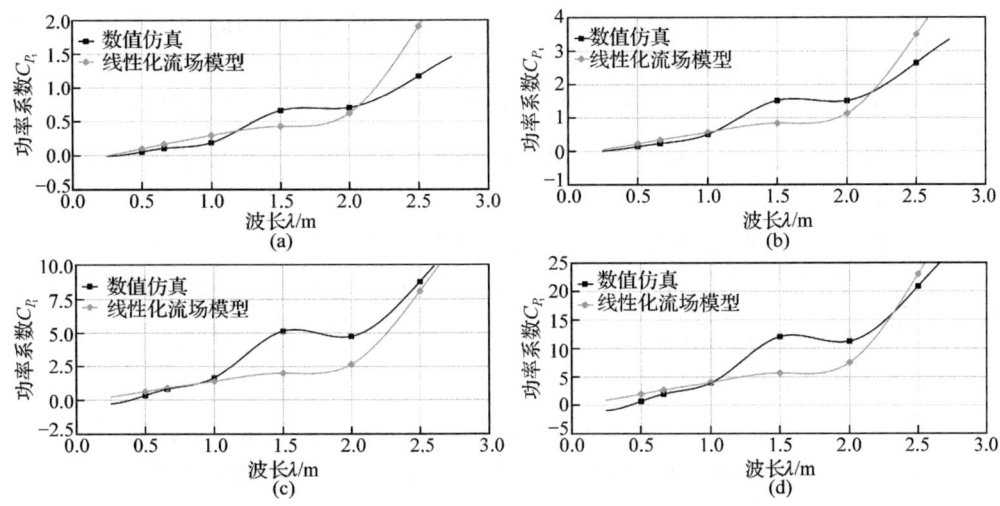

图 4.18 不同频率下两种模型计算得到的 C_{P_t} 随波长变化规律

(a) $f=0.75\text{Hz}$, $A=0.05\text{m}$, $U_0=0.2\text{m/s}$ 下的功率系数；(b) $f=1.00\text{Hz}$, $A=0.05\text{m}$, $U_0=0.2\text{m/s}$ 下的功率系数；
(c) $f=1.50\text{Hz}$, $A=0.05\text{m}$, $U_0=0.2\text{m/s}$ 下的功率系数；(d) $f=2.00\text{Hz}$, $A=0.05\text{m}$, $U_0=0.2\text{m/s}$ 下的功率系数

大 C_{P_t} 快速衰减并趋于 0。

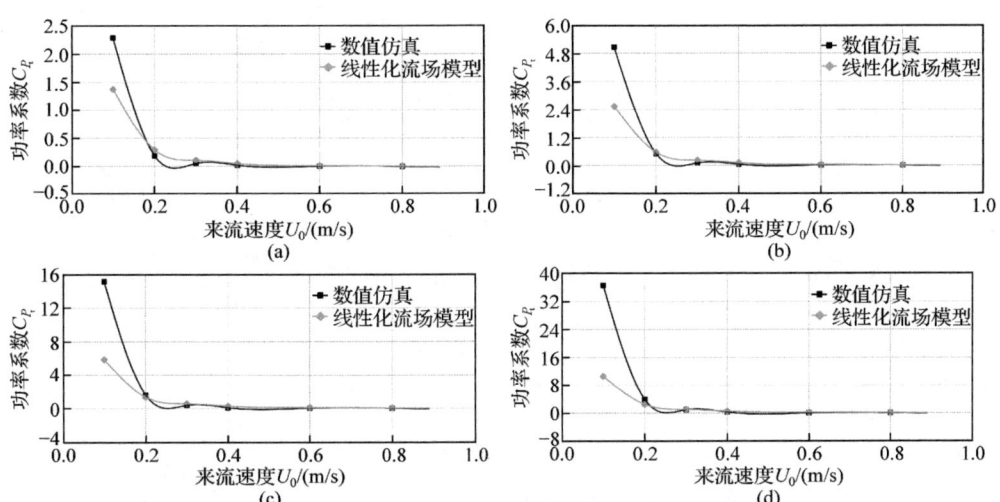

图 4.19 不同频率下两种模型计算得到的 C_{P_t} 随来流速度变化规律

(a) $f=0.75\text{Hz}$, $A=0.05\text{m}$, $\lambda=1\text{m}$ 下的功率系数；(b) $f=1.00\text{Hz}$, $A=0.05\text{m}$, $\lambda=1\text{m}$ 下的功率系数；
(c) $f=1.50\text{Hz}$, $A=0.05\text{m}$, $\lambda=1\text{m}$ 下的功率系数；(d) $f=2.00\text{Hz}$, $A=0.05\text{m}$, $\lambda=1\text{m}$ 下的功率系数

4.5 二维系牵模型下波动鳍尺度的影响

无量纲化是数据分析中消除量纲尺寸影响的重要手段。然而，在波动推进这

类非线性运动的水动力问题中,不同长度的波动鳍即使在相同运动参数下,水动力性能也会出现显著差异。因此,本节研究旨在探究波动鳍长度(简称"鳍长")对水动力性能的影响。本节采用 C_{F_x} 和 C_{P_y} 作为主要研究参数,无量纲化过程中的特征速度直接取来流速度,特征长度为波动鳍长度。此外,本节所有案例中来流速度均为常数,取值 0.2m/s。

不同鳍长 L 下幅值和频率对水动力性能的影响规律如图 4.20 所示。研究表明,即使对水动力参数进行无量纲化,无量纲系数(C_{F_x} 和 C_{P_y})依然会随着鳍长改变而变化。无论是 C_{F_x} 还是 C_{P_y},同样的运动条件下,波动鳍长度越大,无量纲化后的结果反而越小。需要强调的是,水动力合力 F_x 和对应的无量纲系数 C_{F_x},随着波动鳍长度变化呈现的变化规律恰恰是相反的。相同运动参数下,鳍长越大,产生的力或者水动力侧向功率损失一定是增大的。尽管无量纲参数随着鳍长增大

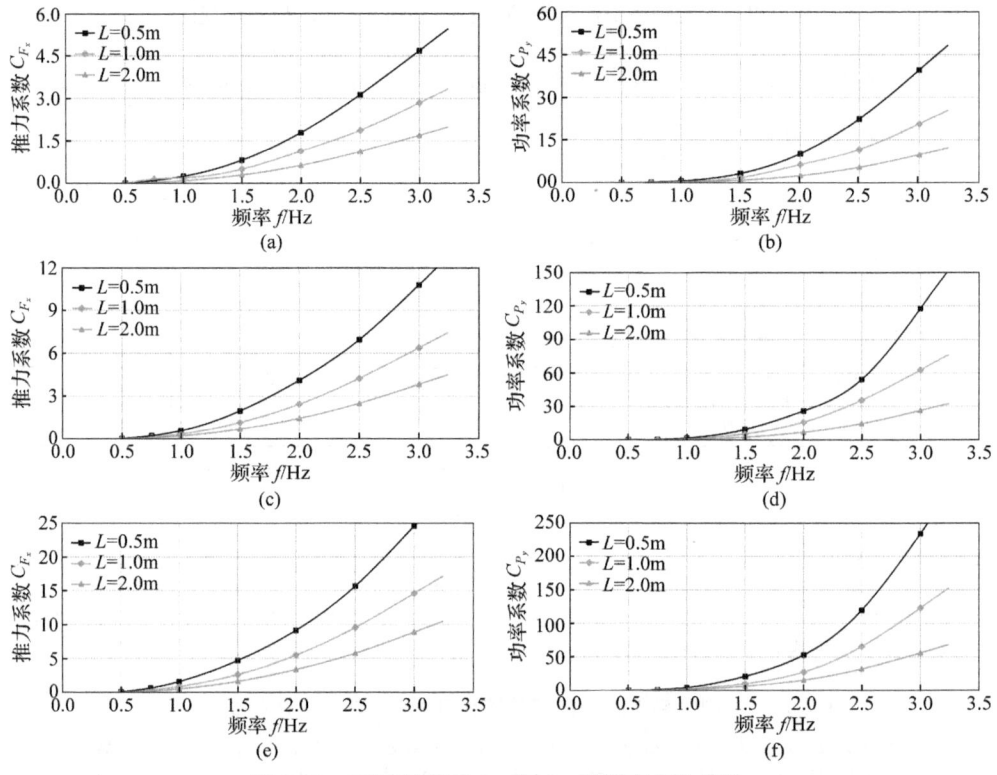

图 4.20 不同幅值下 C_{F_x} 和 C_{P_y} 随频率变化规律

(a) $A = 0.05\text{m}, \lambda = 0.5\text{m}$, C_{F_x} 随频率变化规律;(b) $A = 0.05\text{m}, \lambda = 0.5\text{m}$, C_{P_y} 随频率变化规律;(c) $A = 0.075\text{m}, \lambda = 0.5\text{m}$, C_{F_x} 随频率变化规律;(d) $A = 0.075\text{m}, \lambda = 0.5\text{m}$, C_{P_y} 随频率变化规律;(e) $A = 0.125\text{m}, \lambda = 0.5\text{m}$, C_{F_x} 随频率变化规律;(f) $A = 0.125\text{m}, \lambda = 0.5\text{m}$, C_{P_y} 随频率变化规律

而减小，但是在不同鳍长下，C_{F_x} 和 C_{P_y} 随着频率或者幅值的变化趋势总是保持一致。研究表明，当鳍长变为原来的两倍时，无量纲系数大致变为原数值的50%~65%。尽管无量纲系数并没有随着鳍长翻倍而减小到原来的一半，但固定运动参数下无量纲系数随鳍长增大而缩小的程度几乎是恒定的。例如，当幅值 A = 0.125m，波长 λ = 0.5m 时，如图 4.20(e)和(f)所示，鳍长翻倍，C_{F_x} 近似变为原数值的60%，而 C_{P_y} 近似变为原数值的50%。因此，这种等比例的缩小关系也可以称为线性的。C_{F_x} 和 C_{P_y} 随着鳍长 L 增大而线性缩小的结论，也可以从其随幅值变化关系中得到，如图 4.21 所示。将频率和波长固定，以幅值为横坐标，研究考虑了 5 种波动幅值。上述讨论得到的相关结论依然适用于图 4.21。随着鳍长增大到原来的 2 倍，无量纲系数几乎变为原数值的 50%~65%，满足线性变化规则。

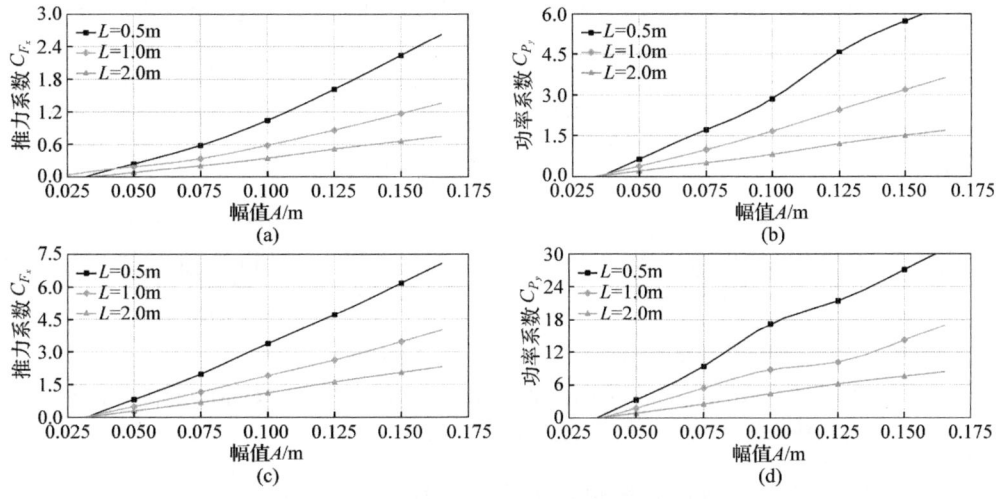

图 4.21　不同频率下 C_{F_x} 和 C_{P_y} 随幅值变化规律

(a) f = 1Hz, λ = 0.5m，C_{F_x} 随幅值变化规律；(b) f = 1Hz, λ = 0.5m，C_{P_y} 随幅值变化规律；
(c) f = 1.5Hz, λ = 0.5m，C_{F_x} 随幅值变化规律；(d) f = 1.5Hz, λ = 0.5m，C_{P_y} 随幅值变化规律

C_{F_x} 和 C_{P_y} 随着鳍长 L 增大而展现出的这种线性关系，并不适用于波长变化，如图 4.22 所示。波动运动实际指明了鳍面上至少应该包含一个行波，如果波长继续增大(波数 n 减小，$n=L/\lambda$)，那么波动运动将转变为摆动运动，甚至是振荡运动。波动运动、波长、鳍长三者之间的关系并非独立。例如，对于鳍长 L 为 1m 的波动鳍，如果波长为 0.75m，那么运动是典型的波动运动；对于鳍长为 0.5m 的波动鳍，波长为 0.75m 时，运动则是典型的摆动运动。固定波长而令鳍长不同，水动力系数一定不同，甚至波动鳍的运动形式都会发生变化。因此，图 4.22 中以波数(n)为横坐标。结果表明，波数越小，C_{F_x} 和 C_{P_y} 越大。这表明了摆动运动($n<1$)的

水动力参数通常大于波动运动($n \geq 1$)，摆动运动产生的推力和侧向功率损失也更大。C_{F_x} 并没有随着鳍长变化呈现出单调性，相反，当 $n < 0.5$ 时，鳍长为 1m 的波动鳍 C_{F_x} 最大，甚至在高频条件下远远大于其他两种情况。随着波数增加，运动转变为典型的波动运动，此时，鳍长越大，C_{F_x} 也越大。对于 C_{P_y}，随着鳍长变为原来的 2 倍，C_{P_y} 甚至缩小到原数值的 1/3。水动力系数 C_{F_x} 和 C_{P_y}，波长及鳍长之间的变化规律不遵守线性变化规则。

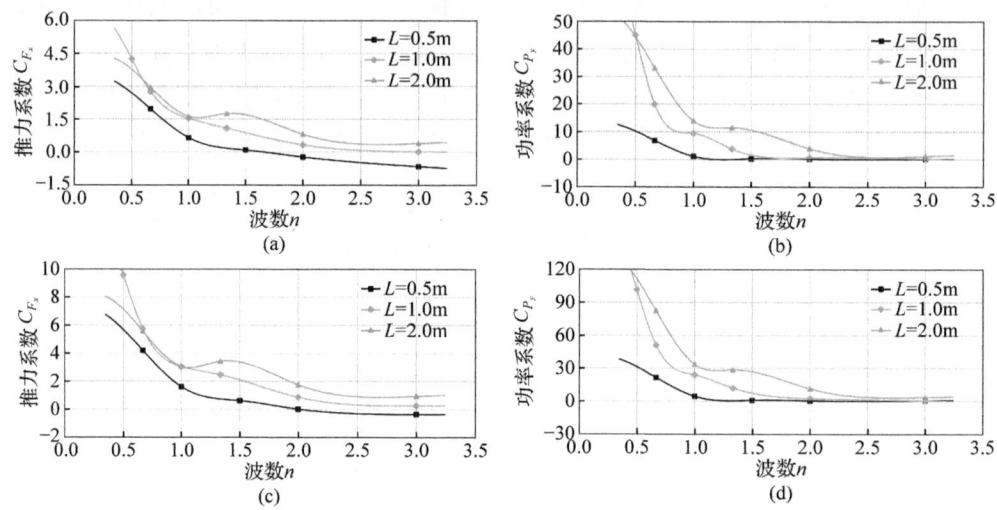

图 4.22　不同频率下 C_{F_x} 和 C_{P_y} 随波数变化规律

(a) $f = 0.75$Hz, $A = 0.125$m，C_{F_x} 随 n 变化规律；(b) $f = 0.75$Hz, $A = 0.125$m，C_{P_y} 随 n 变化规律；
(c) $f = 1$Hz, $A = 0.125$m，C_{F_x} 随 n 变化规律；(d) $f = 1$Hz, $A = 0.125$m，C_{P_y} 随 n 变化规律

本节研究表明，波动鳍长度也是影响水动力性能的重要因素，无量纲系数 C_{F_x} 和 C_{P_y} 会随着长度变化而变化。当讨论幅值、频率及鳍长的耦合影响时，水动力系数往往遵循线性变化规则，即鳍长增大到原来的 2 倍，无量纲系数几乎缩小到原值的 50%~65%，三者的影响是解耦的。相反，鳍长和波长对水动力性能产生的影响往往是强耦合的，这归因于波长、鳍长与波动运动三者间的依赖性。不同鳍长下，水动力系数和波长之间的变化规律不遵守线性变化规则。

4.6　二维自推进模型下波动推进水动力性能预报

4.6.1　二维自推进模型下运动参数对推进性能的影响

二维自推进模型下，流场计算尺寸(计算区域)和波动鳍网格划分如图 4.23 所

示。与系牵模型网格划分主要不同点在于，自推进模型采用了重叠网格技术来处理波动鳍的全局运动。计算区域中，背景网格是完全的结构化网格，并且不涉及网格变形，如图 4.23(a)所示。同时，对计算区域中心处尺寸为 $13L \times 2L$ 的带状结构化网格区域进行网格加密以捕捉尾流发展，网格尺寸约为 $0.004L$。部件网格与背景网格互相独立，部件网格包含了柔性变形的波动鳍，并由非结构的三角形网格构成，部件区域也是网格变形的主要区域，最细网格尺寸约为 $0.0015L$，如图 4.23(c)所示。两个区域通过 ANSYS FLUENT 软件提供的 overset 边界条件连接，通过插值进行数据交换，这样将全局网格变形控制在较小区域中，以提高计算效率，如图 4.23(b)所示。部件网格区域在自推进模型下保持和波动鳍相同的全局运动速度。

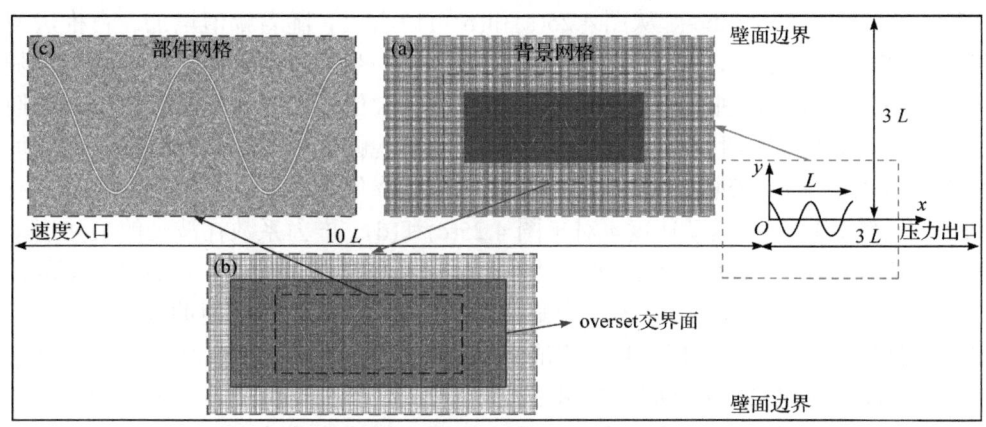

图 4.23 自推进模型下流场计算尺寸和波动鳍网格划分示意图
(a) 背景网格；(b) 部件细节；(c) 鳍面附近网格细节

自推进模型下，数值仿真的网格和时间步长无关性验证结果如图 4.24 所示。为了验证网格划分是否合理，研究等比例地加密两个区域的所有网格，依次形成了四种不同数目的网格模型，网格总数依次为 M_1(361213 个网格单元)、M_2(471593 个网格单元)、M_3(596029 个网格单元)及 M_4(722659 个网格单元)，仿真时间为 $25T$ (T 表示波动周期)，评价指标为波动鳍在 x 轴方向自推进速度 U_s。案例中，波动鳍幅值固定为 0.125m，波长为 0.5m，频率为 3Hz，来流速度为 0m/s，计算结果如图 4.24(a)所示。相似地，研究也考虑了四种时间步长，包括 ΔT_1(1/400T)、ΔT_2(1/600T)、ΔT_3(1/800T)及 ΔT_4(1/10000T)，计算结果 4.24(b)所示。结合两方面结果，研究最终采用时间步长 ΔT_3 和网格离散策略 M_3 开展之后的仿真计算，两种策略处于计算精度和计算成本之间的折中，结果相对于 ΔT_4 或者 M_4，相对误差不超过 1.5%，进一步加密网格或者减少时间步长，并不能显著提高计算精度。

直观上讲，波动鳍运动幅值越大，产生的推力越大，达到稳定状态后的自推进速度也应该越大，如图 4.25 所示。其中，图 4.25(a)、(c)和(e)展示的是瞬时结

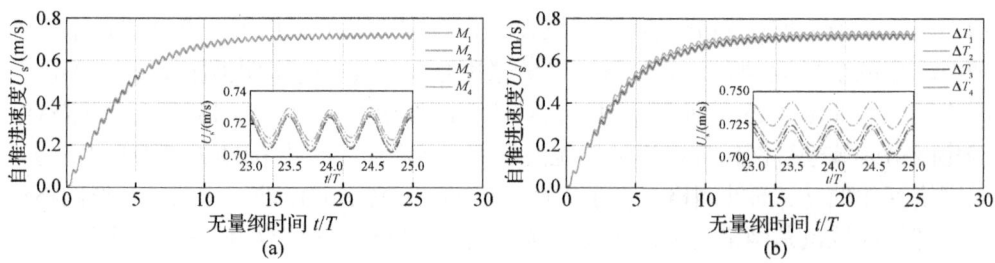

图 4.24 二维波动鳍自推进模型仿真无关性验证(扫描章前二维码查看彩图)
(a) 网格无关性验证; (b) 时间步长无关性验证

果,图 4.25(b)、(d)和(f)展示的是平均结果。图 4.25 中其他运动参数为常数,即 λ = 0.5m,f = 1Hz,U_0 = 0m/s。从图 4.25(a)和(b)可以看出,随着幅值增加,自推进速度也增加,但是变化率却逐渐降低,如果幅值进一步增加,自推进速度将不再随着幅值继续增加。这种效应出现的原因是,波动幅值增加时波动鳍具有更大的迎水面积,受到的流体阻力也会增加。甚至可能出现幅值增加,波动鳍阻力的增加量大于推力增加量的现象,最终使得自推进速度降低。因此,大幅值并不一定有利于波动鳍获取高的运动速度。对于图 4.25(c)和(d),推力系数在波动鳍最初运动的几个周期内(t/T<5)非常大,这是因为无量纲系数计算过程中,具有高次幂的速度在初始几个周期内非常小。当波动鳍达到自推进状态,C_T 的瞬时曲线呈现出规则的周期性振荡,与启动阶段相比,峰值相对较小。重要的是,可以从图 4.25(d)观察到,平均推力系数和幅值之间近似呈线性关系。对于图 4.25(e)和(f),瞬时侧向功率损失系数的变化也类似于瞬时推力系数,但是,平均侧向功率损失系数却呈现出先大幅度增加,再基本不变,最后又增加的变化趋势。特别是在幅值从 0.05m 增加到 0.1m 时,侧向功率损失系数的变化率非常大。当 A = 0.1~0.175m,此阶段

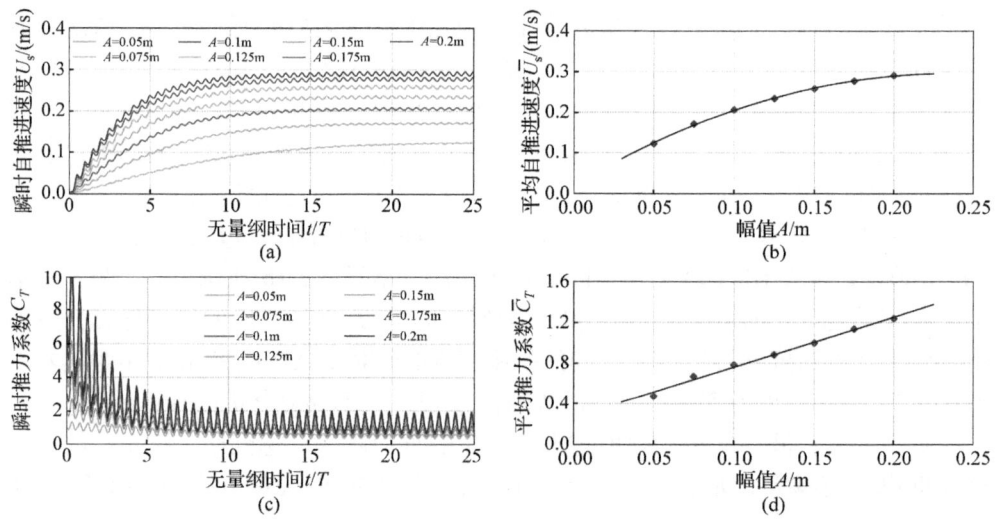

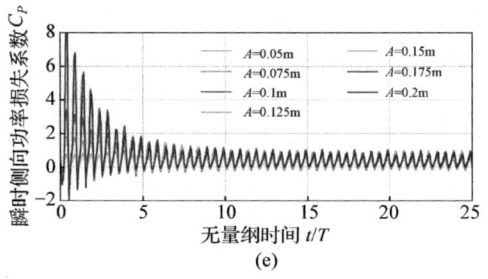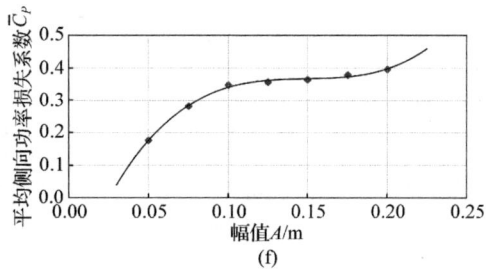

图 4.25 不同的波动幅值对自推进速度、推力系数和侧向功率损失系数的影响(扫描章前二维码查看彩图)

(a) 瞬时自推进速度；(b) 平均自推进速度；(c) 瞬时推力系数；(d) 平均推力系数；(e) 瞬时侧向功率损失系数；(f) 平均侧向功率损失系数

侧向功率损失系数基本不变，而随着幅值进一步增加，侧向功率损失系数会再次增大。二维波动鳍大摆幅运动，会导致极大的侧向功率损失，同时又不能显著地提高运动速度，因此大幅值并不利于最优运动。

图 4.26(a)和(b)展示了不同频率下，波动鳍瞬时自推进速度和平均自推进速度。图 4.26 中其他运动参数为常数，即 $\lambda = 0.5\text{m}$，$A = 0.125\text{m}$，$U_0 = 0\text{m/s}$。波动鳍在不同条件下都需要 10～15 个运动周期才能达到稳定的自推进状态。结果表明，平均自推进速度与频率间表现为线性单调递增关系。当 $f = 0.5\text{Hz}$ 时，$\overline{U}_s = 0.116\text{m/s}$，当 $f = 3\text{Hz}$ 时，$\overline{U}_s = 0.714\text{m/s}$，基于最小二乘法确定两者间的关系近似为 $\overline{U}_s = 0.238f$。平均自推进速度和频率之间的线性关系，广泛存在于水下生物运动中[3,12]。此外，图 4.26(c)和(d)表明，推力系数与频率几乎无关。需要强调，推力与频率的关系与推力系数与频率的关系并不一致。在无量纲化过程中，参考速度 $U_{\text{ref}} = (U_s + c)/2 = f(0.238 + \lambda)/2$，由于波动鳍波长此时是一个常数，因此推力系数和推力的关系简化为 $C_T = a_T T/f^2$。同理，侧向功率损失和侧向功率损失系数的关系也可以简化为 $C_P = a_S P_L/f^3$，其中，a_T 和 a_S 是常数。显然，平均推力系数与频率不相关，而平均推力与频率的平方成正比，该结论与 Zhang 等[19]的研究结论一致。图 4.26(e)和(f)展现了波动运动的瞬时侧向功率损失系数和平均侧向功率损失系数与频率的变化关系。趋势线是通过基于三次多项式的最小二乘法拟合得到的。可以看到，平均侧向功率损失系数随着频率的增加只是略微降低，特别地，当 $f = 1.5～3\text{Hz}$ 时，平均侧向功率损失系数几乎为一个常数。但是，随着频率继续增大，趋势线表明平均侧向功率损失系数将会进一步减小。

图 4.27(a)和(b)显示了不同波长下的瞬时自推进速度和平均自推进速度。图中其他运动参数为常数，即 $f = 1\text{Hz}$，$A = 0.125\text{m}$，$U_0 = 0\text{m/s}$。结果表明，具有较大波长的波动鳍达到最终自推进状态所需的运动周期较少。此外，平均自推进速度也近似与波长呈线性关系。正如之前所讨论的，波长小于 L 的运动可被视为波动

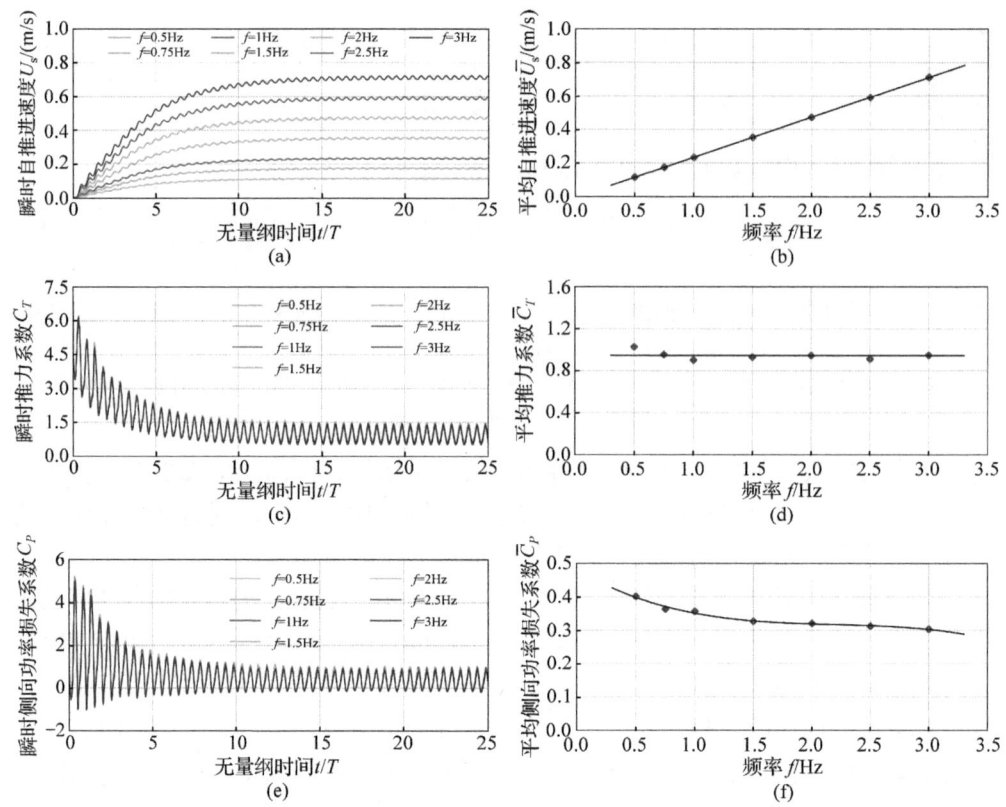

图 4.26 不同的波动频率对自推进速度、推力系数和侧向功率损失系数的影响(扫描章前二维码查看彩图)

(a) 瞬时自推进速度；(b) 平均自推进速度；(c) 瞬时推力系数；(d) 平均推力系数；(e) 瞬时侧向功率损失系数；(f) 平均侧向功率损失系数

模式，否则为摆动模式。因此，研究表明，摆动模式更有助于提高自推进速度。然而，在一些关于二维鱼体运动的研究中，相关结果则是展现了自推进速度虽然随着波长增大，但是变化率却逐渐减小，两者之间不是线性变化关系。产生这种差异的一个重要原因是二维无厚度波动鳍与二维鱼体在外形上存在较大差异。另一个原因是，研究考虑的不同波长条件，最大波长也仅为鳍长的两倍，数据样本还不够多。理论上，当波长趋于无穷大时，波动运动将转变成一个平板振荡运动，而平板振荡运动产生的自推进速度将对应于波长无穷大时的运动速度，且该速度只能是一个有限值。因此，理论上波动运动的自推进速度不可能随着波长增大一直增大。不仅是速度，任何水动力系数都应该随着波长增大趋于一个有限值。正如图 4.27(c)和(d)展现的，平均推力系数随着波长的增加而减小，同时，瞬时推力系数的峰值也逐渐减小。当 $\lambda < L$ 时，波动鳍处于波动模式，平均推力系数的变化率非常大，同时变化率随着波长增大迅速降低。随着波长继续增大，平均推力系

数进一步降低并趋于稳定值。此外，图 4.27(e)和(f)展现出的侧向功率损失系数变化规律与推力系数的变化规律几乎一致。

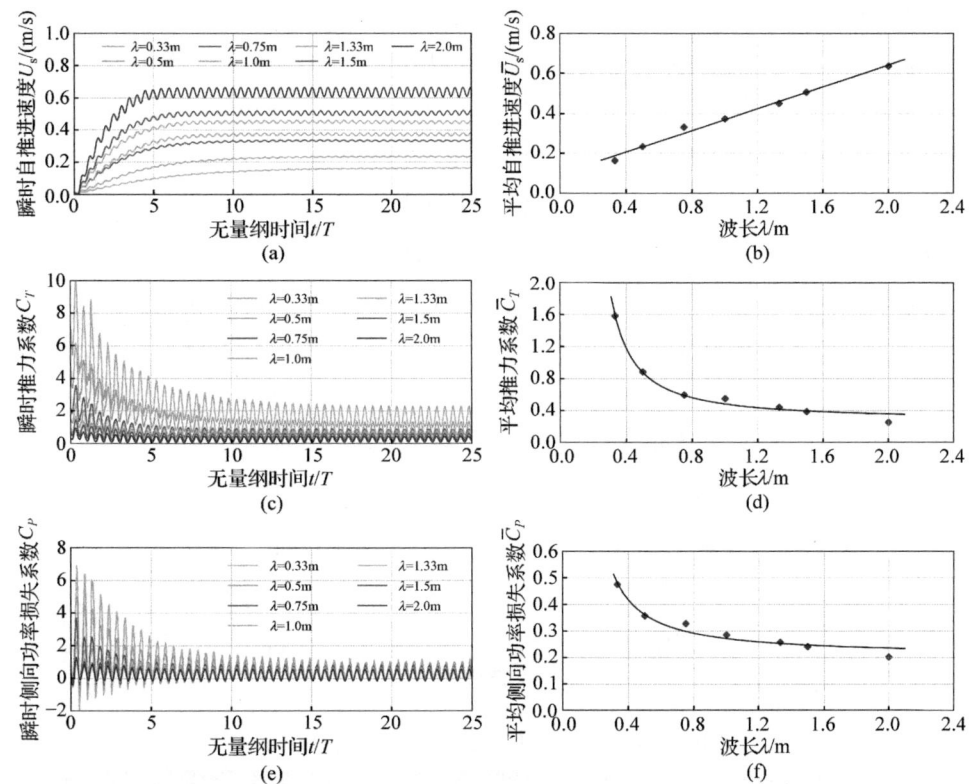

图 4.27 不同的波动波长对自推进速度、推力系数和侧向功率损失系数的影响(扫描章前二维码查看彩图)

(a) 瞬时自推进速度；(b) 平均自推进速度；(c) 瞬时推力系数；(d) 平均推力系数；(e) 瞬时侧向功率损失系数；(f) 平均侧向功率损失系数

由于自推进状态下物体在运动方向的水动力合力为零，因此不能像系牵模型一样采用净推进效率去评估波动鳍运动效率，自推进模式常采用弗劳德效率评估运动效率，不同情况下，波动鳍的弗劳德效率变化规律如图 4.28 所示。在图 4.28(a) 中，频率和波长恒定，此时随着波动幅值增加弗劳德效率的变化非常小，不同幅值条件下的弗劳德效率几乎都在 0.64 左右。当幅值和波长恒定时，弗劳德效率随着频率的增大而增大，如图 4.28(b)所示。但是，从趋势线可以预测，由于变化率逐渐较小，当频率足够大后，弗劳德效率可能呈现出与频率变化无关的变化规律。特别地，在二维鱼体摆动的研究中，确实可以观察到频率与弗劳德效率无关这一现象[12]。在图 4.28(c)中，随着波长增加，幅值和频率恒定，弗劳德效率随着波长增加而降低。结合之前结论可以发现，波动模式通常比摆动模式具有更高净推进效率,但自推进速度通常较低。进一步地,波长增加弗劳德效率降低且波动鳍移动速度(自推进速度)增加,两方面的矛盾导致在某种优化条件下应该存在最优波长,以达到最佳折中[20]。

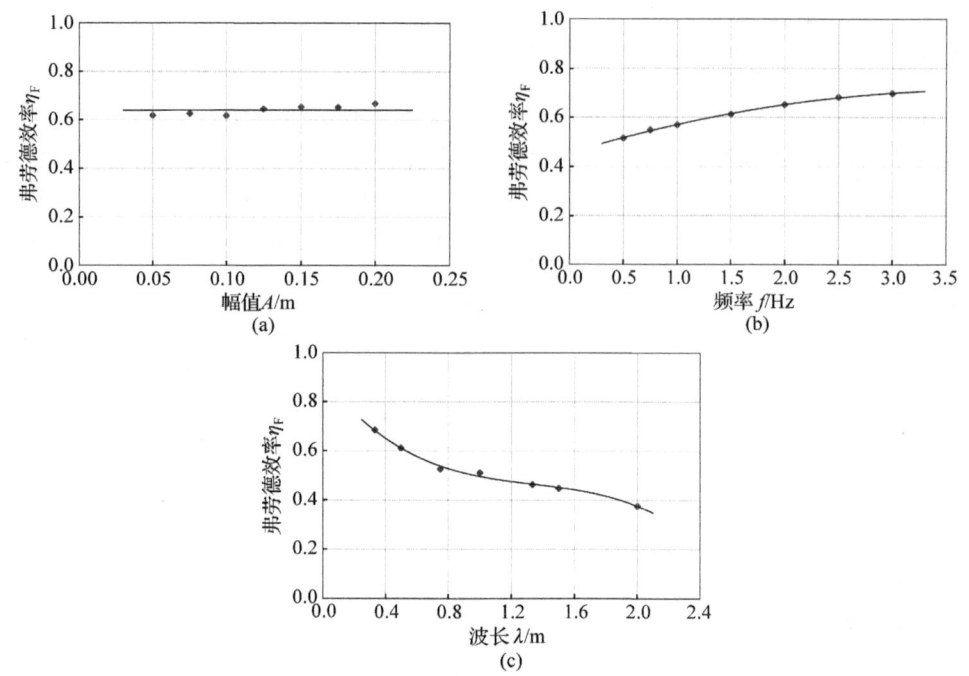

图 4.28 不同条件下弗劳德效率变化规律
(a) 弗劳德效率随幅值变化规律;(b) 弗劳德效率随频率变化规律;(c) 弗劳德效率随波长变化规律

本小节研究基于自推进模型详细分析了波动鳍在不同运动条件下,自推进速度、推力系数、侧向功率损失系数和弗劳德效率与运动参数之间的变化规律。自推进模型克服了系牵模型固有的非物理的自由度约束限制,因此得到的结论更加接近于真实水下波动运动规律。然而,自推进模型的缺陷在于,为了计算弗劳德效率,需要先计算推力 F_T,这需要对水动力合力进行解耦,而这种解耦策略本质上是一种数学技巧,因为在合外力为零的情况下,在没有额外条件下从物理角度实现合力解耦为分力几乎是不可能的。

4.6.2 二维自推进模型下流场结构分析

本小节将对二维自推进模型下波动鳍的尾流涡量图开展进一步分析。正如在 4.3.2 小节所讨论的,波动鳍的尾流结构很大程度上取决于波速 c 和自由来流速度 U_0 之间的相对关系。在自推进模型下自由来流速度为 0m/s,而 4.6.1 小节运动参数研究结果表明,不同运动条件下行波波速 c 总是大于波动鳍能达到的自推进速

度 U_s。因此，二维自推进模型下的波动鳍尾流结构将总是呈现出 2S 型、推力型的反卡门涡街，且不存在其他情况。一个典型的波动鳍自推进运动下流场涡量分布如图 4.29 所示。

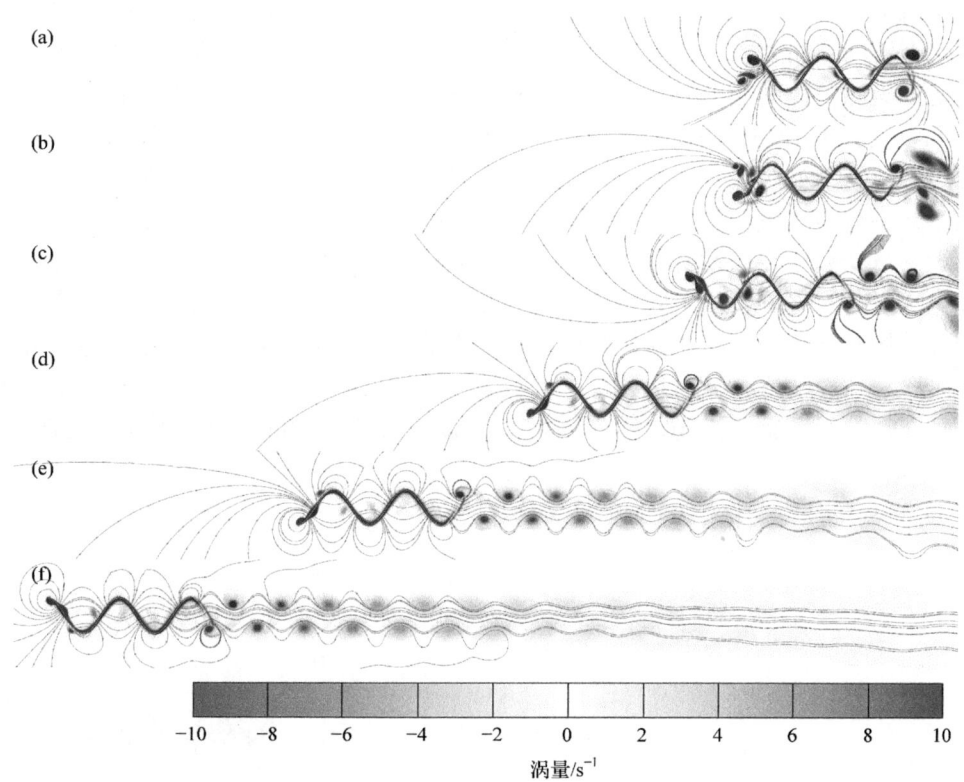

图 4.29 二维波动鳍自推进运动瞬时涡量图(幅值 0.125m，频率 1Hz，波长 0.5m)
(扫描章前二维码查看彩图)
(a) $t = 1.00T$；(b) $t = 2.50T$；(c) $t = 5.00T$；(d) $t = 10.5T$；(e) $t = 17.5T$；(f) $t = 25.0T$

在图 4.29 中，尾流总是呈现反卡门涡街，表明了运动过程中波动鳍产生的推力总是大于受到的阻力。这是显然的，一旦出现阻力大于推力的情况，将会产生相反方向的加速度，导致波动鳍本身进行减速运动，直到推力与阻力平衡，进而达到自推进状态。因此，自推进模型下不存在可以长时间维持的阻力运动状态。推力状态下，尾流呈现的规律是明显的，一个运动周期内脱落两个旋转方向相反的单涡，单涡受对流效应向后运动并最终由于流体黏性而耗散。此外，从尾流图中也可以观察到收束效应。自推进模型下，波动鳍将对整个流场施加收束作用，使得周围的流体汇聚到鳍表面，经过波动运动后形成向后的射流。因此，尾流中的流线相比周围自由流中的流线更加集中，产生的射流因为相互作用迫使波动鳍沿着相反方向运动。

自推进模型下，波动幅度和频率变化对尾流结构和涡旋排布没有明显影响。

例如，在图 4.29 中，保持其他运动参数不变，频率增加到 2.5Hz，此时瞬时尾流结构将如图 4.30 所示。可以看到，尾流依然呈现 2S 型、推力型的涡街。与图 4.29 相比，两种尾流场唯一的区别是涡旋强度(涡量)，它随着频率增加而增加，但尾流本身的结构、涡旋脱离顺序等并没有改变。当波动鳍波长变化时，尾流结构略有不同，如图 4.31 所示。当波长增大时，波动鳍运动模式将从波动模式逐渐转变为类似鱼体的摆动模式。在波动模式下，一般认为推力的产生机制可以归因于压力吸引作用[21]，而在摆动模式下，推力产生机制归因于低压区和高压区之间的压力差[22]。如图 4.31 所示，摆动模式下波动鳍的击水区域逐渐变为水平，这有利于减少流向动量的传递，但将增大横向能量的消耗。还可以观察到，如图 4.31(a)所示，波动鳍将在启动阶段产生一个流场偶极，这个偶极包含了一个顺时针涡旋和一个逆时针涡旋，由于起始阶段流场几乎静止，偶极的两个涡旋并没有分开。这种结构有利于波动鳍在起始阶段产生更大的加速度。此外，波动鳍还将经历起始阶段、加速阶段，从而达到自推进状态，大波长条件下波动鳍运动与二维鱼体摆动非常类似。整个流场结构与图 4.30 或者图 4.29 呈现的结果并无较大区别。

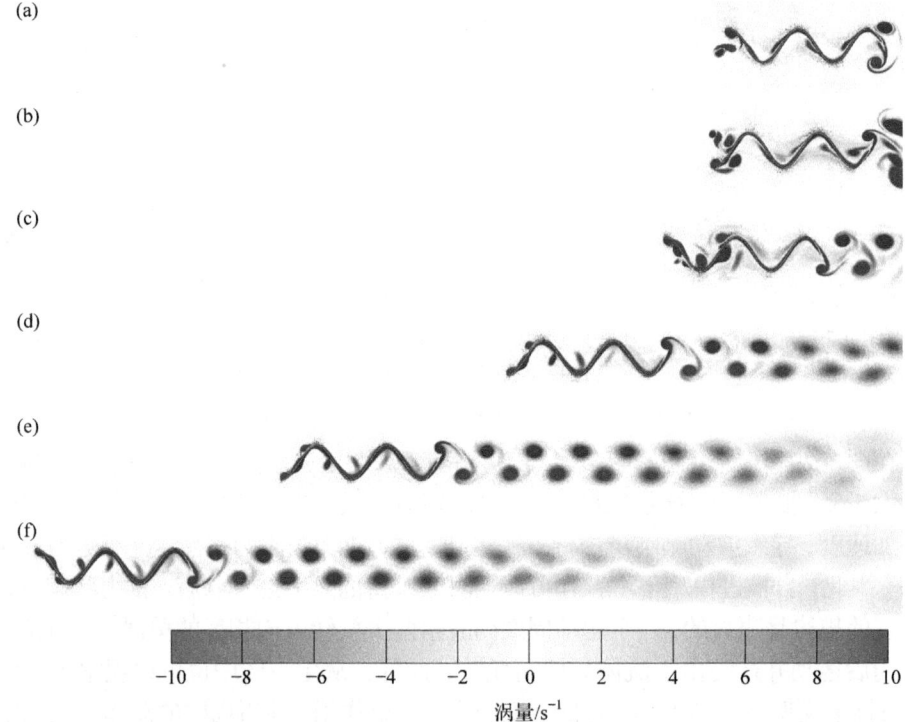

图 4.30　二维波动鳍自推进运动瞬时涡量图(幅值 0.125m，频率 2.5Hz，波长 0.5m)
(扫描章前二维码查看彩图)
(a) $t=1.00T$；(b) $t=2.50T$；(c) $t=5.00T$；(d) $t=10.5T$；(e) $t=17.5T$；(f) $t=25.0T$

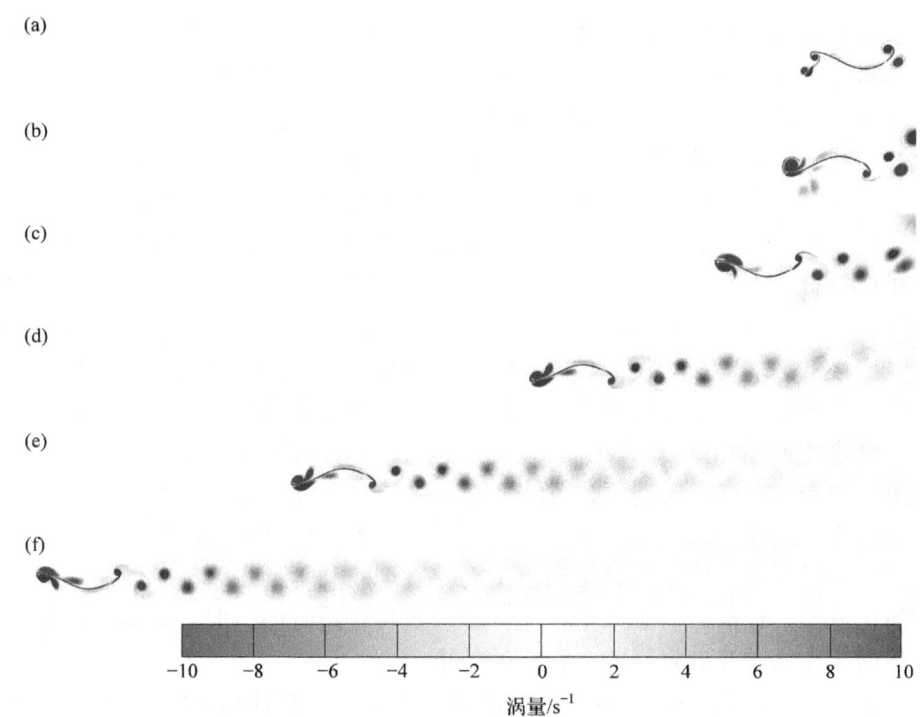

图 4.31 二维波动鳍自推进运动瞬时涡量图(幅值 0.125m，频率 1Hz，波长 1.5m)

(扫描章前二维码查看彩图)

(a) $t = 1.00T$；(b) $t = 2.50T$；(c) $t = 5.00T$；(d) $t = 10.5T$；(e) $t = 17.5T$；(f) $t = 25.0T$

4.6.3 二维系牵模型和二维自推进模型对比

本小节将对二维系牵模型和二维自推进模型(本章简称"系牵模型"和"自推进模型")的异同开展进一步讨论，并阐明两种模型各自的应用范围。结合 4.1 节研究可以发现，两种模型实际上采用了两套不同的水动力指标评估波动鳍推进性能，这也导致了两种模型的计算结果并不能直接进行比较。在系牵模型中，研究采用水动力合力评估波动鳍产生的力，采用净推进效率评估波动鳍的效率。在自推进模型中，研究采用解耦后的推力评估波动鳍产生的力，采用弗劳德效率评估波动鳍的效率，只有侧向功率损失的定义在两种模型下是一致的。系牵模型中，水动力合力是具有严格数学定义的，如式(4.4)所示。水动力合力也可以由实验进行测量，因此水动力合力呈现的变化规律理论上是可以通过实验进行验证的。自推进模型中，研究采用了解耦后的推力来评估波动鳍运动产生的力。

一些研究倾向于使用物体单位质量的运输成本(cost of transportation，CoT)来评估能耗[22-24]，CoT 仅取决于速度和侧向功率损失，这样既能避免计算自推进模型下的力，又能避免计算净推进效率。净推进效率的计算在水动力研究领域依然是一个棘手问题，因为净推进效率不存在标准数学定义。除了本书使用的净推进效率和弗劳德效率外，还有细长体效率、准推进效率等，这些效率实际上都得到了广泛使用。正如前文所述，净推进效率最大问题是严重依赖于水动力合力(又称"净水动力")和来流速度。当研究对象处于自推进状态，水动力合力为零，净推进效率也应该为零。此外，系牵模型下，取值不合适的来流速度也会导致净推进效率呈现一些没有物理意义的结果。正是由于两种模型采用了不同的评价指标，即使在相同的运动条件下，不同的水动力指标也可能呈现不同的变化规律。例如，图 4.5(a)展现出系牵模型下应该存在一个最优波长，以使得波动鳍推力系数达到最大；但是，图 4.27(c)、(d)说明，波动鳍的推力系数随着波长的增大而单调递减。

两种模型下波动鳍尾流结构变化规律一致，即尾流结构依赖于行波波速 c 和自由来流速度 U_0 间的相对大小。系牵模型下，随着来流速度 U_0 的变化，尾流将呈现不同结构。自推进模型下，行波波速 c 总是大于自推进速度 U_s，因此尾流只会呈现出 2S 型、推力型的反卡门涡街。此外，自推进模型下的尾流可以呈现出涡旋发展的瞬时特征。例如，自推进模型能够展现波动运动在启动阶段诱导的流场偶极演化过程。相反，对于系牵模型，尽管仿真是瞬时的，但是模型呈现出的却是一种周期性的、充分发展的、稳定的结果。

系牵模型和自推进模型仿真计算结果的差异来自变形体运动模型的差异，面对实际物理问题，选择合适的仿真模型是避免这种差异出现的关键。首先，系牵模型被广泛应用于水下波动鳍样机等仿生机器人的水动力性能研究[25,26]。当研究者重点关注整个样机的受力情况时，系牵模型确实可以提供一些准确的关于样机整体的受力状态信息。进一步，由于这些系牵模型下的物理量都具有严格数学定义，仿真计算结果能够与生物或机器人样机的实验结果相吻合。就现有实验技术而言，探索水下航行器或水生生物在自推进状态下的瞬时水动力性能仍然是困难的。因此，在一些实验中，波动鳍实验样机被固定在刚性框架上，通过改变来流速度探索不同条件下的波动鳍水动力性能，这种实验本质上就是基于系牵模型。此外，系牵模型中也存在一种特殊情况，即来流速度为 0m/s 的情况。在这种情况下，由于几乎没有来流施加流体阻力，作用于整个波动鳍样机的净水动力就是其产生的净推力。

自推进模型广泛应用于变形体与流体间的瞬时作用机制研究。采用自推进模型计算净推进效率，并不会出现一些非物理情况，计算结果有助于理解自推进状态下变形体净推进效率和能量消耗机制[27]。一些水动力效应具有很强的间歇性和时变特性，如波动鳍的启动特性和近地效应，研究这类水动力机制采用自推进模型是有必要的。系牵模型侧重于呈现周期性的、充分发展的、稳定的结果，因此，自推进模型更适合于研究变形体和未充分发展流场之间的瞬时水动力相互作用。自推进模型一个重要应用方向便是研究水下生物的集群效应。在集群模式下，群集中个体将受到非定常集群阵列变化的影响，反之，集群阵列的稳定性又高度依赖于个体的瞬时水动力作用[16,24]。由于集群阵列通常处于非稳定状态，采用系牵模型研究集群效应得到的结果往往与实验和生物观察不符。

4.7 复杂流场非定常效应对二维波动推进水动力性能的影响

二维波动鳍系牵和自推进两种状态下的波动鳍水动力研究揭示了单个波动鳍的水动力性能和规律，但水下波动推进场景往往面临的是多种复杂的流场环境，因此有必要对复杂流场环境下的波动推进水动力性能开展进一步的研究，揭示波动推进在复杂流场中的非定常耦合现象中的水动力性能，进而对相关波动推进现象和推进器研制设计提供思路和见解。本节选取三种典型非定常流场状态(并列双波动鳍推进、水翼尾流及圆柱时变尾流中的波动推进)开展研究，旨在揭示复杂流场中非定常耦合效应对波动推进的影响规律。

4.7.1 并列双波动鳍推进水动力性能特性研究

自然界高度进化的水下生物往往在游泳速度、净推进效率、机动性和隐身性等方面具备更加优异的性能，这为研制综合性能更加优异的水下波动推进机器人提供了借鉴。

黄貂鱼群体内经常存在并列同游形式的"搭便车"行为，如图 4.32(a)所示，本节开展对水下并列双波动鳍非定常耦合效应的研究可能为这一生物行为提供

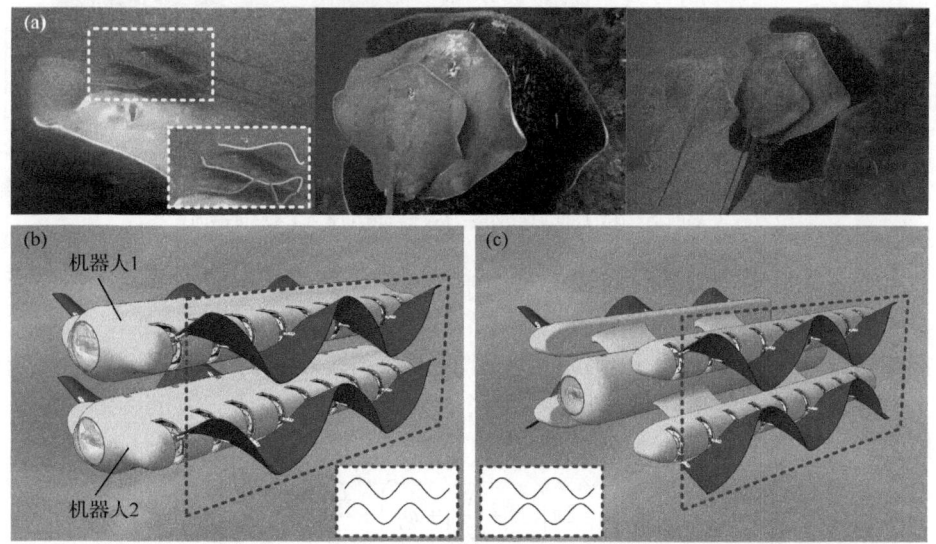

图 4.32 黄貂鱼"搭便车"行为及两种典型并列布置的仿生波动推进鳍场景(扫描章前二维码查看彩图)

(a) 黄貂鱼群中存在的"搭便车"行为；(b) 两台平行排列的双波动鳍机器人；(c) 四波动鳍机器人

一些见解。同时，为了对并列双波动鳍开展系统的研究，将并列双波动鳍主要分为如图 4.32(b)和(c)所示的两种典型场景：两台平行排列的双波动鳍机器人，主要针对其中某一个波动鳍的水动力性能开展研究；四波动鳍机器人，主要针对波动鳍整体的水动力性能开展研究。

1. 数值计算模型建立

对于图 4.32 中的两种情况，由于仿生波动鳍面分布在机器人两侧，两侧鳍面的相互作用可以忽略不计，因此仅考虑机器人一侧的一对平行波动鳍。

基于此，建立了包括位于上方的 fin1 和位于下方的 fin2 这一对平行布置的系牵二维波动鳍简化模型，如图 4.33 所示。简化计算模型被设置在 $13L\times5L$ 二维矩形空间内，其中 L 为波动鳍的弦长。两个波动鳍的弦长相同且均沿 x 轴方向布置，鳍面波均为正弦波且沿 x 轴正方向传播。一对平行波动鳍的前缘均位于距二维矩形左侧 $3L(x=0)$ 位置处，两个波动鳍沿弦长方向的轴线关于 x 轴对称。来流速度 U_0 的方向与鳍面波动方向一致。

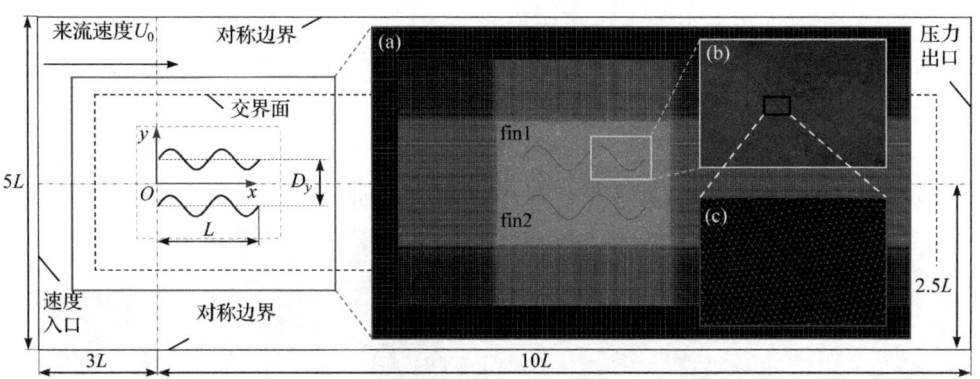

图 4.33　并列仿生波动推进鳍数值计算区域(fin1 表示上面的波动鳍，fin2 表示下面的波动鳍)
(a) 全局网格；(b) 局部加密网格；(c) 鳍面附近网格(零厚度鳍面)

本节主要针对一对平行布置的波动鳍在同相位和反相位波动情况下，探究双波动鳍的垂直距离及运动参数(波动幅值、波动频率、波长及来流速度)对双波动鳍整体(图 4.33)及其中某一个波动鳍(fin1 或 fin2，图 4.33(b))水动力性能的影响规律。为探究最基本的影响规律特性，两个波动鳍的波动幅值、波动频率及波长均保持一致。运动学方程为

$$\begin{cases} y_1(x,t)=A\sin\left(2\pi\left(ft+\dfrac{x}{\lambda}\right)+\varphi_1\right)+\dfrac{D_y}{2} \\ y_2(x,t)=A\sin\left(2\pi\left(ft+\dfrac{x}{\lambda}\right)+\varphi_2\right)-\dfrac{D_y}{2} \end{cases},\quad 0\leqslant x\leqslant L \qquad(4.16)$$

式中，下标 1 表示位于上方的 fin1；下标 2 表示位于下方的 fin2；A、f、λ、φ_i 分别表示波动幅值、波动频率、波长及相位；D_y 表示两个波动鳍沿弦长方向的轴线间的垂直距离。此外，fin2 与 fin1 的相位差 $\Delta\varphi$ 定义为

$$\Delta\varphi = \varphi_2 - \varphi_1 \tag{4.17}$$

波动鳍长度 L 为 1m，其运动参数主要基于机器人的实际运动参数范围确定，如表 4.1 所示。如图 4.33 所示，二维矩形计算区域左侧为速度入口，右侧为压力出口，上下边设置为对称边界。并列双波动鳍前面 $3L$ 的前缘计算区域和后面 $9L$ 的尾流计算区域空间保证了鳍面波动对流场扰动的充分发展，尽可能减小了计算区域边界对并列双波动鳍流场计算结果的影响。由 $Re = U_0 L / \nu$ 可以计算得到雷诺数 Re 在 $10^5 \sim 10^6$ 量级。由于高雷诺数，本节采用 k-ω SST 模型作为湍流黏度模型。为了提高计算效率，采用 PISO 算法实现压力-速度耦合，同时为保证数值求解精度，所有空间和时间离散格式均采用二阶格式。

鳍面厚度的设置值得注意，一方面，由于波动鳍厚度相对于鳍面本身弦长很小，可以忽略不计；另一方面，在求解有厚度的波动鳍时可能存在数值不稳定现象，因此本节使用零厚度二维波动鳍面，如图 4.33 所示。

表 4.1 并列双波动鳍参数定义与选择

参数	数值	单位	物理意义
L	1	m	波动鳍长度
A	0.025, 0.5, 0.1, 0.15, 0.2	m	波动幅值
U_0	0, 0.2, 0.4, 0.6, 0.8	m/s	来流速度
n	0.5, 1, 1.5, 2	—	波数
f	0.5, 1, 1.5, 2, 2.5	Hz	波动频率
$\Delta\varphi$	0, 180	(°)	两个波动鳍间的相位差
D_y	$0.25L, 0.4L$	—	两个波动鳍间的垂直距离

为了对波动鳍水动力性能进行评估分析，参照此前相关研究，本节主要采用推力 F_x、侧向力 F_y、力矩 M、侧向功率 P_y 作为评价指标：

$$\begin{cases} F_x = \iint_\Sigma f_x \mathrm{d}S = \iint_\Sigma \left(-pn_x + \tau_{xi}n_i\right)\mathrm{d}S \\ F_y = \iint_\Sigma f_y \mathrm{d}S = \iint_\Sigma \left(-pn_y + \tau_{yi}n_i\right)\mathrm{d}S \\ M = \iint_\Sigma \left(f_x r_y + f_y r_x\right)\mathrm{d}S = \iint_\Sigma \left(\left(-pn_x + \tau_{xi}n_i\right)r_y + \left(-pn_y + \tau_{yi}n_i\right)r_x\right)\mathrm{d}S \\ P_y = \iint_\Sigma u_y f_y \mathrm{d}S = \iint_\Sigma u_y \left(-pn_y + \tau_{yi}n_i\right)\mathrm{d}S \end{cases} \tag{4.18}$$

式中，各参数定义与 4.2 节一致。此外，r_i 为微元面中心指向波动鳍质心(COM)向量的 i 方向分量，fin1 的质心为 $(L/2, D_y/2)$，fin2 的质心为 $(L/2, -D_y/2)$。u_y 为波动鳍表面沿 y 方向的局部流体速度，由于无滑移壁面条件设置，u_y 与波动鳍侧向运动速度一致。Σ 表示整个波动鳍表面。值得注意的是，在当前坐标系下，波动鳍产生推力效果时对应的推力 F_x 为负。

本小节在后文中分别对单波动鳍(single fin，SF)、并列双波动鳍整体(double fins，DF)和并列双波动鳍的其中某一个波动鳍(fin1 或 fin2)进行研究对比。需要特别强调的是，并列双波动鳍整体的推力、侧向力分别定义为 fin1 和 fin2 的推力和侧向力之和：

$$\begin{cases} F_x(\mathrm{DF}) = F_x(\mathrm{fin1}) + F_x(\mathrm{fin2}) \\ F_y(\mathrm{DF}) = F_y(\mathrm{fin1}) + F_y(\mathrm{fin2}) \end{cases} \tag{4.19}$$

参考以前的研究成果，大多通常采用无量纲化的物理量表述研究对象的水动力性质，以便获得更为本质的规律。使用推力系数 C_{F_x}、升力系数 C_{F_y}、力矩系数 C_M 和侧向功率损失系数 C_P 衡量波动鳍的水动力性能特性：

$$\begin{cases} C_{F_x} = \dfrac{-2F_x}{\rho U_0^2 L} \\ C_{F_y} = \dfrac{2F_y}{\rho U_0^2 L} \\ C_M = \dfrac{-2M}{\rho U_0^2 L^2} \\ C_P = \dfrac{-2P_y}{\rho U_0^3 L} \end{cases} \tag{4.20}$$

值得注意的是，为了方便直观地体现推力效果，推力系数 C_{F_x} 的定义中添加了负号，即当波动鳍产生推力效果时，虽然推力 F_x 为负值，但是推力系数却为正值。对于升力系数 C_{F_y}，数值求解模型使用的 y 轴正方向向上，符合通常意义下的方向定义，升力系数 C_{F_y} 与侧向力 F_y 符号一致。因此，用于评价波动鳍水动力性能的参考坐标系与实际数值求解的参考坐标系互为镜像。另外，为了保证无量纲系数与真实物理量之间的映射规律，使用来流速度 U_0 和波动鳍长度 L 分别作为参考速度和参考长度。

时均形式的无量纲物理量定义为

$$\begin{cases} \overline{C}_{F_x} = \dfrac{-2\int_{t_0}^{t_0+NT} F_x \mathrm{d}t}{NT\rho U_0^2 L} \\ \overline{C}_{F_y} = \dfrac{2\int_{t_0}^{t_0+NT} F_y \mathrm{d}t}{NT\rho U_0^2 L} \\ \overline{C}_M = \dfrac{-2\int_{t_0}^{t_0+NT} M \mathrm{d}t}{NT\rho U_0^2 L^2} \\ \overline{C}_P = \dfrac{-2\int_{t_0}^{t_0+NT} P_y \mathrm{d}t}{NT\rho U_0^3 L} \end{cases} \quad (4.21)$$

式中，波动运动周期 $T=1/f$；NT 表示取连续 N 个周期 T。

水动力效率没有一个较为统一的定义。参考之前的研究，采用净推进效率衡量波动鳍的推进性能：

$$\eta = \mathrm{sgn}(-\overline{F}_x)\dfrac{|\overline{F}_x|U_0}{|\overline{F}_x|U_0+|\overline{P}_y|} = \mathrm{sgn}\left(-\dfrac{1}{NT}\int_{t_0}^{t_0+NT} F_x \mathrm{d}t\right)\dfrac{\left|\int_{t_0}^{t_0+NT} F_x \mathrm{d}t\right|U_0}{\left|\int_{t_0}^{t_0+NT} F_x \mathrm{d}t\right|U_0+\left|\int_{t_0}^{t_0+NT} P_y \mathrm{d}t\right|}$$

(4.22)

在求解并列双波动鳍整体的净推进效率时，同样遵循式(4.22)。需要强调的是，侧向功率损失为 fin1 和 fin2 的侧向功率损失的绝对值之和：

$$\eta(\mathrm{DF}) = \mathrm{sgn}\left(-\left(\overline{F}_x(\mathrm{fin1})+\overline{F}_x(\mathrm{fin2})\right)\right)$$
$$\cdot \dfrac{\left|\overline{F}_x(\mathrm{fin1})+\overline{F}_x(\mathrm{fin2})\right|U_0}{\left|\overline{F}_x(\mathrm{fin1})+\overline{F}_x(\mathrm{fin2})\right|U_0+\left|\overline{P}_y(\mathrm{fin1})\right|+\left|\overline{P}_y(\mathrm{fin2})\right|} \quad (4.23)$$

参考 4.3 节开展无关性和准确性验证，分别开展网格无关性和时间无关性研究，采用网格数量为 449434，设置时间步长为 $1/500T$。

2. 垂直距离对并列双波动鳍水动力性能的影响

基于 4.3 节单波动鳍水动力性能分析，本节对并列双波动鳍水动力性能进行分析。

波动鳍间的垂向距离 D_y 作为重要的特征参数，有必要进行其对并列双波动鳍水动力性能的影响分析。针对图 4.32 中两种场景，本节对双波动鳍、fin1 和 fin2

在同相位和反相位两种情况下，不同垂向距离对推力系数和升力系数的影响特性进行研究。选取 $A = 0.1\text{m}$、$U_0 = 0.2\text{m/s}$、$n = 2$、$f = 2\text{Hz}$ 的并列双波动鳍作为参考组，结果如图 4.34 所示。其中计算均值的时间范围同样选取 $16T\sim 20T$，充分保证波动鳍推进已处于相对稳定状态。需要注意的是，垂直距离需满足 $D_y > 0.2L$ 以确保在反相位情况下两个波动鳍不会发生碰撞，本节中 $D_y = (0.2L, 0.4L]$。

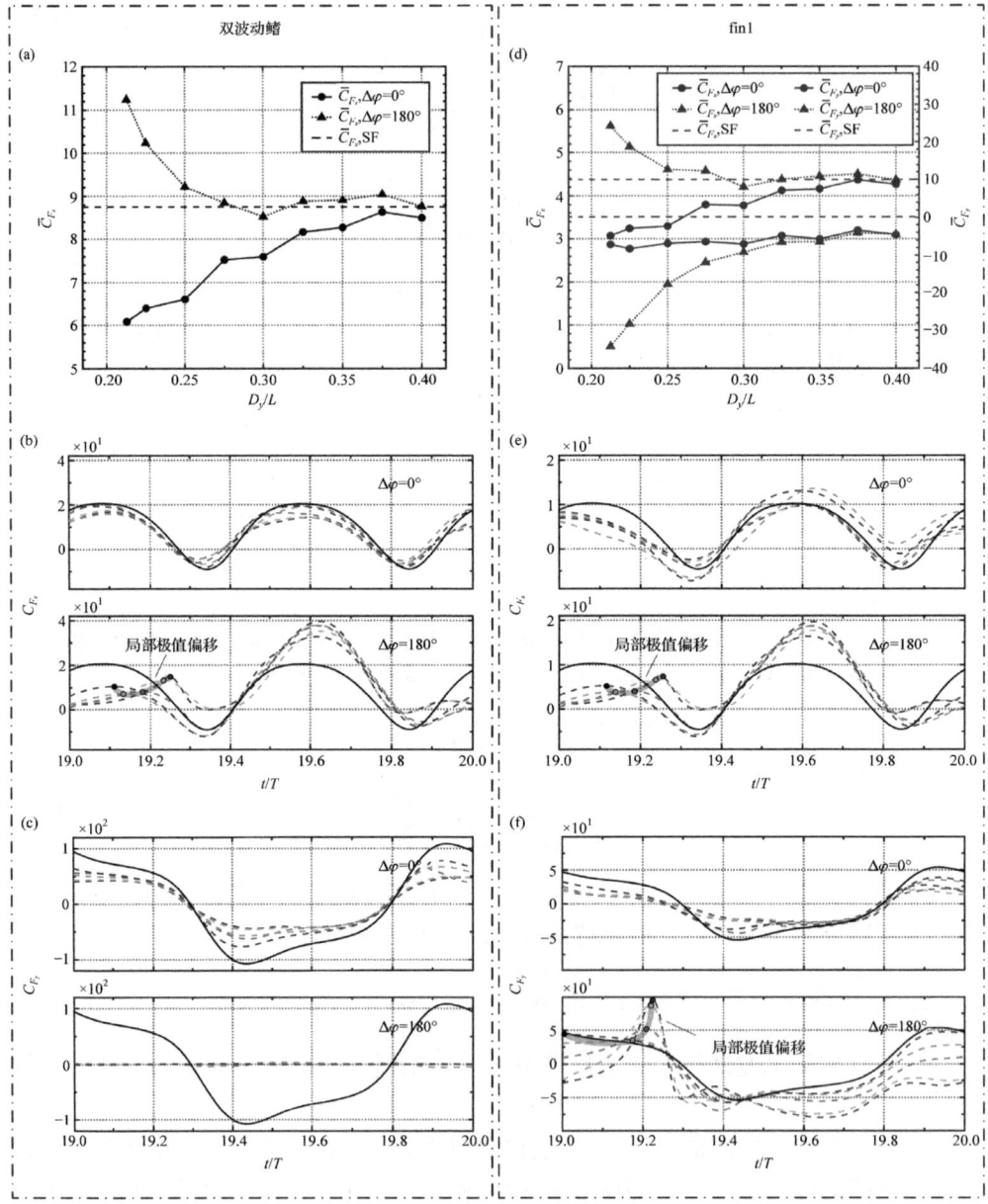

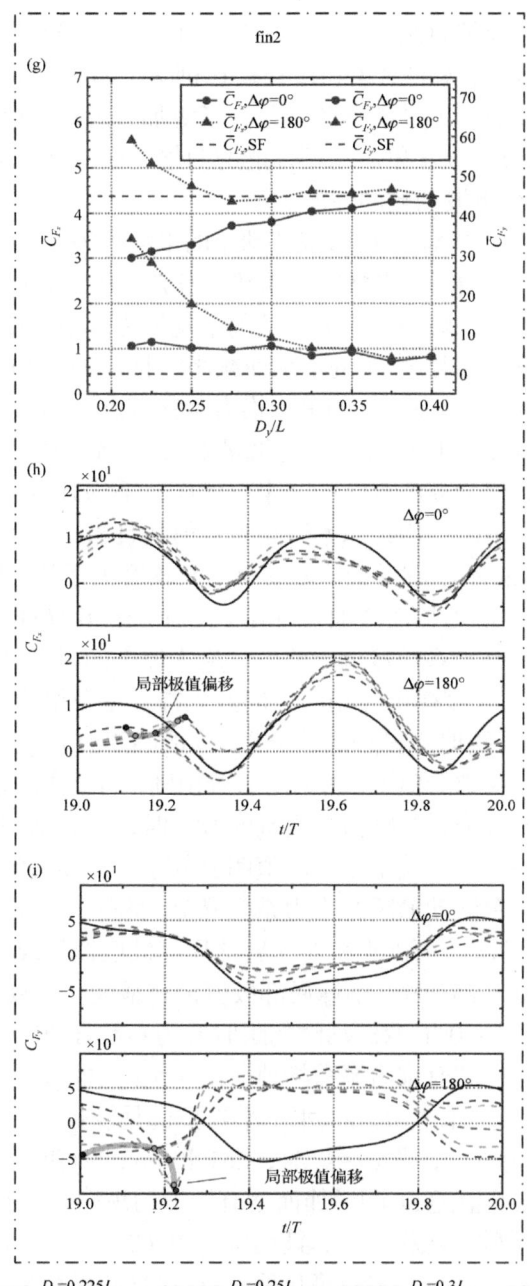

图 4.34 垂直距离对并列双波动鳍水动力性能影响(扫描章前二维码查看彩图)

(a) 垂直距离对双波动鳍平均推力系数影响；(b) 垂直距离对双波动鳍瞬时推力系数影响；(c) 垂直距离对双波动鳍瞬时升力系数影响；(d) 垂直距离对 fin1 平均水动力系数影响；(e) 垂直距离对 fin1 瞬时推力系数影响；(f) 垂直距离对 fin1 瞬时升力系数影响；(g) 垂直距离对 fin2 平均水动力系数影响；(h) 垂直距离对 fin2 瞬时推力系数影响；(i) 垂直距离对 fin2 瞬时升力系数影响

平均无量纲系数能够直观反映参数影响变化规律,因此先从平均推力系数和平均升力系数开始分析,如图 4.34(a)、(d)、(g)所示。同时并列波动鳍的结果与单波动鳍性能进行了比较。需要注意的是,为了更加直观地对比,后文中所有与双波动鳍对比的图中,SF 表示单波动鳍性能的两倍,而所有与 fin1 或 fin2 对比的图中,SF 仅表示单个单波动鳍的性能。

如图 4.34(a)所示,当 $\Delta\varphi = 0°$ 时双波动鳍的平均推力系数随 D_y 的增加而均匀增加,不断趋近于单波动鳍的平均推力系数,当 $D_y=(0.35L, 0.4L)$时,双波动鳍的平均推力系数趋于稳定,略小于单波动鳍的平均推力系数。相反地,当 $\Delta\varphi = 180°$ 时双波动鳍的平均推力系数随 D_y 的增加而减小,且在 $D_y = (0.2L, 0.25L)$时急剧减小,在 $D_y > 0.25L$ 时与单波动鳍的平均推力系数接近。如图 4.34(d)、(g)所示,fin1、fin2 和双波动鳍的平均推力系数变化规律几乎一致,唯一的区别在于 fin1 和 fin2 的平均推力系数仅为双波动鳍的一半。然而,平均升力系数则呈现不同的规律。以 fin1 为例,fin1 的平均升力系数均为负值,且当 $\Delta\varphi = 0°$ 时平均升力系数随 D_y 的增加而微弱增加,不断趋近于单波动鳍的平均升力系数。相反地,当 $\Delta\varphi = 180°$ 时平均升力系数随 D_y 的增加而增加,且在 $D_y = (0.2L, 0.3L)$时急剧增加,在 $D_y > 0.3L$ 时 $\Delta\varphi = 0°$ 的平均升力系数接近。此外,最为显著的特点是,fin1 和 fin2 的平均升力系数随 D_y 的变化规律虽然相同,但数值符号完全相反。

取 $19T \sim 20T$ 进行瞬时无量纲系数分析。如图 4.34(b)所示,当 $\Delta\varphi = 0°$ 时双波动鳍的瞬时推力系数相邻峰值大致相同,且峰值随 D_y 的增加而略有增加,不断趋近于单波动鳍的瞬时推力系数峰值。当 $\Delta\varphi = 180°$ 时,双波动鳍的瞬时推力系数峰值呈现明显的大小峰状态,其中小峰峰值明显低于单波动鳍瞬时推力系数峰值,大峰峰值则明显高于单波动鳍瞬时推力系数峰值。此外,一个值得注意的现象是,小峰峰值会随着 D_y 的减小而出现相对滞后的局部极值偏移现象,对应 $t = (19.1T, 19.25T)$,且当 $D_y = 0.2125L$ 时,小峰局部极值偏移最大,大致对应 $t = 19.25T$。如图 4.34(c)所示,当 $\Delta\varphi = 0°$ 时双波动鳍的瞬时升力系数峰值随 D_y 的增加而增加,不断趋近于单波动鳍的瞬时推力系数峰值。对于 $\Delta\varphi = 180°$ 时,双波动鳍的瞬时升力系数几乎为 0,这对于仿生机器人水下平稳推进是极具潜力的。

如图 4.34(e)和(h)所示,当 $\Delta\varphi = 0°$ 时,fin1 和 fin2 的瞬时推力系数相邻峰值虽然不同,但同样存在峰值随 D_y 的增加而略有增加的规律。更进一步可以看出 fin1 和 fin2 的瞬时推力系数存在相位差,且相位差为 $T/2$。当 $\Delta\varphi = 180°$ 时,fin1 和 fin2 的瞬时推力系数变化规律与双波动鳍几乎一致,并且同样存在局部极值偏移现象。如图 4.34(f)和(i)所示,当 $\Delta\varphi = 0°$ 时 fin1 和 fin2 的瞬时升力系数峰值随 D_y 的增加而增加,进一步可以发现,fin1 和 fin2 的瞬时升力系数不仅存在 $T/2$ 的相位差,同时数值符号完全相反。当 $\Delta\varphi = 180°$ 时,fin1 和 fin2 的瞬时升力系数变化规律几乎一致,但数值符号完全相反,同样在 $t = 19.2T$ 附近存在局部极值偏移,但不同的是，瞬时升力系数的局部极值偏移峰值更高，这对于机器人某一个波动鳍面的瞬时升力影响极其剧烈。

因此，可以合理推测，fin1 和 fin2 的推力系数和升力系数在 $\Delta\varphi = 0°$ 及 $\Delta\varphi = 180°$ 时分别存在不同的规律和联系。即当 $\Delta\varphi = 0°$ 时，fin1 和 fin2 的平均推力系数几乎相同，瞬时推力系数存在 $T/2$ 的相位差，平均升力系数符号相反，瞬时升力系数不仅存在 $T/2$ 的相位差，而且符号相反。当 $\Delta\varphi = 180°$ 时，fin1 和 fin2 的平均推力系数几乎相同，瞬时推力系数也几乎相同，平均升力系数符号相反，瞬时升力系数符号相反。接下来将以 fin1 作为并列双波动鳍中的单独研究对象开展分析。

3. 波动步态对并列双波动鳍平均水动力性能的影响

为了进一步研究运动参数对并列双波动鳍水动力性能的影响规律，基于对垂直距离 D_y 的分析和讨论，同时为了方便后续对比分析和讨论，选取推进性能差异明显但不至于过于悬殊的两组情况：$D_y = 0.25L$ 和 $D_y = 0.4L$ 作为接下来研究的对照组。

本节旨在通过对四种典型场景的对比分析：①$\Delta\varphi = 0°$, $D_y = 0.4L$；②$\Delta\varphi = 0°$, $D_y = 0.25L$；③$\Delta\varphi = 180°$, $D_y = 0.4L$；④$\Delta\varphi = 180°$, $D_y = 0.25L$，研究运动参数对双波动鳍的平均推力系数的影响特性。为了更显著地表示并列双波动鳍整体相对于单波动鳍的推力性能差异，定义相对平均推力系数增量 $\Delta\overline{C}_{F_x}$：

$$\Delta\overline{C}_{F_x} = \frac{\overline{C}_{F_x}(\mathrm{DF}) - 2\overline{C}_{F_x}(\mathrm{SF})}{\left|2\overline{C}_{F_x}(\mathrm{SF})\right|} \times 100\% \tag{4.24}$$

不同运动参数下的双波动鳍和单波动鳍在 $16T\sim20T$ 的平均推力系数对比结果如图 4.35 所示，其中平行排列的双波动鳍结果使用 PF 标记。

波动幅值对双波动鳍平均推力系数影响如图 4.35(a)、(d)、(g)、(j)所示，可以看出，随着波动幅值的增大，平均推力系数几乎均匀增大。随着波动频率的增大，平均推力系数增大速度逐渐变大。另外，$\Delta\varphi = 0°$ 时，双波动鳍的平均推力系数几乎都小于单波动鳍的平均推力系数，且 D_y 越小，平均推力系数减小越明显。$\Delta\varphi = 180°$ 时，双波动鳍的平均推力系数略大于单波动鳍的平均推力系数。以上结论可以通过相对平均推力系数增量热图直观显示。如图 4.35(a)、(d)、(g)、(j)所示，可以看出②条件下，当 $A = 0.05\mathrm{m}$、$f = 0.5\mathrm{Hz}$ 时，$\Delta\overline{C}_{F_x}$ 最小为 -41.04%；在④条件下，当 $A = 0.05\mathrm{m}$、$f = 0.5\mathrm{Hz}$ 时，$\Delta\overline{C}_{F_x}$ 最大为 66.66%。需要注意的是，对于③和④两组，由于两个波动鳍相位相反，所以从表 4.1 中选取较小波动幅值，避免波动鳍发生碰撞。

来流速度对双波动鳍平均推力系数影响如图 4.35(b)、(e)、(h)、(k)所示。随着来流速度的增大，平均推力系数普遍逐渐减小。随着波动频率的增大，平均推力系数增大速度逐渐变大。另外，通过对比图 4.35(b)和(e)中相对平均推力系数增量热图，可以发现在 $\Delta\varphi = 0°$ 情况下，双波动鳍在产生推力效果时，平均推力系数几乎都小于单波动鳍的平均推力系数,且 D_y 越小,平均推力系数减小越明显。相反地,在 $\Delta\varphi = 180°$ 情况下,双波动鳍在产生推力效果时,平均推力系数大于单

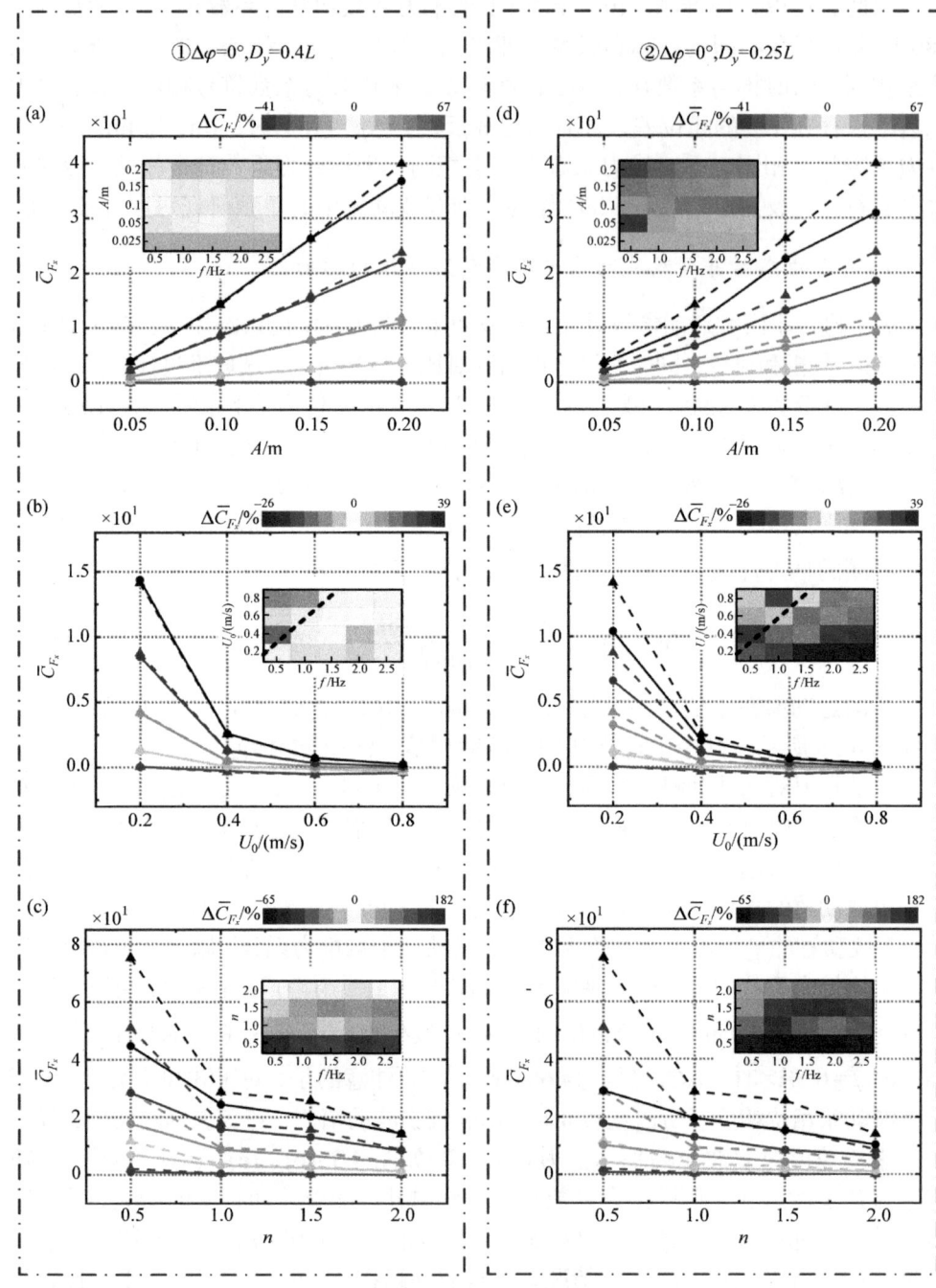

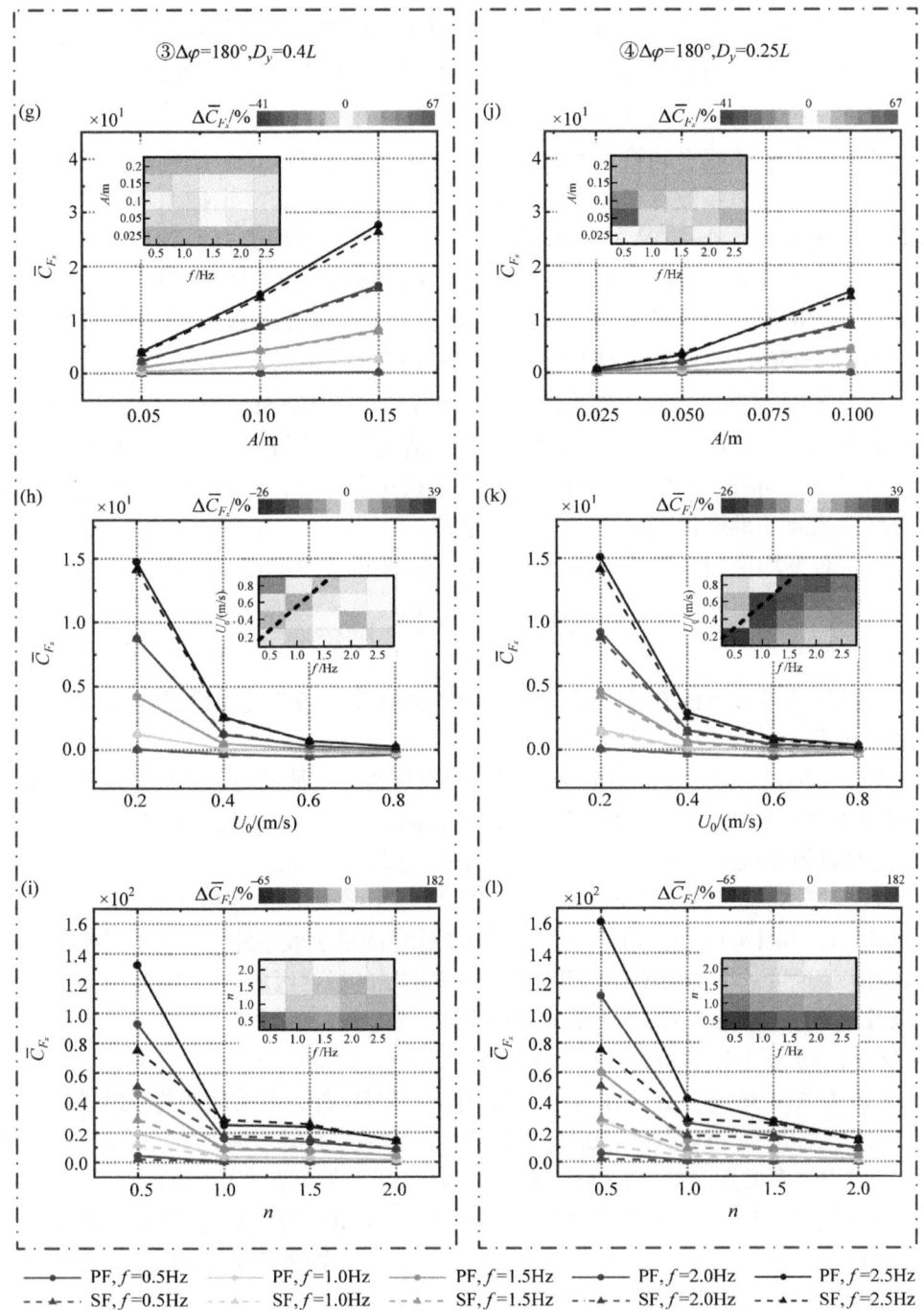

图 4.35 波动步态参数对单鳍和双鳍的平均推力系数影响规律对比(扫描章前二维码查看彩图)
(a)~(c) 条件①; (d)~(f) 条件②; (g)~(i) 条件③; (j)~(l) 条件④

波动鳍的平均推力系数，如图 4.35(k)中相对平均推力系数增量热图所示。可以看出，在②条件下，当 $U_0 = 0.2$m/s、$f = 2.5$Hz 时，$\Delta \overline{C}_{F_x}$ 最小为-26.29%；在④条件下，当 $U_0 = 0.2$m/s、$f = 0.5$Hz 时，$\Delta \overline{C}_{F_x}$ 最大为 39.31%。

波数对双波动鳍平均推力系数影响如图 4.35(c)、(f)、(i)、(l)所示。随着波数的增大，平均推力系数普遍减小。随着波动频率的增大，平均推力系数增大速度同样逐渐变大。另外，在 $\Delta\varphi = 0°$ 情况下，双波动鳍的平均推力系数几乎都小于单波动鳍的平均推力系数。相比于波动幅值和来流速度，波数的影响更大。相反地，在 $\Delta\varphi = 180°$ 情况下，双波动鳍的平均推力系数普遍大于单波动鳍的平均推力系数。如图 4.35(c)、(f)、(i)、(l)所示，可以看出在②条件下，当 $n = 0.5$、$f = 2.0$Hz 时，$\Delta \overline{C}_{F_x}$ 最小为-65.23%；在④条件下，当 $n = 0.5$、$f = 0.5$Hz 时，$\Delta \overline{C}_{F_x}$ 最大甚至达到 181.94%。因此，在 $\Delta\varphi = 180°$ 及小波数情况下，双波动鳍的平均推力系数增加特别明显，同时，双波动鳍的瞬时升力系数几乎为零，这为研制高推力、低振荡的高性能波动推进机器人提供了新的思路。

与相对平均推力系数增量的定义类似，定义相对净推进效率增量 $\Delta\eta$ 为

$$\Delta\eta = \frac{\eta(\text{DF}) - \eta(\text{SF})}{|\eta(\text{SF})|} \times 100\% \tag{4.25}$$

不同运动参数下的双波动鳍和单波动鳍在 $16T \sim 20T$ 的净推进效率对比结果如图 4.36 所示。

如图 4.36(a)、(d)、(g)、(j)所示，除 $f = 0.5$Hz 外，双波动鳍的净推进效率随波动幅值的增加略微下降，并且随着波动频率的提高，净推进效率逐渐降低，当 $f = 1$Hz 时，净推进效率最高。如图 4.36(a)、(d)、(g)、(j)所示，在②条件下，当 $A = 0.05$m、$f = 0.5$Hz 时，$\Delta\eta$ 最小为-42.49%；在④条件下，当 $A = 0.05$m、$f = 0.5$Hz 时，$\Delta\eta$ 最大为 66.45%。如图 4.36(b)、(e)、(h)、(k)所示，除负净推进效率外，双波动鳍的净推进效率随来流速度的增加而增加。相对推进效率增量的极值区域与图 4.35(b)、(e)、(h)、(k)以及图 4.36(b)、(e)、(h)、(k)中的黑色虚线一致。在②条件下，当 $U_0 = 0.2$m/s、$f = 0.5$Hz 时，$\Delta\eta$ 最小为-7.88%；在④条件下，当 $U_0 = 0.2$m/s、$f = 0.5$Hz 时，$\Delta\eta$ 最大为 16.46%。如图 4.36(c)、(f)、(i)、(l)所示，除 $f = 0.5$Hz 外，双波动鳍的净推进效率随波数的增加而增加，而对于 $f = 0.5$Hz，净推进效率随波数的增加先增后减，当 $n = 1.5$ 时，净推进效率最高。如图 4.36(c)、(f)、(i)、(l)所示，在②条件下，当 $n = 2$、$f = 0.5$Hz 时，$\Delta\eta$ 最小为-7.88%；在④条件下，当 $n = 2$、$f = 0.5$Hz 时，$\Delta\eta$ 最大为 16.46%。需要注意的是，虽然在 $\Delta\varphi = 180°$ 及小波数情况下，双波动鳍表现出极佳的推力增益和优异的升力稳定性，但此时的净推进效率并不是最高的。

综上所述，为了全面比较单鳍和不同排列方式的平行双波动鳍的推进性能，分别总结了双鳍的升力系数幅值分布、净推进效率和平均推力系数，如图 4.37(a)

和(b)所示,并总结了 fin1 的平均升力系数和平均推力系数分布,如图 4.37(c)所示。升力系数幅值定义为式(4.26)。

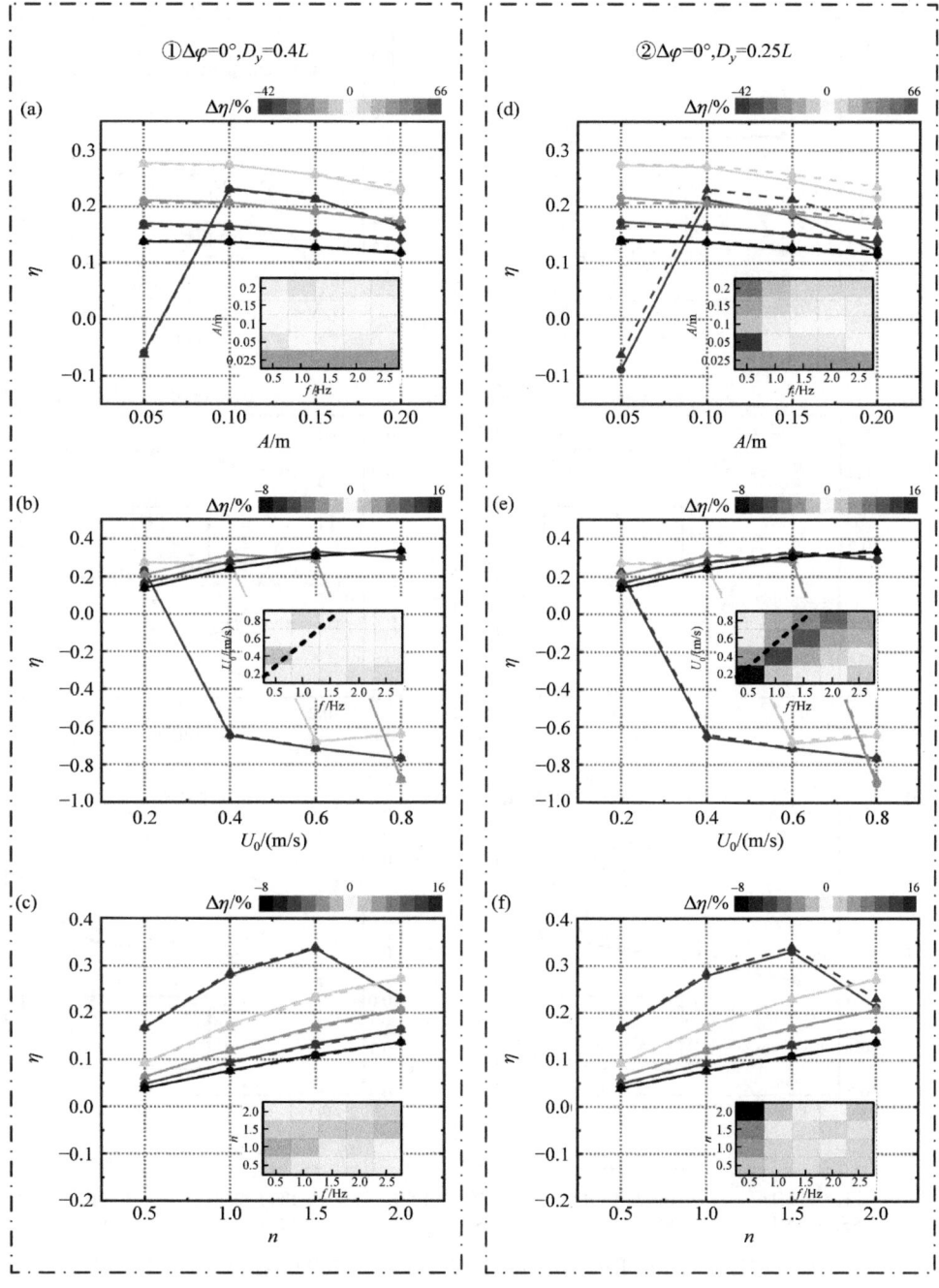

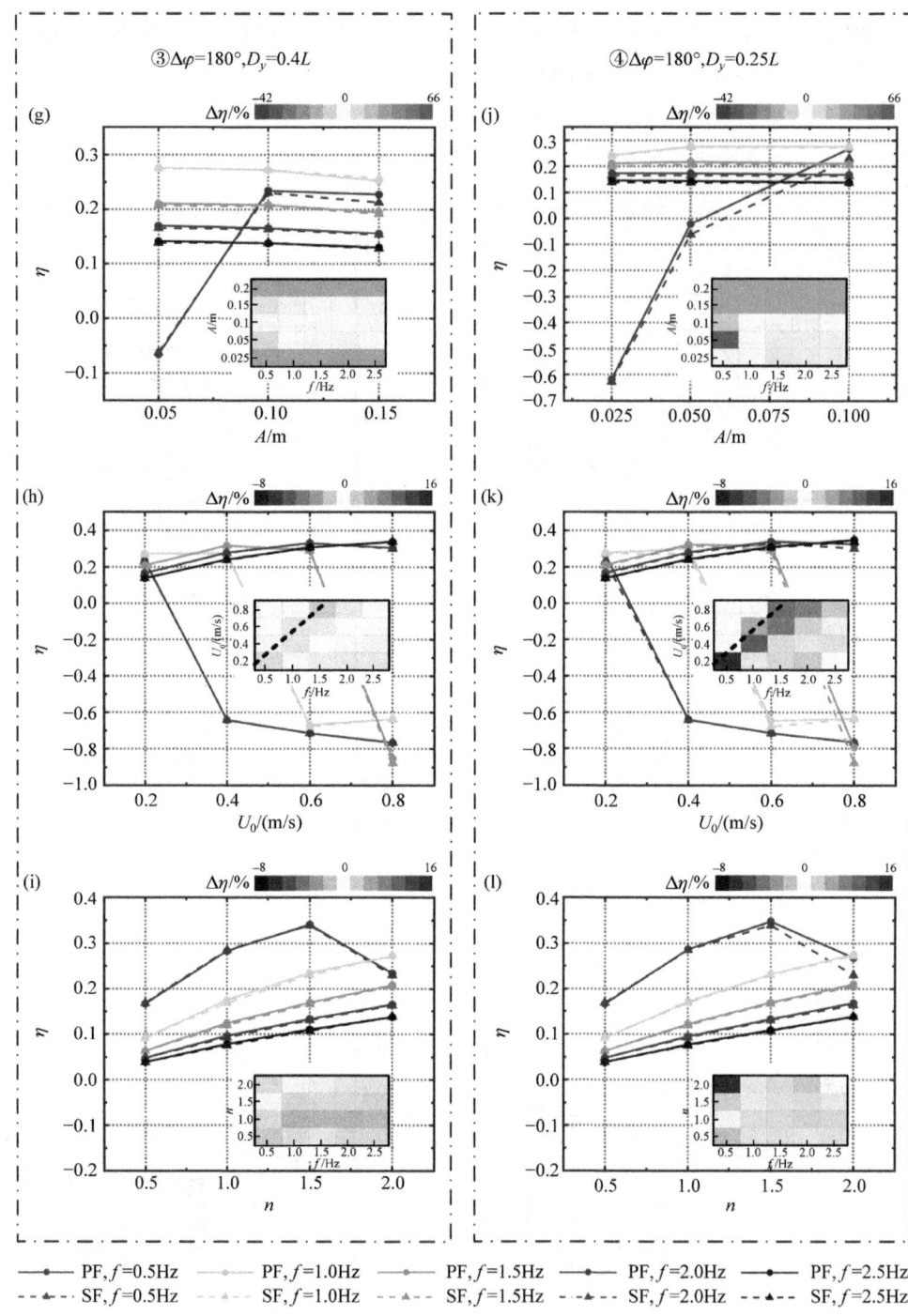

图 4.36 波动步态参数对单鳍和双鳍的净推进效率影响规律对比(扫描章前二维码查看彩图)
(a)~(c) 条件①；(d)~(f) 条件②；(g)~(i) 条件③；(j)~(l) 条件④

$$\widehat{C}_{F_y} = \max\{C_{F_y}\} - \min\{C_{F_y}\} \tag{4.26}$$

从图 4.37(a)可以看出，对于整个双鳍系统而言，与单鳍和同相(状态①和②)配置相比，在状态③和④中出现的反相形式显著位于右下方，表明平行双鳍系统的反相波动模式不仅增强了机器人的推力，而且显著降低了其垂直振荡。这对于高速时水下波动推进机器人在垂直方向上的稳定性非常重要。从图 4.37(b)可以看出，双鳍系统的净推进效率与平均推力系数之间存在反比关系。似乎存在一个明显的"边界"，阻止了双鳍系统在净推进效率和推力方面进一步提升。在"边界"附近，主要观察到高频和大波动幅值。这表明波动推进机器人在更高的波动频率和幅值下可以实现更高的巡航效率。然而，对于平行双波动鳍系统中的单个鳍而言，推力的增加必然导致升力的增加。这意味着两个平行的游动式摆动机器人更有可能发生碰撞。这种趋势在同相位、大摆动幅度的情况下似乎有所缓解，如图 4.37(c)所示。此外，高推力情况对应于高频和低波数的状态，但这是以净推进效率降低为代价的。

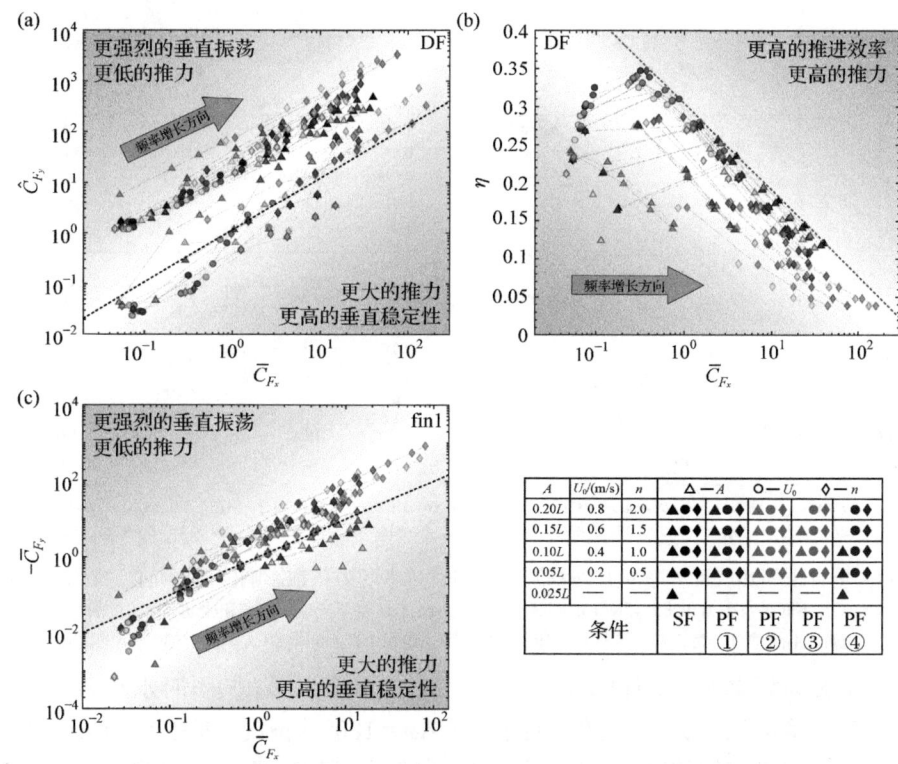

图 4.37 平行双波动鳍平均推进性能总结(扫描章前二维码查看彩图)
(a) 双波动鳍平均推力系数与升力系数幅值关系；(b) 双波动鳍平均推力系数与净推进效率关系；(c) fin1 平均推力系数与平均升力系数关系

4. 波动步态对并列双波动鳍瞬时水动力性能的影响

为了进一步理解并列双波动鳍不同运动状态下的非定常耦合效应,本节分别对双波动鳍和 fin1 在 $\Delta\varphi=0°$、$\Delta\varphi=180°$ 情况下,运动参数对瞬时推力系数和升力系数曲线影响结果进行分析。以 $A=0.1\text{m}$、$U_0=0.2\text{m/s}$、$n=2$ 及 $f=2.5\text{Hz}$ 为基准组,采取单一变量方式,分别绘制不同 f、n 情况下的瞬时力系数曲线,如图 4.38 和图 4.39 所示。

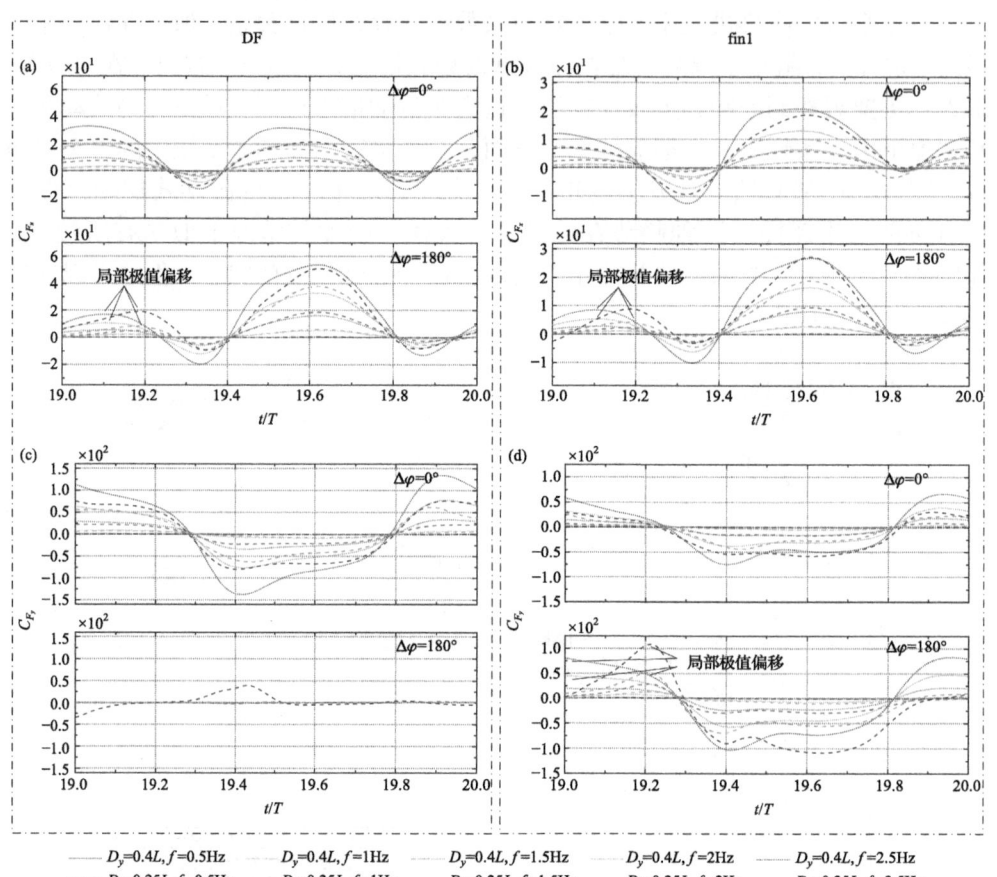

图 4.38 垂直距离和波动频率对并列双波动鳍的瞬时水动力系数影响(扫描章前二维码查看彩图)
(a) 双波动鳍在不同垂直距离和波动频率下的瞬时推力系数;(b) fin1 在不同垂直距离和波动频率下的瞬时推力系数;
(c) 双波动鳍在不同垂直距离和波动频率下的瞬时升力系数;(d) fin1 在不同垂直距离和波动频率下的瞬时升力系数

对于波动频率而言,如图 4.38 所示,双波动鳍和 fin1 的瞬时水动力系数峰值与波动频率呈正相关关系。另外,对于所有 $\Delta\varphi=180°$ 的情况,都在 $t=(19.1T, 19.2T)$ 观察到了局部峰值偏移现象,这与图 4.34 中观察到的现象是一致的。如图 4.39 所示,随着波数的增加,双波动鳍和 fin1 的瞬时推力系数峰值减小。一个值得注意的现象是,对于 $\Delta\varphi=180°$、小波数($n=0.5$)、近距离($D_y=0.25L$)的情况,双波动鳍

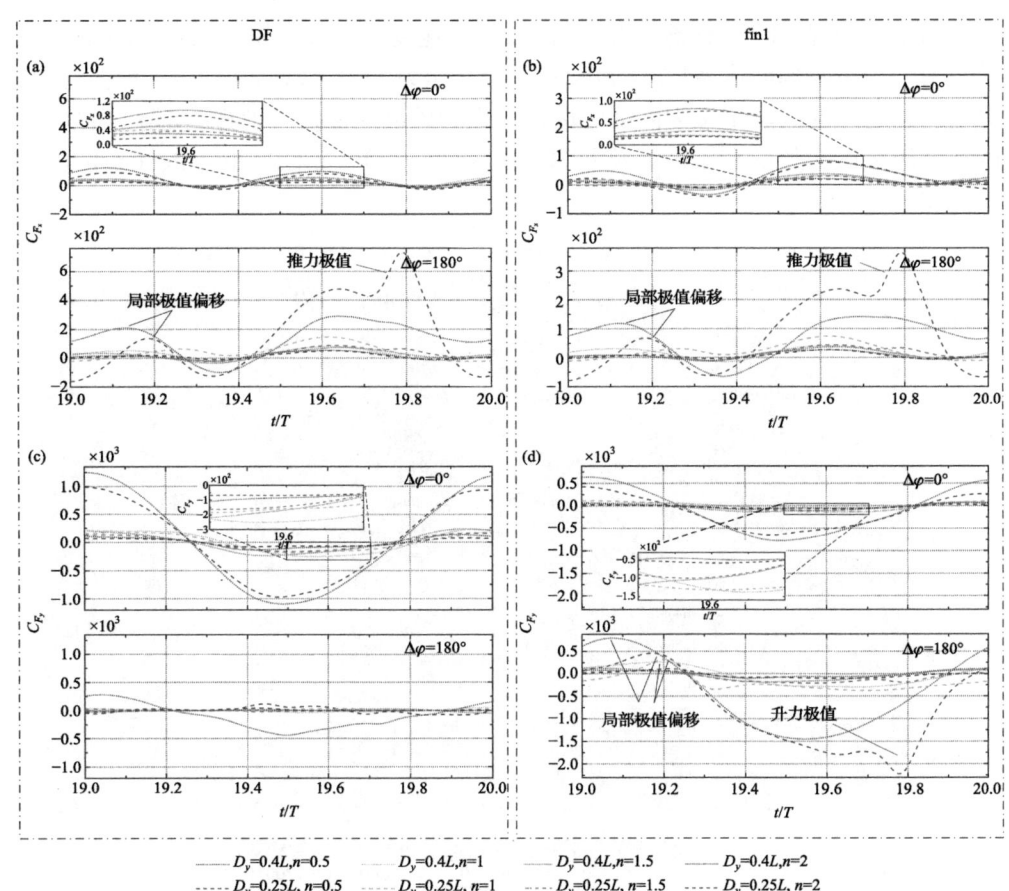

图 4.39 垂直距离和波数对并列双波动鳍的瞬时水动力系数影响(扫描章前二维码查看彩图)
(a)双波动鳍在不同垂直距离和波数下的瞬时推力系数；(b) fin1 在不同垂直距离和波数下的瞬时推力系数；
(c)双波动鳍在不同垂直距离和波数下的瞬时升力系数；(d) fin1 在不同垂直距离和波数下的瞬时升力系数

的瞬时推力系数，以及 fin1 的瞬时推力系数和升力系数出现了二次极值现象，位于 $t=19.8T$ 附近，如图 4.39(a)、(b)和(d)所示。

综合以上瞬时力系数分析，对于双波动鳍而言，C_{F_x} 的频率呈现为波动运动频率的两倍，称之为双频效应，这在单波动鳍的瞬时推力中通常可以观察到。但是，对于组合成并列双波动鳍的 fin1 和 fin2 而言，虽然保留了双频的特征，但两个波峰产生了差异化。C_{F_y} 则始终保持与波动运动相同的频率。

为了更深层次地理解水动力系数变化原因及不同波动状态下的并列双波动鳍非定常耦合机制和规律，本节继续结合流体压力场、速度场对波动鳍的典型状态展开分析。

四种典型组合下的基准组($A=0.1\text{m}$、$U_0=0.2\text{m/s}$、$n=2$ 及 $f=2.5\text{Hz}$)在一个

完整周期中的五个瞬时流场压力云图、x 方向速度云图分别如图 4.40、图 4.41 所示，图中每一格刻度代表长度为 $0.25L$。对于压力云图，以两并列波动鳍为边界，双波动鳍之间的区域定义为内部区域，反之为外部区域，分别将内部高压区域、内部低压区域、外部高压区域及外部低压区域标记为 In-HP、In-LP、Out-HP 和 Out-LP。

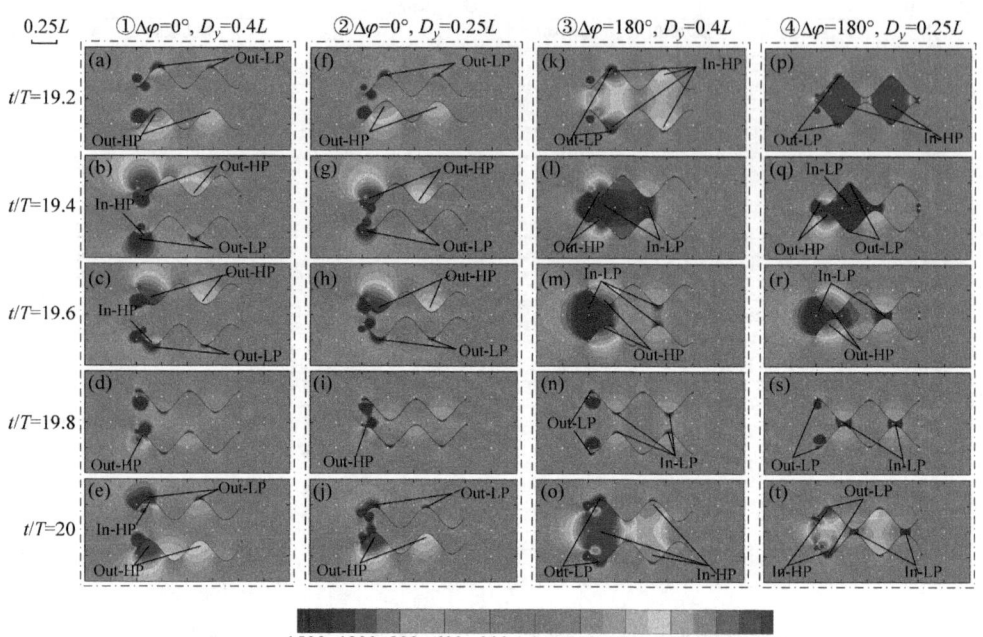

图 4.40 压力云图对比（$A = 0.1\text{m}$, $U_0 = 0.2\text{m/s}$, $n = 2$, $f = 2.5\text{Hz}$）(扫描章前二维码查看彩图)
(a)~(e)状态①($\Delta\varphi=0°$, $D_y=0.4L$); (f)~(j)状态②($\Delta\varphi=0°$, $D_y=0.25L$); (k)~(o)状态③($\Delta\varphi=180°$, $D_y=0.4L$); (p)~(t)状态④($\Delta\varphi=180°$, $D_y=0.25L$)

对于 $\Delta\varphi = 0°$ 的压力分布，①和②条件下分别如图 4.40(a)~(e)及图 4.40(f)~(j)所示，一个典型的压力分布规律如下：波动鳍的凸波峰处对应低压区，凹波峰处对应高压区，且相比于其他位置，前缘压力区域更大、变化更强，这样的压力布局形式与单波动鳍类似，但本质区别在于两并列波动鳍之间的压力变化不明显，交替的高压区和低压区绝大部分分布在波动鳍的外部区域，并且随着 D_y 的减小，内部压力趋于稳定。这种现象一个可能的原因是，两同相位波动的并列波动鳍之间包络成的局部空间大小几乎不发生变化，同时内部流线趋于平均化分布，如图 4.41(a)~(e)和图 4.41(f)~(j)所示，从而保证了内部流体能够相对稳定地在两个波动鳍之间流动，不会发生太大的压力脉动。另外一个可能的原因是前缘涡的影响。随着 D_y 的减小，两个同相位波动鳍的前缘涡位置越来越近，形

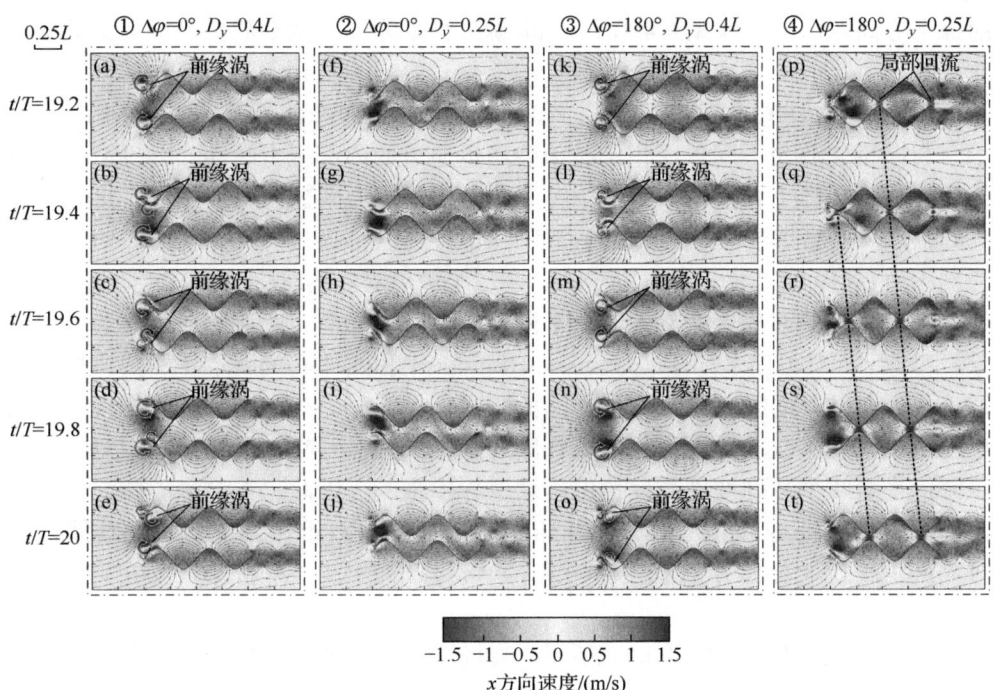

图 4.41 x 方向速度云图对比(A = 0.1m, U_0 = 0.2m/s, n = 2, f = 2.5Hz)(扫描章前二维码查看彩图)
(a)~(e)状态①($\Delta\varphi$=0°，D_y=0.4L); (f)~(j)状态②($\Delta\varphi$=0°，D_y=0.25L); (k)~(o)状态③($\Delta\varphi$=180°，D_y=0.4L);
(p)~(t)状态④($\Delta\varphi$=180°，D_y=0.25L)

成如图 4.41(a)~(e)中的前缘涡相互作用情况，从而在双波动鳍之间产生比较稳定的前缘吸力，保证了双波动鳍之间包络区域流体的相对稳定流动。并且通过对比图 4.41(a)~(e)和图 4.41(f)~(j)中双波动鳍前缘间的 x 方向来流速度颜色即可看出，随着 D_y 的减小，前缘涡的相互作用更为强烈。然而，这种前缘涡的相互作用似乎并不有益于推力的产生和发展，对比图 4.40 中①和②可以看出，在$\Delta\varphi$ = 0°时，更小的 D_y 会显著抑制推力的大小。

以瞬时推力系数为例，结合压力云图分析$\Delta\varphi$ = 0°的瞬时推力系数变化机理。通过观察图 4.40(a)~(e)可以看出，两个波动鳍前缘产生较强压力区域对应的时间为 t = (19.4T, 19.6T)以及 t = 20T 附近，同时从图 4.38(a)可以看到，前缘产生较强压力区域对应的时间刚好是双波动鳍产生较大推力的时刻。所以对于同相位并列双波动鳍而言，推力的产生机制在于前缘较强的压力区域作用：高压区对波动鳍面产生前向压力，低压区对波动鳍面产生前向吸力。同时，如前文所述，同相位并列双波动鳍内部空间压力变化被抑制，因此两个并列波动鳍只能在特定的波动相位时产生较强的前缘压力区域，并且一个波动周期内有两个相位时间段可以产生较强前缘压力区，分别是 fin1 前缘上方高压区，对应图 4.40(b)和(c)，以及 fin2

前缘下方高压区,对应图 4.40(e),这也就解释了为什么波动鳍瞬时推力系数会存在双频效应。

对于 $\Delta\varphi = 180°$ 的压力分布,③和④分别如图 4.40(k)~(o)及图 4.40(p)~(t)所示,与同相位波动不同,反相位波动会产生显著的内部压力脉动,并且波动鳍内部和外部均会产生较强的压力范围。同样以瞬时推力系数为例,如图 4.38(a)可以看到,$D_y = 0.25L$ 与 $D_y = 0.4L$ 的双波动鳍都存在两个极大值,更大的极值对应的时刻均为 $t = 19.6T$ 附近,而 $D_y = 0.25L$ 的较小极值对应的时刻 $t = 19.2T$ 附近,$D_y = 0.4L$ 的较小极值对应的时刻 $t = 19.1T$ 附近,出现了如前文所述的局部极值偏移现象。对应 $t = 19.6T$ 时刻的压力云图如图 4.40(m)和图 4.40(r)所示,两图典型的特征是并列波动鳍前缘内侧存在很强的低压区,前缘外侧存在一对对称的较强的高压区。相较于单波动鳍而言,前缘外侧的高压区同样存在,但是前缘内侧的强低压区正是由两个并列波动鳍反相位运动诱导出来的。因此,在前缘内侧强低压区的前向吸力和前缘外侧一对较强高压区的前向推力双重作用下,双波动鳍在此时刻产生了比同相位并列双波动鳍或者单波动鳍更大的峰值推力,如图 4.38(a)所示。

当 $t = 19.2T$ 时,如图 4.40(p)所示,流场压力呈现的典型特征是两个并列波动鳍之间形成显著的内部高压。参考图 4.40(o)和(k)可以进一步推测,当 $t = 19.2T$ 时,两个并列波动鳍之间的高压区存在另一特征:靠近波动鳍前缘的包络腔内压力大于靠近波动鳍后缘的包络腔内压力。因此,可以推断每个波动周期中出现一次的内部显著高压现象,是双波动鳍瞬时推力系数曲线中较小极值出现的原因。可能是短暂出现的内部高压区作用于两并列波动鳍面内侧的前向分力较小,双波动鳍瞬时推力系数曲线的较小极值小于同相位并列双波动鳍或者单波动鳍的极值。因此,对于 $\Delta\varphi = 180°$ 的情况,瞬时推力系数虽然在一个完整波动周期内同样会出现双频效应,但呈现的效果却是大小峰:大峰值对应 $t = 19.6T$ 时刻两个并列双波动鳍前缘低压区和外部高压区的双重作用,小峰值对应于 $t = 19.2T$ 时两个并列双波动鳍内部出现的短暂的显著高压现象。

此外,对于 $\Delta\varphi = 180°$ 的情况,还有一个现象,即随着 D_y 的减小,fin1 的下波峰与 fin2 的上波峰间会形成一个稳定的局部回流区,同时导致该区域局部压力显著减小,如图 4.41(p)~(t)所示,该现象在之前的研究中同样出现过。可以合理推测,正是局部回流区的存在,从而显著地提高了两并列波动鳍间空腔的密闭程度,产生了类似于图 4.40(p)中的内部显著高压现象。另外,稳定的局部回流引起了局部压力的显著减小,这可能有效地解释了图 4.35(j)~(l)中④条件下($\Delta\varphi = 180°$,$D_y = 0.25L$)的 fin1 平均升力系数显著低于①~③条件。

从前文的讨论中可以发现,流场压力分布对于波动鳍受力的影响更为直接和直观。因此,选取 $t = (19T, 19.3T)$ 的流场压力变化情况,对图 4.34 中出现的局部极值偏移现象进行解释，如图 4.42 所示。图 4.42 中不同 D_y 对应的推力系数和升力系数极值均按图中比例画出，其中，蓝色虚线表示双波动鳍的推力系数极值随 D_y 的时间偏移(扫描章前二维码查看彩图)，黑色点划线表示 fin1 的升力系数极值随 D_y 的时间偏移。可以看出，随着 D_y 从 0.4L 减小到 0.2125L，双波动鳍的推力系数极值从 t = 19.1T、C_{F_x} = 10.461 变化到 t = 19.25T、C_{F_x} = 14.789，fin1 的升力系数极值从 t = 19T、C_{F_y} = 47.516 变化到 t = 19.2T、C_{F_y} = 93.975，两者均呈现出极值点对应的时刻逐渐滞后、极值先减小后增大的趋势。

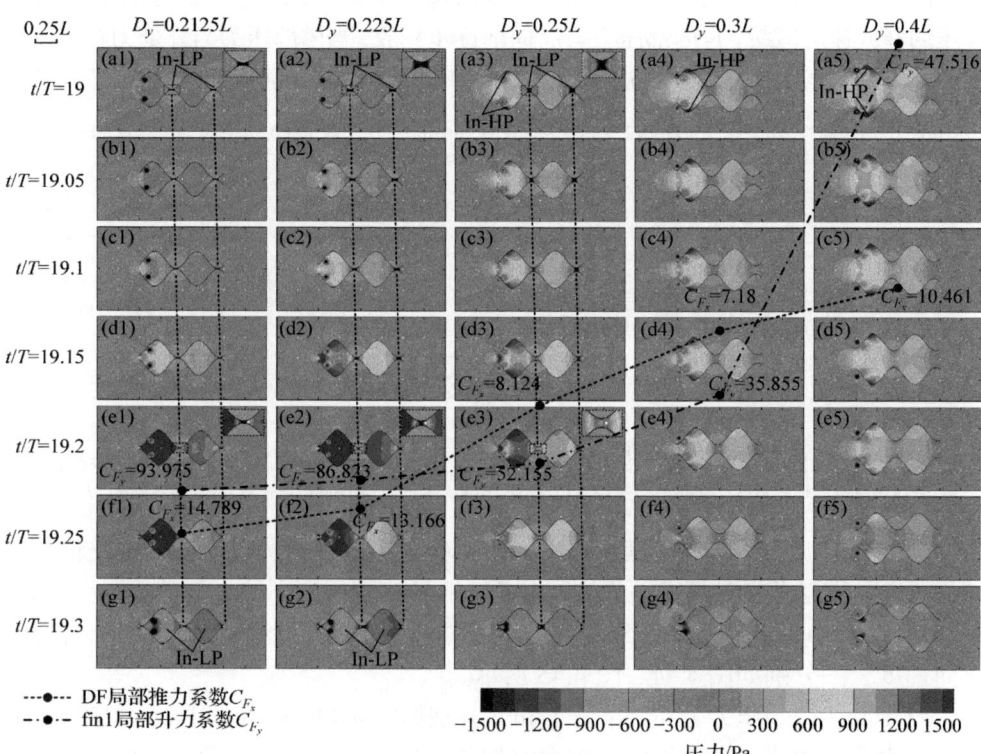

图 4.42 垂直距离对双波动鳍的压力场影响特性(扫描章前二维码查看彩图)
(a1)~(g1) D_y=0.2125L；(a2)~(g2) D_y=0.225L；(a3)~(g3) D_y=0.25L；(a4)~(g4) D_y=0.3L；(a5)~(g5) D_y=0.4L

值得注意的是，水动力系数的局部偏移现象似乎与并列双波动鳍的内部显著高压现象有关。$D_y \leqslant 0.25L$ 时，两个并列的波动鳍之间出现了内部显著高压区域，如图 4.42(e1)~(e3)及(f1)~(f2)所示，同时在这个 D_y 范围，水动力系数的局部偏移更加显著。双波动鳍间的邻近区域出现了局部回流现象，如图 4.43(f)~(h)所示，局部回流区域的出现，导致了该区域局部压力减小，如图 4.42(a1)~(a3)中的副图所示，这同样为内部显著高压区的产生创造了条件，如图 4.42(e1)~(e3)中的副图所示。更进一步地，随着 D_y 的减小，双波动鳍的推力系数极值对应的时刻不断接近于 19.25T，同时双波动鳍间邻近区域的局部低压和局部回流更加强烈，如图 4.42(a1)~(a3)、图 4.42(e1)~(e3)和图 4.43(f)~(h)中的副图所示。当 $D_y \leqslant 0.225L$ 时，虽然内部显著高压现象同样在 $t = 19.2T$ 附近出现，但双波动鳍和 fin1 的水动力系数极值对应时刻却产生了滞后现象($t = 19.25T$)。通过观察图 4.42(e1)、(e2)、(f1)和(f2)可以发现，$t = 19.2T$ 时并列双波动鳍的两个包络腔内均出现了内部显著高压现象，而 $t = 19.25T$ 时内部显著高压现象仅在靠近波动鳍前缘的包络腔出现。因此可以合理推测，当垂直距离小于某一临界值时，由于双波动鳍邻近区域局部回流现象更加严重，两并列波动鳍所形成的包络腔的密闭性进一步提升，内部显著高压的释放速度减缓，且内部压力自后向前逐步释放，当内部压力与外部力在某一时刻达到平衡时($t = 19.25T$)，双波动鳍和 fin1 的水动力系数分别达到极值。

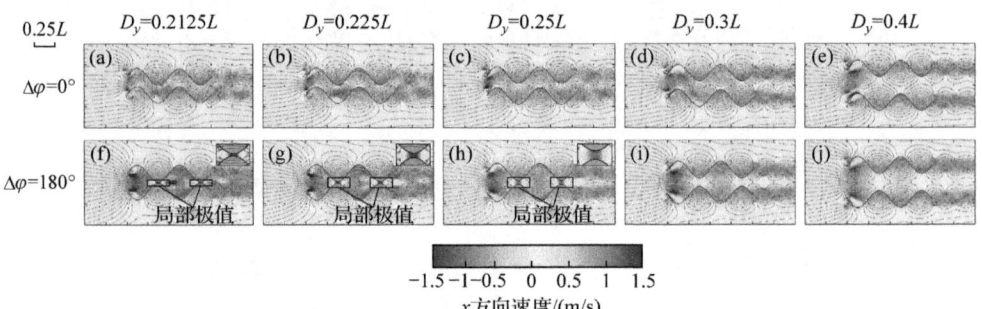

图 4.43　垂直距离对双波动鳍的速度场影响特性($t = 20T$)(扫描章前二维码查看彩图)
(a)和(f) D_y=0.2125L；(b)和(g) D_y=0.225L；(c)和(h) D_y=0.25L；(d)和(i) D_y=0.3L；(e)和(j) D_y=0.4L

在并列双波动鳍非定常耦合现象的分析中，小波数情况对波动鳍推进性能影响显著，因此有必要对其进一步进行分析。四种典型组合下的小波数组($A = 0.1$m、$U_0 = 0.2$m/s、$n = 0.5$ 及 $f = 2.5$Hz)在一个完整周期中的五个瞬时流场压力云图、x 方向速度云图分别如图 4.44、图 4.45 所示。

对于 $\Delta\varphi = 0°$ 的压力分布，条件①和②分别如图 4.44(a)~(e)及图 4.44(f)~(j)所示，压力分布规律与基本组($n = 2$)大致相同，如图 4.40(a)~(j)所示，少数的区别可能在于在一个波动周期内，高压区和低压区的压力大小和范围在整个波动鳍外侧表面几乎不变。另外，一个显著的特点是外部低压区的移动速度高于外部高压区，如图 4.44(a)~(j)中的黑色虚线所示。交替出现的高压区和低压区使得双波动鳍在小波数情况下产生的水动力系数峰值大于较大波数的情况，如图 4.39(a)和(c)所示。

对于 $\Delta\varphi = 180°$ 的压力分布，条件③和④分别如图 4.44(k)~(o)及图 4.44(p)~(t)所示，压力的分布同样呈现对称布局，巨大的压力脉动依旧存在，甚至远大于较大波数的情况，如图 4.40(k)~(t)所示。波动鳍的瞬时水动力系数相对于较大波数情况剧烈增加，如图 4.39(a)、(b)和(d)所示。另外，在 $D_y = 0.25L$ 时，波动鳍瞬

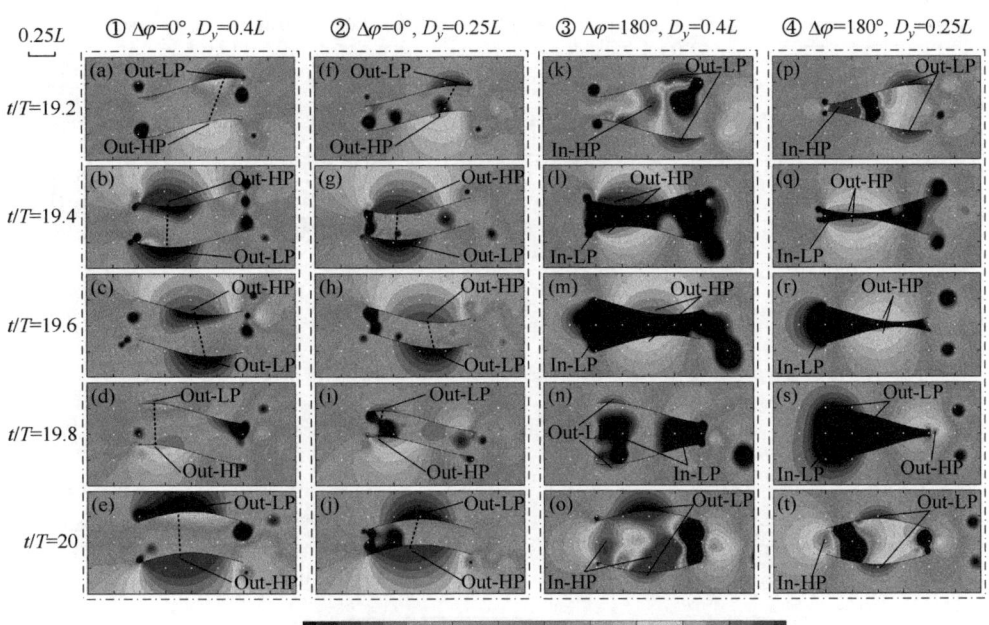

图 4.44 压力云图对比($A = 0.1$m, $U_0 = 0.2$m/s, $n = 0.5$, $f = 2.5$Hz)(扫描章前二维码查看彩图)
(a)~(e)状态①($\Delta\varphi=0°$，$D_y=0.4L$)；(f)~(j)状态②($\Delta\varphi=0°$，$D_y=0.25L$)；(k)~(o)状态③($\Delta\varphi=180°$，$D_y=0.4L$)；
(p)~(t)状态④($\Delta\varphi=180°$，$D_y=0.25L$)

时水动力系数不仅出现了与前文一致的局部极值偏移现象，同时还出现了新的水动力系数峰值(对应 $t = 19.8T$)，如图 4.39(a)、(b)和(d)所示。当 $t = 19.8T$ 时，与较大波数情况不同，小波数情况下两个并列波动鳍反相位运动诱导出来的前缘低压区仍然存在，如图 4.44(n)和(s)所示，尤其对于更小的垂直距离而言($D_y = 0.25L$)，前缘低压区范围在此时刻达到峰值。可以合理地推测，小波数反相位并列双波动鳍诱导出强大的压力脉动，同时近距离的条件导致波动鳍邻近区域出现稳定的局部回流现象，如图 4.45(p)~(t)所示，这进一步促进了压力区域的生成并阻碍了压力区域的耗散，在 $t=(19.6T, 19.8T)$时，波动鳍前缘低压区得到了进一步加强，前缘吸力进一步提升，如图 4.44(s)和图 4.45(s)所示，从而导致小波数反相位近距离的并列双波动鳍出现了二次波峰的现象。二次波峰对于提升并列双波动鳍推进性能具有重要影响。

与同相位情况不同，反相位并列双波动鳍产生的前缘涡同样呈现脉动形式，对于小波数而言，前缘涡对压力场和速度场的影响更为显著，如图 4.41(a)~(e)、(k)~(o)及图 4.45(k)~(t)所示。

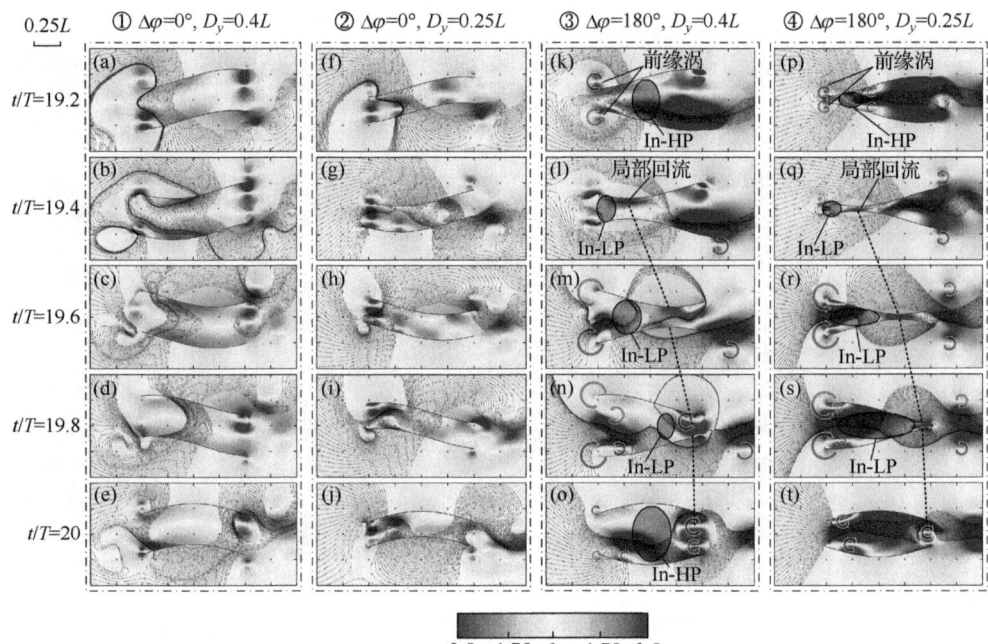

图 4.45　x 方向速度云图对比($A = 0.1\text{m}$, $U_0 = 0.2\text{m/s}$, $n = 0.5$, $f = 2.5\text{Hz}$)(扫描章前二维码查看彩图)
(a)~(e)状态①($\Delta\varphi=0°$，$D_y=0.4L$)；(f)~(j)状态②($\Delta\varphi=0°$，$D_y=0.25L$)；(k)~(o)状态③($\Delta\varphi=180°$，$D_y=0.4L$)；
(p)~(t)状态④($\Delta\varphi=180°$，$D_y=0.25L$)

综合以上分析，可以将仿生并列双波动鳍归纳为如图 4.46 所示的六种典型运动状态。

如图 4.46(a)所示，对于典型的同相位并列双波动鳍而言，压力主要分布在波动鳍外侧区域，且波动鳍前缘位置压力最为明显，双波动鳍间的流线分布均匀，中间区域的流线从一个波动鳍的表面流向另一个波动鳍表面。如图 4.46(b)所示，对于典型的反相位并列波动鳍而言，压力区域呈现出典型的脉动特征，且对称分布，同样在波动鳍前缘位置处的压力最为明显，双波动鳍间的流线分布不均匀，且通常不会跨越波动鳍表面。另外一个重要的特征是双波动鳍邻近区域会出现局部回流现象，导致该区域局部压力下降，且存在某一临界垂直距离 D_{ya}，当 $D_y < D_{ya}$ 时，波动鳍在 $t \approx 0.25NT$ 时刻出现推力局部极值。如图 4.46(c)所示，非典型的同相位并列双波动鳍中间区域的流线呈现蜿蜒波动形式，在双波动鳍间穿插而过，不与波动鳍相交。如图 4.46(d)所示，非典型的反相位并列双波动鳍邻近区域的局部回流现象消失，中间区域流线密度呈现沿来流速度方向的脉动形式。如图 4.46(e)所示，小波数同相位并列双波动鳍压力区域表现为非对称布局，且外部低压区移动速度大于高压区。如图 4.46(f)所示，小波数反相位并列双波动鳍周围流场呈现

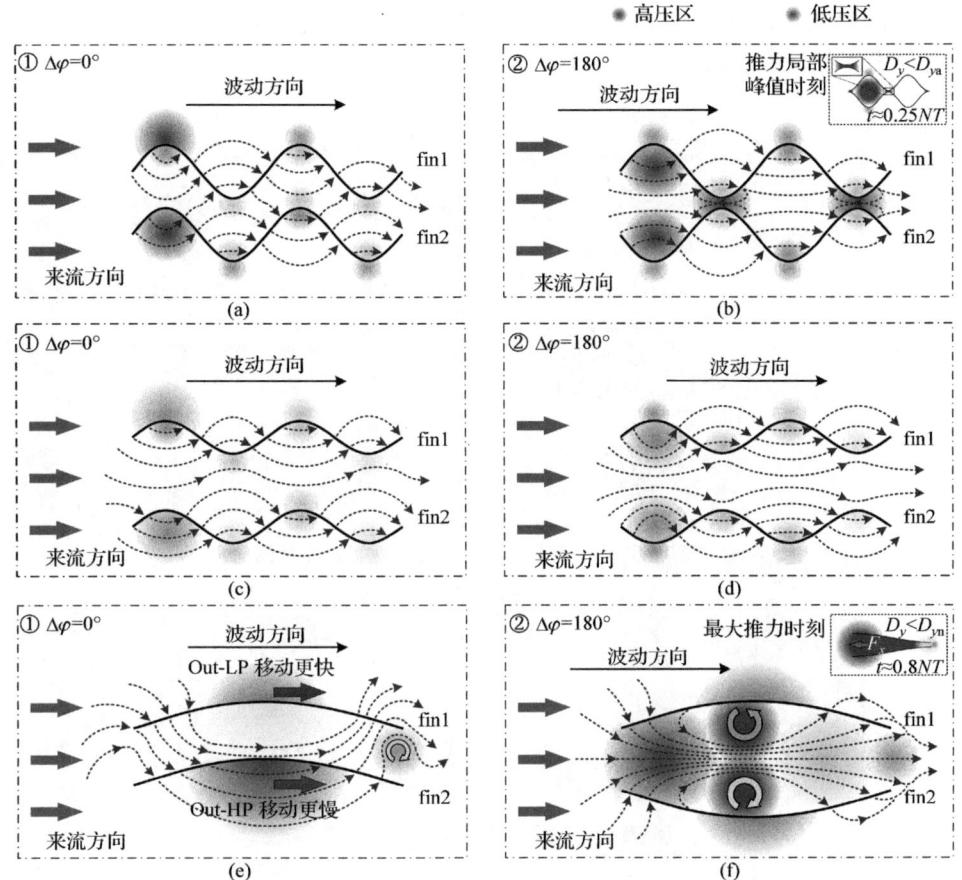

图 4.46 典型步态场景下并列双仿生波动推进鳍流场特性总结(扫描章前二维码查看彩图)
(a) 典型同相近距离情景(推力减小); (b) 典型反相近距离情景(推力增大); (c) 非典型同相远距离情景(推力略有减小); (d) 非典型反相远距离情景(推力略有增大); (e) 低波数同相情景(推力显著减小); (f) 低波数反相情景(推力显著增大)

D_{ya}, D_{yn}-临界垂直距离

典型的流场收束效应,压力和流线的布局主要受前缘涡和前缘涡的诱导涡影响。另外,存在某一临界垂直距离 D_{yn},当 $D_y < D_{yn}$ 时,波动鳍在 $t \approx 0.8NT$ 时刻出现推力二次峰值现象。

5. 涡量场分析

周围流体介质以旋转流体质量的形式与波动鳍产生动量传递,本部分从涡旋结构的角度对并列双波动鳍非定常耦合效应进行分析和解释。

两种相位状态下,并列双波动鳍在不同 D_y 情况下的涡量场如图 4.47 所示,将波动鳍尾部的分离涡(SV)划分为上、中、下三部分(分别用 ui、mi、di 表示),上面为单个正向涡旋,下面为单个反向涡旋,中间部分包括由 fin1 诱导的反向涡旋和 fin2 诱导的正向涡旋构成，并且从波动鳍尾部第一个分离涡开始，沿 x 方向依次对分离涡核进行标记。

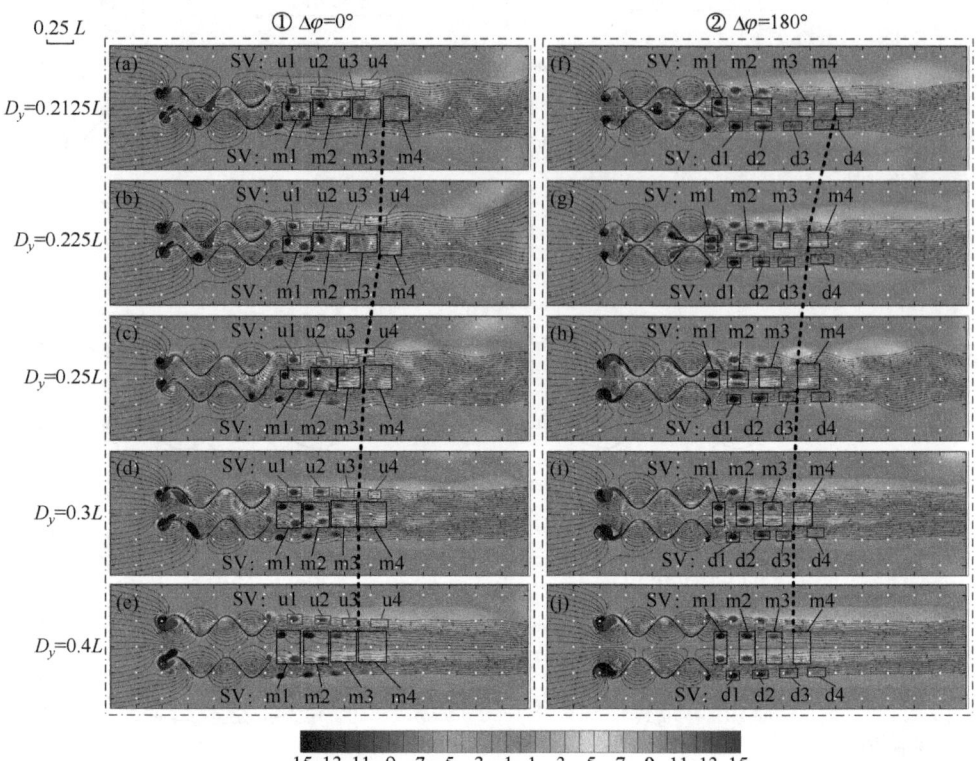

图 4.47 垂直距离对双波动鳍的涡量场影响特性(扫描章前二维码查看彩图)
(a)～(e) $\Delta\varphi=0°$；(f)～(j) $\Delta\varphi=180°$

可以看出，在 $\Delta\varphi=0°$ 时，波动鳍尾部的分离涡同样呈现同相位分布，中间的一对涡核组成交错分布的偶极子对。并且随着 D_y 的减小，偶极子对的交错分布形式由斜向逐渐变为沿流向方向，同时上下涡核分布不再均匀，如图 4.47(a)～(c)中 u4 所示。在 $\Delta\varphi=180°$ 时，波动鳍尾部的分离涡呈现反相位对称分布，随着 D_y 的减小，分离涡核的对称分布形式依旧保持稳定。值得注意的是，随着 D_y 的减小，反相位情况尾部分离涡的移动速度逐渐大于同相位情况，如图 4.47 中黑色虚线所示，这说明了反相位近距离情况下的并列双波动鳍尾流核心速度更大，流场收束效应更强，同时这也意味着波动鳍向周围流场的动量传递更强。

对于不同运动参数对并列双波动鳍涡旋结构的影响特性，选取前文中变化明显的参数组合进行分析，不同 A、U_0、n、f 对波动鳍涡量场的影响分别如图 4.48～图 4.51 所示。

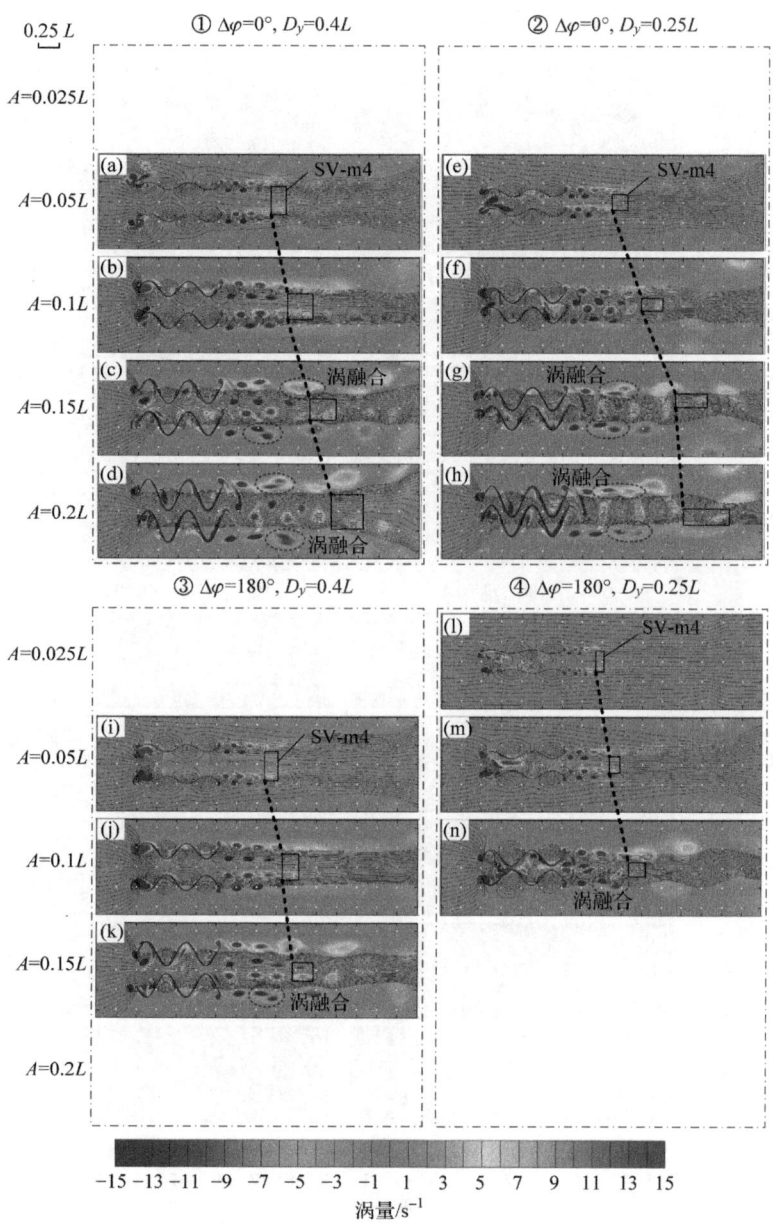

图 4.48　波动幅值对双波动鳍的涡量场影响特性(扫描章前二维码查看彩图)
(a)~(d)①($\Delta\varphi=0°$，$D_y=0.4L$)；(e)~(h)②($\Delta\varphi=0°$，$D_y=0.25L$)；(i)~(k)③($\Delta\varphi=180°$，$D_y=0.4L$)；
(l)~(n)④($\Delta\varphi=180°$，$D_y=0.25L$)

如图 4.48 所示，以波动鳍尾部中间的第四组涡旋对(SV-m4)作为参考，随着波动幅值的增大，并列双波动鳍的流场收束效应增强，同时其尾涡的移动速度增大，如图 4.48 中虚线所示，这表明了波动幅值越大波动鳍向周围流体传递的动量

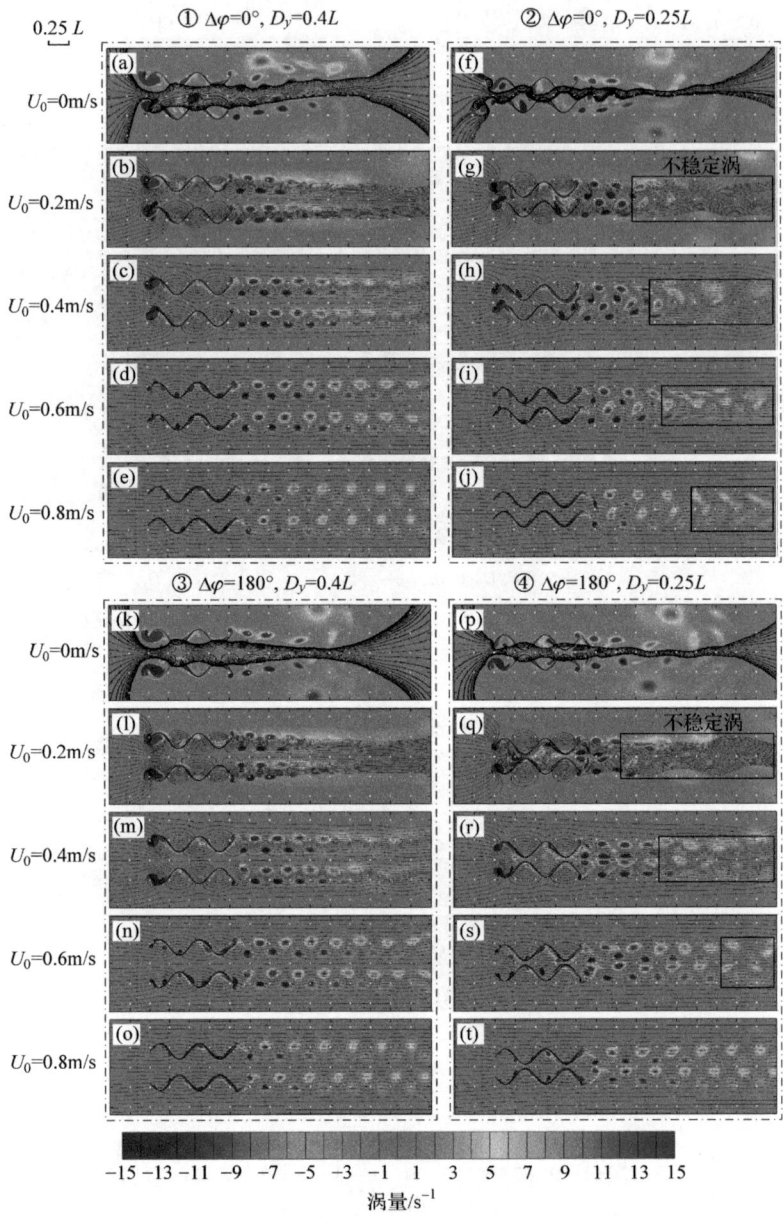

图 4.49 来流速度对双波动鳍的涡量场影响特性(扫描章前二维码查看彩图)
(a)~(e)①($\Delta\varphi=0°$, $D_y=0.4L$); (f)~(j)②($\Delta\varphi=0°$, $D_y=0.25L$); (k)~(o)③($\Delta\varphi=180°$, $D_y=0.4L$);
(p)~(t)④($\Delta\varphi=180°$, $D_y=0.25L$)

越大,该结论与前文中平均水动力系数结论一致。此外,随 A 的增大,波动鳍尾部涡旋分布逐渐混乱,虽然尾流中心区域的涡旋对分布相对均匀,但是尾流上下两侧的单涡旋在远离波动鳍的下游区域出现了涡融合现象,如图 4.48(c)、(d)、(g)、 (h)、(k)和(n)所示，对于较大 A 而言，波动鳍尾流中部来流速度快且稳定，而上下两侧因为靠近周围未受扰动的流体，动量梯度大，涡旋动量更容易损失，所以下游涡旋移动速度变慢，出现与上游较快的涡融合现象。

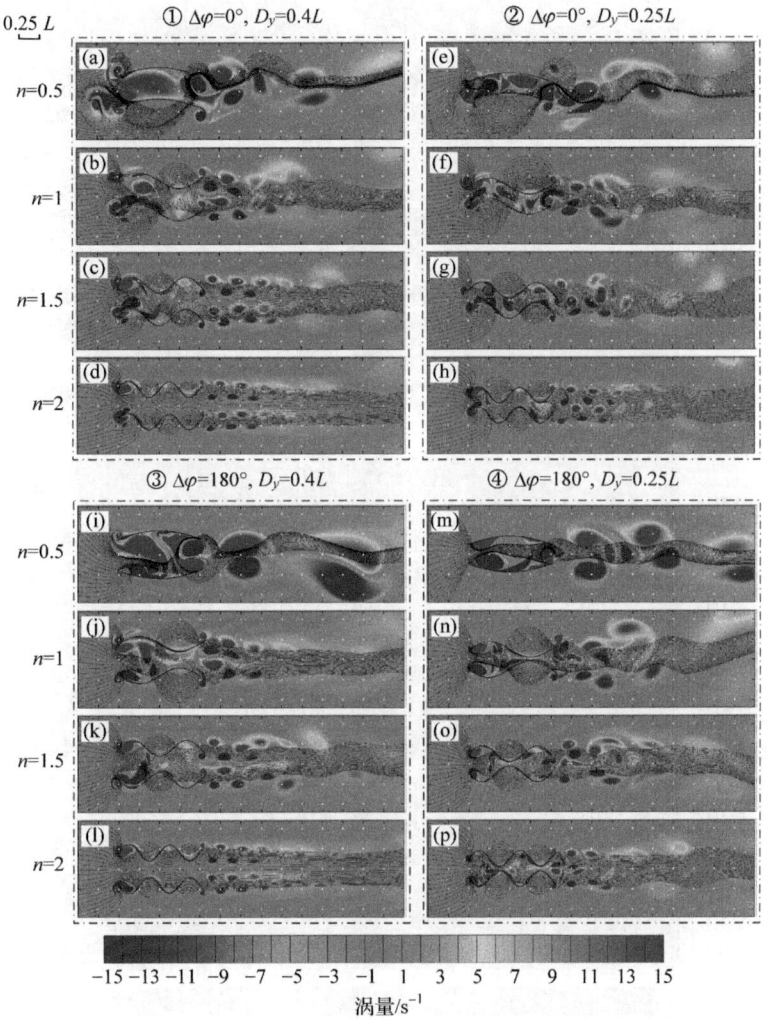

图 4.50 波数对双波动鳍的涡量场影响特性(扫描章前二维码查看彩图)
(a)~(d)①($\Delta\varphi=0°$，$D_y=0.4L$); (e)~(h)②($\Delta\varphi=0°$，$D_y=0.25L$); (i)~(l)③($\Delta\varphi=180°$，$D_y=0.4L$);
(m)~(p)④($\Delta\varphi=180°$，$D_y=0.25L$)

对于来流速度而言，前文仅对 $U_0 > 0$m/s 的情况进行了分析，为了更加全面地了解来流速度对并列双波动鳍涡旋特征的影响规律，本节增加了来流速度为 0m/s 的情况，如图 4.49 所示。可以看到，在静水环境中，并列双波动鳍表现出强大的流线收束能力，这与先前研究中的单波动鳍表现出同样的"泵喷"射流形式。

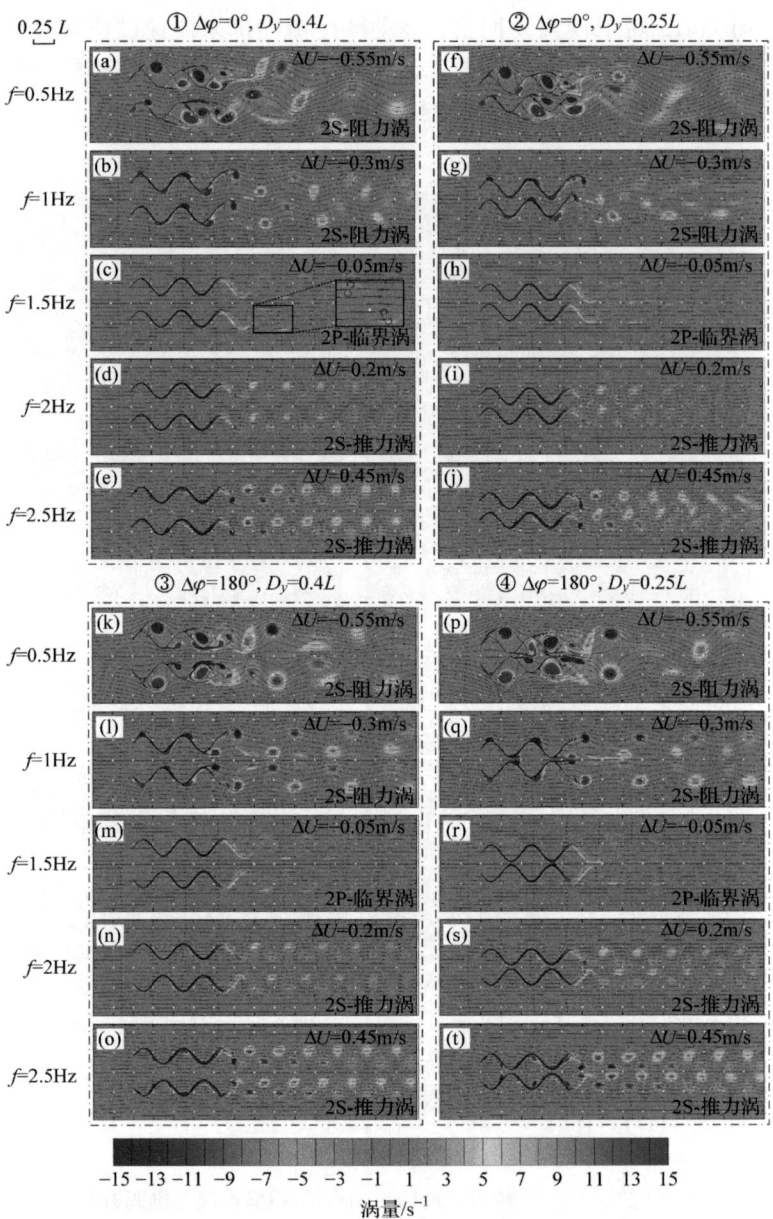

图 4.51 波动频率对双波动鳍的涡量场影响特性(扫描章前二维码查看彩图)
(a)~(e)①($\Delta\varphi=0°$, $D_y=0.4L$); (f)~(j)②($\Delta\varphi=0°$, $D_y=0.25L$); (k)~(o)③($\Delta\varphi=180°$, $D_y=0.4L$); (p)~(t)④($\Delta\varphi=180°$, $D_y=0.25L$)
ΔU-相对速度

另外,随着 U_0 增大,并列双波动鳍尾流的流场收束效应逐渐减弱,同时分离涡核的强度逐渐减小。对于近距离下的同相位和反相位两种情况,并列双波动鳍尾部下游的涡旋呈现不稳定现象，相比于Δφ = 0°，Δφ =180°时的尾部涡旋稳定性相对更强，表明反相位并列双波动鳍推进可以产生更稳定、强大的中心射流，如图 4.49(g)~(j)及(q)~(s)所示，这对于水下高性能推进是十分重要的。

波数对于并列双波动鳍的影响最大，如图 4.50 所示，随着波数的减小，并列双波动鳍的流场收束效应增强，且尾流中分离涡的大小和强度显著增加，分离涡的分布逐渐混乱，这意味着波数越小，并列双波动鳍产生的动量越大，同时向周围流场传递的能量越大。相比于Δφ = 0°，Δφ =180°时的尾部涡旋大小和强度较大，沿中心射流的稳定性相对更强，如图 4.50(a)、(e)、(i)和(m)所示，显然，小波数反相位情况能够产生强大且稳定的分离涡结构，这对于水下波动推进机器人保持持续且稳定的高推力状态具有重要作用。

众多相关研究已将波动鳍的分离涡结构进行了分类，通常对于一个波动鳍而言，在一个波动周期内产生一对具有相反涡量的单分离涡称之为 2S 模式，产生两对具有相反涡量的单分离涡称之为 2P 模式。前文所述运动参数下的并列双波动鳍均产生推力型分离涡结构，称之为 2S 推力模式。对于不同波动频率而言，并列双波动鳍分离涡呈现出多种分离涡结构，如图 4.51 所示。为了区分不同分离涡结构出现的场景，定义相对速度ΔU：

$$\Delta U = c - U_0 = \lambda f - U_0 \tag{4.27}$$

式中，c 为波动鳍波速，相对速度衡量了波动鳍波动速度与来流速度的相对大小。从图 4.51 中可以看到，当$\Delta U > 0$ 时，并列双波动鳍的分离涡均呈现 2S 推力模式，当$\Delta U < -0.05$m/s 时，分离涡结构呈现典型的卡门涡街模式，特点是负涡旋出现在正涡旋上方，该涡旋结构也可以标记为 2S 阻力模式。当$\Delta U = -0.05$m/s 时，一个波动周期内出现两对分离涡结构，如图 4.51(c)、(h)、(m)和(r)所示，该现象在之前研究中同样出现，由于此时ΔU 接近 0m/s，因此该时刻的分离涡结构可以看作是并列双波动鳍从推力状态向阻力状态的过渡，称之为 2P 临界模式。另外，$\Delta U = -0.55$m/s 时的涡旋结构显示，分离涡从波动鳍的第一个波峰位置处便开始脱落，这意味着并列双波动鳍产生了巨大的阻力效应，这种情况对于机器人的水下机动十分不利，应当避免。

6. 非定常耦合作用对并列双仿生波动推进鳍水动力性能的影响

本节对并列双波动鳍非定常耦合效应进行了数值模拟和分析，主要探究了一对平行布置的波动鳍分别在同相位和反相位波动情况下，垂直距离及运动参数(波动幅值、波动频率、波长及来流速度)对双波动鳍整体以及其中某一个波动鳍水动力性能的影响规律。在上述研究中，发现以下结论：

(1) 垂直距离 D_y 对同相位和反相位两种情况下的并列双波动鳍整体的平均推力影响规律相反。同相位情况下，双波动鳍的平均推力随 D_y 的减小而减小，反相位情况则与此相反,并且反相位情况对 D_y 的变化更敏感。对于 fin1 或 fin2 而言,D_y 对平均推力的影响规律与双波动鳍一致,而平均升力则呈现出相反的情况:同相位和反相位两种情况下,平均升力的大小均随 D_y 的减小而增大,并且反相位情况更敏感。

(2) 对于双波动鳍而言,一个波动周期内,其瞬时推力呈现双频效应。同相位波动情况下,两个峰值大小一致,且随 D_y 的减小,瞬时推力峰值减小。在反相位波动下,两个峰值大小不同,随 D_y 的减小,大峰值逐渐增大,而小峰值先减小后增大,且发生局部极值偏移现象,小峰值出现的时间逐渐滞后并趋近于 $0.25NT$。此外,双波动鳍的瞬时升力的变化周期与波动运动周期一致,同相位时瞬时升力峰值随 D_y 的减小而减小,而反相位时双波动鳍的瞬时升力几乎为零。

(3) 在同相位状态下,fin1 和 fin2 的瞬时推力相位相差为 $T/2$,瞬时升力不仅相位相差为 $T/2$,同时符号相反。在反相位状态下,fin1 和 fin2 的瞬时推力相同,瞬时升力符号相反。

(4) 高波动频率下,几乎对于所有运动参数,反相位时双波动鳍的平均推力大于两倍的单波动鳍推力,同相位时则相反,这表明反相位下并列双波动鳍的非定常耦合作用使得双波动鳍产生了"1+1>2"的效果,同时反相位下双波动鳍的瞬时升力几乎为零,对于高推力且具备强稳定性的水下仿生机器人而言是十分重要的,这与之前的研究结论一致。其中,波数对反相位下的双波动鳍耦合作用更为敏感,当 $n = 0.5$ 时,相对平均推力系数增量最高。

(5) 对于净推进效率而言,反相位状态普遍高于同相位。对于波数而言,同相位下较大的波数情况净推进效率较低,而反相位时,较小的波数净推进效率较低,这表明,虽然反相位小波数近距离情况双波动鳍的推力更大、侧向力更小,但是其净推进效率并不高。

(6) 对于来流速度而言,与单波动鳍一致,存在一条与 U_0 和 f 相关的临界线。同相位时,在低来流速度、高频率区域,双波动鳍呈现推力状态,双波动鳍的推力小于两倍单波动鳍,在高来流速度、低频率区域,双波动鳍呈现阻力状态,由于非定常效应,双波动鳍的相对平均推力反而为正。反相位状态的规律与此相反。这表明,同相位下并列双波动鳍相对推力虽然减小,但推力更稳定,不易受到来流速度影响。

(7) 反相位近距离情况下,双波动鳍间的包络区域产生内部显著高压区,同时随 D_y 的减小,两并列波动鳍邻近区域的回流现象更加严重,导致波动鳍间包络区域的密封性增强,内部高压的释放减慢,这是双波动鳍产生局部极值偏移的本质原因。对于反相位小波数近距离情况,同样由于稳定的局部回流阻碍了前缘低压区压力的释放,双波动鳍的瞬时力产生二次峰值现象,对应 $0.8NT$ 附近时刻。

(8) 并列双波动鳍尾部分离涡的移动速度随 D_y 的减小逐渐增大,同时大波数情况下，反相位产生的分离涡比同相位产生的分离涡移动速度更快、更稳定。小波数情况下，分离涡的大小和强度急剧增加，分离涡产生不对称和破缺，这可能直接导致了净推进效率的下降。

简言之，由于并列双波动鳍间的非定常耦合作用，同相位状态的相对推力和相对效率普遍降低，但稳定性更高；反相位状态的相对推力和相对效率普遍升高，但扰动更大。通过以上分析可以看出，不同的运动状态在不同的场景下各有优劣。另外，由于非定常耦合效应的复杂性，本节中模拟案例均基于二维无厚度正弦曲线简化几何，这与真实生物和水下波动推进机器人的三维波动鳍存在形状和尺寸上的差异，并且着重于并列双波动鳍性能影响规律，对结论中的推力增益现象的机制还需进一步深入研究。尽管研究存在局限性，分析结论可能为解释黄貂鱼、蝠鲼等波动推进生物并列同游的行为，进一步揭示并列波动鳍面非定常耦合效应提供新的见解，相关结论可能有助于未来水下波动推进机器人在多种参数空间中设计和运动控制。未来将针对并列双波动鳍的非定常耦合增益现象进一步深入研究，这有助于并列双波动鳍机器人的鳍面运动参数控制优化。

4.7.2 水翼尾流对波动鳍推进性能的影响

为了探索波动推进方式的更多运动可能性，提升波动鳍推进性能。基于水翼尾流灵活、可控的优势，利用数值方法研究水翼与波动鳍的相互作用，运动仿真原理图如图4.52所示。针对水翼不同运动状态，探讨了运动频率和运动轨迹对波动鳍水动力性能的影响。具体而言，利用无量纲数(推力系数、功率系数和净推进效率)表征波动鳍推进水动力性能。分别研究了水翼静态、纯俯仰运动、纯升沉运动及复合运动对波动鳍水动力性能增益，进一步地对比分析各种水翼尾流轨迹对波动鳍瞬时水动力性能影响关系。有助于理解鱼类异构集群相互影响的水动力增益机理，优化基于仿生学的波动推进机器人运动性能。

1. 静态水翼对波动鳍水动力性能的影响

水翼静止状态下对波动鳍水动力性能的影响如图4.53所示，静态水翼相当于波动鳍前方增加了一个盾体，不同的静态攻角将影响波动鳍前缘压力。考虑5种静态水翼攻角，即静态幅值($A=0°,10°,20°,30°,40°$)，每种静态水翼攻角下又考虑5种运动频率，仿真结果如图4.53所示。如图4.53(a)和图4.53(b)所示，当水翼攻角较小时($\theta<20°$)，$\bar{C}_{F_x}$和$\bar{C}_P$略小于仅有单个波动鳍的情况，随着波动频率(f)的增加，静态水翼影响越大。当波动频率f=2.5Hz，静态幅值A为0°，波动鳍运动频率f=2.5Hz时，仅有波动鳍情况下，平均推力系数为7.36，而相同运动参数下，水翼存在的平均推力系数为6.99，平均推力系数减小了5.06%，平均功率系数减小了25%。当静态攻角($\theta>20°$)时，如图4.53(a)所示，随着水翼攻角的增加，此时

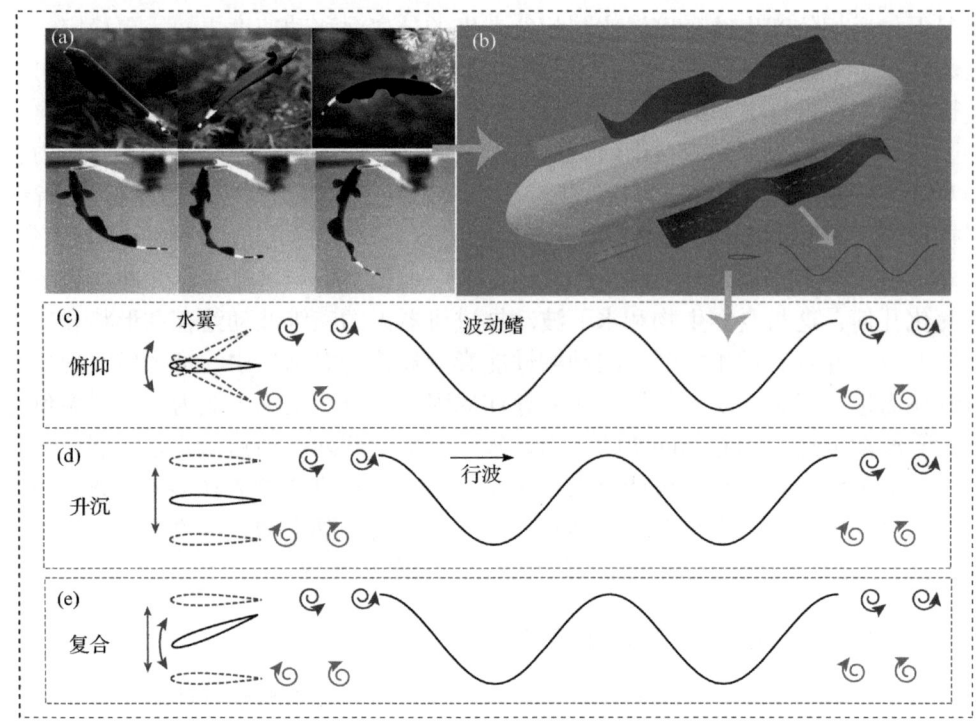

图 4.52 运动仿真原理图
(a) 黑魔鬼鱼运动图；(b) 机器人总体设计原理图；(c) 水翼俯仰运动对波动鳍推进性能的影响简图；(d) 水翼升沉运动对波动鳍推进性能的影响简图；(e) 水翼复合运动对波动鳍推进性能的影响简图

波动鳍将获取更大的推力增益。特别地，当静态幅值为 40°，静态水翼所产生的增益效果达到 18.82%。结果表明，较小的静态水翼攻角($\theta<20°$)会对后部波动鳍平均推进性能产生抑制效果，较大的静态水翼攻角($\theta>20°$)，会对后部波动鳍推进性能产生增益效果，且静态幅值越大，增益效果越明显。对于平均净推进效率，如图 4.53(c)所示，当波动鳍频率为 0.5Hz 时，$\bar{C}_{F_x}=0.027$，接近于 0，此时产生的平均净推进效率低于 $f=1$Hz 时的平均净推进效率，但是当加入水翼时，使得波动鳍产生了更大的推力，平均净推进效率明显增加，当静态幅值为 40°时，平均净推进效率达到 0.43。当波动频率(f)大于 1Hz 时，平均净推进效率随着静态幅值的增加基本不变，并且与单鳍情况平均净推进效率基本相等。说明静态水翼攻角的改变对波动鳍平均净推进效率影响较小。由于本部分展示的是波动鳍平均水动力性能，只能总体呈现静态水翼对波动鳍水动力性能的影响关系。在后续研究中结合瞬时水动力性能、压力云图和涡量云图尝试分析静态水翼对波动鳍水动力性能产生增益或抑制的原因。

为了进一步探究静态水翼攻角对波动鳍水动力性能影响规律，由于波动鳍周

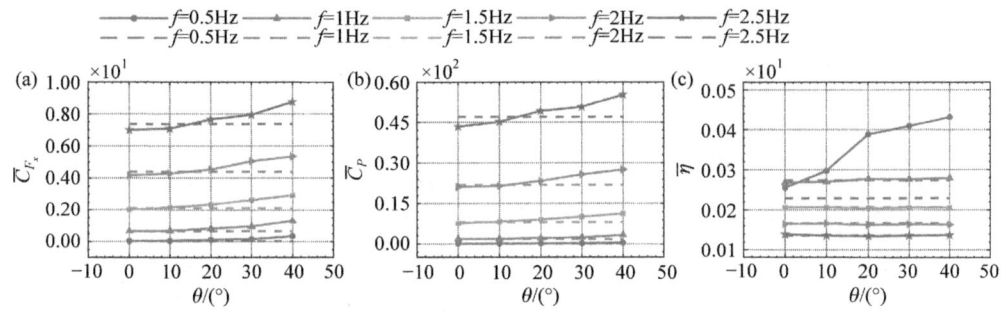

图 4.53 静态水翼攻角对波动鳍推进性能的影响(扫描章前二维码查看彩图,图例虚线表示单个波动鳍的性能,实线表示存在静态水翼时的性能)

(a) 平均推力系数的结果;(b) 平均功率系数的结果;(c) 平均净推进效率的结果

期性运动,因此取一个周期(T)内波动鳍瞬时推进性能,得到波动鳍瞬时推力系数与侧向力系数结果,如图 4.54 所示。选取波动鳍波动频率为 1Hz 时的结果进行分析。当仅有波动鳍时,在其他运动参数相同时,当 f=0.5Hz 时,平均净推进效率最高(图 4.53(c))。如图 4.54(a)所示,一个运动周期内,无论有无水翼影响,波动鳍推力均呈现出类似正弦形式的波形。由于静态水翼的存在,推力产生的波形与标准正弦波形相比,变形更大,特别是静态幅值越高,推力波变形越大。同时,随着水翼静态幅值的增加,C_{F_x} 波动也越大,表明静态水翼对波动鳍瞬时推力产生明显影响。同时,一个周期内出现两个推力极大值,说明波动鳍产生的推力与运动频率存在一个 2 倍频关系。当不存在水翼时,如图 4.54(a)中红色实线所示,波动鳍一个周期内产生的两次推力极值几乎相等。但是,当加入静态水翼后,波动鳍产生的两个推力峰值明显存在差异。静态水翼的加入,使得整个系统稳定性降低,从图 4.54 可以观察到,更大的静态水翼攻角导致更明显的推力波动。在后续研究中结合涡量图和压力结果分析推力峰值变化的原因。特别地,随着静态水翼攻角变化,第一个推力峰值大致产生于 t/T = 14.3~14.4,第二个峰值产生于 t/T=14.8~14.9。当 A=40°时,产生的推力明显高于其他情况。同时可以观察到,波动鳍波谷大约产生于 t/T=14.0~14.2。当静态幅值较小时,A=0°~10°,静态水翼对波动鳍产生的影响较小,波动鳍推进性能与单个波动鳍推进性能基本相同。当静态幅值增大时,如图 4.54(a)中所示,当静态幅值 A=30°或 40°时,可以观察到,水翼对波动鳍推力影响逐渐增大,两次推力峰值的差值也逐渐增大。如图 4.54(b)所示,在一个运动周期内,波动鳍侧向力产生一个波峰和波谷,波峰大约在于 t/T=14.25,波谷产生于 t/T=14.75 左右,根据波动鳍运动控制方程,t/T=14.25 和 14.75 时刻恰好是波动鳍侧向运动速度最大时刻。因此,可以推测波动鳍侧向力主要与波动鳍侧向运动速度相关。但是,波动鳍推力峰值时间点恰好与尾涡脱落时刻相关,水翼静态幅值变化对波动鳍推进性能的影响将在后续章节中从涡旋角度分析。

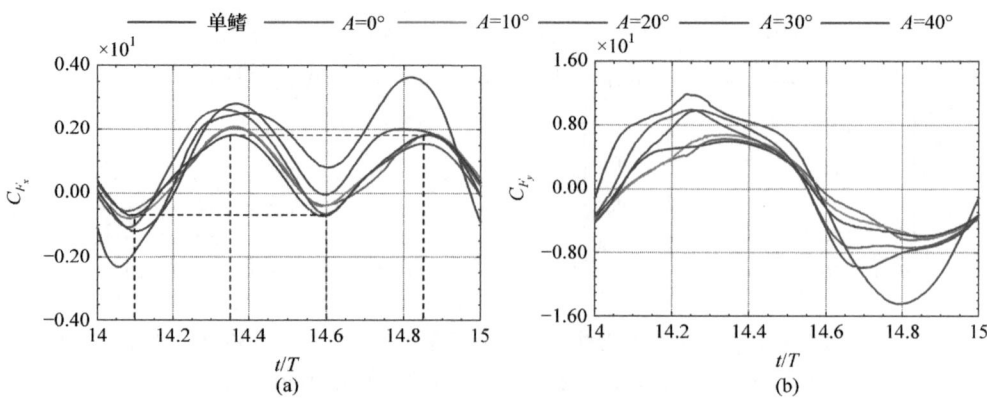

图 4.54 静态水翼攻角下的瞬时性能(扫描章前二维码查看彩图)
(a) 波动鳍瞬时推力系数；(b) 波动鳍瞬时侧向力系数

从图 4.54 可以看出，在 t/T=14.35 处，波动鳍产生的推力和侧向力基本在推力峰值附近。因此选取此时刻分析不同水翼攻角对波动鳍推进性能的影响关系。如图 4.55(a)所示，当仅有波动鳍时，二维波动鳍周期性运动产生单涡交替脱落的周期性涡街，也称为 2S 型反卡门涡街，同时波动鳍前缘产生的涡街沿着鳍面运动，最终在波动鳍尾部聚集，随着波动鳍周期性摆动脱落。但是，当系统中加入静态水翼，如图 4.55(b)~(f)所示，可以观察到，当加入不同静态攻角的水翼时，沿着水翼周围会有涡脱落，当与波动鳍前缘相遇时，影响波动鳍前缘涡的生成与脱落，同时也会对波动鳍后缘涡的传播，导致波动鳍尾涡(TEV)更加混乱。随着静态水翼攻角增加，沿着水翼产生的逆时针涡(CCW)会逐渐增强。对比图 4.55(a)~

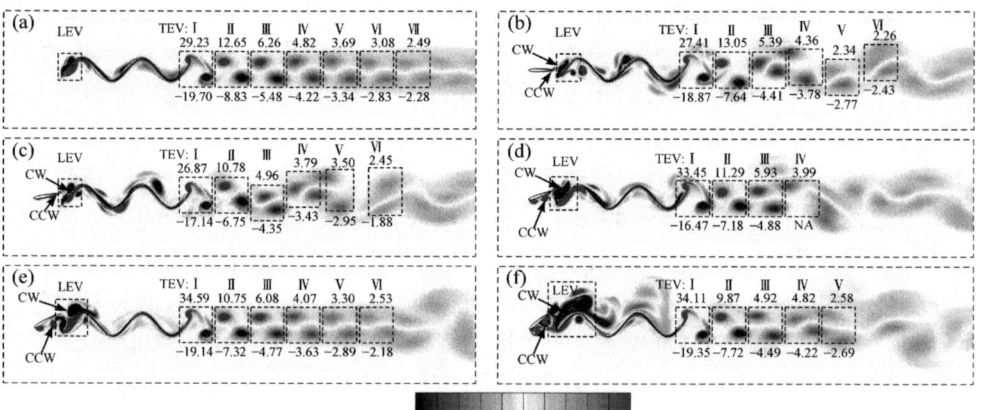

图 4.55 静态水翼和波动鳍的涡量结果(扫描章前二维码查看彩图)
(a) 单鳍；(b) $A=0°$；(c) $A=10°$；(d) $A=20°$；(e) $A=30°$；(f) $A=40°$
CW-顺时针涡

(c)，水翼产生的 CCW(红色)与波动鳍前缘产生的 CW(蓝色)相遇，波动鳍前缘涡被削弱。如图 4.55(d)~(f)所示，当水翼攻角超过 20°时，虽然也会有水翼产生的 CCW 与波动鳍前缘产生的 CW 相遇，但是此时使得波动鳍前缘 CW 增强了。结合图 4.56，在 t/T=14.35 时刻，波动鳍前缘向下运动，因此呈现出波动鳍上表面为负压下表面为正压。如图 4.56(b)~(f)所示，添加了静态水翼，使得波动鳍前缘产生一个负压区域，并且随着水翼角度的增加，波动鳍前缘负压区域越大，因此使得波动鳍前缘产生了更大的涡团。

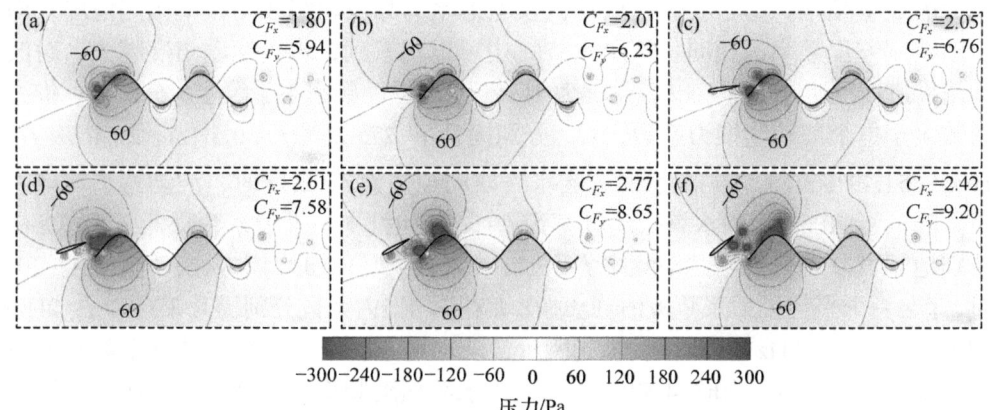

图 4.56　静态水翼和波动鳍的压力结果(扫描章前二维码查看彩图)
(a) 单鳍；(b) A=0°；(c) A=10°；(d) A=20°；(e) A=30°；(f) A=40°

如图 4.55(b)~(f)所示，静态水翼的加入会进一步影响波动鳍尾涡结构。对比图 4.55(a)和图 4.55(b)，当静态幅值为 A=0°时，水翼产生的尾涡和波动鳍前缘涡运动产生的前缘涡相遇，加速了前缘涡的脱落。水翼产生的顺时针尾涡(蓝色)同样沿着波动鳍移动，当涡到达波动鳍尾部与尾涡相撞，受到水翼尾涡的挤压，使得尾涡错落排布，尾涡结构不再像单鳍那样稳定均匀排布。随着静态水翼攻角的增加，波动鳍产生的尾涡受静态水翼的影响逐渐减小。当水翼攻角 A=30°时，如图 4.55(e)所示，再次出现了均匀脱落的涡对，相对于只有波动鳍的情况(图 4.55(a))，虽然波动鳍第一对尾涡强度更大，但是随着涡向后传播，涡耗散更快。如图 4.55(f)所示，当 A=40°时，波动鳍尾涡又逐渐混乱。

从图 4.54(a)和图 4.56(a)可以观察到，在 t/T = 14.35 时，在仅有波动鳍时，C_{F_x}=1.80，C_{F_y}=5.94。当增加了水翼，波动鳍产生的瞬时推力和升力都比仅有波动鳍时大。从波动鳍推进性能定义及图 4.55 可以看到，当加入水翼时，加速了波动鳍前缘涡的脱落，由于前缘涡沿着波动鳍传播，因此得到更大的推力性能。如图 4.56(e)所示，A=30°时，波动鳍产生的推力系数最大，达到 2.77。此时波动鳍运动引起的局部压力大于其他情况，同时整个流场域压力也更大。如图 4.55(e)所示,此时波动鳍尾涡脱落最强,表明波动鳍推进性能与尾涡脱落相关。可以得出,波动鳍推力性能主要和波动鳍前缘涡和后缘涡脱落相关,波动鳍 y 方向升力主要由波动鳍两侧压差决定。

2. 水翼俯仰运动对波动鳍水动力性能的影响

本部分分析水翼俯仰运动对波动鳍水动力性能的影响。仿真结果如图 4.57 所示,研究考虑 5 种摆动角度,即水翼摆动幅值($\theta_m= 0°\sim40°$),每一种摆动角度下又考虑 5 个频率。为了不失一般性,仅考虑水翼和波动鳍波动频率相同情况,即运动控制方程频率都相同。从图 4.57(a)中可以观察到,水翼摆动角度越大,对波动鳍推进性能影响明显。以 $\theta_m=40°$ 为例,当水翼摆动频率小于等于 1.5Hz 时,推力系数大于单个波动鳍推力系数,C_{F_x} 分别提升了 775.26%($f= 0.5$Hz)、20.46%($f= 1$Hz)、51.49%($f= 1.5$Hz)。然而,当水翼摆动频率为 $f= 2$Hz 时,波动鳍平均推力系数降低了 70.09%。当水翼摆动频率为 $f= 2.5$Hz 时,平均推力系数降低了 60.32%。特别地,可以观察到当摆动频率 $f= 2$Hz 或者 $f= 2.5$Hz 时,水翼摆动幅值 $\theta_m=20°$ 时,存在一个平均推力系数极值。此时波动鳍平均推力系数分别提升 8.74%($f= 2$Hz)和 12.21%($f= 2.5$Hz)。如图 4.57(b)所示,波动鳍运动产生的平均功率系数和推力系数变化规律相同。如图 4.57(c)所示,当水翼摆动频率为 0.5Hz 时,在水翼俯仰摆动影响下,波动鳍平均净推进效率明显提升。当水翼摆动幅值 θ_m 为 40°时,平均净推进效率提升了 70.74%。然而,当水翼摆动频率增加时,波动鳍产生的平均净推进效率却低于单个波动鳍运动产生的平均净推进效率。当摆动幅值 $\theta_m=40°$ 时,平均净推进效率分别降低了 28.56%($f= 2$Hz)和 20.49%($f= 2$Hz)。以上分析结果表明,水翼俯仰运动对波动鳍平均推进性能影响更为复杂。当且仅当水翼摆动幅值为 20°时,波动鳍始终能够获得水翼引起的水动力增益。同时可以观察到,水翼摆动幅值越大,频率越高,反而对波动鳍平均推进性能产生了抑制作用。

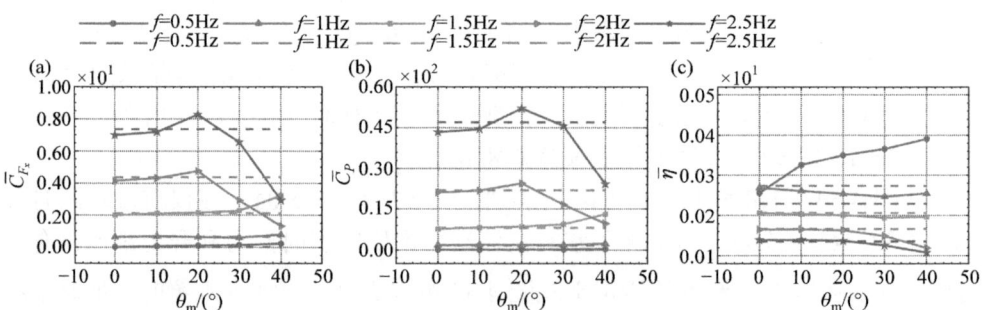

图 4.57 水翼俯仰运动波动鳍推进性能的影响(扫描章前二维码查看彩图,虚线表示单个波动鳍的性能,实线表示存在水翼俯仰运动时的性能)

(a) 平均推力系数;(b) 平均功率系数;(c) 平均净推进效率

图 4.58 描述了在 t/T = 14.35 时水翼俯仰运动的涡量云图。从图 4.58(b)~(f)可以观察到,当波动鳍前端水翼俯仰摆动时,随着水翼摆动幅值的增加,产生的 TEV 逐渐增强。当水翼产生的 TEV 与波动鳍前缘产生的 LEV 相遇,此时影响波动鳍前缘涡结构。如图 4.58 所示,水翼周期性俯仰运动产生顺时针旋转涡标记为 Fo-CW-i,逆时针旋转涡标记为 Fo-CCW-i(i = 1, 2, 3)。从图 4.58(b)~(f)中可以观察到,水翼产生的尾涡 CW 主要沿着波动鳍下侧传播,水翼产生的 CCW 主要在波动鳍上侧传播。同时,水翼产生的尾涡会加速波动鳍表面涡的脱落。使得波动鳍表面形成混合涡,此混合涡传递到波动鳍尾部,对波动鳍尾涡系产生影响。如图 4.58(c)~(f)所示,水翼俯仰摆动幅值从 10°增加到 40°,水翼产生的尾涡涡流强度越来越大。当这些涡流沿着波动鳍表面传递到尾部,会使得波动鳍尾流结构越来越混乱。当 θ_m=10°时,如图 4.58(c)所示,可以清晰地观察到波动鳍尾部存在 5 对"2S"涡。但是,当水翼摆动幅值增加到 θ_m=40°时,如图 4.58(f)所示,波动鳍尾部基本不能观察到稳定均匀的尾涡结构。这是因为随着前端水翼摆动幅值的增加,水翼产生的 CW 与波动鳍下表面涡混合,CCW 与波动鳍上表面涡混合,此时波动鳍上下表面流体同时存在 CW 和 CCW,当这些涡流团传递到波动鳍尾部,波动鳍两侧涡混合后使得波动鳍产生的尾涡立即耗散,因此不能形成稳定均匀的涡流。

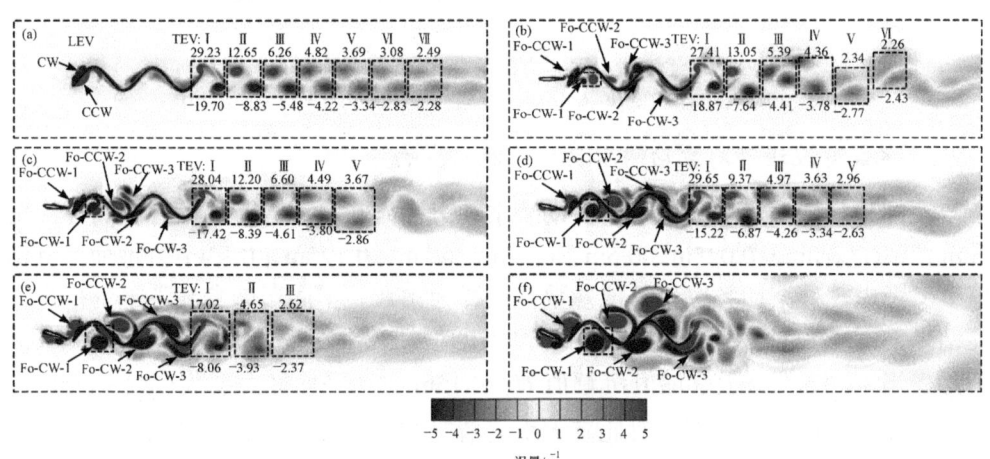

图 4.58 水翼俯仰运动涡量结果(扫描章前二维码查看彩图)
(a) 单鳍;(b) θ_m = 0°;(c) θ_m = 10°;(d) θ_m = 20°;(e) θ_m = 30°;(f) θ_m = 40°

从图 4.59 的压力云图可以观察到,当水翼摆动幅值 θ_m =0°时,流场产生的压差小于单个波动鳍情况。随着水翼俯仰摆动角度的增加,产生的尾涡强度越大,使得波动鳍前缘局部流场速度增加。对比图 4.58 和图 4.59,可以观察到水翼产生的尾涡(Fo-CCW-i)引起波动鳍前缘形成一个低压吸力区,使得波动鳍产生的瞬时推力略大于单个波动鳍情况,但是随着水翼摆动角度的增加,波动鳍的瞬时推力

系数 C_{F_x} 变化不大。这是因为从图 4.59 中可以观察到，虽然此时波动鳍前缘上侧形成一个负压区域，但是波动鳍前缘是向下运动的，波动鳍下侧形成的高压区域基本相同，均是波动鳍运动引起的，说明波动鳍产生的推力主要是波动鳍波动过程中与周围流体相互作用产生的。同时，从图 4.59 中侧向力系数 $\bar{C}_{F_y}$ 可以观察到，水翼俯仰运动对波动鳍侧向力影响更大。因为水翼摆动角度越大，波动鳍两侧流场压差越大，使得整个波动鳍侧向力越大。

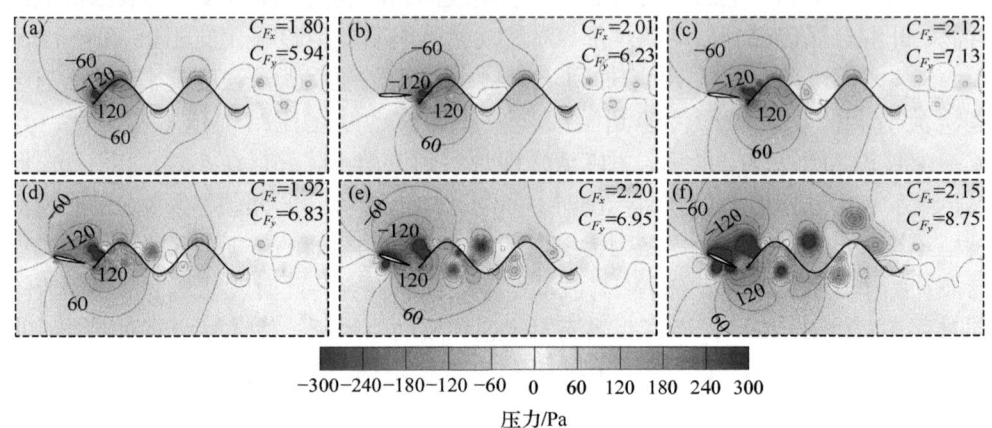

图 4.59 水翼俯仰运动压力结果(扫描章前二维码查看彩图)
(a) 单鳍；(b) $\theta_m = 0°$；(c) $\theta_m = 10°$；(d) $\theta_m = 20°$；(e) $\theta_m = 30°$；(f) $\theta_m = 40°$

3. 水翼升沉运动对波动鳍水动力性能的影响

本部分分析水翼升沉运动对波动鳍水动力性能影响。考虑 7 种升沉高度，即升沉幅值(H_m=0m，0.025m，0.5m，0.75m，0.1m，0.125m，0.15m)，每种升沉幅值下又考虑 5 种波动频率，其他参数都设置为常数。不同运动参数下平均推进性能结果如图 4.60 所示。随着水翼升沉高度的增加，平均推力系数大多逐渐降低。但是，当 f = 0.5Hz，波动鳍升沉幅值 H_m=0.15m 时，平均推力系数 $\bar{C}_{F_x}$ 达到最大。同时，在相同运动频率下，对比有无水翼情况波动鳍推力系数，可以观察到水翼升沉运动扰动下，波动鳍平均推力系数 $\bar{C}_{F_x}$ 低于单个波动鳍运动的平均推力，说明水翼升沉运动会抑制波动鳍平均推进性能。特别地，当水翼升沉幅值 H_m =0.15m 时，波动鳍频率为 1～2Hz 时，平均推力系数结果为负，表明受水翼升沉运动的影响，此时波动鳍产生的推力不足以克服流场产生的阻力，呈现出阻力效果。如图 4.60(b)所示，波动鳍侧向力平均功率系数变化和平均推力系数变化规律基本相同。对于波动鳍产生的平均净推进效率，从图 4.60(c)可以观察到，当水翼升沉幅值 H_m 低于 0.1m 时，水翼扰动时波动鳍效率略低于仅有波动鳍运动时的净推进效率。特别地，从净推进效率定义可以得到，负净推进效率表明此时波动鳍不能产生推力作用。以上结果表明,水翼升沉运动会同时抑制波动鳍平均推力和平均净推进效率。从优化波动鳍机器人水动力性能角度来看,水翼升沉运动不是一个好的选择。

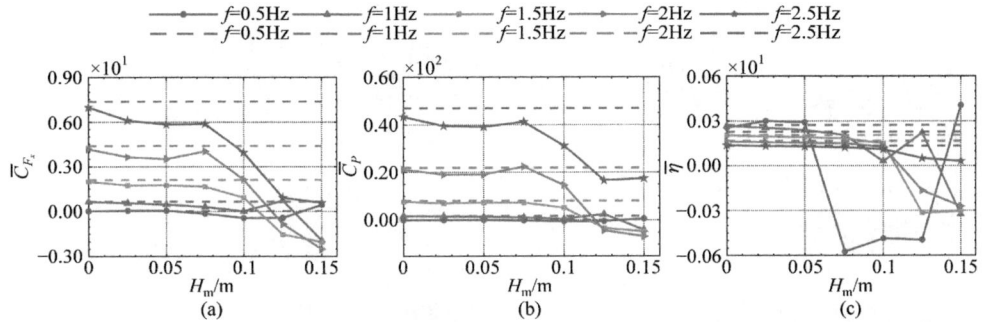

图 4.60 水翼升沉运动时波动鳍的平均水动力性能(扫描章前二维码查看彩图,虚线表示单个波动鳍的性能,实线表示存在水翼升沉运动时的性能)
(a)平均推力系数;(b)平均功率系数;(c)平均净推进效率

图 4.61 描述了在 t/T = 14.35 时,水翼不同升沉幅值下的涡量云图。从图 4.61(b)～(f)可以观察到,水翼升沉运动时,将同时产生前缘涡(LEV)和后缘涡(TEV)。随着升沉幅值的增加,水翼产生 LEV 和 TEV 强度也逐渐增强。如图 4.61(e)所示,在时间 t/T=14.35 时刻,波动鳍前缘向下运动,标记波动鳍第 i 个波峰处为 Fo-CW-i 区域。此时,波动鳍波峰内同时存在着三种涡,分别为波动鳍表面的 CCW、水翼尾部脱落的 CW,以及水翼前缘脱落的 CCW。随着波动鳍行波传播,波动鳍两侧的涡量逐渐减弱。当涡量传递到波动鳍尾部,使得波动鳍尾涡结构发生改变。如图 4.61(b)～(e)所示,当水翼升沉幅值 H_m≤0.05m 时,前端水翼脱落的涡在波动鳍两侧沿着行波传播逐渐耗散,轻微影响波动鳍尾涡结构,波动鳍按照 2S 型的尾涡脱落。但是,相较于单个波动鳍运动情况(图 4.61(a)),尾涡会更快地耗散。当水翼升沉幅值 H_m≥0.075m 时,水翼升沉运动产生的涡传播到波动鳍尾缘,随着波动鳍尾涡一起脱落,形成 2P 型涡。同时可以观察到水翼升沉幅值越大,产生的尾涡越强。由于水翼升沉运动产生的 Fo-CW-$i(i$ =1,2,3)主要在波动鳍下侧传播,Fo-CCW-i 涡主要在波动鳍上侧传播。这些涡将会增强波动鳍表面的 CW 和 CCW。当这些涡团传递到波动鳍尾缘,使得波动鳍尾涡结构变得紊乱,进而影响波动鳍推进性能。

如图 4.62 所示,水翼升沉运动也会引起波动鳍局部流场压力扰动。随着水翼升沉幅值增加,流场压力变化越大。从图 4.62(c)～(e)中可以观察到,由于存在水翼升沉运动,流场区域压差均大于单个波动鳍情况。但是,此时波动鳍瞬时推力系数 C_{F_x} 却小于单波动鳍情况。特别地,当波动鳍升沉幅值 H_m=0.1m 和 0.15m 时,波动鳍推力系数为负。这是因为水翼升沉运动使得波动鳍前缘产生一个局部高压区,波动鳍瞬时推力系数为负,如图 4.62(f)和(h)所示。如图 4.62(g)所示,当水翼升沉幅值为 0.125m 时,波动鳍前缘存在一个巨大的局部负压区域,此时产生的瞬

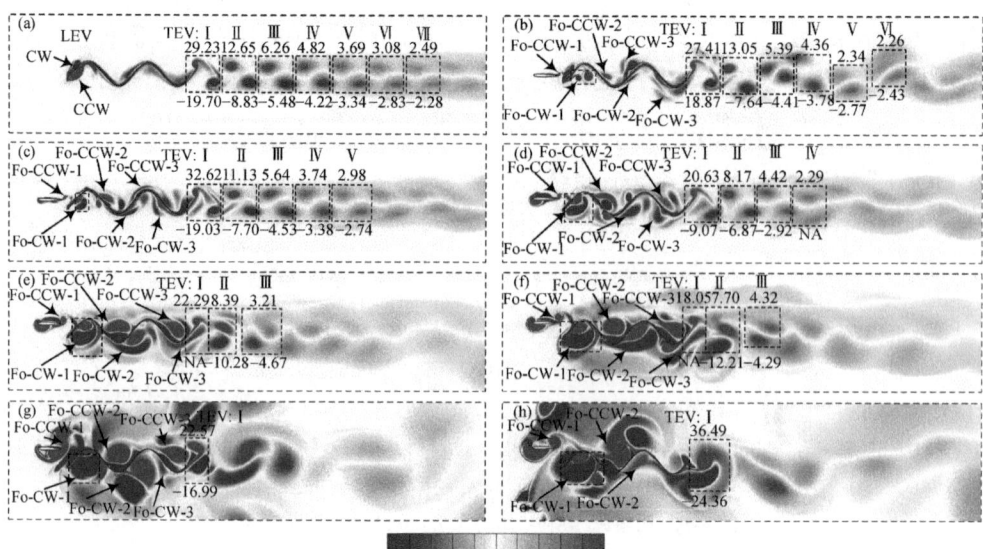

图 4.61 水翼升沉运动涡量结果(扫描章前二维码查看彩图)

(a) 单鳍;(b) $H_m = 0$m;(c) $H_m = 0.025$m;(d) $H_m = 0.05$m;(e) $H_m = 0.075$m;(f) $H_m = 0.1$m;(g) $H_m = 0.125$m;(h) $H_m = 0.15$m

时推力为正。以上结果表明波动鳍前缘的低压区产生前缘吸力,能够提升波动鳍推进性能,前缘高压区会降低波动鳍性能。

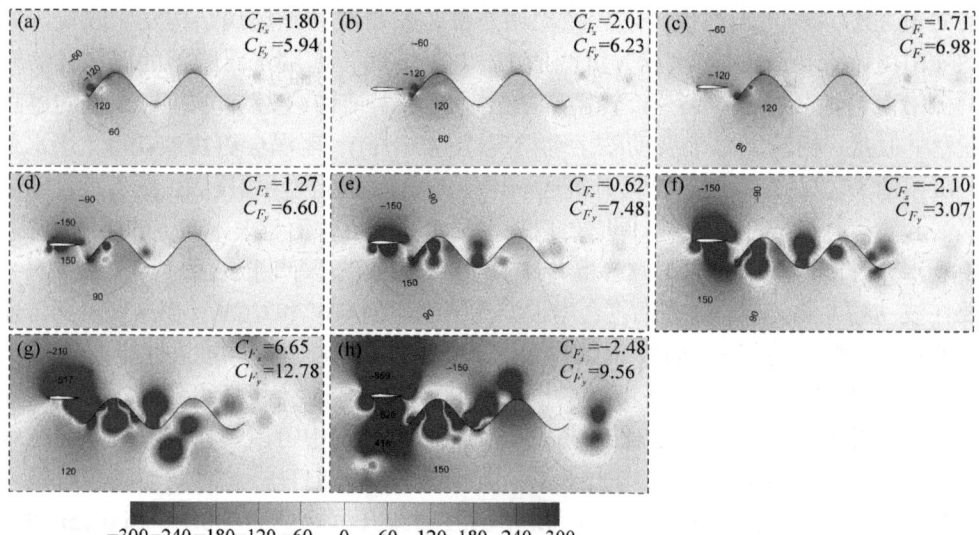

图 4.62 水翼升沉运动压力结果(扫描章前二维码查看彩图)

(a) 单鳍;(b) $H_m = 0$m;(c) $H_m = 0.025$m;(d) $H_m = 0.05$m;(e) $H_m = 0.075$m;(f) $H_m = 0.1$m;(g) $H_m = 0.125$m;(h) $H_m = 0.15$m

4. 水翼复合运动对波动鳍水动力性能的影响

研究进一步分析水翼升沉和俯仰的复合运动(简称"水翼复合运动")对波动鳍水动力性能的影响。仿真结果如图 4.63 所示。与升沉运动相同，研究考虑 7 种升沉幅值，在每一种升沉幅值下又考虑不同的运动频率，水翼摆动角度 $\theta_m = 30°$。如图 4.63(a)所示，当水翼升沉幅值相同时，随着运动频率的增加，波动鳍平均推力系数 $\bar{C}_{F_x}$ 增大。对于相同运动频率，以 $f=1$Hz 为例，在水翼俯仰和升沉复合运动影响下，水翼升沉幅值越高，波动鳍产生的推力系数越大。对比相同运动频率时单个波动鳍推进性能。当水翼升沉幅值较小时($H_m \leqslant 0.025$m)，波动鳍平均推力系数低于单波动鳍，表明水翼俯仰运动幅值较低时，波动鳍不能从水翼复合运动中获取推力增益。当水翼升沉幅值 $H_m \geqslant 0.05$m 时，波动鳍平均推力系数高于单个波动鳍。并且水翼升沉幅值越大，波动鳍平均推力系数越高。说明水翼复合运动时，幅值越大，波动鳍获取的能量增益越高。特别地，当水翼升沉幅值 $H_m = 0.15$m, $f=2.5$Hz 时，单个波动鳍平均推力系数 $\bar{C}_{F_x} = 7.36$。有水翼时，波动鳍平均推力系数 $\bar{C}_{F_x} = 33.91$，平均推力系数增加了 360.73%。进一步地，当 $f=1$Hz 时，平均推力系数增加了 710.48%。表明对于水翼升沉和俯仰的复合运动，运动频率越低，波动鳍获得能量增益越明显。波动鳍平均功率系数变化规律如图 4.63(b)所示，平均功率系数变化规律与推力变化规律相同。进一步地，得到波动鳍平均净推进效率如图 4.63(c)所示，与单个波动鳍效率变化规律相同，当运动频率 $f \geqslant 1$Hz 时，随着频率增加，波动鳍推进效率逐渐降低，并且平均净推进效率基本略小于单个波动鳍推进效率。当 $f=0.5$Hz 时，水翼影响下波动鳍平均净推进效率远高于单个波动鳍推进效率。以上结果表明，水翼升沉运动可以显著地提高波动鳍平均推力，因此从优化波动鳍机器人水动力性能的角度，可以选择水翼升沉和俯仰的复合运动来提高波动鳍推力性能。净推进效率和推力之间存在一个相反的变化趋势，虽

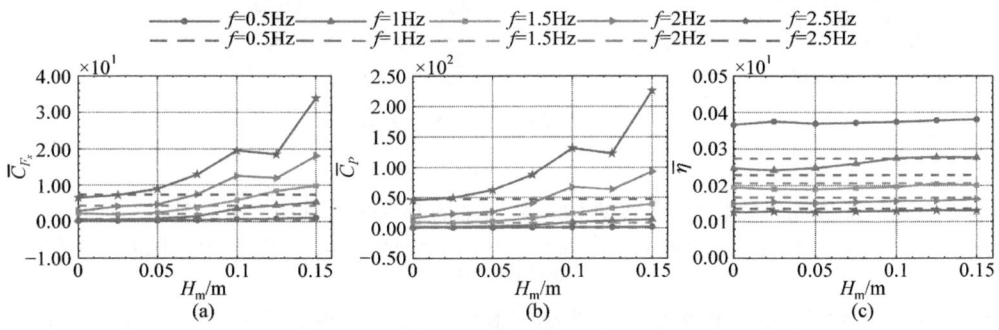

图 4.63 升沉和俯仰复合运动对推进性能的影响结果(扫描章前二维码查看彩图，虚线表示单个波动鳍的性能，实线表示存在水翼复合运动时的性能)

(a) 平均推力系数；(b) 平均功率系数；(c) 平均净推进效率

然水翼复合运动可以提升波动鳍平均推力系数 $\bar{C}_{F_x}$，但是同时会增加侧向功率损失，根据净推进效率定义，净推进效率也会降低。因此，对于实际情况，需要根据不同运动策略选择高推力系数或是高净推进效率选择水翼尾流参数。

图 4.64 描述了 $t/T=14.35$ 时刻，水翼不同升沉幅值的复合运动涡量云图。水翼复合运动也会同时产生 LEV 和 TEV。如图 4.64(b)~(h)所示，当水翼摆动角度 $\theta_m=30°$ 时，升沉幅值越大，水翼产生的 LEV 和 TEV 都越强。从图 4.64(a)可以得到，水翼复合运动造成波动鳍前缘局部来流速度增大，产生了一个前缘吸力，构成一部分波动鳍推力，使波动鳍产生更大的推力。对比图 4.64(a)和(e)可以观察到，水翼产生的尾涡 CW 主要聚集在波动鳍下侧，水翼产生的尾涡 CCW 主要聚集在波动鳍上侧。这些涡量在来流速度(U_0)以及波动鳍共同作用下，沿着波动鳍传播，会加速波动鳍上侧表面的 CW(蓝色)和下侧表面 CCW(红色)脱落(扫描章前二维码查看彩图)。最终这些涡量传播到波动鳍尾缘，与波动鳍运动产生的尾涡融合。可以得到，由于水翼尾流产生的涡影响，波动鳍尾涡结构更加混乱，不能产生均匀稳定的 2S 型涡街。因此，加剧了波动鳍产生的瞬时推进性能的波动。

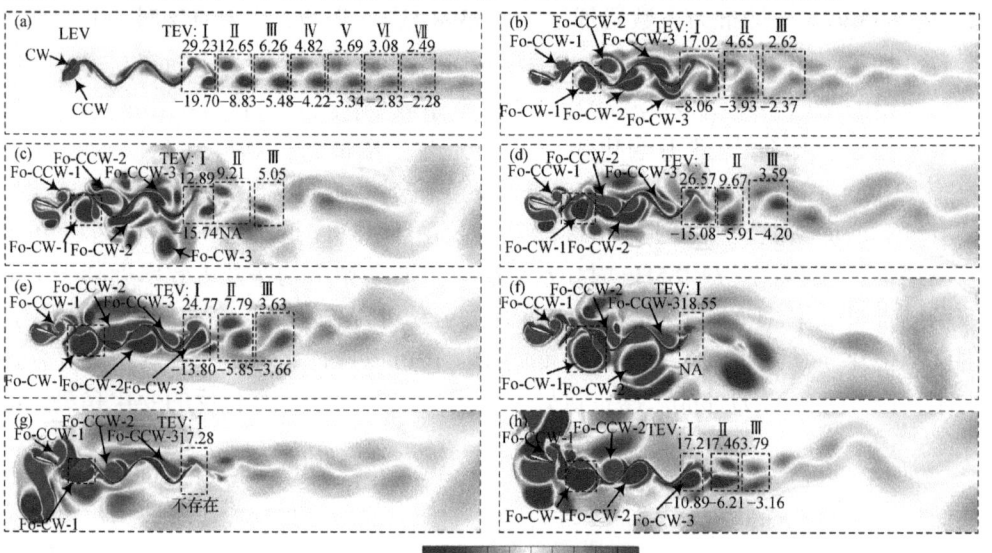

图 4.64　水翼复合运动下的涡量云图(扫描章前二维码查看彩图)
(a) 单鳍；(b) $H_m=0$m；(c) $H_m=0.025$m；(d) $H_m=0.05$m；(e) $H_m=0.075$m；(f) $H_m=0.1$m；(g) $H_m=0.125$m；(h) $H_m=0.15$m

如图 4.65 所示，水翼复合运动会引起周围局部流场速度增大，形成低压区。由于水翼周期性运动会增加局部流体域的压力波动。如图 4.65(a)~(f)所示，当单个波动鳍运动时，流场域压差 $\Delta P=764.58$Pa。水翼的加入，加剧了流场压力波动，使得此刻流场域压差均大于单个波动鳍。随着水翼升沉幅值的增大($H_m=0$~0.15m，$\theta_m=30°$)，流场域的压力波动压差也逐渐增大。对比此刻波动鳍产生的瞬时推力系数C_{F_x}，随着水翼升沉幅值的增加，波动鳍的瞬时推力系数也逐渐增大，大于单波动鳍推力情况。可以观察到，由于水翼复合运动，波动鳍前缘产生一个局部低压吸力区，这个吸力部分增加了波动鳍的瞬时推力。从图4.65(d)~(f)可以观察到，当$H_m=0.05$m，此时波动鳍的瞬时推力系数$C_{F_x}=4.15$，明显高于$H_m=0.075$m 和 $H_m=0.1$m 的情况，这是因为 $t/T=14.35$ 时刻波动鳍波峰位置存在一个局部低压区(A、B)，此时波动鳍向下运动，由于低压区(A、B)的存在，波动鳍的瞬时推力降低。类似地，图4.65(h)也是由于低压区 C 的存在，波动鳍瞬时推力系数C_{F_x}低于 $H_m=0.125$m 的条件。以上结果表明，水翼复合运动会造成波动鳍前缘形成一个局部低压区，增大波动鳍推力。同时，波动鳍身体两侧的局部涡产生的低压区也会对波动鳍瞬时推力系数造成影响。

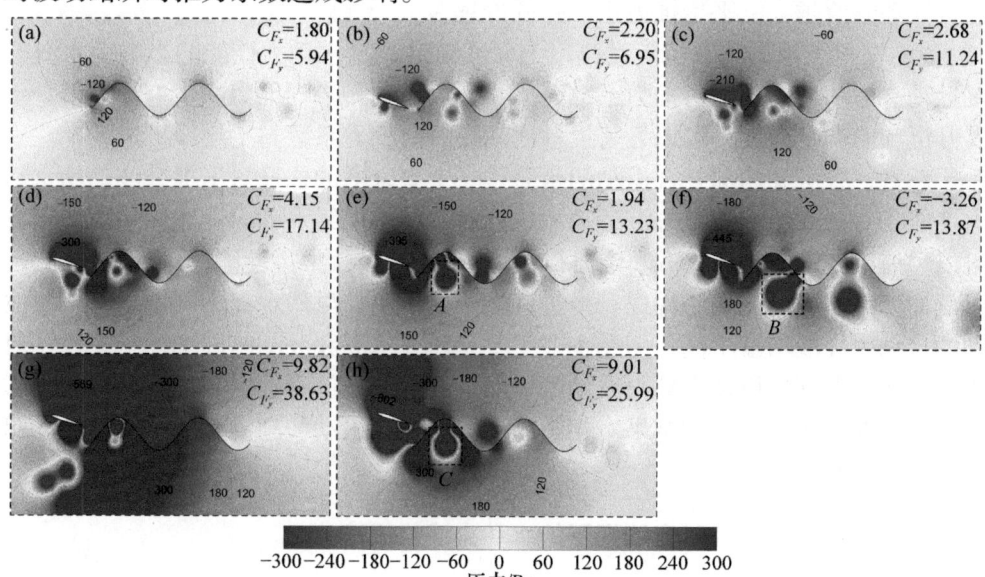

图4.65　水翼复合运动时波动鳍压力结果(扫描章前二维码查看彩图)
(a) 单鳍；(b) $H_m=0$m；(c) $H_m=0.025$m；(d) $H_m=0.05$m；(e) $H_m=0.075$m；(f) $H_m=0.1$m；(g) $H_m=0.125$m；(h) $H_m=0.15$m

5. 水翼尾流对波动鳍水动力性能的影响

受鱼类集群运动的启发，为了提升波动鳍机器人水动力性能，系统地探讨了水翼尾流轨迹对波动鳍水动力性能的影响。考虑了四种典型工况：①静态水翼；②纯俯仰运动水翼；③纯升沉运动水翼；④复合运动水翼。得到以下结论：

(1) 通过对比运动频率为 $f=1$Hz 时，水翼不同运动轨迹对波动鳍水动力性能的影响。发现静态水翼轻微提升波动鳍平均推力系数。水翼纯俯仰运动轻微降低波动鳍平均推力系数。水翼升沉运动产生的高速涡团始终保持在波动鳍行波区域内。因此,显著地抑制波动鳍平均水动力性能,相对平均推力系数降低97.28%。然而复合运动(俯仰+升沉)引起的高速涡流团会沿着波动鳍行波向两侧发散。此种运动轨迹显著地提升波动鳍平均推力,相对平均推力增量为445.33%。

(2) 探索了静态水翼角度和波动鳍运动频率对水动力性能的影响。在水翼攻角静态幅值$A<20°$时,静态水翼的存在会降低波动鳍平均水动力性能。当$A=20°\sim40°$时,会提升波动鳍平均推力系数,并且静态幅值越大,波动鳍平均推力系数增益越大。

(3) 探索了水翼纯俯仰摆动角度与运动频率对波动鳍水动力性能的影响。在低频运动时$f\leqslant1.5Hz$,随着俯仰摆动角度的增加,波动鳍获得的平均推力增益逐渐增大。在高频运动时($f=2Hz$或者$f=2.5Hz$),存在一个临界摆动幅值,当$\theta_m=20°$时,波动鳍平均推进性能增加,而在其他摆动幅值时,波动鳍平均推力系数降低,并且摆动幅值越大,平均推力系数降低得越多。

(4) 探索了水翼纯升沉运动高度与频率对波动鳍水动力性能的影响。水翼升沉运动会增加波动鳍瞬时推力系数,但是会对波动鳍平均推力产生抑制效果。水翼升沉和俯仰复合运动可以显著提升波动鳍瞬时推力系数与平均净推进效率。

总之,升沉和俯仰复合运动的水翼是一个更合适的选择对于提升波动鳍水动力性能相对于纯俯仰或纯升沉运动。通过对二维波动鳍水动力性能影响规律研究可以为三维波动鳍推力提升奠定基础。这对于设计高效推进性能的波动鳍机器人,以及如何利用被动流场条件提升推进性能至关重要。虽然水翼不同振动方式对波动鳍水动力性能增益不同,但是本节主要是研究水翼和波动鳍同频运动条件,对于异步运动条件,以及水翼与波动鳍横向、纵向间距等参数对于波动鳍水动力影响可能存在更多可参考的结果。相关结果为优化高机动、高灵敏度的仿生波动鳍机器人奠定基础。

4.7.3 二维波动推进在时变流场下的水动力演化规律

为了进一步探索普遍存在的水中固定物体(如障碍物等)对于二维波动推进水动力的影响特性,简化固定物为圆柱体,开展圆柱时变尾流中的波动推进水动力性能研究。通过定义圆柱体与鳍表面之间的距离与圆柱体直径的比值,分析了二维波动鳍在不同施特鲁哈尔数下的水动力性能。通过研究平均推力系数、瞬时推力系数、功率系数、净推进效率等无量纲数,全面了解时变流场中波动鳍的工作原理。

1. 数值模型构建

本小节利用CFD商业软件ANSYS FLUENT对二维不可压缩牛顿黏性流动进行了纳维-斯托克斯方程的模拟。在考虑柔性变形体的情况下,采用动态网格模型对计算网格随柔性运动变化的流动进行建模。详细的控制方程已经在 4.2 节中描述。

如图 4.66 所示的计算区域和网格划分细节基于二维模拟,包含两个不同的区域:圆柱形流动区域和波动鳍推进流动区域。ICEM 软件用于为这些区域生成结构化和非结构化网格。在混合网格接触面上采用了一个流场交界面(interface),以便于数据交换。在结构化网格区域,必须通过满足圆柱壁面网格的 $y+$ 条件来确保计算精度。经过估算,初始边界层的高度被确定为 2mm,其扩张率为 1.2,总共有 42 层边界。流场区域上下边界为对称边界(symmetry),右侧为流场出口。

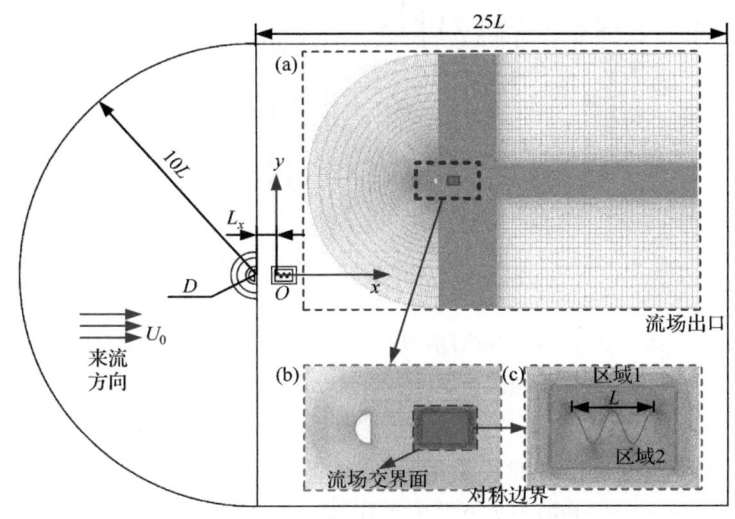

图 4.66 计算区域和网格划分细节

本节也开展了时空无关性的研究,通过对比不同分辨率和时间步长对水动力参数的影响,最终选择了最大网格尺寸 0.001mm 和 $T/500$ 作为开展数值分析的参数。计算区域的左边界被指定为速度入口边界条件,而右边界被设置为压力出口边界条件。顶部和底部边界被赋予对称条件,图 4.66 中所有其他实线则对应于内部边界。此外,本节采用有限体积法进行空间离散化。$k\text{-}\omega$ SST 模型是雷诺平均纳维-斯托克斯(RANS)模型中的一个标准模型。由于其对近壁边界层的独特处理,它在处理湍流问题时表现出更强的鲁棒性和更高的精度。因此,本节选用该模型进行湍流建模,并采用双精度和压力隐式分裂算子(PISO)方案,以确保瞬时流动模拟的准确性。所有的时间和空间离散化方案均为二阶精度。

2. 圆柱时变尾流对二维波动推进的直接影响

图 4.67 展示了二维波动鳍在不同雷诺数(Re)下的瞬时推力随时间的变化。随

着雷诺数的增加，波动鳍的推力逐渐变为正值，这表明在当前的运动参数下，二维波动鳍无法克服来流的阻力以实现向前推进。总的来说，波动鳍的水动力参数是周期变化的。

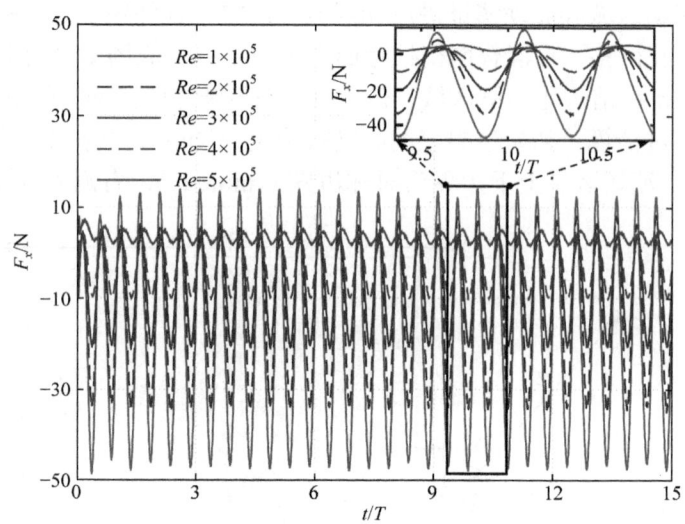

图 4.67 雷诺数对波动鳍的瞬时推力的影响(幅值 0.1m，频率 1Hz，波长 0.5m)
(扫描章前二维码查看彩图)
F_x-瞬时推力

随着雷诺数的增加，瞬时推力的波动幅度逐渐减小。图 4.68 显示，随着雷诺数的增加，前缘涡(LEV)的形成变得更加困难，流向涡(SV)逐渐无法形成，尾缘涡(TEV)的消散速度则增加。在这种情况下，由来流产生的流场占主导地位，阻碍了波动鳍向前推进的瞬时推力。然而，随着来流速度的增加，净推进效率急剧下降，在雷诺数为 $5×10^4$ 时接近零净推进效率。这些结果表明，直接增加来流速度对二维波动推进的涡结构和水动力性能产生了显著影响。圆柱体卡门涡街(KVS)诱导的时变流场对二维波动鳍的影响值得进一步研究。

为了进一步探索在半圆柱时变尾流作用下波动鳍的受力情况，本节明确考察二维波动鳍与圆柱体距离为 $L=1m$ 时的场景。图 4.69 比较了在雷诺数为 $5×10^5$ 时，波动鳍在有无圆柱体情况下的平均推力。在稳态条件下，没有圆柱体时，波动鳍的平均推力约为 3.34N，正值表明波动鳍无法克服来流产生的阻力，从而无法实现向前运动。相反，在相同的运动参数下，当存在圆柱体时，波动鳍的平均推力达到-137.51N，这表明波动鳍受到与其运动方向相同的力。半圆柱体的卡门涡街(KVS)对波动鳍的推力影响显著，即使鳍静止时，也能对其施加相当大的力。

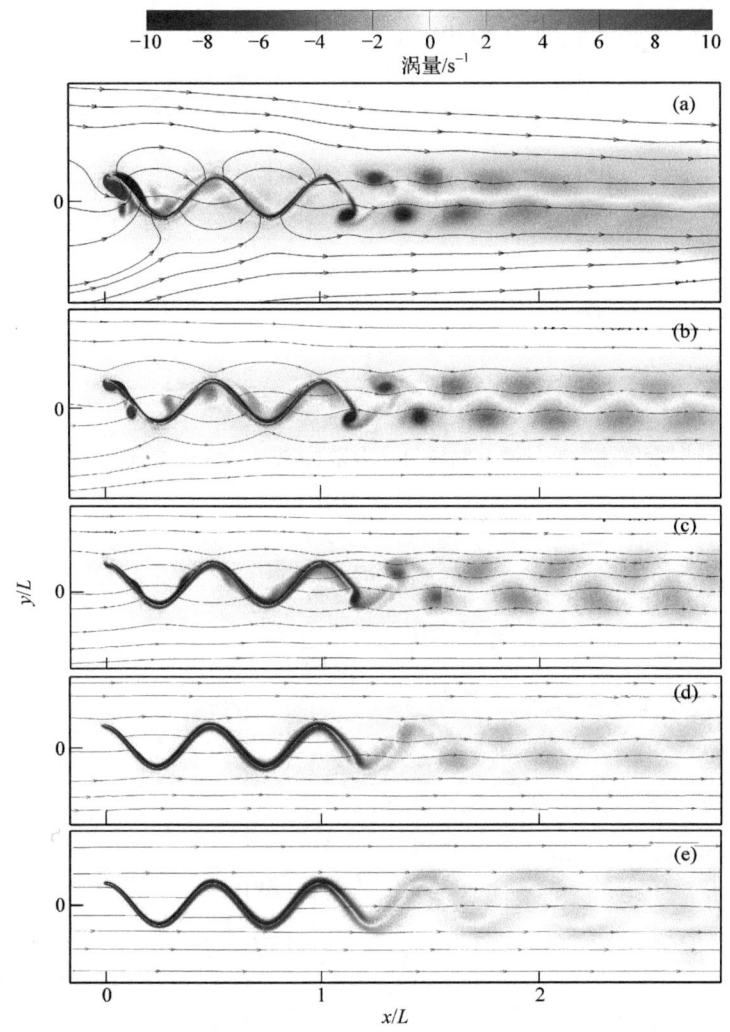

图 4.68 雷诺数对波动鳍瞬时涡量云图的影响(扫描章前二维码查看彩图)
(a) $Re=1\times10^5$；(b) $Re=2\times10^5$；(c) $Re=3\times10^5$；(d) $Re=4\times10^5$；(e) $Re=5\times10^5$

为了深入探究这一现象的原因，图 4.70 中的涡量 Ω 等值线、x 方向速度等值线和流线显示，半圆柱体后方形成了一个低压区，产生了一个大约 $2D$ 大小的回流区域。这种设置确保即使波动鳍静止时也能免受来流的影响。随着时间推移，经过 $20T$ 后，卡门涡街形成，波动鳍所受推力出现周期性变化。在 $10T$ 时，如图 4.70(a)所示，前缘涡(LEV)表现出与图 4.68(a)类似的向后脱落趋势，同时流向涡(SV)和尾缘涡(TEV)通常会形成。与此同时，与反向卡门涡街结构平行的结构从波动鳍后方脱落，如图 4.69 所示，这标志着波动鳍所受力的转折点。随着周期的推进，观察到在 $20T$ 后出现了显著的回流现象，前缘涡、尾缘涡和流向涡在下游

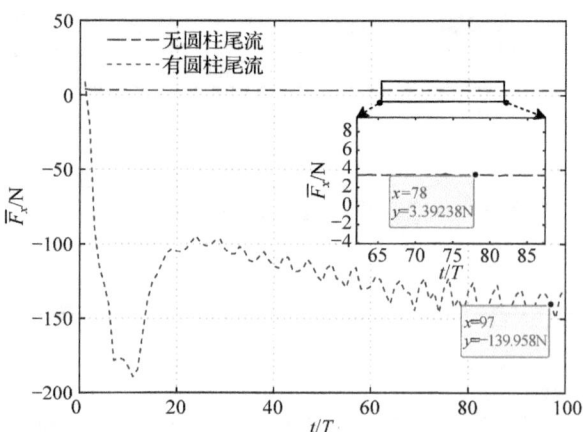

图 4.69 受圆柱时变尾流影响的波动鳍瞬时推力系数(波长 0.5m，幅值 0.1m，频率 1Hz，雷诺数 $5×10^5$)

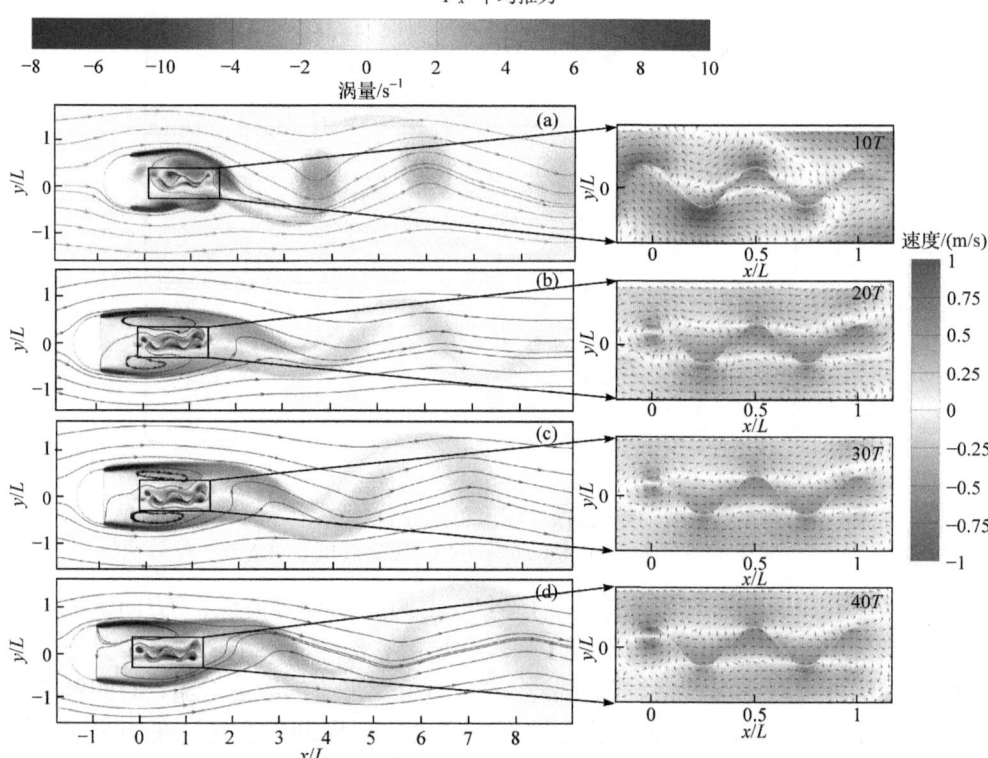

图 4.70 波动鳍受 D 型圆柱时变尾流瞬时涡量等值线分布结果($Re=5×10^5$，$St=0.4$)

(扫描章前二维码查看彩图)

(a) $10T$；(b) $20T$；(c) $30T$；(d) $40T$

St-施特鲁哈尔数

方向脱落,如图 4.70(b)~(d)所示。相应地,每个周期的 x 方向回流区域随着周期的推进显著增强,导致圆柱体后方的尾流区域不断扩大。总体而言,半圆柱体对二维波动鳍的水动力影响显著。在雷诺数为 $5×10^5$ 时,形成了一个大约是圆柱体直径两倍大小的回流区域,为波动鳍利用尾流提供了一个有利的低能耗区域。

3. 圆柱与波动鳍距离对水动力的影响

圆柱体对波动鳍的影响需要进一步探索。因此,定义 $\gamma = L/D (D = 1\mathrm{m})$,通过观察 γ 对波动推进净推力的影响来分析它们之间的相互作用。本节深入研究了 γ 取值范围为 0.5~2.0 的情况。考虑到波动推进的频率是影响二维波动鳍水动力性能的主要因素,本节主要关注波动鳍施特鲁哈尔数(St)对其水动力性能的影响。图 4.71 展示了频率和 γ 变化对波动鳍推力系数 C_{F_x}、功率系数 C_P 和净推进效率 η 的影响的等值线图。图 4.71(a)显示,随着 γ 或 St 的增加,推力系数呈上升趋势。当 St 为 0.8 且 γ 为 1 时,推力系数达到最大值 3.16701。当 γ 较小时,推力系数通常较小,最小值为 0.38823。这种现象归因于波动频率对推力系数的显著影响,较小的 St 导致鳍自身产生的推力较少。如图 4.71(b)所示,C_P 随着 St 和 γ 的增加而增加,这表明随着 γ 或 St 的增加,鳍所需的能量也更多。

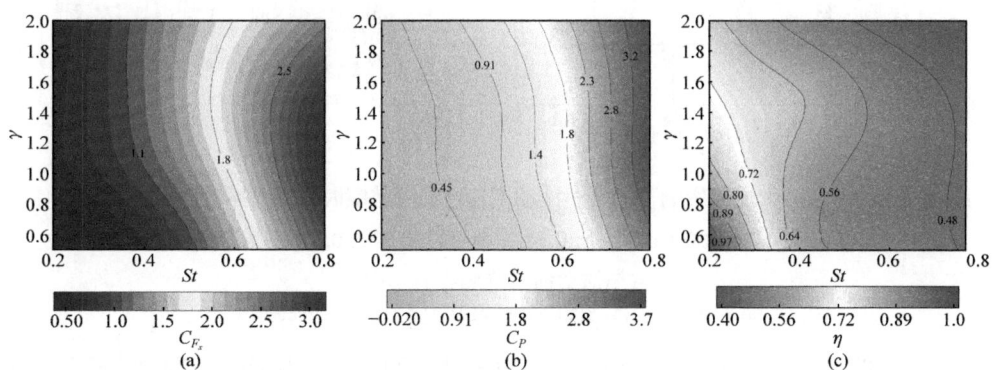

图 4.71 施特鲁哈尔数(St)和 $\gamma (L/D)$ 对波动鳍的水动力性能影响(波长 0.5m,幅值 0.1m,雷诺数 $5×10^5$)(扫描章前二维码查看彩图)
(a) 推力系数;(b) 功率系数;(c) 净推进效率

图 4.72 进一步说明了在 $St=0.8$ 时,波动鳍瞬时水动力性能参数与 γ 的无量纲关系。观察图 4.72(a)~(d),发现 x 方向推力系数 C_{F_x}、推力系数 C_T 和阻力系数 C_D 的变化趋于周期性,随着 γ 的增加,曲线更加平滑。瞬时净推进效率的波动逐渐减小,峰值净推进效率也减小。这些结果表明,当 γ 相对较小,圆柱体的尾流显著抑制了鳍的振荡效应。然而,如图 4.72(b)所示,当 $\gamma=0.5$ 时,鳍的推力系数显著增加。随着 γ 的增加,圆柱时变尾流对鳍推力的增益减小。此外,结合图 4.72(c),发

现圆柱时变尾流对鳍的阻力系数有正增益效应,这可能解释了当γ相对较小,二维鳍的净推进效率更高的原因,如图 4.72(d)所示。

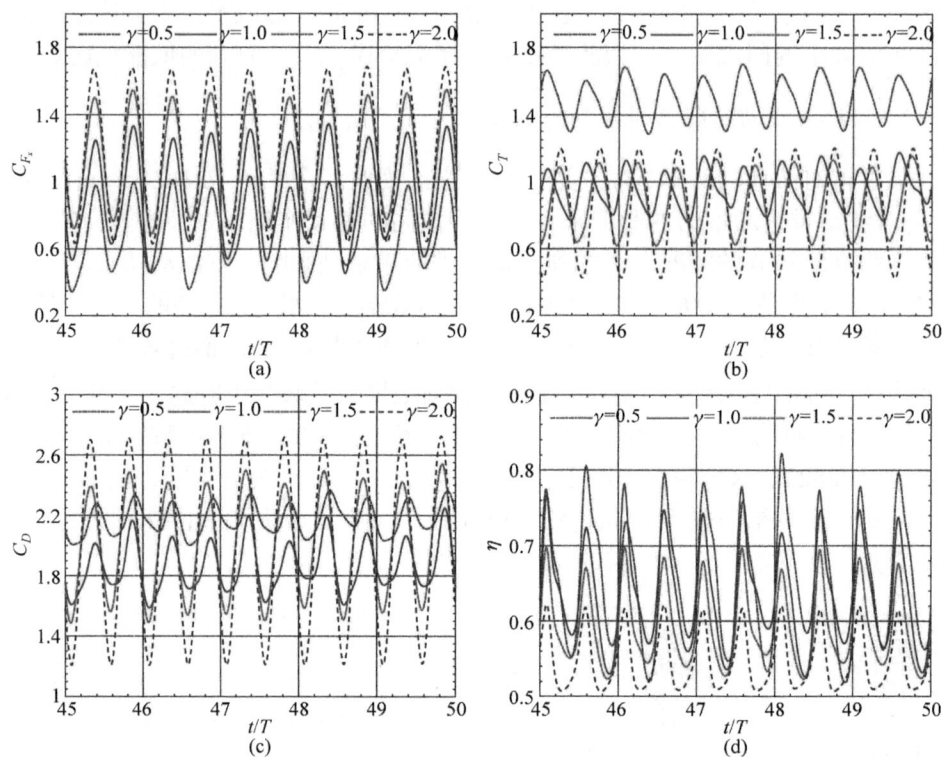

图 4.72 受圆柱时变尾流影响下的五个波动周期内波动鳍瞬时水动力系数(γ取值为 0.5, 1.0, 1.5, 2.0;幅值 0.1m,波长 0.5m,施特鲁哈尔数 0.4,雷诺数 $5×10^5$)

(扫描章前二维码查看彩图)

(a) 推力系数;(b) 升力系数;(c) 阻力系数;(d) 净推进效率

在相同的施特鲁哈尔数(St)下,不同γ对应的涡量等值线如图 4.73 所示。在图 4.73(a)和(b)中,可以观察到卡门涡街(KVS)。然而,随着γ的增加,圆柱体的涡结构几乎无法被观察到。尽管波动鳍生成和传播的流向涡(SV)频率在这些分图中保持一致,但由于圆柱时变尾流的影响,其传播和消散速度会随着γ的增加而加快。随着γ的增加,圆柱时变尾流对鳍的影响逐渐减弱,而来流的影响则逐渐增强。结合这些涡量等值线图和 x 方向的速度等值线图,可以观察到鳍周围的蓝色区域(对应于圆柱体后方的回流区域,可扫描章前二维码查看彩图)随着γ的增加而减小。此外,通过检查图 4.73(c)和(d)及等值线中的速度矢量,可以发现当γ大于 1 时,鳍的波动传播方向与圆柱体回流的流动方向相反,这直接影响了圆柱体后方卡门涡街的形成。

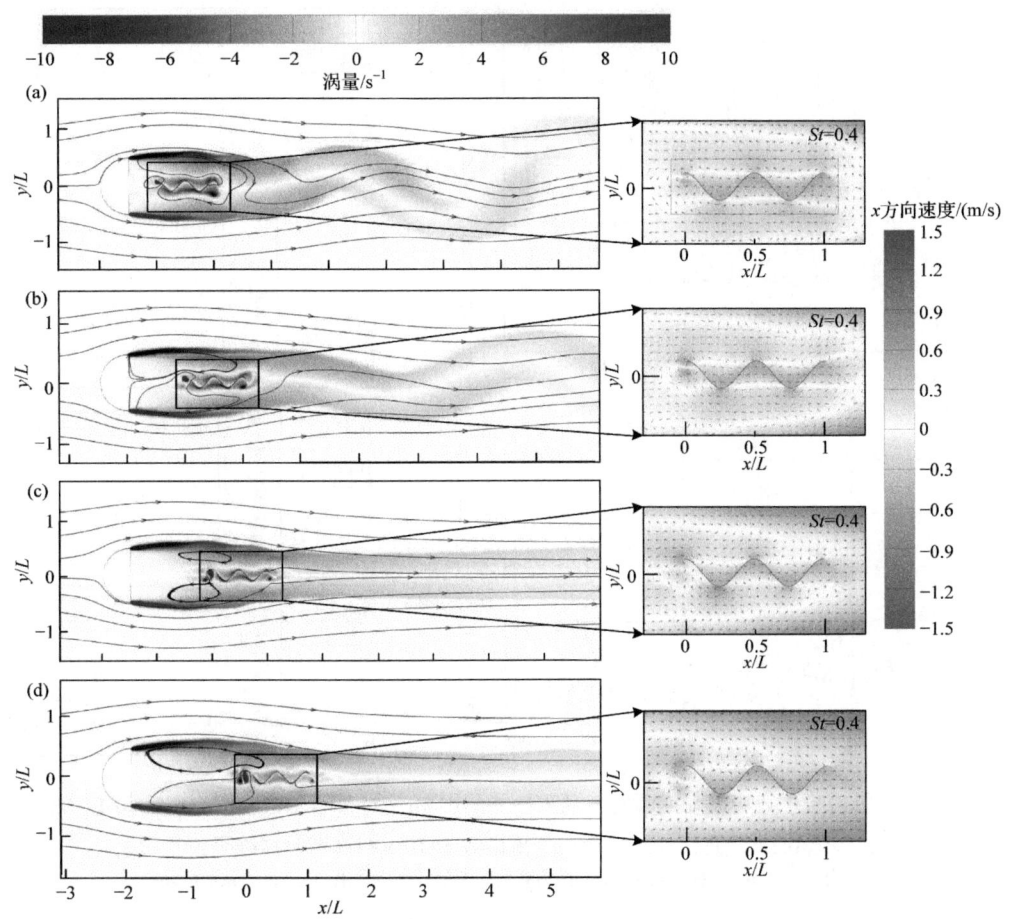

图 4.73 不同 γ 对瞬时涡量等值线图的影响(幅值 0.1m，波长 0.5m，施特鲁哈尔数 0.4，雷诺数 $5×10^5$)(扫描章前二维码查看彩图)

(a) $\gamma=0.5$；(b) $\gamma=1.0$；(c) $\gamma=1.5$；(d) $\gamma=2.0$

上述研究表明，鳍的施特鲁哈尔数(St)可能对圆柱体后方的卡门涡街(KVS)的形成具有抑制作用。因此，为了进一步研究施特鲁哈尔数对流场的影响，本节分析了在 $\gamma=1$ 时，鳍的施特鲁哈尔数变化对其水动力性能和流场的影响。鳍的瞬时推力系数(C_{F_x})如图 4.74(a)所示。当施特鲁哈尔数相对较小时，C_{F_x} 受到圆柱时变尾流的显著影响，表现出在无量纲数 C_{F_x} 上的不规则波动，表明圆柱体卡门涡街对其有显著影响。净推进效率的表现如图 4.74(b)所示，也呈现出类似的趋势。鳍的波动与圆柱时变尾流的共同作用导致了瞬时无量纲数的波动。

为了进一步探究每个频率成分对无量纲数影响的本质，对图 4.74(a)中的 C_{F_x} 进行了快速傅里叶变换(FFT)分析和功率谱分析。在这里，功率谱表示为信号离散

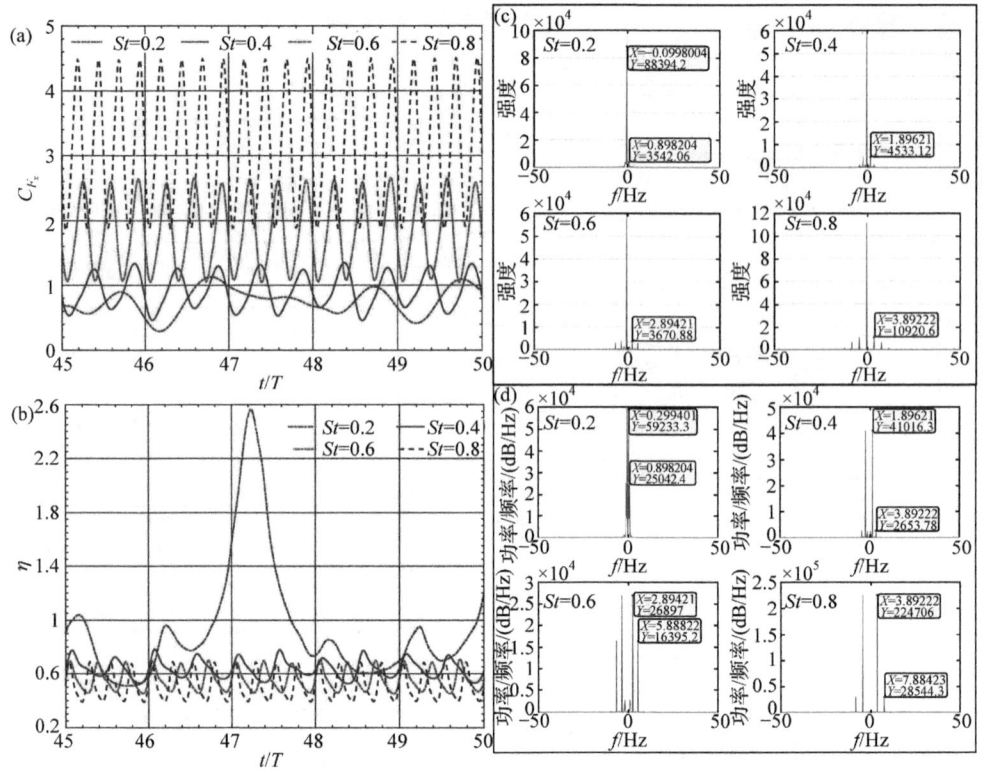

图 4.74 施特鲁哈尔数对波动鳍瞬时水动力性能的影响(施特鲁哈尔数取值为 0.2、0.4、0.6、0.8；幅值 0.1m，波长 0.5m，$\gamma=1$，雷诺数 5×10^5)(扫描章前二维码查看彩图)

(a) 推力系数；(b) 净推进效率；(c) 推力系数的傅里叶变换结果；(d) 推力系数的功率谱

傅里叶变换(DFT)模的平方，并对圆柱时变尾流的特征频率($f=-0.099\mathrm{Hz}\pm0.01\mathrm{Hz}$)进行了滤波处理。结果分别如图 4.74(c)和(d)所示。随着 St 的增加，特征频率逐渐分离并变得更加清晰，而功率谱中的低频噪声则减少。尾流涡的脱落导致了主要特征频率的出现，而鳍的前缘涡(LEV)波动则影响了次要特征频率。随着 St 的增加，次要特征频率也逐渐增强，表明鱼类对身体的控制能力提高，同时圆柱时变尾流的影响减弱。

结合图 4.75 中的 x 方向速度等值线图可以看出，鳍的波动传播速度为 0.25m/s 时，不足以抵消卡门涡街回流的影响。随着施特鲁哈尔数的增加，波动鳍的波动传播速度逐渐增加，无量纲数 C_{F_x} 的周期性变得更加明显。如图 4.75 所示，对圆柱体后方卡门涡街的抑制作用也更加显著。一方面，鳍在较低的 St 下通常表现出更高的水动力性能，但其受到圆柱时变尾流的显著影响，可能导致鱼类运动的不稳定性增加。另一方面，随着 St 的增加，鱼类能够更好地控制身体，但这也会抑制鳍从圆柱时变尾流中获得的增益效应，从而导致净推进效率降低。

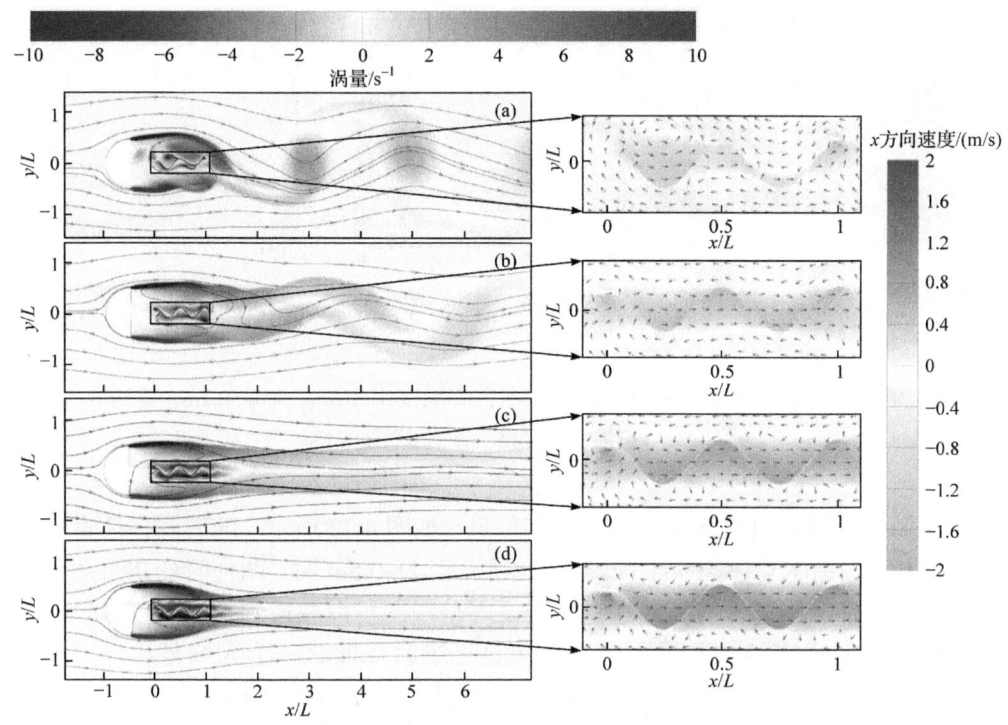

图 4.75 施特鲁哈尔数对流场瞬时涡量等值线的影响(雷诺数 1×10^5)(扫描章前二维码查看彩图)
(a) 施特鲁哈尔数为 0.5; (b) 施特鲁哈尔数为 1.0; (c) 施特鲁哈尔数为 1.5; (d) 施特鲁哈尔数为 2.0

4. 圆柱直径对波动鳍水动力性能的影响

在圆柱时变尾流对二维波动推进的直接影响中,当圆柱体的直径为 $D=1\text{m}$ 时,形成了一个大约是直径两倍大小的回流区域。然而,还需要进一步分析直径变化对波动鳍水动力性能的影响。因此,本节深入研究了直径(D 取值 0.5m, 1m, 1.5m, 2m)对波动鳍的影响。波动鳍的推力系数(C_{F_x})、功率系数(C_P) 和净推进效率(η)的等值线如图 4.76 所示。观察图 4.76(a)可以发现,随着施特鲁哈尔数(St)的增加,波动鳍的推力系数显著增强,而圆柱体直径对推力系数的影响相对较小。同样,图 4.76(b)表明,随着 St 的增加,功率系数也增加,这表明随着拍动频率的升高,鳍的运动需要更多的能量。图 4.76(c)显示,在较低的 St 下,无论 D 的大小如何,波动鳍都能有效地利用圆柱时变尾流形成的负压区来提高净推进效率。在 $D=2\text{m}$ 且 $St=0.2$ 时达到最大净推进效率,为 0.67582。对于较小的圆柱体直径,净推进效率相对较低,并且增加圆柱体直径并不能显著提升净推进效率。

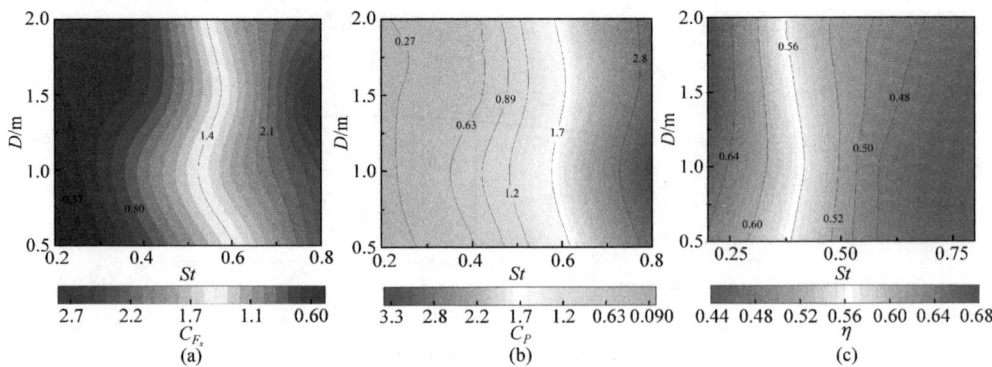

图 4.76 施特鲁哈尔数和直径对波动鳍水动力性能影响(波长 0.5m，幅值 0.1m，雷诺数 5×10^5)
(扫描章前二维码查看彩图)
(a) 推力系数；(b) 功率系数；(c) 净推进效率

流场的涡量等值线图可以揭示更多信息，如图 4.77 所示。随着圆柱体直径的增加，卡门涡街(KVS)结构的半径逐渐增大。当 $D=0.5\text{m}$ 时，圆柱时变尾流的负压区无法覆盖二维鳍的位置。然而，从速度等值线图可以观察到，当 $D=2.0\text{m}$ 时，圆柱体的卡门涡街结构几乎可以完全包裹二维鳍，形成一个大约是边界层厚度(BL)4 倍大小的回流区域。在这种情况下，圆柱体对鳍的影响达到了更高的水平。

从图 4.77 可以看出，随着圆柱体对波动鳍影响的增强，流向涡(SV)逐渐呈现出更标准的配置。值得注意的是，由于圆柱体直径的增加，涡结构强度进一步增强，沿流向的流速变得小于卡门涡街结构的反向流速。这使得波动鳍的前缘涡(LEV)向前脱落，而不是沿着波动传播的方向脱落。

5. 施特鲁哈尔数和雷诺数对波动鳍水动力的影响

来流速度在影响圆柱体的涡脱落频率和涡街结构方面起着关键作用，主要随 Re 的变化而变化。同样，鳍的拍动频率是影响其水动力性能的一个关键因素。因此，本部分将进一步研究 Re 和 St 之间的相互作用对圆柱体和鳍流场的影响，相关结果如图 4.78 所示。

通过观察图 4.78(a)和(b)，注意到随着 Re 和 St 的增加，推力系数和功率系数显著增强，显示出这两个无量纲数对鳍水动力性能的成比例影响。图 4.78(c)的结果揭示了 St 波动鳍净推进效率的主要影响因素，随着 St 的增加，净推进效率呈比例下降。相比之下，Re 对净推进效率的影响则微乎其微。图 4.78(d)~(h)揭示了 Re 对鳍净推进效率的影响不显著的原因。随着 Re 的增加，鳍周围的涡量显著增强。然而，圆柱时变尾流影响区域并未从鳍上方和下方扩展到鳍表面，因此尽管圆柱时变尾流增强，净推进效率的提升仍然有限。

进一步分析图 4.78(d)~(h)中不同 Re 下 St 对鳍平均水动力性能的影响发现，

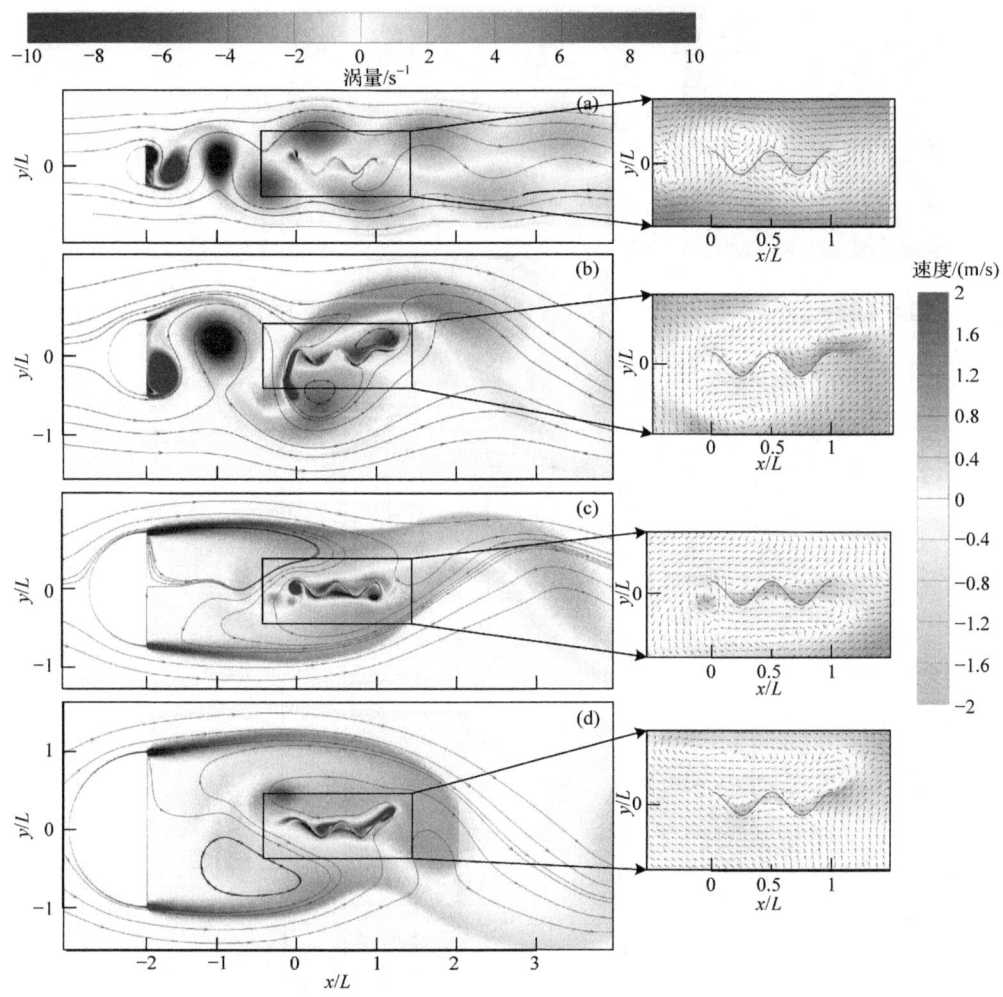

图 4.77 半圆柱直径对流场的瞬时涡量等值线结果($Re=5\times10^5$,$St=0.2$)

(扫描章前二维码查看彩图)

$\bar{C}_{F_x}$ 和 $\bar{C}_P$ 随时间的波动相对较小,其大小与 St 成正比。此外,除了在较低的 St 时有显著波动外,随着 St 的增加,平均净推进效率下降。这种下降归因于波动传播方向与圆柱时变尾流回流之间的冲突,这在之前的研究中已经得到确认。

6. 小结

通过对复杂流场环境中非定常耦合现象对二维波动推进水动力性能的研究,为探索三维波动鳍的被动流场机制奠定了基础,这对于指导机器人减阻设计及研究鳍如何利用流场实现能效具有重要意义。在数值研究中,结构化和非结构化网

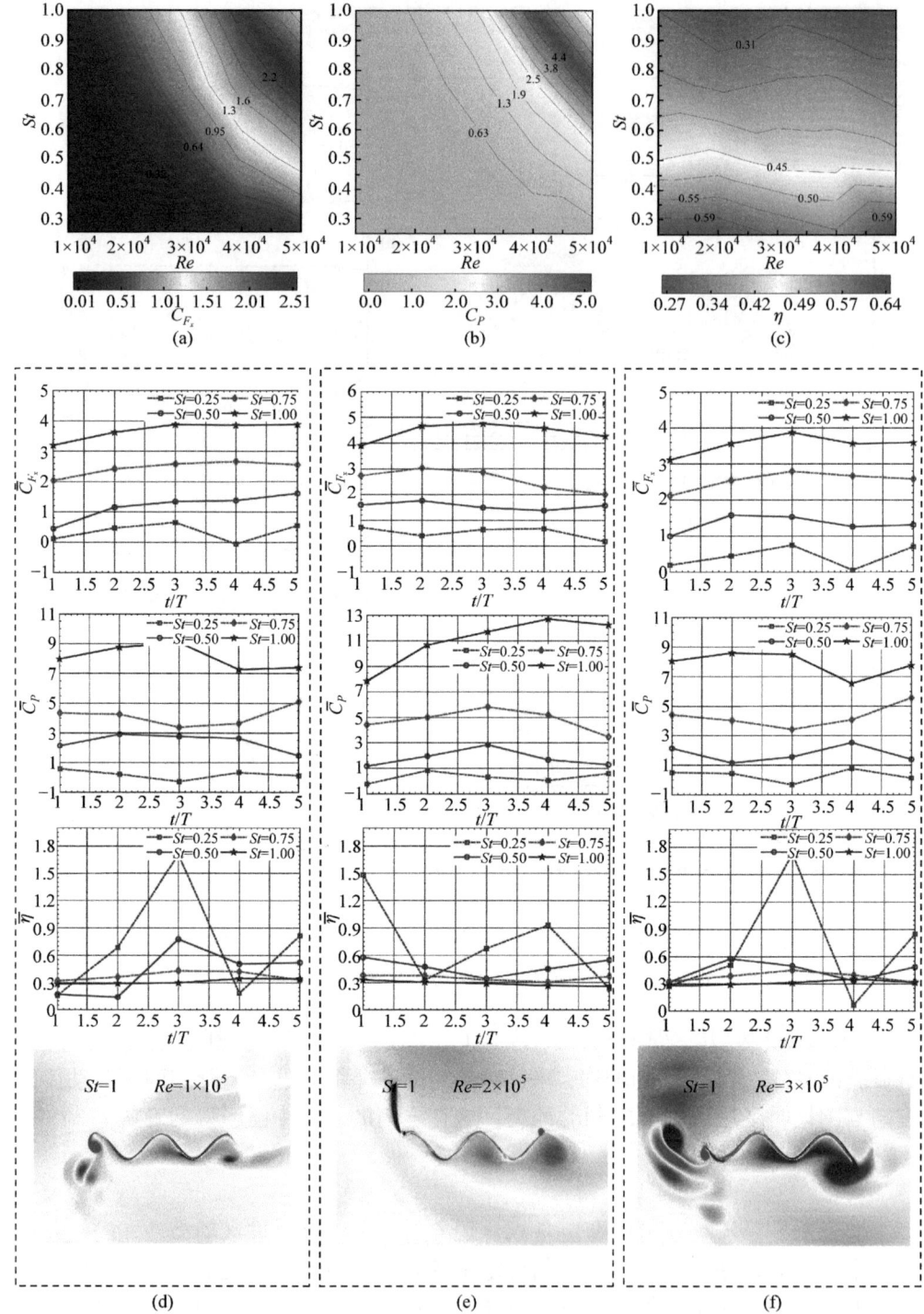

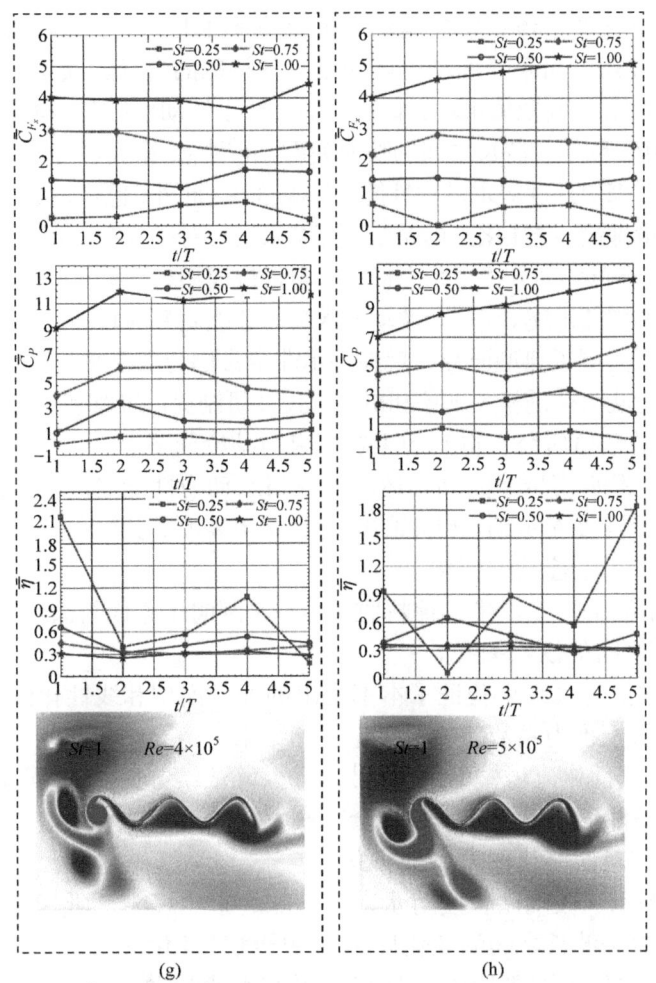

图 4.78 雷诺数和施特鲁哈尔数对波动鳍的影响(扫描章前二维码查看彩图)
(a) 推力系数；(b) 功率系数；(c) 净推进效率；(d) 雷诺数为 1×10^5 时波动鳍的平均水动力性能；(e) 雷诺数为 2×10^5 时波动鳍的平均水动力性能；(f) 雷诺数为 3×10^5 时波动鳍的平均水动力性能；(g) 雷诺数为 4×10^5 时波动鳍的平均水动力性能；(h) 雷诺数为 5×10^5 时波动鳍的平均水动力性能

格的重复生成对工作提出了重大挑战，尽管在二维流体力学研究中可能不明显，但在三维研究中可能会使问题复杂化。因此，下一步计划使用结构化网格的浸入边界法(IBM)来简化研究三维波纹鳍水动力性能的工作流。

4.8 本章小结

本章主要探究了二维波动鳍在不同条件下的水动力性能变化规律和流场演化机制。为描述波动鳍运动，采用了系牵和自推进两种模型分别开展研究。其中，自推进模型建立在变形体预定义运动为主导的条件下，是一种降价的、分离式的流固耦合交互方式，而系牵模型可认为是一种特殊的自推进模型。基于二方程 k-ω SST 湍流模型和相同数值策略，研究先后分析了波动推进在两种模型下的水动力性能参数与幅值、频率和波长之间的映射关系。特别地，研究进一步分析了系牵模型下波动鳍长度和来流速度对水动力性能的影响规律，此外，也将系牵模型计算结果与之前提出的冲量理论、线性化流场模型计算结果进行对比分析，验证了理论模型的准确性和可靠性。本章详细分析了系牵模型和自推进模型计算结果的异同，并对各自的适用范围开展了详细论述。在单个波动鳍水动力性能研究的基础上，还对复杂流场环境中的波动推进开展了典型研究，旨在揭示非定常耦合现象对波动推进水动力性能的影响规律，为波动推进相关现象和机器人设计研制提供思路和见解。

通过本章的数值研究，得到的主要成果与结论如下：

(1) 揭示了系牵模型下波动鳍运动参数与水动力性能之间的一般映射关系，并着重讨论来流速度对水动力性能的影响，结果表明，连续的来流速度变化会导致净推进效率产生不连续的变化。

(2) 揭示了波动运动产生的流场收束效应，阐明了鳍面行波波速 c、来流速度 U_0 和尾流结构之间的依赖关系。

(3) 通过数值仿真结果验证了本书提出的冲量模型和线性化流场模型计算结果的可靠性。对于推力系数，冲量理论预测结果与仿真结果之间的相对误差范围为 17%～34%。线性化流场模型预测结果与仿真结果之间的相对误差范围为 8%～23%，大波长条件下线性化流场模型会彻底失效。对于功率系数，线性化流场模型预测结果的相对误差范围为 15%～36%。

(4) 本章揭示了波动鳍长度对水动力性能的影响规律，研究表明，不同鳍长下，水动力系数和波长之间的变化规律不遵守线性变化规则。

(5) 揭示了自推进模型下波动鳍运动参数与水动力性能之间的一般映射关系。

(6) 探究了一对平行布置的波动鳍分别在同相位和反相位波动情况下，垂直距离及运动参数对双波动鳍整体，以及其中某一个波动鳍水动力性能的影响规律。

(7) 探讨了水翼尾流中波动推进在四种典型工况(静态水翼、纯俯仰运动水翼、纯升沉运动水翼、复合运动)下的波动鳍水动力性能的影响。

(8) 探究了圆柱时变尾流中的波动鳍在不同条件下的水动力性能变化规律和流场演化机制。

参 考 文 献

[1] CELIK I, KLEIN M, FREITAG M, et al. Assessment measures for URANS/DES/LES: An overview with applications [J]. Journal of Turbulence, 2006, 7(48): N48.

[2] NIETO F, HARGREAVES D, OWEN J, et al. On the applicability of 2D URANS and SST k-ω turbulence model to the fluid-structure interaction of rectangular cylinders [J]. Engineering Applications of Computational Fluid Mechanics, 2015, 9(1): 1-17.

[3] WEI C, HU Q, SHI X, et al. A comparison for hydrodynamic performance of undulating fin propulsion on numerical self-propulsion and tethered models [J]. Ocean Engineering, 2022, 265: 112471.

[4] PANG S, QIN F, SHANG W, et al. Optimized design and investigation about propulsion of bionic tandem undulating fins I: Effect of phase difference [J]. Ocean Engineering, 2021, 239: 109842.

[5] REN K, YU J. Amplitude of undulating fin in the vicinity of a wall: Influence of unsteady wall effect on marine propulsion [J]. Ocean Engineering, 2022, 249: 110987.

[6] XIAO Q, SUN K, LIU H, et al. Computational study on near wake interaction between undulation body and a D-section cylinder [J]. Ocean Engineering, 2011, 38(4): 673-683.

[7] LIU G, YU Y L, TONG B G. Optimal energy-utilization ratio for long-distance cruising of a model fish [J]. Physical Review E, 2012, 86(1,2): 016308.

[8] DENG J, ZHANG L, LIU Z, et al. Numerical prediction of aerodynamic performance for a flying fish during gliding flight [J]. Bioinspiration & Biomimetics, 2019, 14(4): 046009.

[9] SUN X, SUN X, JI F, et al. Numerical study of an undulatory airfoil with different leading edge shape in power-extraction regime and propulsive regime [J]. Renewable Energy, 2020, 146: 986-996.

[10] LUO Y, XIAO Q, SHI G, et al. A fluid-structure interaction solver for the study on a passively deformed fish fin with non-uniformly distributed stiffness [J]. Journal of Fluids and Structures, 2019, 92: 102778.

[11] FENG Y K, L H X, SU Y Y, et al. Numerical study on the hydrodynamics of C-turn maneuvering of a tuna-like fish body under self-propulsion [J]. Journal of Fluids and Structures, 2020, 94: 102954.

[12] WEI C, HU Q, LIU Y, et al. Performance evaluation and optimization for two-dimensional fish-like propulsion [J]. Ocean Engineering, 2021, 233(4): 109191.

[13] LIGHTHILL M. Note on the swimming of slender fish [J]. Journal of Fluid Mechanics, 1960, 9(2): 305-317.

[14] WU Y T. Swimming of a waving plate [J]. Journal of Fluid Mechanics, 1961, 10(3): 321-344.

[15] HU Q Q, YU Y L. The hydrodynamic effects of undulating patterns on propulsion and braking performances of long-based fin [J]. AIP Advances, 2022, 12(3): 035319.

[16] WEI C, HU Q, ZHANG T, et al. Passive hydrodynamic interactions in minimal fish schools [J]. Ocean Engineering, 2022, 247: 110574.

[17] NAMSHAD T, ATUL S, AMIT A. Unified hydrodynamics study for various types of fishes-like undulating rigid hydrofoil in a free stream flow [J]. Physics of Fluids, 2018, 30(7): 077107.

[18] THEKKETHIL N, SHARMA A, AGRAWAL A. Self-propulsion of fishes-like undulating hydrofoil: A unified kinematics based unsteady hydrodynamics study [J]. Journal of Fluids and Structures, 2020, 93: 102875.

[19] ZHANG J, BAI Y Q, ZHAI S C, et al. Numerical study on vortex structure of undulating fins in stationary water [J]. Ocean Engineering, 2019, 187: 106166.

[20] NISHANT N, RAHUL B, NELSON C, et al. Optimal specific wavelength for maximum thrust production in undulatory propulsion [J]. PLoS One, 2017, 12(6): e0179727.

[21] MUMLER U K, VAN DER HEUVEL B L E, STAMHUIS EIZE, et al. Fish foot prints: Morphology and energetics of the wake behind a continuously swimming mullet (Chelon Labrosus Risso) [J]. Journal of Experimental Biology, 1997, 200(22): 2893-2906.

[22] THEKKETHIL N, MUKUL S, AMIT A, et al. Effect of wavelength of fish-like undulation of a hydrofoil in a free-stream flow [J]. Sadhana Academy Proceedings in Engineering Science, 2017, 42(4): 585-595.

[23] DAI L, HE G, ZHANG X, et al. Stable formations of self-propelled fish-like swimmers induced by hydrodynamic interactions [J]. Journal of the Royal Society, Interface, 2018, 15(147): 20180490.

[24] YU H, LU X Y, HUANG H. Collective locomotion of two uncoordinated undulatory self-propelled foils [J]. Physics of Fluids, 2021, 33(1): 011904.

[25] LI Q, ZHANG J, HONG J, et al. A novel undulatory propulsion strategy for underwater robots [J]. Journal of Bionic Engineering, 2021, 18(4): 812-823.

[26] LIU F, WANG Y, NIU W, et al. Hydrodynamic performance analysis and experiments of a hybrid underwater glider with different layout of wings [C]. Taipei, China: OCEANS 2014 - TAIPEI, 2014.

[27] MOOREDKW. Unsteady three-dimensional boundary element method for self-propelled bio-inspired locomotion [J]. Computers & Fluids, 2018, 167: 324-340.

第 5 章　三维波动推进水动力性能预报与流场演化

5.1　引　　言

本章彩图

二维数值仿真揭示了波动推进水动力性能变化规律，然而，由于涡旋运动机制的差异，二维数值仿真反映的波动推进尾流场演化规律并不适用于三维流场演化过程。基于有限体积法和动网格模型的二维数值仿真策略，由于存在网格重构质量差、仿真计算效率低等问题，相关数值策略难以应用于三维复杂变形体数值研究中。为克服上述缺点，本章将基于 Griffith 等提出的 cIBM 建立三维波动鳍数值仿真模型，基于投影法思想处理动量方程引入的约束力，并采用截断不动点迭代法实现耦合控制方程组的时间推进，最终实现三维波动推进运动高效率、高精度的数值计算[1]。

5.2　三维约束浸入边界法

5.2.1　数学模型

IBM 是一种描述流固耦合系统的基本数学方法，同时也是一种数值模型，最早由 Peskin[2] 提出并用于心脏瓣膜颤动等生物医学研究领域。cIBM 是基于传统 IBM[3] 和约束法[4] 发展而来。Shirgaonkar 等[4] 基于分布式拉格朗日乘子法和变分原理推导并建立了严格的约束法计算模型，并尝试在不需要贴体网格的条件下完全解决流体中移动变形体的数值模拟问题。由于约束法和传统 IBM[3] 两种模型的思想和方法高度相似，Bhalla 等[1] 将两者结合起来，建立了统一的数学描述框架，形成了 cIBM。在 cIBM 中，统一数学模型如下：

$$\rho\left(\frac{\partial \boldsymbol{u}(\boldsymbol{x},t)}{\partial t} + \boldsymbol{u}(\boldsymbol{x},t)\cdot\nabla\boldsymbol{u}(\boldsymbol{x},t)\right)$$
$$= -\nabla p(\boldsymbol{x},t) + \mu\nabla^2 \boldsymbol{u}(\boldsymbol{x},t) + f_{\mathrm{e}}(\boldsymbol{x},t) + f_{\mathrm{c}}(\boldsymbol{x},t) \quad (5.1)$$

$$\nabla \cdot \boldsymbol{u}(\boldsymbol{x},t) = 0 \quad (5.2)$$

$$f_{\mathrm{e}}(\boldsymbol{x},t) = \int_{\Omega_{\mathrm{e}}} F_{\mathrm{e}}(\boldsymbol{s},t)\delta(\boldsymbol{x}-\boldsymbol{X}(\boldsymbol{s},t))\mathrm{d}\boldsymbol{s} \quad (5.3)$$

$$f_{\mathrm{c}}(\boldsymbol{x},t) = \int_{\Omega_{\mathrm{c}}} F_{\mathrm{c}}(\boldsymbol{s},t)\delta(\boldsymbol{x}-\boldsymbol{X}(\boldsymbol{s},t))\mathrm{d}\boldsymbol{s} \quad (5.4)$$

$$\frac{\partial X(s,t)}{\partial t} = U(s,t) \tag{5.5}$$

$$U(s,t) = \int_{\mathcal{U}_b} u(x,t)\delta(x - X(s,t))\mathrm{d}x \tag{5.6}$$

式(5.1)是 cIBM 模型下的流体动量方程，也就是在传统 NS 方程中增加了两个力密度函数 $f_e(x,t)$ 和 $f_c(x,t)$。式(5.1)表明了 cIBM 只能应用于不可压缩的黏性流体仿真，第一项力密度函数表示变形体产生的弹性力，第二项表示约束力，t 表示时间，x 表示欧拉框架下的全局位置坐标，速度 u 和压力 p 等物理量都采用欧拉框架进行描述。式(5.2)表示流体的连续性条件。式(5.1)和式(5.2)共同构成了流体的控制方程，与传统 IBM 一致，流体区域采用了欧拉描述法。对应地，在拉格朗日框架下，s 表示拉格朗日坐标系下的物质点，通常采用自然坐标系 (q,r,s) 去描述一个三维拉格朗日坐标系。$X(s,t)$ 表示物质点 s 在欧拉坐标系下 t 时刻对应位置，也表示一个位置坐标变换或者映射，而 $U(s,t)$ 表示物质点 s 的运动速度。式(5.3)、式(5.4)和式(5.6)都可以看作是一种积分变换，这种变换能将拉格朗日力函数转变为欧拉框架下的力密度函数，或者将欧拉框架下的速度分布转变为拉格朗日框架下的速度量。Ω_e 和 Ω_c 表示拉格朗日框架下弹性部分和约束部分各自占有的空间区域，而 $\mathcal{U}_b$ 是整个变形体在欧拉框架下物理空间区域。因此，式(5.3)和式(5.4)的右侧积分在拉格朗日坐标系下执行，得到的结果是欧拉物理量。相反，式(5.6)的右侧积分在欧拉坐标系下执行，得到的结果是拉格朗日物理量。这种变换的核心在于使用狄拉克 δ 函数，因此，这种变换也被称为以 δ 函数为核的积分变换。同时，在变形体边界上，式(5.5)和式(5.6)构成了无滑移边界条件的隐式表达。

cIBM 中，力密度函数 $f_e(x,t)$ 和 $f_c(x,t)$ 互相独立，因此数学模型旨在描述一些既有弹性部分又有预定义运动的复杂变形体。与弹性力密度函数 $f_e(x,t)$ 互为映射变换的，是物质点在拉格朗日框架下受到的弹性力，它通常需要弹性力学相关理论进行求解。然而，由于生物实际运动的复杂性，仿生运动研究通常将水下变形体运动简化为受运动学模型直接描述的预定义运动，并忽略了弹性变形[5-7]。因此，本书中弹性力密度和拉格朗日弹性力都为零。

上述模型的关键在于如何施加约束条件，进而确定约束力密度函数 $f_c(x,t)$。约束法背后的关键思想是，约束条件能够迫使变形体区域内的"流体"按照规定的预定义变形运动[8]。令 u 为变形体上一点的总速度，在欧拉坐标系下，总速度可以分解为刚体运动速度 u_r（包含了平移和转动），以及根据预定义变形产生的柔性变形速度 u_f，即 $u = u_r + u_f$。Shirgaonkar 等[4]指出，在约束条件下变形体区域内的刚性运动速度 u_r 的应变率张量为零。因此，变形体区域中的速度场必须满足以下约束条件[8]：

$$\frac{1}{2}[\nabla(\boldsymbol{u}-\boldsymbol{u}_\mathrm{f})+\nabla(\boldsymbol{u}-\boldsymbol{u}_\mathrm{f})^\mathrm{T}]=0 \tag{5.7}$$

根据上述约束条件,Shirgaonkar 等[4]基于分布式拉格朗日乘子法和变分理论推导并确定了约束力密度函数 $f_\mathrm{c}(\boldsymbol{x},t)$ 的数学形式,即

$$f_\mathrm{c}=\nabla\cdot\frac{1}{2}[\nabla\boldsymbol{\lambda}+\nabla\boldsymbol{\lambda}^\mathrm{T}] \tag{5.8}$$

$$\boldsymbol{\lambda}=\boldsymbol{\lambda}_\mathrm{r}-2\mu\boldsymbol{u}_\mathrm{f} \tag{5.9}$$

式中,$\boldsymbol{\lambda}_\mathrm{r}$ 是一个迫使约束条件成立的拉格朗日分布乘子;μ 是流体黏度。式(5.1)~式(5.9)构成的完整数学模型被称为约束浸入边界法(cIBM)。cIBM 将处理预定义变形运动的约束法与 IBM 结合起来,成为一种能够处理复杂变形体的数学方法。由于约束力和弹性力是解耦的,因此,可以在算法中只施加一种模型。例如,常见的二维鱼体运动[5]、三维鱼体运动[9]、波动鳍运动[10]等,这类变形体通常由预定义变形运动方程完全确定,不需要考虑弹性变形,只需要计算约束力。

为将上述理论模型转化为实际使用的数值模型,本章研究采用了开源计算软件 IBAMR,它是一个 Linux 系统下的开源计算库,由 Bhalla 等[1]开发和维护。IBAMR 是一个浸入边界法的分布式内存并行实现,支持笛卡儿网格自适应细化技术,通过信息传递接口(MPI)协议实现分布式内存并行计算。IBAMR 主要依赖库还包括 PETSc、SAMRAI 和 silo 等计算库。PETSc 主要为算法实现提供了足够多样的线性系统求解器,SAMRAI 则是提供了网格自适应细化技术和底层网格数据存储结构相关的调用接口。同时,SAMRAI 和 silo 库也为 IBAMR 提供了可视化数据格式接口。IBAMR 已经在水下波动推进机器人研究领域得到了初步应用[4, 11-14]。

5.2.2 数值策略

cIBM 数值算法执行的第一个关键问题在于如何处理动量方程中引入的约束力密度函数 $f_\mathrm{c}(\boldsymbol{x},t)$,尽管 Shirgaonkar 等[4]基于拉格朗日分布乘子法和变分理论推导出了 $f_\mathrm{c}(\boldsymbol{x},t)$ 的显式数学表达,但理论的复杂性导致计算 $f_\mathrm{c}(\boldsymbol{x},t)$ 需要消耗大量时间成本。对于式(5.9),为了避免显式计算 $\boldsymbol{\lambda}_\mathrm{r}$,Bhalla 等[1]提出了一种等价的、基于拉格朗日坐标系的关于 $F_\mathrm{c}(\boldsymbol{s},t)$ 的计算方法。先计算拉格朗日约束力,再通过一个离散近似法则确定 $f_\mathrm{c}(\boldsymbol{x},t)$,这种策略极大节省了计算成本。cIBM 数值算法执行的第二个关键问题是如何实现时间推进,为此,本章研究基于投影法思想处理动量方程引入的约束力。$f_\mathrm{c}(\boldsymbol{x},t)$ 作用于动量方程上可以视为对流体施加了一种约束,迫使变形体所占物理区域的流体按照预定义运动进行变形。因此,在不考虑 $f_\mathrm{c}(\boldsymbol{x},t)$ 情况下求解动量方程将得到一个中间速度场,同样,中间速度场不满足 $f_\mathrm{c}(\boldsymbol{x},t)$ 所对应的约束条件,因此需要再进行速度场投影并得到最终结果。Shirgaonkar 等[4]已经采用这种投影策略实现了 cIBM 的数值求解。

(1) cIBM 数值算法的第一个核心步骤是在不考虑约束力密度函数 $f_c(x,t)$ 的情况下求解动量方程和连续性方程。本章采用截断不动点迭代法[15]实现动量方程的时间推进。

(2) cIBM 数值算法第二个核心步骤是进行柔性体运动更新。通过求解控制方程组可以得到中间速度场 $\tilde{u}^{n+1,k+1}$，但这样的速度场在变形体占据的欧拉区域内并不满足约束条件。为了矫正速度场，又需要先预估变形体运动的拉格朗日运动速度。

(3) cIBM 数值算法的第三个核心步骤是估算拉格朗日矫正速度和约束力。正如之前讨论的，约束法的本质就是认为欧拉框架下变形体对应的区域内充满特殊的"流体"，这些"流体"如同被约束一样，具有规定的运动形式，而这种约束条件又通过分布式拉格朗日乘子法转化为流场力密度项。

(4) cIBM 数值算法的第四个核心步骤是矫正中间速度场。算法正如传统投影法一样，在获取中间速度场后再进行霍奇分解，只保留速度场分解后无散的部分，这个过程形象地被称为"投影"。相似地，利用拉格朗日约束力 $F_c^{n+1,k+1}$ 矫正中间速度场 $\tilde{u}^{n+1,k+1}$ 也能基于同样的思想。

一个简要的 cIBM 数值算法流程图如图 5.1 所示，cIBM 数值算法被更详细地分解为多个步骤。需要说明的是，算法采用截断不动点迭代法近似求解非线性耦合系统，计算结果相比分离式求解算法更精确和稳定，但计算量也会略微增大。由于离散是显式的，因此时间步长需要进行严格限制。其次，对于截断不动点迭代法的迭代次数，Griffith[15]证明了两次迭代就能达到一个二阶时间离散精度，进一步提高迭代次数不会提高时间离散精度，但能够增加计算稳定性，因此之后的数值仿真均采用两次迭代。另外，IBM 的使用导致运动边界几何信息缺失，湍流壁函数在 cIBM 中的实现变得困难，cIBM 中不再采用显式湍流模型。尽管如此，算法通过采用高分辨率对流格式实现了隐式 LES 效果，进而具有解析空间小尺度涡旋的能力。

5.2.3 求解算法可靠性验证

实际数值计算中，通常需要计算水动力合力或者功率，cIBM 中变形体已经被离散为一组拉格朗日点(又称"IB 点")，采用传统的力计算法则(对水动力应力张量积分)在程序执行上需要较高的计算成本。

本小节考虑一个三维波动鳍测试案例，以此验证 cIBM 数值求解算法的可靠性。案例来自 Zhang 等[16]的研究工作，波动鳍尺寸、运动方程等均与 Zhang 等的研究保持一致。案例中，波动鳍长度(L)为 0.8m，宽度为 $0.065L$，厚度不计(无厚度壁面)。其他运动参数包括：幅值 $\theta_m=85°$，频率 $f=1Hz$，波长 $\lambda=0.4m$。案例中，波动鳍近壁面网格尺度为 $0.0044L$。Zhang 等采用了 WMLES 模型进行了三维波

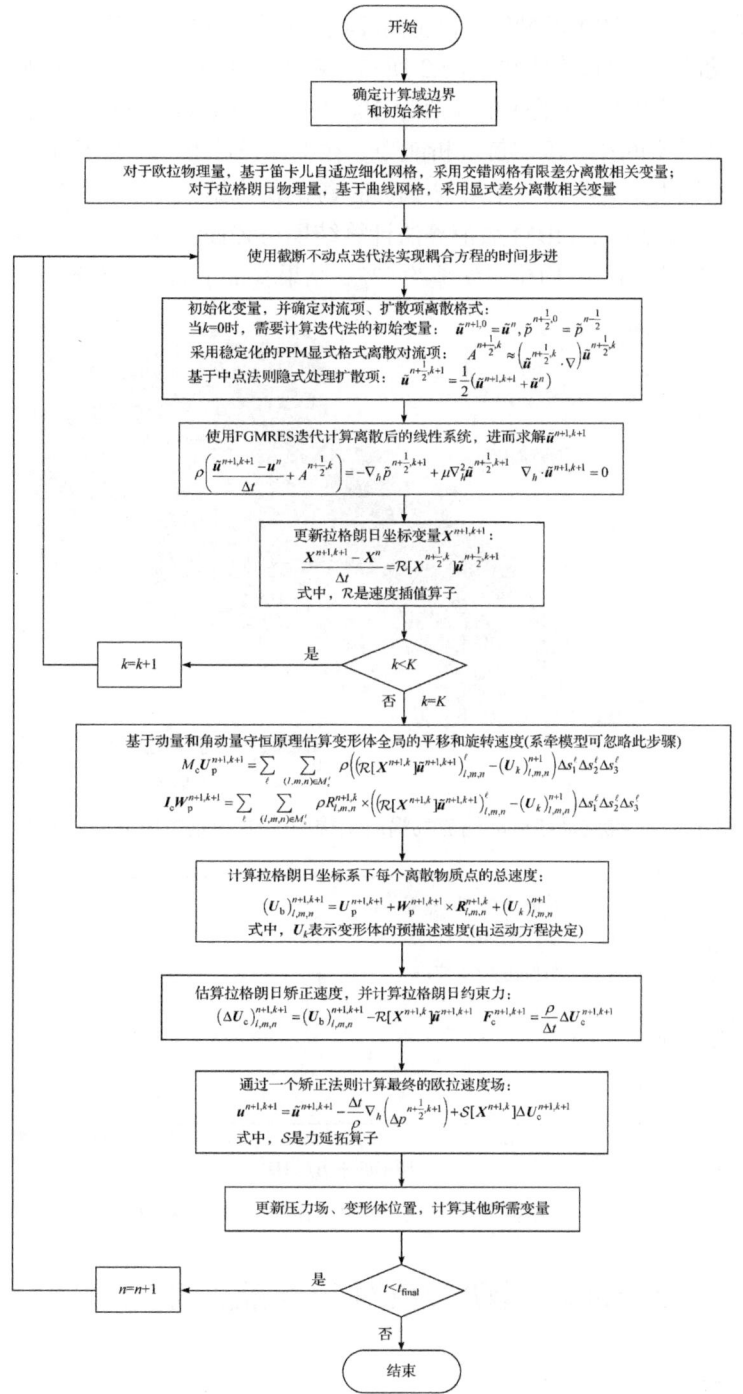

图 5.1 cIBM 数值算法简要流程图

PPM-分段抛物线法；FGMRES-柔性广义最小残差；t_{final}-结束时间

动鳍数值计算，而 cIBM 模型凭借高分辨率的对流格式也能实现隐式 LES 效果，三维波动鳍运动的流场涡旋结构如图 5.2 所示，图中三维涡旋采用 Q 准则(又称"二次涡量准则")进行识别，Q 的等值面值为 10。图 5.2 中，cIBM 求解器展示了与显式 LES 模型相似的空间小尺度涡旋解析能力。在上述条件下，计算了 4 种不同频率下波动鳍产生的推力，并将计算结果与 Zhang 等的仿真结果和实验结果进行对比，如图 5.3 所示。结果表明，cIBM 数值算法计算结果与 Zhang 等的结果基本一致，最大计算相对误差约 19%，平均相对误差约 9%。结果验证了 cIBM 求解算法的可靠性。

图 5.2 三维波动鳍运动的流场涡旋结构图(扫描章前二维码查看彩图)

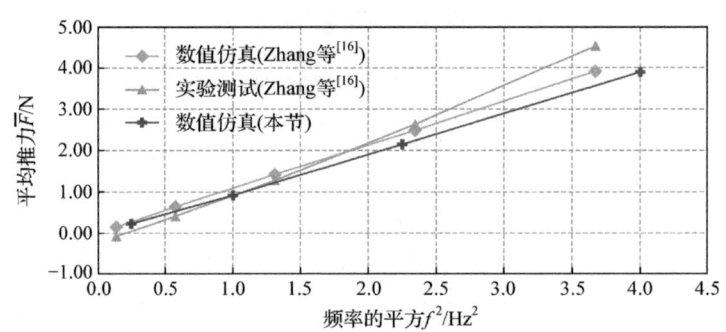

图 5.3 不同频率下波动鳍平均推力计算结果对比

5.3 波动运动参数对三维推进性能影响

5.3.1 网格模型

本章研究采用系牵模型探究三维波动推进水动力性能，系牵模型下波动鳍仅做局部坐标系下的柔性变形运动,基于三维波动鳍运动方程,波动鳍不具有全局位移和旋转运动。研究旨在讨论系牵模型下,幅值、波动频率、波长及来流速度对三维波动推进水动力性能的影响。

三维波动鳍仿真计算区域及其网格划分如图 5.4 所示。计算区域为一个长方体渠道,入口处施加速度边界条件,出口处施加流体牵引力边界条件,其余边界为壁面,如图 5.4(a)所示,cIBM 不需要指定压力边界条件。基于网格自适应细化技术,初始阶段研究对整个网格区域进行三次逐层细化,如图 5.4(b)所示。在计算过程中,网格自适应细化技术会根据涡量阈值进行网格自适应细化,由于三维波动鳍运动过程中流场涡旋主要集中在鳍面附近。因此,鳍面附近区域的笛卡儿网格会在计算过程中被自适应加密,而涡旋耗散区域的网格则会自动粗化,如图 5.4(c)所示。鳍面被视为无厚度壁面,基线长度为 1m,鳍面宽度为 0.12m。研究使用的水动力指标是水动力合力 F_x 和 F_y,侧向水动力功率 P_y 和 P_z,以及对应的无量纲水动力系数。由于考虑了静水情况,因此无量纲参考速度定义为 $U_{\text{ref}} = (U_0+c)/2$,$c$ 是行波波速。该定义使得静水状态下,水动力指标都能进行参数无量纲化。

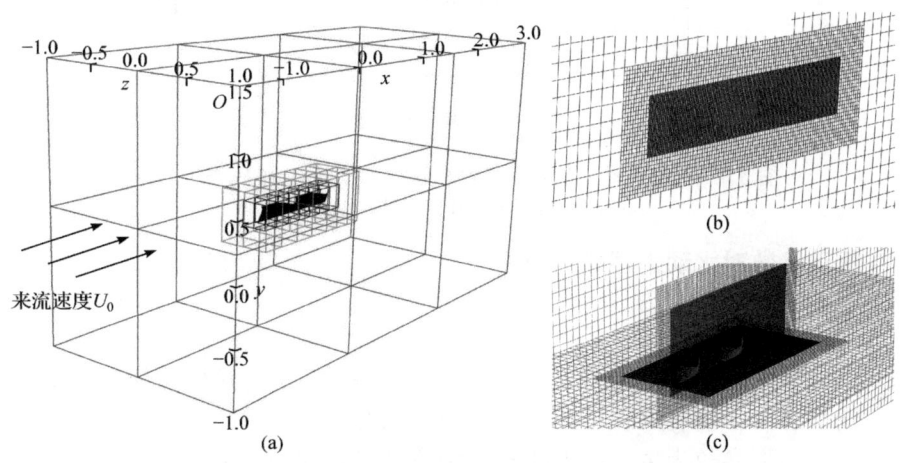

图 5.4 三维波动鳍仿真计算区域与笛卡儿网格示意图
(a) 计算区域尺寸;(b) 初始时刻网格尺寸;(c) 笛卡儿网格

进一步开展三维波动鳍数值计算的时间步长和网格无关性研究。首先考虑 5 种时间步长,依次为 $\Delta T_1(1/4000T)$、$\Delta T_2(1/3000T)$、$\Delta T_3(1/2000T)$、$\Delta T_4(1/1500T)$ 及 $\Delta T_5(1/1000T)$,其中,T 表示波动鳍波动周期。案例中,波动鳍幅值固定为 55°,波长为 0.5m,频率为 1Hz,来流速度为 0.2m/s。5 种时间步长下推力系数的计算结果如图 5.5(a)所示。相似地,再考虑 5 种网格离散尺度,依次为 $M_1(0.0017L)$、$M_2(0.0024L)$、$M_3(0.0035L)$、$M_4(0.0047L)$ 及 $M_5(0.007L)$,其中,L 表示波动鳍基线长度,M_i 表示近鳍面最细一层区域内笛卡儿网格离散尺度,其他层级的自适应网格按照 4∶1 的比例逐层粗化。5 种网格离散尺度下推力系数的计算结果如图 5.5(b)

所示。结合两方面研究,最终采用时间步长 ΔT_3 和网格离散策略 M_3,两种策略处于计算精度和计算成本之间的折中策略,进一步加密网格或者减少时间步长,并不能显著提高计算精度。

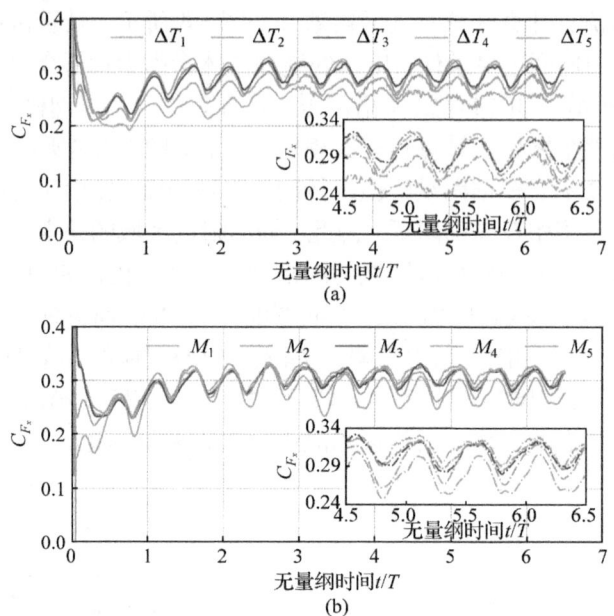

图 5.5　三维波动鳍仿真无关性验证(扫描章前二维码查看彩图)
(a) 不同时间步长;(b) 不同网格离散尺度

5.3.2　运动参数对水动力性能的影响

1. 幅值影响

本部分研究中三维波动鳍总是处于系牵模型下,系牵模型得到的结果实质是一种"伪瞬态",只能反映出波动鳍运动的稳态特性。因此,本部分研究主要以分析平均水动力参数为主。以下所有案例仿真时间均为 8 个无量纲计算周期,取最后 2 个计算周期的平均水动力参数为评价指标。

基于对真实魔鬼鱼水下波动推进机器人实际运动参数范围的考虑,研究首先分析 5 种波动幅值对水动力性能的影响,包括 15°、25°、35°、45° 及 55°,频率固定为 1Hz,波长固定为 0.5m,鳍长固定为 1m。同时,对于每一种幅值条件,又考虑了 6 种不同的来流速度,包括 0m/s、0.1m/s、0.2m/s、0.4m/s、0.6m/s 和 0.8m/s。水动力系数和功率系数随幅值变化的规律如图 5.6 所示,其中,趋势线是基于三次样条曲线拟合得到的。

图 5.6(a)以来流速度 U_0 作为横坐标,结果表明,$\overline{C}_{F_x}$ 随着来流速度的增大迅速减小,并且当 $U_0 > 0.4\text{m/s}$,所有幅值条件下的 $\overline{C}_{F_x}$ 几乎都小于等于 0 了,这说

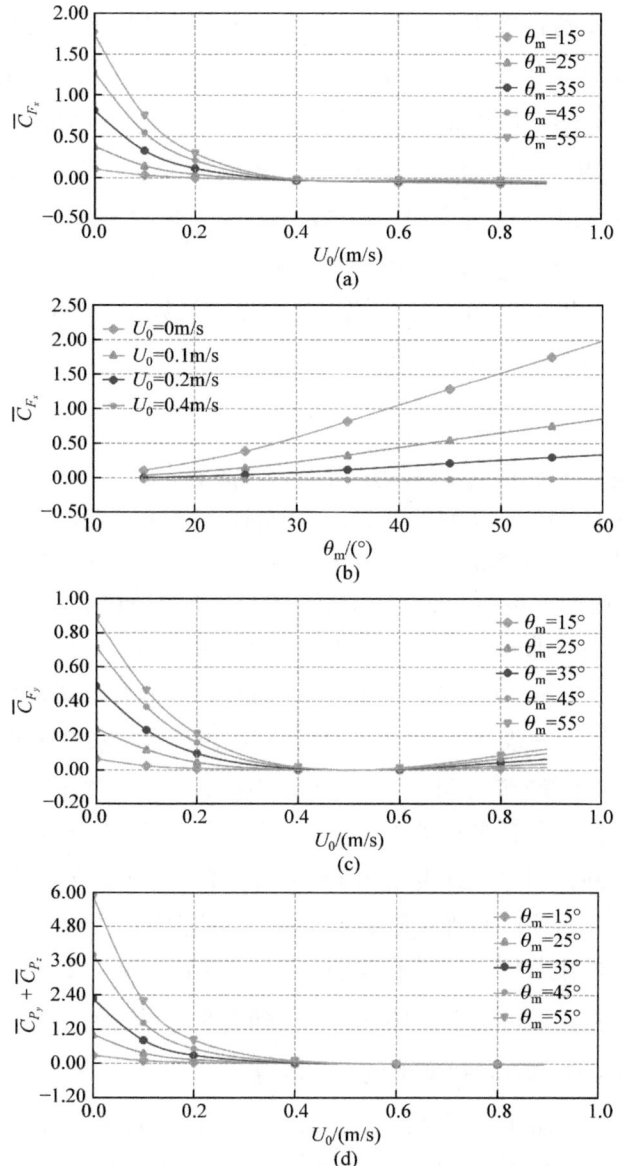

图 5.6 $\overline{C}_{F_x}$、$\overline{C}_{F_y}$ 和 $\overline{C}_{P_y}+\overline{C}_{P_z}$ 的变化规律

(a)不同幅值下，$\overline{C}_{F_x}$ 随来流速度变化；(b)不同来流速度下，$\overline{C}_{F_x}$ 随幅值变化；(c)不同幅值下，$\overline{C}_{F_y}$ 随来流速度变化；(d)不同幅值下，$\overline{C}_{P_y}+\overline{C}_{P_z}$ 随来流速度变化

明 $U_0 > 0.4$m/s 时波动鳍运动很难产生正推力。图 5.6(b)展现了 4 种不同来流速度下，$\overline{C}_{F_x}$ 随幅值变化的规律。结果表明，$\overline{C}_{F_x}$ 近似与幅值变化呈线性关系，该关系在不同来流速度下都成立。图 5.6(c)展现了 $\overline{C}_{F_y}$ 随来流速度变化的规律。由于三维

波动鳍运动具有波动和摆动的双重特性，$\overline{C}_{F_y}$ 并不能忽略，且其数量级几乎与 $\overline{C}_{F_x}$ 相同。受 F_x 和 F_y 共同作用影响，波动鳍产生的总推力应该是斜向的。同样，$\overline{C}_{F_y}$ 也随着来流速度的增大迅速减小，但不同于 $\overline{C}_{F_x}$ 的是，来流速度继续增大时 $\overline{C}_{F_y}$ 反而略有增大，趋势线如同二次函数一般，这也表明，过大的来流速度可能改变 F_x 的方向，但并不会改变 F_y 的方向。图 5.6(d) 展现了侧向功率损失系数 $\overline{C}_{P_y} + \overline{C}_{P_z}$ 随来流速度变化的规律。与 $\overline{C}_{F_x}$ 几乎一致，侧向功率损失系数也是随着来流速度增大迅速减小，并且当 $U_0 > 0.4\text{m/s}$，侧向功率损失系数几乎为 0。另外，侧向功率损失系数也随着幅值的增大而增大。

2. 频率影响

为了探究波动频率对三维波动鳍水动力性能的影响，本小节研究考虑了 7 种波动频率，包括 0.5Hz、0.75Hz、1.0Hz、1.5Hz、2.0Hz、2.5Hz 及 3.0Hz。幅值固定为 35°，波长固定为 0.5m，鳍长为 1m。同时，对于每一种频率条件，依然考虑 6 种不同的来流速度，包括 0m/s、0.1m/s、0.2m/s、0.4m/s、0.6m/s 和 0.8m/s。水动力系数和功率系数随频率变化的规律如图 5.7 所示。图 5.7(a) 展示了不同频率条件下，$\overline{C}_{F_x}$ 随着来流速度增加而单调递减。同时，当来流速度为 0m/s 时，不同频率条件下的 $\overline{C}_{F_x}$ 几乎一致，该结论也能从图 5.7(b) 中得到。来流速度一旦不为 0m/s，$\overline{C}_{F_x}$ 将立刻下降，随着来流速度增大，$\overline{C}_{F_x}$ 也将随着频率变化而变化，如图 5.7(b) 所示。对此规律的合理解释是：令 $F_x = af^2$，那么 $C_{F_x} = \beta f/(U_0 + hf)$，这里 a 和 β 均是常数。可以看到，当来流速度不为 0m/s 时，C_{F_x} 与 f 和 U_0 都相关。这也反映出，无量纲系数和对应的物理量随着运动参数变化可能呈现出完全不同的变化规律。理论上，有来流条件下，随着波动频率一直增大，C_{F_x} 将趋于 β/h^2。

图 5.7(c) 展示了不同频率条件下，$\overline{C}_{F_y}$ 随着来流速度变化的规律。同样地，来流速度为 0m/s 时，不同频率下的 $\overline{C}_{F_y}$ 恒等于 0.49，反映了 y 方向的水动力合力依然与频率平方成正比。不同于 $\overline{C}_{F_x}$ 的是，随着来流速度增大，$\overline{C}_{F_y}$ 呈现出先减小为 0，再继续增大的变化规律。此外，$\overline{C}_{F_y}$ 并没有出现小于 0 的情况。对 $\overline{C}_{F_y}$ 来说，来流速度方向垂直于 y 轴，而 F_y 主要是由鳍条摆动产生的水动力。这表明，摆动运动并不会受侧向来流的影响出现反向的情况。图 5.7(d) 展现了零来流条件下 $\overline{C}_{P_y} + \overline{C}_{P_z}$ 恒等于 2.3，表明侧向功率损失与频率的三次方成正比。$\overline{C}_{P_y} + \overline{C}_{P_z}$ 随着来流速度增大而迅速减小，并趋近于 0。在有来流条件下 $\overline{C}_{P_y} + \overline{C}_{P_z}$ 随着频率增大而增大。

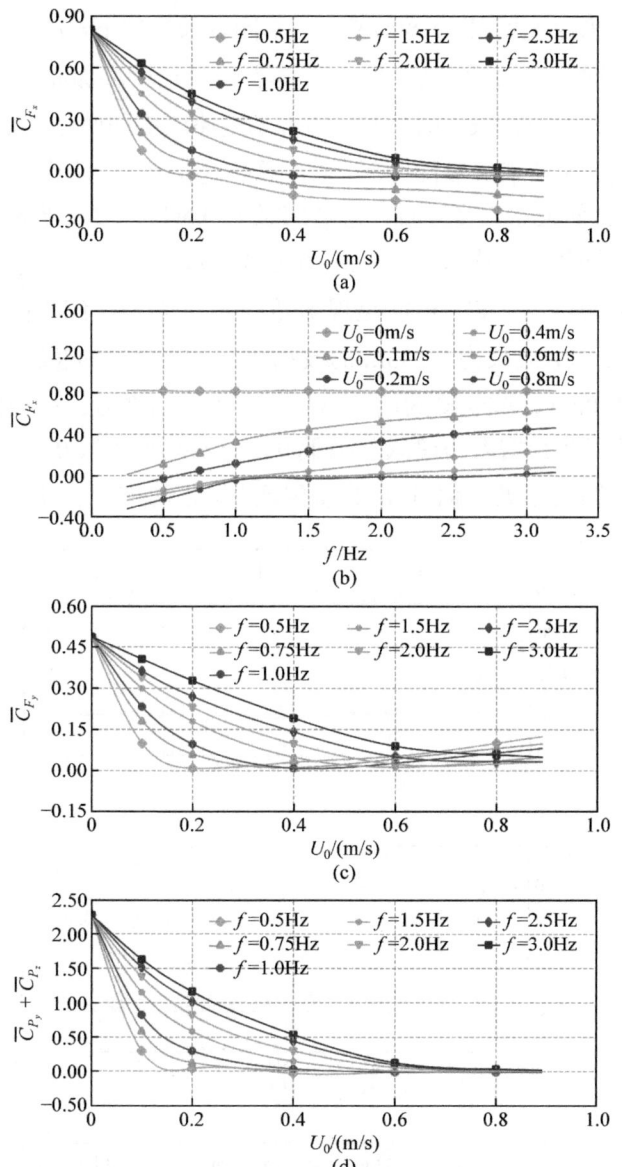

图 5.7 $\overline{C}_{F_x}$、$\overline{C}_{F_y}$ 和 $\overline{C}_{P_y}+\overline{C}_{P_z}$ 平均值随频率变化规律(扫描章前二维码查看彩图)

(a) 不同频率下，$\overline{C}_{F_x}$ 随来流速度变化；(b) 不同来流速度下，$\overline{C}_{F_x}$ 随频率变化；(c) 不同频率下，$\overline{C}_{F_y}$ 随来流速度变化；(d) 不同频率下，$\overline{C}_{P_y}+\overline{C}_{P_z}$ 随来流速度变化

3. 波长影响

为了探究波动波长对三维波动鳍水动力性能的影响，本小节研究考虑了 6 种波长。幅值固定为 35°，频率固定为 1Hz，鳍长为 1m。对于每一种波长条件，考

虑了6种不同的来流速度。图5.8(a)展示了不同波长条件下$\overline{C}_{F_x}$总是随着来流速度增加而减少。同时，当波长较小时，$\overline{C}_{F_x}$随着来流速度增加而逐渐变为负值，且越来越小；相反，当波长较大时，$\overline{C}_{F_x}$随着来流速度增加而趋于0。图5.8(b)展现了随着波长增大，无论来流条件如何，$\overline{C}_{F_x}$总是趋于0。这种数学特性和研究采用的无量纲化方法，研究中参考速度U_{ref}被定义为$0.5(U_0+hf)$，波长增大也使得U_{ref}增大，且在无量纲化过程中U_{ref}是以平方形式缩放F_x。尽管$\overline{C}_{F_x}$总是趋于0，但是不同来流速度条件下，$\overline{C}_{F_x}$可能呈现出递增或者递减的不同单调性。例如，当来流速度为0m/s时，波长为0.333m的波动鳍$\overline{C}_{F_x}$最大，并随着波长增大而递减。由于来流速度为0m/s，波动鳍的运动总是能产生正向推力，这种情况下$\overline{C}_{F_x}$也总是大于0，仅随着波长增大而递减并趋于0。当来流速度为0.8m/s时，由于来流速度过大，波动鳍无论处于何种条件都不能产生正向推力，且波长越小，$\overline{C}_{F_x}$也

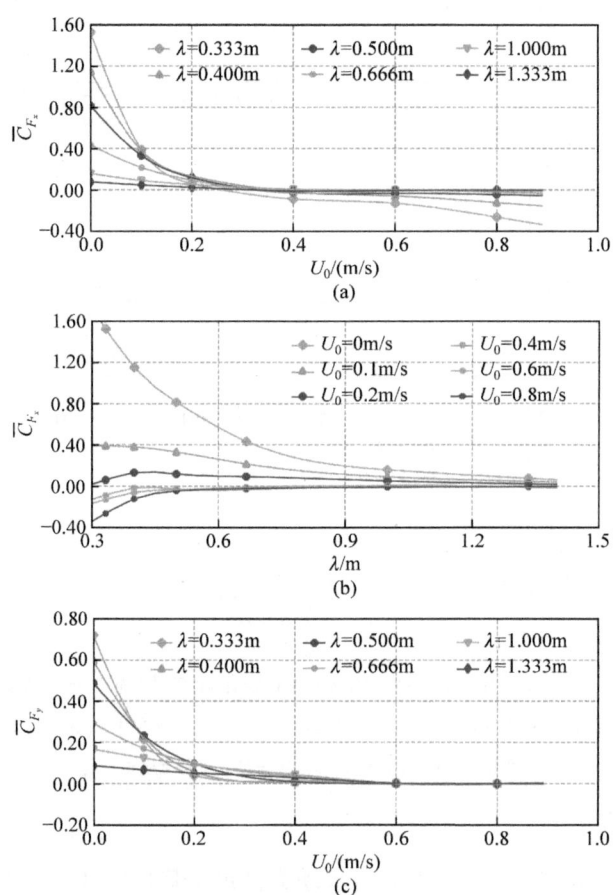

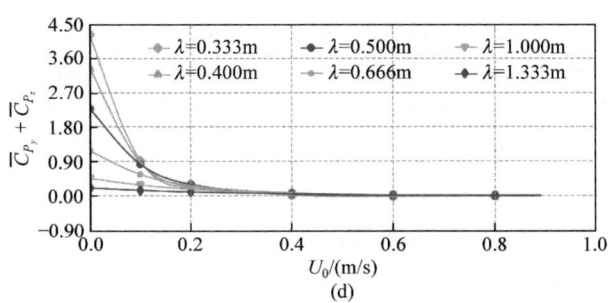

图 5.8 $\overline{C}_{F_x}$、$\overline{C}_{F_y}$ 和 $\overline{C}_{P_y}+\overline{C}_{P_z}$ 平均值随波长变化规律

(a) 不同波长下，$\overline{C}_{F_x}$ 随来流速度变化；(b) 不同来流速度下，$\overline{C}_{F_x}$ 随波长变化；(c) 不同波长下，$\overline{C}_{F_y}$ 随来流速度变化；(d) 不同波长下，$\overline{C}_{P_y}+\overline{C}_{P_z}$ 随来流速度变化

越小，最小值约为 0.36。此种情况下，$\overline{C}_{F_x}$ 随着波长增大而增大，并从负方向趋近于 0。

需要强调的是，$\overline{C}_{F_x}$ 的随波长变化的规律可能与 F_x 随波长的变化规律并不一致。例如，当来流速度为 0m/s 时，随着波长逐渐增大，正向推力(标量)依次为 2.538N、2.762N、3.059N、2.882N、2.372N 及 2.053N。研究表明，波动鳍产生的推力随着波长的增大呈现出先增大后减小的变化规律，因此存在一个最优波长使得波动鳍推力最大化。本小节中，最优波长的范围为 0.500～0.666m。研究还表明，最优波长并不是一个定值，随着来流速度改变，最优波长取值也会略微增大，但最优波长的长度不会超过鳍长。图 5.8(c)展现了不同波长条件下，$\overline{C}_{F_y}$ 总是随来流速度增大而减少，并趋近于 0。在不同波长条件下并没有观察到 $\overline{C}_{F_y}$ 随来流速度增大出现先减少后增大的趋势。如果考虑 F_y 本身的变化规律，在来流速度为 0.1m/s 时，不同波长下的 F_y 依次为 0.603N、0.852N、1.257N、1.496N、2.246N 及 2.048N。在任何运动参数下，F_y 都应该为负，这是因为三维波动鳍运动具有摆动特性，会沿着 y 轴正方向产生射流，进而诱导一个沿着 y 轴负方向的轴向力。这种轴向力并非单调的，随着来流增大其绝对值呈现先增大后减小的变化趋势。图 5.8(d)展现了不同条件下 $\overline{C}_{P_y}+\overline{C}_{P_z}$ 的变化规律。侧向功率损失系数 $\overline{C}_{P_y}+\overline{C}_{P_z}$ 总是随着来流速度增大而减小，并逐渐趋近于 0。

5.4 三维波动推进机制和流场涡结构分析

5.4.1 三维流场收束效应

波动鳍运动产生推力的机制称为"收束效应"。形象的解释是，三维运动中的波动鳍如同一个减缩喷管,首先将四周的流体汇聚到鳍面,其次通过波动运动将鳍面附近的流体向后运输并形成强烈的射流,由动量守恒可知波动鳍将获得反方向的动量,最后产生前进的推力。第 4 章研究通过开展二维波动推进流场结构分析,已经揭示了这种效应对于二维波动鳍流场的影响,本节主要分析三维流场收束效应[17, 18]。

　　为了解释这种收束效应并说明其产生的原因,一个典型的三维波动鳍静水运动下流场涡旋结构示意图如图 5.9(a)所示,图 5.9(b)则是展现了对应条件下三维流线分布示意图,图 5.9(c)和(d)展现了侧视和俯视两个方向下的流场速度向量分布示意图。图中,波动鳍的运动参数为幅值 45°,频率 1Hz,波长 0.5m,鳍长 1m,波动鳍处于静水中。图 5.9(a)中,三维涡旋结构通过 Q 准则进行识别(取 Q 的等值面为 50),并通过速度尺度对涡旋进行着色处理。图 5.9(a)表明,尽管没有施加来流速度,但是涡旋依然具有明确的运动轨迹,从波动鳍前缘产生,受波动运动影响获得向后运动的动量,并在向后运动过程中逐渐演化、分解为更小的涡旋,最后因为流体的黏性而耗散。从图 5.9(a)中也可以观察到鳍面前缘处存在较大尺度的涡管,这些新生成的涡管随着鳍面向后运动逐渐弯曲和变形,并与其他涡管交织在一起,形成复杂涡旋结构。另外,一个明显的运动特征是,流场中涡旋运动的方向为鳍面斜后方,并与波动鳍前缘形成明显夹角。这种斜向运动产生原因来自

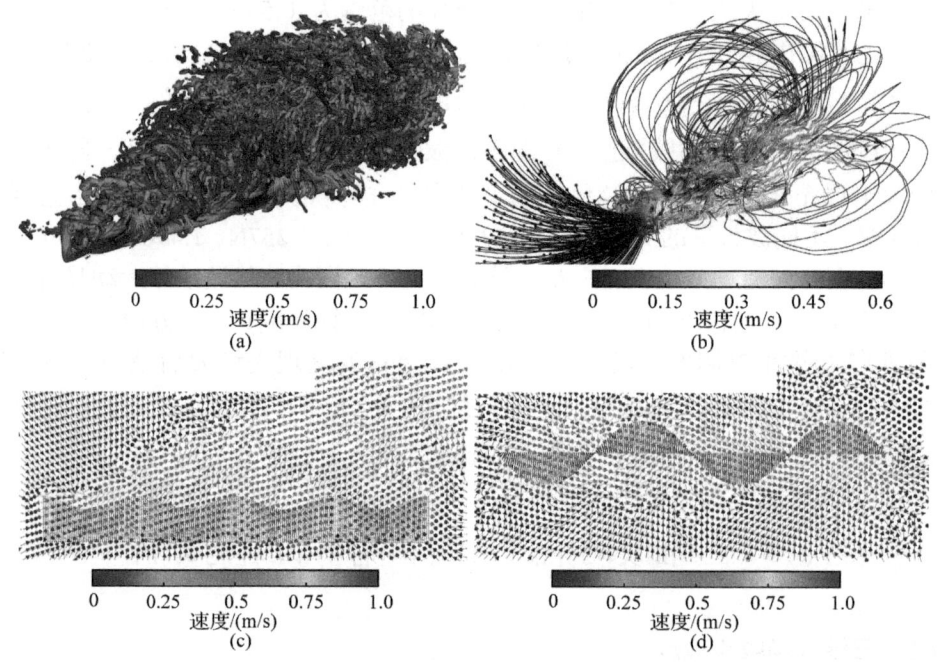

图 5.9　静水条件下,波动鳍流场涡旋、流线、速度向量分布示意图(扫描章前二维码查看彩图)
(a) 三维涡旋分布;(b) 三维流线分布;(c) 侧视图下流场速度向量分布;(d) 俯视图下流场速度向量分布

三维波动鳍的双重运动效应。一方面，鳍面上具有向后传递的行波，这是典型的波动运动。另一方面，鳍面上任意一条垂向鳍线(鳍条)，不断围绕着基线上一点做周期性摆动，这又是典型的摆动运动。波动运动不断向后运输流体，使流体获得向后运动速度，而摆动运动又迫使流体向鳍面上方运动，两个方向的合运动最终使得流场涡旋向着斜后方运动。

图 5.9(b)展现了对应条件下三维流线的分布。流线也通过速度尺度进行了着色处理(扫描章前二维码查看彩图)。尽管流场没有来流，波动鳍前方静止流体受到鳍面运动影响，不断汇聚到鳍面，如同空间流场被迫收束。图 5.9(c)和(d)从速度向量分布角度展示了流体不断收束到鳍面的过程。当射流运动到鳍面后方时，流线在空间中形成了较大的弯曲回旋。流线大幅度弯曲回旋预示着涡旋的产生，这种强度较低的涡旋被称为环形涡。Zhang 等[16]将波动鳍运动产生的三维涡旋分类为流向涡、新月涡及环形涡。其中，环形涡是流场中一种较稳定的结构，如图 5.9(b)所示，特点是尺度远大于流向涡和新月涡，主要是分布于中轴面内，能够诱导波动鳍升力产生。

波动鳍涡场并非一种稳定结构，涡场中也并非一定存在环形涡。例如，当来流速度增大为 0.1m/s 和 0.4m/s 时，波动鳍流场涡旋结构，三维流线分布，以及速度向量分布如图 5.10 所示。从图 5.10(a)中可以看到，由于外流场具有恒定的速度，整个流场的对流效应相比于静水情况更强，具体表现为涡旋向后运动的速度更大，涡旋前缘面与鳍面基线之间的夹角更小，同时，涡旋也耗散得更快。结合图 5.9(c)可以发现，首先，其三维流线分布相比于图 5.9(b)中的分布更加规律。流场经过波动鳍时，也可以观察到明显的收束效应，意味着波动鳍汇聚流体并形成了一个斜向的射流，这是波动与摆动双重运动的必然结果。波动运动收束流场并形成射流，而摆动运动将射流推开。因此，流线运动经波动鳍加速后，被整体抬升了一段距离。此时，图 5.9(b)中的流线大曲率回旋，在图 5.10(c)中不再存在，这也可以从速度向量分布图 5.10(e)中看出，这意味着整个涡场不存在大尺度的环形涡。如果继续增大来流速度至 0.4m/s，此时，由于来流诱导的阻力较大，波动鳍几乎无法产生正推进作用。波动鳍流场涡旋结构、三维流线分布及速度向量分布如图 5.10 所示。波动推力的产生机制来自流场的收束效应，如果波动鳍无法产生正向推力，表明了波动鳍此时无法对流场产生有效的收束作用，该观点可以通过图 5.10(d)得到进一步验证。当来流速度较小时，波动运动通过鳍面不间断地传递行波，同时裹挟着近壁面流体不断以行波波速向后运动，此过程实现了动量传递并增大近壁面流体的速度。然而，一旦来流速度过大，流场向后运输物质的对流效应则更强，波动鳍近壁面流体来不及接受鳍面的动量传递，就被来流运输到下游。

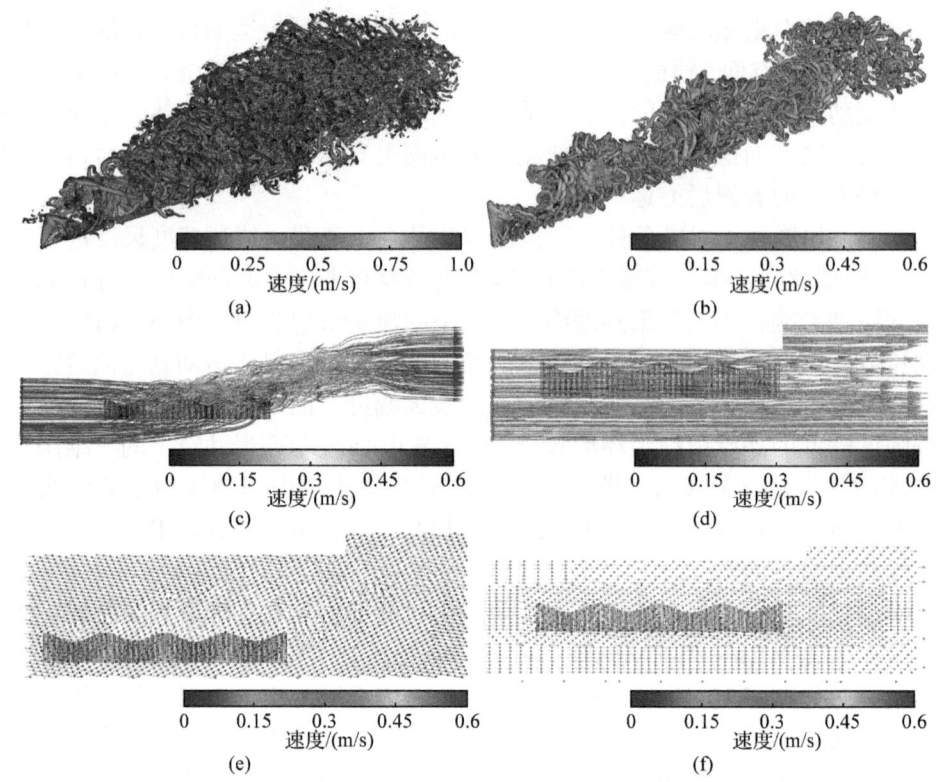

图 5.10　来流速度为 0.1m/s 和 0.4m/s 时波动鳍流场涡旋、三维流线、速度向量分布示意图
(扫描章前二维码查看彩图)
(a) U_0=0.1m/s 时，涡旋分布；(b) U_0=0.4m/s 时，涡旋分布；(c) U_0=0.1m/s 时，三维流线分布；(d) U_0=0.4m/s 时，三维流线分布；(e) U_0=0.1m/s 时，速度向量分布；(f) U_0=0.4m/s 时，速度向量分布

图 5.11 展示了一个周期内波动鳍尾流涡结构演化示意图，其中，涡旋通过 Q 等值面值为 200 的 Q 准则进行识别，采用大的 Q 是为了过滤掉空间中一些低强度的零碎涡旋。每半个波动周期中，鳍面前缘处都会生成并脱落一个涡管。涡管伴随着鳍面前缘做正弦运动逐渐生成，在鳍面行波向后运动过程中，生成的涡管将从波形的峰值处脱落并进入尾流场。同时，一个周期内生成的两个涡管将从鳍面两侧分别脱落，并且两个涡管具有相反的旋转方向。脱落的涡管在流体对流效应作用下向后运动，并与其他涡管交织、缠绕在一起，附着于斜向射流上，形成复杂的尾流结构，直到涡旋因流体的黏性最终耗散。波动鳍的涡旋脱落直接发生在前缘，这种特征也表明，受大尺度、周期性、非保守力影响的流体不会在鳍面上形成稳定的边界层。另外，研究表明，从形态上区分出尾流中交织的涡旋结构是困难的，并未观察到 Zhang 等[16]指出的流向涡、新月涡等涡旋。

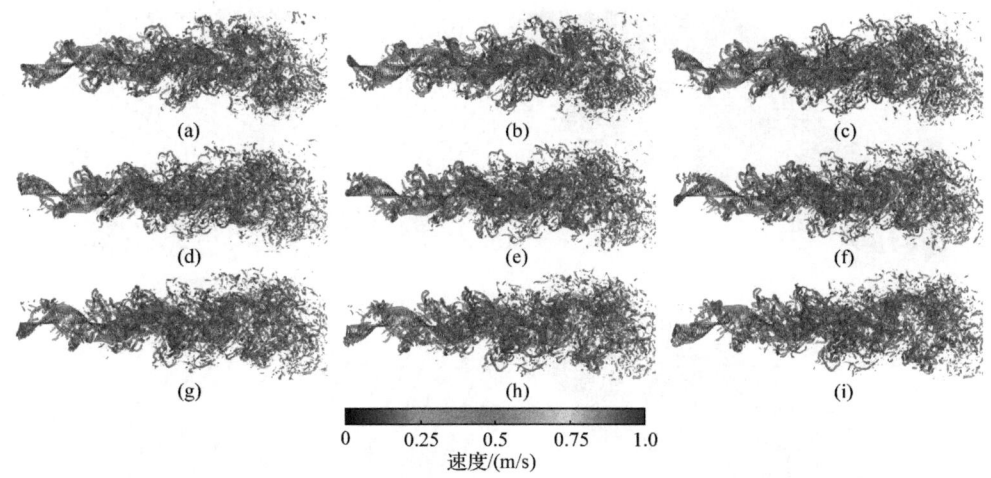

图 5.11 一个周期内波动鳍尾流涡结构演化示意图(扫描章前二维码查看彩图)
(a) $t=0.0T$; (b) $t=0.1T$; (c) $t=0.2T$; (d) $t=0.3T$; (e) $t=0.4T$; (f) $t=0.5T$; (g) $t=0.6T$; (h) $t=0.7T$; (i) $t=0.8T$

5.4.2 运动参数对三维流场的影响

1. 来流速度

波动鳍的摆动幅值、频率和波长等运动参数不仅直接影响其水动力性能，而且也会使得流场涡旋结构呈现不同分布形态[19-23]。另外，系牵模型下自由流的来流速度也是影响波动鳍水动力性能和流场涡旋分布的主要因素。因此，本节探究不同参数对波动鳍流场涡旋分布的影响规律。首先，固定运动参数，取幅值 55°，频率 1Hz，波长 0.5m，4 种不同来流速度下流场涡旋分布如图 5.12 所示。图 5.12 中，来流速度分别为 0m/s、0.1m/s、0.2m/s 及 0.4m/s；图 5.12(b)、(d)、(f)和(h)分别表示对应条件下纵向截面内的流场速度向量(流线)分布。在本小节中，为统一流场涡旋识别方法，研究均采用 Q 准则识别三维涡旋，并总是取 Q 等值面值为 25。同时，涡旋等值面均采用速度云图进行着色处理。图 5.12(a)中，来流速度为 0m/s，波动鳍流场空间涡旋分布较为密集，波动鳍斜后方存在数量较多的小尺度涡旋，这些小尺度涡旋颜色较深并近似为蓝色，意味着这些位置的流体速度较小。从图 5.12(b)中可以明显看到，波动鳍在静止水域中运动能产生两个明显的空间大尺度环形涡，分别位于斜向射流的上方和下方，而斜向射流与波动鳍基线呈一定夹角。随着来流速度增大，可以观察到：①斜向射流与波动鳍基线间的夹角逐渐减小，来流速度较大时，甚至不存在斜向射流；②来流速度增大，流体的耗散作用增强，涡旋耗散速度增加。当来流速度为 0.4m/s 时，如图 5.12(g)所示，此时，涡旋基本被耗散，仅有鳍面邻近处附着一些涡强较大的涡。

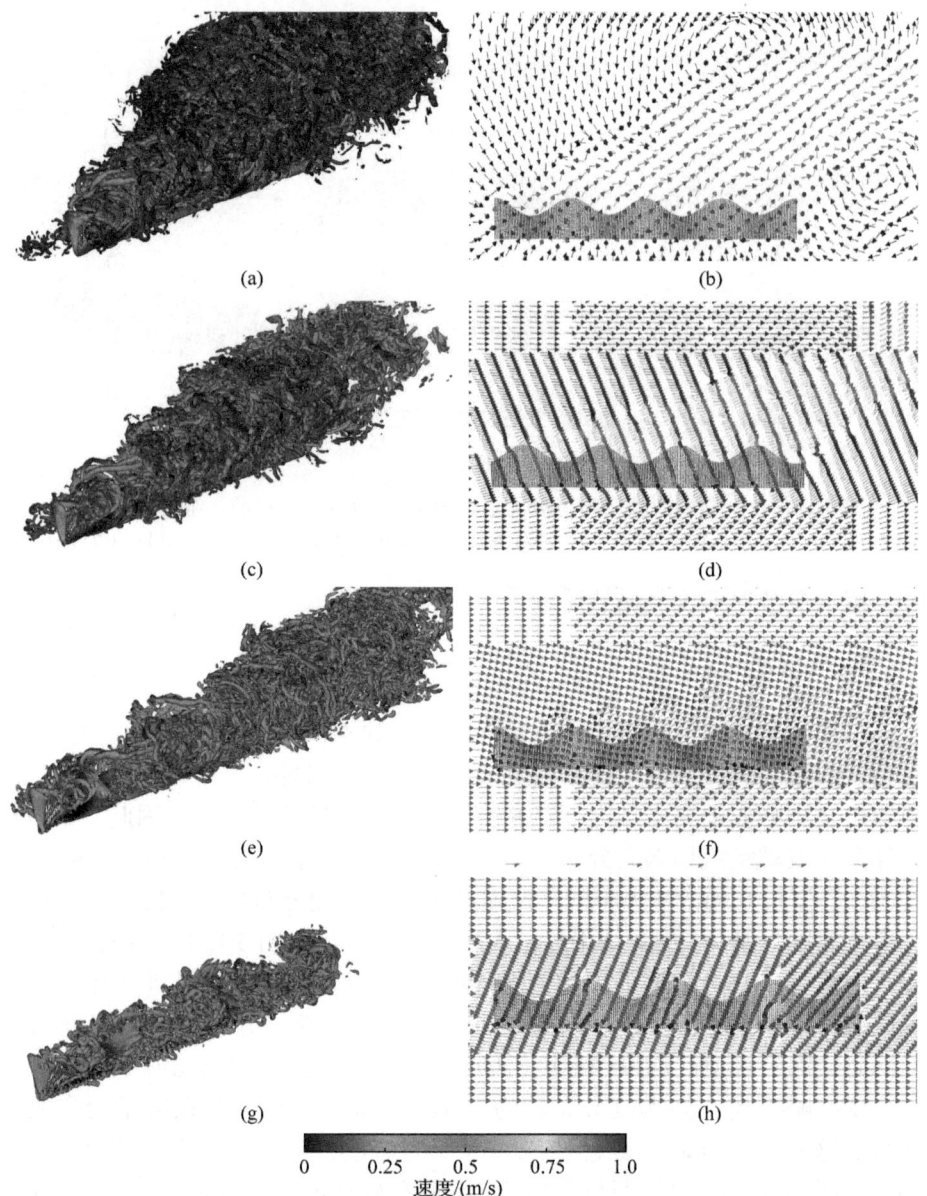

图 5.12 不同来流速度下，波动鳍流场涡旋及流线分布示意图(扫描章前二维码查看彩图)
(a) U_0=0m/s 时，涡旋分布；(b) U_0=0m/s 时，流线分布；(c) U_0=0.1m/s 时，涡旋分布；(d) U_0=0.1m/s 时，流线分布；(e) U_0=0.2m/s 时，涡旋分布；(f) U_0=0.2m/s 时，流线分布；(g) U_0=0.4m/s 时，涡旋分布；(h) U_0=0.4m/s 时，流线分布

2. 波动幅值

考虑波动幅值变化对波动鳍流场涡旋结构分布的影响规律，结果如图 5.13 所

示。除幅值外其他运动参数固定,包括频率1Hz,波长0.5m,来流速度0.2m/s。当幅值较小时,如图5.13(a)所示,空间涡旋分布非常稀疏,意味着该流场下强度大于25(基于Q准则评判)的三维涡旋数量较少。同时,波动鳍运动形成的射流运动方向基本与鳍面基线平行,意味着此时波动鳍产生的推力非常小。随着幅值增大,如图5.13(b)所示,空间涡旋逐渐稠密,数目增多,射流与鳍面基线夹角也略微增大,这些现象都意味着幅值增大使得波动鳍产生了更大的推力。

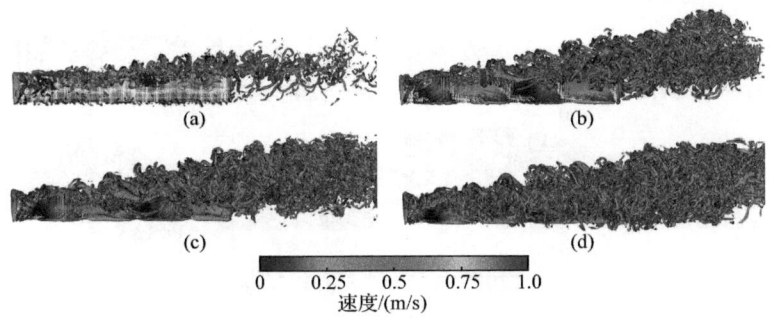

图 5.13 不同波动幅值下波动鳍流场涡旋结构(扫描章前二维码查看彩图)
(a) θ_m=15°下涡旋结构;(b) θ_m=35°下涡旋结构;(c) θ_m=45°下涡旋结构;(d) θ_m=55°下涡旋结构

3. 波动频率

波动频率变化对波动鳍流场涡旋结构的影响如图5.14所示。其他运动参数固定,幅值35°,波长0.5m,来流速度0.2m/s。三维波动鳍不同运动参数下的涡旋分布具有明显的相似性。空间涡旋数目越多,分布越密集,波动鳍产生的推力也越大,这种规律能在图5.14中观察到。对频率变化而言,波动鳍的推力以及流场涡旋的强度,都与频率呈正相关关系。

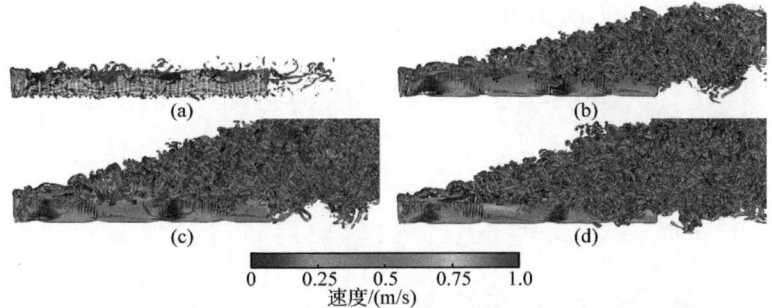

图 5.14 不同波动频率下波动鳍流场涡旋结构(扫描章前二维码查看彩图)
(a) f=0.5Hz下涡旋结构;(b) f=1.5Hz下涡旋结构;(c) f=2.0Hz下涡旋结构;(d) f=2.5Hz下涡旋结构

4. 波动波长

波动波长变化对波动鳍流场涡旋结构的影响如图5.15所示。其他运动参数固定,幅值35°,频率1Hz,来流速度0.2m/s。波长变化产生的影响较为复杂,波长变化对波动鳍推力的影响并非单调的。这种非单调性也体现在波长变化对空间涡旋分布的影响上。图5.15(d)中,波动鳍的波长为1.333m,运动形式已经转变为典型的摆动运动,图5.15(d)中涡旋分布相比于图5.15(c)来说略微稀疏,且射流与基线夹角略微减少。这反映了波长继续增大不能使得波动鳍产生更大的推力,即存在一个尺度小于鳍长的最优波长使得波动鳍产生的推力最大。

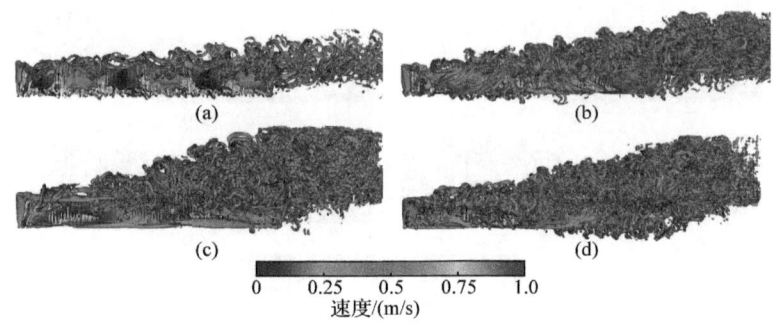

图5.15 不同波动波长下波动鳍流场涡旋结构(扫描章前二维码查看彩图)
(a) λ=0.333m下涡旋结构;(b) λ=0.666m下涡旋结构;(c) λ=1.000m下涡旋结构;(d) λ=1.333m下涡旋结构

5.4.3 射流角

射流与基线夹角是影响波动鳍推进性能和空间涡旋形态的重要因素。波动鳍产生的射流通常是斜向的,这是因为三维波动推进同时具有波动和摆动双重运动特性。当来流速度逐渐增大,射流与基线夹角将逐渐减少。当夹角为0°时,意味着波动鳍无法在大流速下产生正向推进作用,尾流场将呈现钝体绕流特征。为方便进一步讨论这一概念,研究将三维波动鳍产生的射流前缘面与静止基线之间的夹角定义为射流角γ,如图5.16所示。

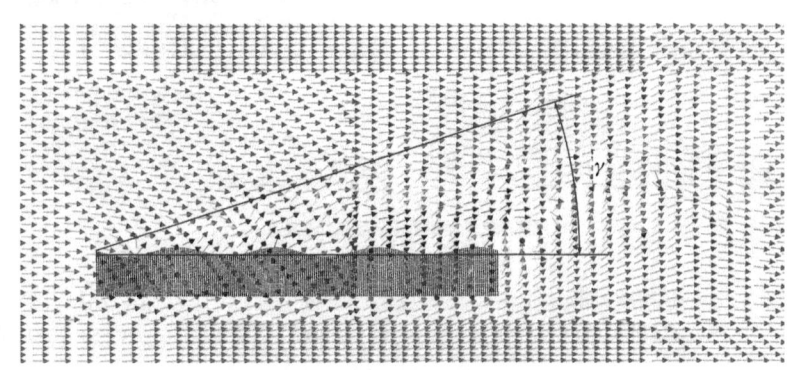

图5.16 三维波动鳍的射流角示意图(扫描章前二维码查看彩图)

射流角的研究意义在于,射流角是一个描述流场涡旋形态的物理参数,而它又与波动鳍的水动力性能存在紧密联系,因此射流角间接地将定性的流场演化规律与定量的水动力性能联系起来。射流角具有三个重要特征:第一,三维波动鳍运动下流场总是存在射流角,且射流角总是大于 0°;第二,只要射流角大于 0°,那么波动鳍一定能够产生正向推进作用,即波动鳍运动产生的推力大于流体阻力,反之亦然;第三,如果自由流的来流速度过大导致波动鳍无法产生正推力,此时射流角一定为 0°。建立不同参数下波动鳍流场射流角与 x 方向平均推力的关系,如图 5.17 所示。

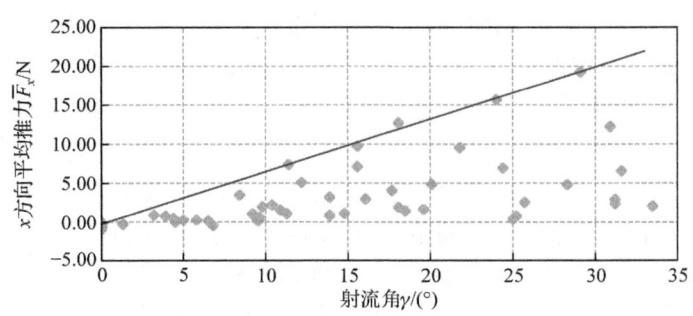

图 5.17 射流角与 x 方向平均推力的关系

图 5.17 中,包络线与 $\bar{F}_x = 0\text{N}$ 两条直线构成的三角形区域覆盖了所有可能结果。当射流角为 0°时,总是有 $\bar{F}_x < 0\text{N}$。当射流角大于 0°时,总是有 $\bar{F}_x > 0\text{N}$。这里的 $\bar{F}_x$ 经过了符号校正,正值的 $\bar{F}_x$ 表示波动运动产生了正推力。研究表明,单自变量射流角和因变量 $\bar{F}_x$ 之间不存在定量的一一映射关系。实际上,射流角受到幅值、频率、波长及来流速度等不同参数的影响,同时也和鳍面的几何尺寸相关联。尽管如此,研究展现了射流角和 $\bar{F}_x$ 之间存在不等式关系:$\bar{F}_x \leq k\gamma$,式中,k 为一个常数。因此,直线 $\bar{F}_x = k\gamma$ 形成了结果分布区域的包络线。图 5.17 中,基于最小二乘法可以确定 k 的取值约为 0.67。该不等式关系表明,不同运动参数下波动鳍流场的射流角可能相同,同时,波动鳍运动产生的推力总是小于等于射流角的 67%。如果射流角是已知的,可以基于不等式关系估算波动鳍可能产生的最大推力。结合本小节运动参数的选定范围,当波动鳍摆动幅值不超过 55°,频率不超过 2.5Hz,波长不超过 1.333m 时,波动鳍产生的推力不超过射流角的 67%。注意到,图 5.17 并未统计波动频率为 3Hz 的仿真案例。结果表明,进一步提高频率,k 会继续增大,但是继续增大幅值和波长并不会对 k 产生明显影响。当考虑了波动频率为 3Hz 的仿真案例,此时 k 约为 0.81。

5.5 二维与三维波动推进特性对比

第 4 章中,研究分析了二维波动鳍在系牵模型和自推进模型下的水动力性能和流场结构，本章基于 cIBM 模型讨论了三维波动鳍在系牵模型下的水动力性能和流场结构。本节对两种数值计算策略进行一个简单对比，如表 5.1 所示。在软件 ANSYS FLUENT 中，k-ω SST 模型的实现基于有限体积法，主要空间离散格式也以二阶格式为主，算法优势在于求解器的稳定性，同时有限体积法具有通量守恒这一重要优势。k-ω SST 模型主要缺点在于，动网格模型使得计算过程中非结构网格畸变性高、质量差，且网格重构也增大了计算成本。直接将 cIBM 模型推广到三维仿真，不仅计算成本较大，而且变形网格的质量随着波动鳍周期运动下降十分明显。相对地，cIBM 模型在时间推进和对流项格式方面均采用显式离散，因此计算效率要高得多。同时，IBM 的使用导致运动边界几何信息缺失，使得湍流壁函数在 cIBM 模型中的实现变得困难，因此，cIBM 模型依赖于高分辨率对流格式进而实现隐式 LES 模拟效果。算法主要问题是求解器的通用性和稳定性。由于采用了大量显示离散，仿真对时间步长、网格细化程度具有极高依赖性。cIBM 模型最大的缺点在于无法准确捕捉高雷诺数下壁面边界层的演化过程，波动运动特点之一是鳍面不会有稳定的边界层出现，壁面附着涡旋直接从前缘脱落，因此 cIBM 模型的缺点并不会影响波动运动问题的求解。然而，这也表明了 cIBM 模型的应用场景相对较窄。同时，二维显式或隐式 LES 模型的物理意义在学术上依然存在争议[24]，因此高雷诺数下的二维仿生波动推进多采用 URANS 模型建模湍流。

表 5.1　二维与三维波推进数值策略比较

项目	基于 URANS 的数值策略(二维)	基于 cIBM 的数值策略(三维)
算法执行	商业软件 ANSYS FLUENT(基于 Windows 系统)	开源计算库 IBAMR(基于 Linux 系统)
湍流模型	k-ω SST 模型	cIBM 中无显式湍流模型，基于高阶对流格式实现隐式 LES 效果
网格划分	采用非结构网格(系牵模型)，采用嵌套网格技术(自推进模型)	采用基于 patch 的笛卡儿网格，根据涡量阈值标记网格实现自适应(系牵模型)
动边界处理	采用动网格模型，弹簧光顺法以提高网格质量，重构质量差的非结构网格	采用浸入边界法，通过基于 δ 核函数的积分变换，实现欧拉和拉格朗日坐标数据传递
离散方法(欧拉)	基于同位网格的有限体积法	基于错位网格的有限差分法，同时需要引入 MAC、ADV 速度场，辅助速度场将用于 PPM 等高阶对流格式计算
离散方法(拉格朗日)	无须考虑	曲线坐标系下显式有限差分离散
空间离散格式	非线性对流项：二阶迎风格式，扩散项：中心差分，梯度计算：最小二乘法，压力及其他标量插值：二阶格式	非线性对流项：显式 PPM 格式，扩散项：二阶差分格式

续表

项目	基于 URANS 的数值策略(二维)	基于 cIBM 的数值策略(三维)
速度压力解耦(时间步进)	PISO 算法(分离式)瞬态法则采用二阶隐式	截断不动点迭代法(针对耦合方程)通过投影法处理约束力扩散项时间格式为隐式中点法则
线性系统求解	压力泊松方程：双共轭稳态梯度法，速度等其他方程：代数多重网格	动量方程：柔性广义最小残差法，最终速度、压力：矫正公式更新
边界条件	速度入口条件(狄利克雷条件)，压力出口条件(诺伊曼条件)，其他边界为壁面	速度入口条件(狄利克雷条件)流体牵引力出口条件(指定应力大小和方向)其他边界为壁面(无须显式指定压力边界)
计算精度	在 overset 交界面处为一阶，其他区域为二阶	形式上全局二阶精度，流固交界面、粗细网格交界面为一阶
计算效率	低	高
主要缺陷	网格划分复杂，非结构网格计算量大，变形区域(动边界)网格质量较差，计算策略难以推广到三维	求解器稳定性差，CFL 需小于 0.3

注：LES 表示大涡模拟；patch 表示补片协调算法；MAC 表示标记-单元法；ADU 表示对流速度场；CFL 表示库朗数。

就水动力性能参数变化规律而言，本书相继讨论了波动鳍在二维系牵、二维自推进及三维系牵三种模型下的水动力性能。不同模型结果展现了一些共性规律：波动鳍的推力与推力系数近似与幅值呈线性(一次函数)关系；波动鳍的推力正比于频率的二次方(满足二次函数)，因此在无来流速度条件下，推力系数是一个独立于频率的常数；自推进模型下，自推进速度与频率变化呈线性关系；推力系数和侧向功率损失系数都随着波长增加而减少。研究表明，物理量和对应的无量纲系数的变化规律并不一致，无量纲系数的变化规律很大程度上依赖于无量纲计算过程和参考速度的选取。第 4 章波动鳍尺度研究结果也表明，即使进行了无量纲化，无量纲水动力参数也会随着波动鳍尺度变化而变化，并且一些变化是非线性的。然而，不同模型也得到一些相异的研究结果，这些相异结果基本都与波长变化相关。例如，二维系牵模型展示了推力系数随着波长增大呈现出先增大后减小的趋势，而三维系牵模型则是表现出推力系数随着波长变化而单调变化的规律。这种差异的原因在于，二维与三维波动鳍运动机制具有本质差异。当波长增大时，二维波动鳍逐渐演变为平板振荡，但推进方向不会发生变化，平板振荡依然会在流向诱导推力或者自推进速度。因此，二维波动鳍的水动力性能随着波长增大将趋于稳定的有限值。对于三维波动鳍运动，研究表明，随着波长增大所有水动力系数都将趋于零，这是因为尽管波长增大也会使得三维波动推进演变为平板振荡,但推进方向产生了显著变化,平板振荡诱导的推力主要沿着垂直于鳍面基线的侧向,流向上的推力基本为零,因此水动力系数将趋于零。不同模型下波动推进水动力性能变化规律总结如表 5.2 所示。

表 5.2 不同模型下波动推进水动力性能变化规律总结

性能指标	二维系牵模型	二维自推进模型	三维系牵模型
推力	与幅值近似成一次函数关系,与频率成二次函数关系;随波长增加而单调增加,随波长增加趋于非零值,随来流速度增大而减小	与幅值近似成一次函数关系,与频率成二次函数关系;随波长增加而单调增加,随波长增加趋于非零值	与幅值近似成一次函数关系,与频率成二次函数关系;不同波长下存在最大值,随波长增加趋于零,随来流速度增大而减小
推力系数	与幅值近似成一次函数关系,零来流条件下与频率无关,不同波长下存在最大值,随来流速度增大而减小	与幅值近似成一次函数关系,与频率无关;随波长增加而单调减少	与幅值近似成一次函数关系,零来流条件下与频率无关,随波长增大而趋于零;随来流速度增大而减小
功率	随幅值增加而单调增加,与频率近似成三次函数关系,随波长增加而单调增加,随波长增加趋于非零值,随来流速度增大而减小	随幅值增加而单调增加,与频率近似成三次函数关系,随波长增加而单调增加,随波长增加趋于非零值	随幅值增加而单调增加,与频率近似成三次函数关系,随波长增加而单调增加,随波长增加趋于非零值,随来流速度增大而减小
功率系数	随幅值增加而单调增加,零来流条件下与频率无关,不同波长下存在最大值,随来流速度增大而减小	随幅值增加而单调增加,随频率增加而单调减少,随波长增加而单调减少	随幅值增加而单调增加,零来流条件下与频率无关,随波长增加而趋于零;随来流速度增大而趋于零
自推进速度	与频率成一次函数关系	随幅值增加趋于稳定值,与频率成一次函数关系,与波长近似成一次函数关系	随幅值增加趋于稳定值,与频率成一次函数关系,不同波长下存在最大值
效率	不同幅值下存在最大值,不同频率下存在最大值,随波长增大而单调减小,随来流速度变化呈现不连续性	与幅值几乎无关,随频率增加略微增加,随波长增加而单调减少	—
尾流结构	取决于 U_0 和 c 的关系,呈现 3 种不同结构	总是推力型结构	没有明显的排列模式,但具有射流角、涡环等特有结构

从流场结构角度来看,二维和三维波动鳍的流场具有本质差别,这归因于二维和三维流体流动的物理机制存在差异。例如,三维流场满足正向能量级联,而二维流场却是逆向能量级联;另外,三维涡旋还具有拉伸效应。这些物理差异直接影响涡旋的生成、发展、耗散等过程,也决定了二维流场不是三维流场的特例。具体地,第 4 章对于二维波动鳍系牵模型和自推进模型的研究表明,二维尾流结构主要依赖于二维波动鳍行波波速和自由来流速度。特别地,当二维波动鳍运动

模型为自推进模型时,尾流仅呈现推力型涡街。不论如何,二维波动鳍产生的尾流总是规则的、交错排列的涡街结构,这些从波动鳍后缘脱落的涡旋通常也具有清晰的涡边界和涡核,能在涡运动过程中观察到明显的耗散效应。相比而言,本章研究呈现的三维波动鳍流场结构要复杂得多。对于三维波动鳍流场结构,行波波速 c、来流速度 U_0 及推力产生机制(收束效应)相关结论能够直接从二维推广到三维。研究表明,只有当三维波动鳍行波波速大于来流速度时,波动运动能够产生正向推力。然而,行波波速、来流速度与尾流结构的关系不适用于三维流场。三维尾流中,大涡旋主要在鳍面产生,从鳍面前缘脱落,并在向后运动过程中因为黏性逐渐耗散,且会分解为无规则形状的小涡旋。三维涡旋具有明显的拉伸、扭曲效应,甚至形成涡环。这导致即便是单个三维涡旋,也不一定存在清晰的边界和外轮廓。三维波动鳍尾流场是一种不稳定结构,环形旋等结构随着来流速度增大而逐渐消失。三维涡旋运动的复杂性决定了三维流场分析难以像二维流场一样可以单独研究每个脱落涡旋的发展过程。

三维波动鳍流场演化过程中,涡环运动起到了关键作用,这是三维流场区别于二维流场演化的独有特性。水下生物运动身体后缘处涡环脱落是推力产生的重要特征。但是,与鳗鲡或者鲹科鱼类不同的是,波动鳍运动时涡旋的脱落并非在鳍面后缘,一些涡旋往往在靠近鳍面前缘的行波峰值处直接脱落,如图 5.11 所示。这些脱落的涡旋在空间中形成涡环,这类涡环被称为衍生涡环(SVR)。对应地,一些附着于鳍面的涡环,并随着鳍面上行波运动而向后运动,最终在后缘处脱落的涡环被称为主涡环(PVR)。这种命名方式由 Shirgaonkar 等[25]提出,如图 5.18 所示。

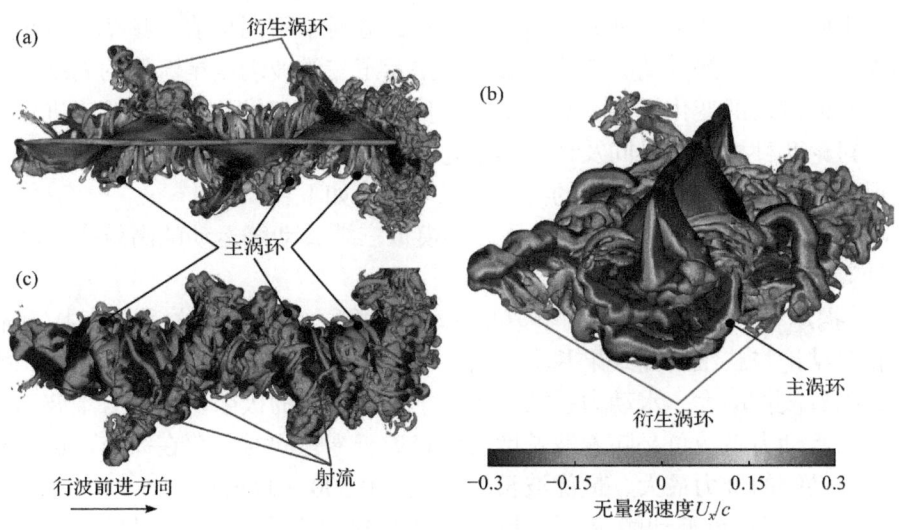

图 5.18 不同视图下波动鳍流场涡旋结构(扫描章前二维码查看彩图)
(a) 俯视图;(b) 前视图;(c) 仰视图

三维波动鳍相较于二维波动鳍的差异在于，三维波动鳍具有波动和摆动的双重特性。二维波动鳍运动就是单纯的波动运动，通常由正弦型运动方程描述。三维波动鳍由于基线固定而鳍面外边缘运动，进而在基线垂直方向具有摆动运动效应。这种双重特性使得三维波动鳍形成的射流通常是斜向的，而二维波动鳍的射流总是沿着流向。这种斜向射流导致了三维波动鳍运动存在特有的射流角。射流角是一个描述流场涡旋形态的物理参数，同时又与波动鳍的水动力性能存在联系，并具有三个重要特征。尽管研究表明了射流角与三维波动鳍在流向产生的推力之间不存在一一对应关系，但是，一个重要的线性不等式关系被揭示，即 $\bar{F}_x \leqslant k\gamma$，其中，常数 k 取决于波动鳍取到的最大波动频率。不等式的意义在于，在有限运动参数下实现了对波动鳍能够产生的最大推力的估计。由于二维波动鳍不存在射流角，因此这种不等式关系是三维波动鳍特有的。

5.6 本章小结

本章主要揭示了三维波动鳍在不同条件下的水动力性能变化和流场演化规律，阐明了波动运动与三维复杂流场间的耦合作用机制。为克服传统计算策略带来的网格重构质量差、仿真计算效率低等问题，本章研究基于约束浸入边界法建立了一种模拟三维波动鳍运动的数值计算模型，基于投影法思想处理动量方程引入约束力，并采用截断不动点迭代法实现耦合控制方程组的时间推进，最终实现三维波动推进运动高效率、高精度的数值计算。基于 cIBM 仿真策略，本章研究开展了不同运动参数下三维波动鳍数值仿真，分析了不同幅值、频率、波长及来流速度对三维波动鳍水动力性能的影响，揭示了三维波动鳍尾流场的涡结构、收束效应及射流角的变化规律。对二维数值仿真策略和三维数值仿真策略进行归纳总结，讨论两种模型的异同及计算结果差异。

通过本章数值研究，得到的主要成果与结论如下：

(1) 基于约束浸入边界法建立了一种模拟三维波动鳍运动的高效率、高精度数值计算模型。

(2) 揭示了三维波动鳍运动参数与水动力性能之间的映射关系，其中，幅值、频率相关结论与二维研究结果基本一致，但波长变化规律并不相同。对于二维波动鳍，随着波长增大，水动力系数都将趋于一个稳定的极限值，而三维波动推进模型下，水动力系数总是随着波长增大而趋近于零，同时，存在一个最优波长使得三维波动鳍的推力最大，最优波长的范围为 0.500～0.666m。

(3) 分析了三维波动鳍流场演化一般规律。结果表明，三维波动鳍流场演化过程中，涡环运动起到了重要作用，这是三维流场区别于二维流场演化的独有特性。

流场收束效应是波动鳍运动产生推力的流体宏观机制,而三维涡环的衍生与发展过程则是推力产生的重要特征。

(4) 对比分析了二维数值仿真和三维数值仿真结论。结合流场收束效应、涡旋演化以及尾流结构详细讨论了两种模型下波动鳍尾流场的演化过程,结果表明了二维波动鳍模型并不是三维波动鳍模型的特例。

参 考 文 献

[1] BHALLA A P S, BALE R, GRIFFITH B E, et al. A unified mathematical framework and an adaptive numerical method for fluid-structure interaction with rigid, deforming, and elastic bodies [J]. Journal of Computational Physics, 2013, 250: 446-476.

[2] PESKIN C S. Flow patterns around heart valves: A numerical method [J]. Journal of Computational Physics, 1972, 10(2): 252-271.

[3] PESKIN C S. The immersed boundary method [J]. Acta Numerica, 2002, 11: 479-517.

[4] SHIRGAONKAR A A, MACIVER M A, PATANKAR N A. A new mathematical formulation and fast algorithm for fully resolved simulation of self-propulsion [J]. Journal of Computational Physics, 2009, 228(7): 2366-2390.

[5] WEI C, HU Q, LIU Y, et al. Performance evaluation and optimization for two-dimensional fish-like propulsion [J]. Ocean Engineering, 2021, 233(4): 109191.

[6] WEI C, HU Q, ZHANG T, et al. Passive hydrodynamic interactions in minimal fish schools [J]. Ocean Engineering, 2022, 247: 110574.

[7] BAI Y Q, ZHANG J, ZHAI S C, et al. Investigations on vortex structures for undulating fin propulsion using phase-locked digital particle image velocimetry [J]. Journal of Hydrodynamics, 2021, 33(3): 572-582.

[8] CURET O M, ALALI I K, MACIVER M A, et al. A versatile implicit iterative approach for fully resolved simulation of self-propulsion [J]. Computer Methods in Applied Mechanics and Engineering, 2010, 199(37): 2417-2424.

[9] BIANCHI G, CINQUEMANI S, SCHITO P, et al. A numerical model for the analysis of the locomotion of a cownose ray [J]. Journal of Fluids Engineering: Transactions of the ASME, 2022, 144(3): 031203.

[10] NEVELN I D, BALE R, BHALLA A P S, et al. Undulating fins produce off-axis thrust and flow structures [J]. Journal of Experimental Biology, 2013, 217(2): 201-213.

[11] SPRINKLE B, BALE R, BHALLA A P S, et al. Hydrodynamic optimality of balistiform and gymnotiform locomotion [J]. European Journal of Computational Mechanics, 2017, 26(1-2): 31-43.

[12] BHALLA A P S, BALE R, GRIFFITH B E, et al. Fully resolved immersed electrohydrodynamics for particle motion, electrolocation, and self-propulsion [J]. Journal of Computational Physics, 2014, 256: 88-108.

[13] ZHANG D, PAN G, CHAO L, et al. Effects of reynolds number and thickness on an undulatory self-propelled foil [J]. Physics of Fluids, 2018, 30(7): 071902.

[14] YANG D, WU J. Hydrodynamic interaction of two self-propelled fish swimming in a tandem arrangement [J]. Fluids, 2022, 7(6): 208.

[15] GRIFFITH B E. An accurate and efficient method for the incompressible Navier-Stokes equations using the projection method as a preconditioner [J]. Journal of Computational Physics, 2009, 228(20): 7565-7595.

[16] ZHANG J, BAI Y, ZHAI S, et al. Numerical study on vortex structure of undulating fins in stationary water [J]. Ocean

Engineering, 2019, 187: 106166.

[17] LI G, LIU G, MA P, et al. Study on stable thrust of separated undulating fins [J]. Ocean Engineering, 2024, 306: 118046.

[18] LI G, MA P, FANG X, et al. Study on thrust increase characteristics of separated undulating fins [J]. Ocean Engineering, 2024, 313: 119292.

[19] SHI G, XIAO Q, BOULOUGOURIS E. Ground effects on the propulsion of an undulating pectoral fin with various aspect ratios [J]. Journal of Fluids and Structures, 2021, 106: 103388.

[20] SHI X, CHEN Z, ZHANG T, et al. Hydrodynamic performance of a biomimetic undulating fin robot under different water conditions [J]. Ocean Engineering, 2023, 288(1): 116068.

[21] WEI C, HU Q, LI S, et al. Hydrodynamic performance analysis of undulating fin propulsion [J]. Physics of Fluids, 2023, 35(9): 091906.

[22] WEI C, LI S, HU Q. Hydrodynamic performance analysis of formations of dual three-dimensional undulating fins [J]. Ocean Engineering, 2024, 305: 117939.

[23] XIA D, LEI M, LI Z, et al. A combined IB-LB method for predicting the hydrodynamics of bionic undulating fin thrusters [J]. Ocean Engineering, 2024, 303: 117790.

[24] SUKORIANSKY S, CHEKHLOV A, ORSZAG S A, et al. Large eddy simulation of two-dimensional isotropic turbulence [J]. Journal of Scientific Computing, 1996, 11(1): 13-45.

[25] SHIRGAONKAR A A, CURET O M, PATANKAR N A, et al. The hydrodynamics of ribbon-fin propulsion during impulsive motion [J]. Journal of Experimental Biology, 2008, 211(21): 3490-3503.

第 6 章　三维波动推进水动力性能实验

本章彩图

6.1　引　　言

前文已对二维、三维状态下的波动推进鳍的水动力性能进行了详细的介绍，为了验证前述三维数值计算结果的可靠性，揭示三维波动推进真实水动力性能，本章将开展三维波动鳍水动力性能实验研究。首先，搭建三维水动力性能测试平台，开展三维波动鳍样机的设计和研制。其次，阐述水动力性能指标实验测试原理，提出一种基于系牵实验平台的波动鳍自推进速度估算方法。再次，开展不同条件下波动推进性能实验测试，基于流体阻力模型矫正波动鳍基线运动对水动力性能的影响，并将矫正结果与实验测试结果进行对比验证，分析三维波动鳍实际水动力性能变化规律。最后，基于 PIV 装置开展流场可视化研究，进一步揭示与验证三维波动推进流场演化规律。相关结论为进一步开展水下波动推进机器人的研制和水动力性能分析奠定基础。

6.2　波动推进实验平台设计

6.2.1　总体设计

本章研究旨在从实验研究角度验证基于 cIBM 的数值仿真结果的可靠性，并进一步揭示三维波动推进真实水动力性能。因此，基于循环水槽平台搭建三维波动鳍水动力性能测试平台[1]，其总体框架如图 6.1 所示。三维波动鳍水动力性能测试平台主要由七个模块组成，包括循环水槽、波动鳍样机、力传感器、可视化模块、控制电路、上位机软件及辅助设备。

波动鳍样机及其控制电路是实验平台的核心模块。力传感器和可视化模块主要是用于采集实验测试数据与可视化图像，并通过上位机软件输出结果。循环水槽是实验平台载体，并用于控制来流速度。三维波动鳍实验样机通过桁架等辅助设备固定于水槽导轨上，并通过力传感器模块测量不同条件下波动鳍运动的水动力性能。因此，水动力性能实验平台类似于一种系牵模型，原理与第 5 章三维波动鳍仿真基本一致，平台主要功能是测试波动鳍在不同波动幅值、频率及波长条件下的水动力性能。此外，系牵模型[2,3]下尽管波动鳍被施加不同运动条件，但

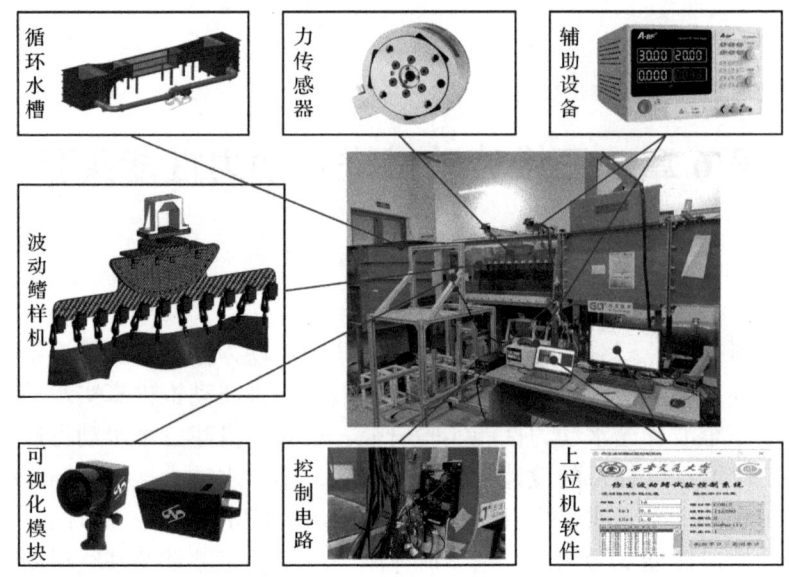

图 6.1 三维波动鳍水动力性能测试平台总体框架示意图

空间物理位置并没有变化，波动鳍运动速度主要通过来流速度进行间接表征。仿真结果表明，系牵模型下波动鳍水动力性能依赖于来流速度。因此，本节实验将分析不同来流速度对波动鳍性能的影响规律，循环水槽则起到了控制来流速度大小及稳流的作用。循环水槽与实验段测试原理如图 6.2 所示。除测试波动推进的水动力性能外，循环水槽还配备了流场可视化模块相关实验设备，因此，实验过程中将记录波动鳍流场可视化图像并进行后处理分析。

实验中，循环水槽是水动力性能测试实验的载体，结构如图 6.2 所示。循环水槽占地约 30m², 可实现流速控制、造波、稳流等功能。同时配备激光发生器、高速摄像机等 PIV[4]相关实验设备，能够完成流场可视化实验研究。设备研制公司提供了流速控制的上位机专用软件，以及 PIV 数据采集、后处理相关软件，方便了实验开展。循环水槽本体包含了多个模块，最主要的是实验段水槽，尺寸约为 1.8m×1m×0.6m。根据样机模型尺寸设计和加工相应连接桁架、力传感器连接支架等辅助器材，并将样机整体固定于实验段水槽导轨上。水槽加水时，保证水位高度浸没鳍面上端，但电机均在水面上方，尽可能保证有来流情况下无关设备不会诱导额外的流体阻力。实验中，实验段水位深度总是保持在 340mm。由于每次实验测试均保持实验段水位一致，即水流横截面积固定，方便循环水槽根据流量调节来流速度并实现稳流。

6.2.2 样机设计

三维波动鳍实验样机设计概念图如图 6.3 所示。波动鳍面由乙烯-乙酸乙烯共

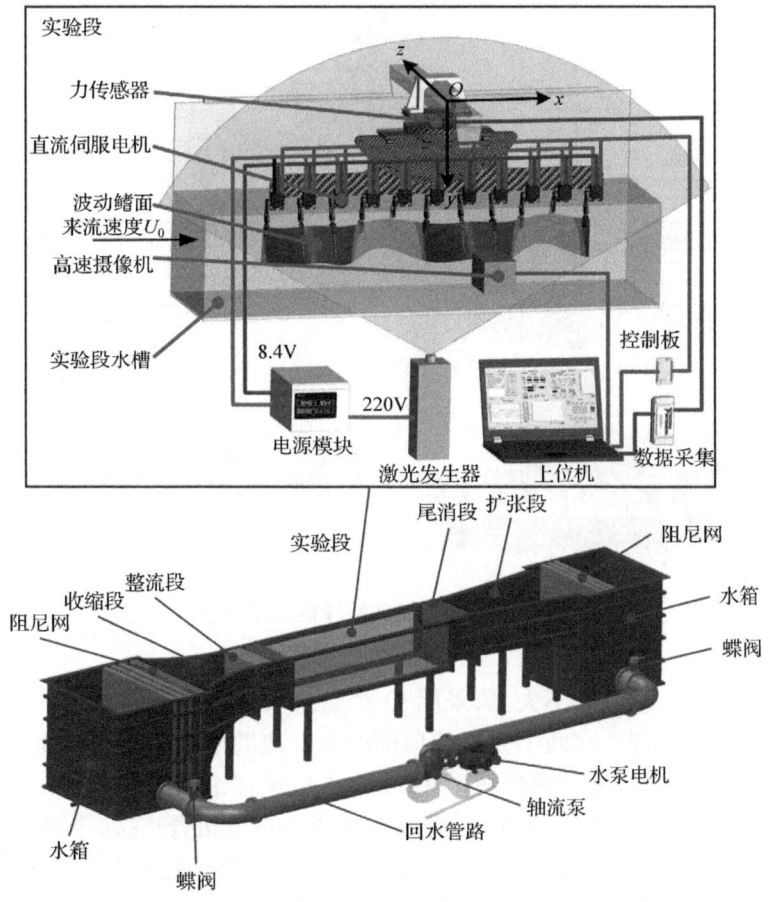

图 6.2 循环水槽与实验段测试原理示意图

聚物(ethylene vinyl acetate copolymer, EVA)材料[5]制备而成, 该材料具有质量小、柔顺度高等优势。通过开展基于 EVA 材料、橡胶、硅胶及发泡硅胶 4 种材料制备的鳍面运动柔顺度评测实验, 表明电机臂驱动下 EVA 材料鳍面形成的波动运动最为柔顺, 且和理论波形最接近。EVA 材料的缺点在于缺乏弹性。同一鳍面在不同运动参数下, 鳍面材料缺乏足够弹性, 鳍面会拉扯电机臂并影响电机转动, 进而导致鳍面运动波形与理论模型不一致。理论上, 当运动参数改变时(变幅值或者变波长), 鳍面曲率、鳍面面积均会随之变化[6]。为了保证鳍面行波理论波形与实验一致, 本节采用了尹盛林[7]提出的扇环形曲面法制备波动鳍鳍面。同时, 为最大限度保证鳍面运动不失真, 针对每一种运动参数下的波形, 均采用 EVA 材料制备一张对应的鳍面, 实现鳍面形状尺寸与运动参数一一对应。实验采用的鳍面几何参数与仿真研究一致, 即鳍面基线为 1m, 鳍面宽度为 0.12m, 实际鳍面厚度约为 5mm, 可忽略。

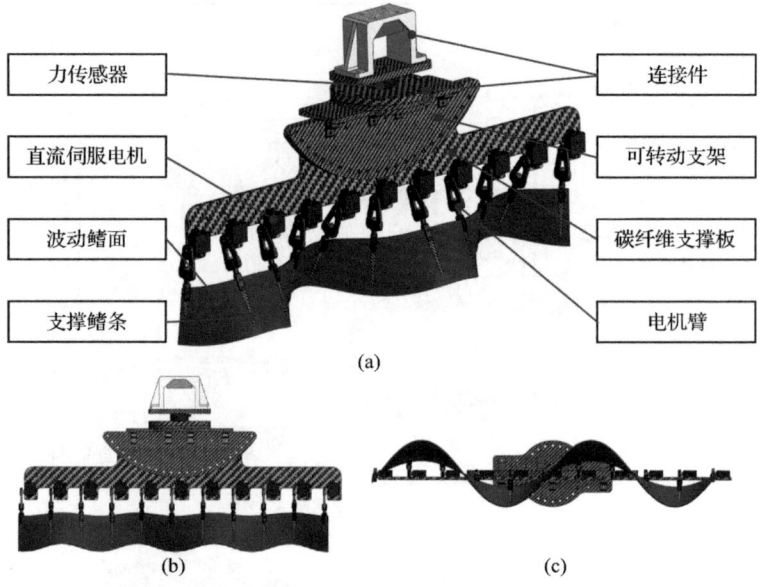

图 6.3 三维波动鳍实验样机设计概念图
(a) 侧视图；(b) 前视图；(c) 仰视图

为保障波动运动波形不失真，采用 11 个防水大扭矩直流伺服电机，如图 6.3(a) 所示。根据采样定理，在两个完整波形情况下，离散单元驱动的鳍面至少需要 9 个电机(鳍条)。因此，波动鳍样机采用 11 个电机从理论上保证了具有两个行波的鳍面运动波形不失真。图 6.3(a)中，鳍面与电机通过电机臂连接，同时，鳍面上贴有碳纤维材料制备的鳍条，用于增加鳍面刚度。所有电机固定于碳纤维支撑板上，支撑板通过可转动支架、连接件与力传感器相连。可转动支架的作用是调节波动鳍基线与自由来流之间的攻角，进而探究基线与来流间夹角对水动力性能的影响。在本节中，始终保持基线与自由来流平行，即夹角为 0°。实验中采用的六轴力传感器型号为 ATI-Mini45-IP68，可根据需求调节测量量程，最大量程为 $F_x=F_y=580N$，$F_z=1160N$，三个方向的力矩最大为 20N·m，满足实验需求。六轴力传感器由上位机软件直接控制、读取和输出结果，采用设备研制公司提供的专用软件。在实验测试中，力传感器在竖直方向承受了所有实验设备的重力，该方向的数据需要进行额外处理。波动推进性能测试实验平台如图 6.4 所示。图 6.4(a)展现了一个周期内样机鳍面的波动运动，由 EVA 材料制备的鳍面具有较好的运动柔顺性。由于电机臂具有一段固定长度，实际运动过程中鳍面基线也是运动的，后文将进一步讨论基线运动对鳍面水动力性能的影响。

三维波动鳍的幅值、波长及频率共同决定了波动运动形式。基于连续运动学方程，根据支撑板上电机分布间距，由离散位置坐标可确定每一根鳍条的运动形

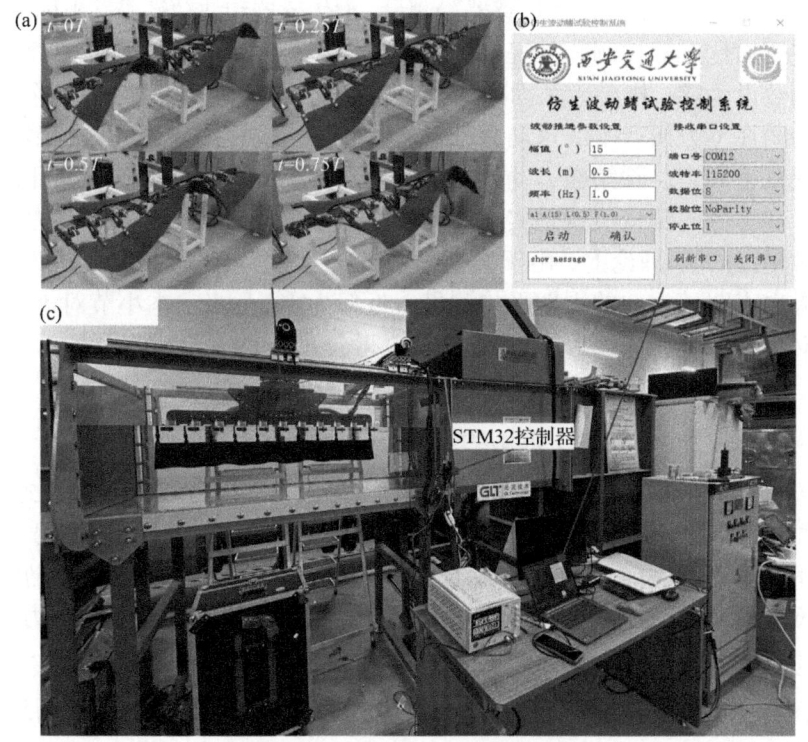

图 6.4 波动推进性能测试实验平台
(a) 一个周期内样机鳍面的波动运动；(b) 上位机软件；(c) 波动推进测试台架

式。所有鳍条的运动均为周期性正弦运动。鳍条的运动信号被转化为离散角度指令，通过 STM32 控制器输出脉宽调制(PWM)波信号给直流伺服电机，进而实现不同鳍条具有相位差的运动控制。此外，所有电机由直流稳压电源单独供电，通过电源模块能够实时输出和读取整个系统的电压、电流和功率信号。为方便实现波动鳍不同参数下的运动控制策略，采用 PyQt5 编写上位机软件，如图 6.4(b)所示。上位机软件主要是对运动参数的输入进行简单封装，并与 STM32 控制器程序通信，方便实现对波动运动幅值、波长及频率的实时控制。

6.3 三维波动推进水动力性能实验测试原理

6.3.1 基本实验原理

1. 推力

三维波动鳍水动力性能测试实验中，波动鳍在不同方向产生的推力和力矩均可以由六轴力传感器(简称"力传感器")测量。力传感器和波动鳍局部坐标系如图6.2所示。使用力传感器控制软件提供的矫零功能，可以将静止鳍面处于静水时的力传感器读数设为零，排除无关因素干扰。为方便后续研究，记 F_y 是排除无关影响后，波动鳍在 y 方向产生的水动力分量。实验样机的连接件之间通过多个螺栓、螺母实现紧密固定，除鳍面运动外样机本体在实验中均保持静止，因此认为力传感器在 x 和 z 方向测量值就是实际波动鳍在两个方向分别产生的水动力，即流向力 F_x 和侧向力 F_z。理论上，由于波动鳍做周期运动，F_z 的周期平均值为零，实验测得结果也表明该方向的周期平均测量值近似为零。因此，本小节对 F_z 不作额外讨论。对 F_x 和 F_y 进行无量纲化处理[8]，可得公式(6.1)：

$$C_{F_x} = \frac{-F_x}{0.5\rho U_{\text{ref}}^2 S}, \quad C_{F_y} = \frac{-F_y}{0.5\rho U_{\text{ref}}^2 S} \quad (6.1)$$

式中，U_{ref} 是参考速度，$U_{\text{ref}} = (U_0 + \lambda f)/2$，即实际来流速度和行波波速的均值；$S$ 是鳍面特征面积，取值等于鳍面长度乘以宽度，为0.12；ρ 是水的密度。该定义优势在于，来流速度为零的静水条件依然可以对水动力参数进行无量纲化处理。定义中负号用于矫正力的方向，即正值的 C_{F_x} 表示波动鳍产生了正的推力，而负值的 C_{F_x} 表示波动鳍沿着 y 轴负方向产生了推进作用。注意到，根据实验坐标系(图6.2)，当波动鳍处于推进状态下，实际测得的 x 和 y 方向的水动力分量均为负值。

2. 自推进速度

在实际无约束自推进运动条件下，固定运动参数的波动鳍在游动方向上能达到的最终稳定运动速度，被称为自推进速度[9]，记为 U_S。自推进速度是评判波动鳍水动力性能，甚至是评判水下波动推进机器人综合性能的重要指标。然而，精确评估自推进速度对实验设备提出了极高要求，通常需要足够长的直线水槽、拖曳系统及滑动导轨，如文力等提出的力反馈法[10]。同时，本实验中的波动鳍样机非完整的水下波动推进机器人，无法像传统水下波动推进机器人一样在水中自由游动，因此无法通过高速摄像机、惯性导航模块等设备间接测速。

本节提出一种三维波动鳍样机自推进速度的估计方法，该方法已被应用于第4章二维波动鳍系牵模型研究中，并通过数值系牵模型计算结果预估了二维波动鳍自推进速度。实验平台如图6.2所示。实验的关键在于通过循环水槽改变来流速度 U_0，然后记录对应条件下的 F_x。当来流速度为零时，在一组固定运动参数下波动鳍总是能产生正向推进作用。当来流速度较大时，由于波动鳍在运动过程中受到较大流体阻力，波动鳍将无法产生正推进作用，即 F_x 的方向反向。因此，通过力传感器采集不同来流速度下波动鳍运动产生的平均 F_x，并以 U_0 为横坐标，F_x 为纵坐标，绘制两者的关系曲线。理论上，得到的曲线一定会跨过 x 轴。曲线

与 x 轴的交点为临界速度，将这一点的速度作为自推进速度的估计值。这是因为曲线与 x 轴相交时，纵坐标 F_x 为零，即此时波动鳍样机在来流方向受到的合外力为零，可以认为是波动鳍产生的推力等于来流阻力，这种平衡状态正对应于自推进状态。

3. 水动力功率

水动力功率是一种仅存在于理论和数值计算中的物理量[9]，实际实验中难以准确测量。数值计算中，水动力功率通常定义如下：变形体微元面上受到的流体作用力和微元面运动速度点乘(标量积)的面积分。因此，水动力功率是一种纯粹的流体动力学概念，与变形体维持运动所需要的总功率输入、侧向功率损失及机械功率转化等均无关。为了在实验中测量波动鳍运动的水动力功率，采用文力等提出的一种水动力功率估算方法[10]。首先，在空气测量波动鳍样机在一组运动参数下的总电功率，记为 P_{air}。实验中，总电功率通过所有电机的总输入功率进行表征，数值可通过功率传感器测量得到。其次，运动参数不变，将样机置于水中，测量波动鳍运动状态下对应的总电功率 P_{water}。进一步，假设电机的能量转换率为 η_r，并在实验过程中认为能量转化率恒定，则可以近似计算对应条件下所有电机输出的总机械功率。鳍面样机在水中和空气中总机械功率的差异即水动力总功率。因此，水动力总功率 P_t 定义为

$$P_t = (P_{water} - P_{air})\eta_r \tag{6.2}$$

式中，转化率 η_r 与电机选型相关，本实验采用的伺服舵机能量转换率在 0.7～0.8，因此统一取 $\eta_r = 0.75$。水动力总功率可无量化为水动力功率系数：

$$C_{P_t} = \frac{P_t}{0.5\rho U_{ref}^3 S} \tag{6.3}$$

6.3.2 波动基线影响分析

实验测试中，即使保持相同运动参数，三维波动鳍实际运动形式与数值仿真中理论运动形式依然存在一定差距。电机臂具有固定长度，导致鳍面基线在实验中波动运动，如图 6.3 和图 6.5 所示。在第 5 章三维波动鳍数值研究中，理论运动模型下鳍面基线在空间中固定不动，即鳍面从静止基线开始，从内向外波动幅度逐渐增大[11]。在波动鳍样机设计过程中，电机臂被故意延长了一小段距离。该设计的优势在于，可以保证电机在实验测试中始终位于水面之上，而波动鳍面处于水下，进而避免电机的流体阻力影响力传感器最终测量结果。同时，本设计中电机臂不是一个简单的刚性结构，电机臂末端包含一个由油轴、轴套、螺栓构成的可自由转动的连接件，并与固定鳍条相连接，极大地提高了实验中波动鳍运动的

柔顺性。然而，这种设计方式使得波动基线影响不可忽略。

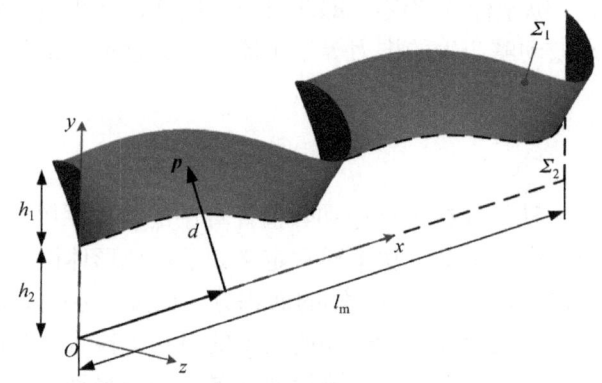

图 6.5 实验中三维波动鳍实际运动示意图

Σ_1-实际空间曲面；Σ_2-虚拟曲面；h_1-波动鳍的真实宽度；h_2-虚拟曲面宽度；l_m-鳍面投影长度

实验中，三维波动鳍的实际运动如图 6.5 所示。波动鳍运动过程中，鳍面实际占据的位置是空间曲面 Σ_1，此时，波动鳍基线是运动的[12]。将实际波动鳍曲面 Σ_1 延长至虚拟的静止基线，构成的虚拟曲面记为 Σ_2。波动鳍的真实宽度为 h_1，延长的虚拟曲面宽度为 h_2，两者长度都是 l_m。波动鳍面上任意点 $p(x,y,z)$ 的运动，可以通过参数坐标 x 和 d 进行描述：

$$\begin{cases} x = x \\ y(x,d,t) = d\cos(\theta_m \sin(2\pi ft - 2\pi x/\lambda)) \\ z(x,d,t) = d\sin(\theta_m \sin(2\pi ft - 2\pi x/\lambda)) \end{cases} \quad (6.4)$$

式中，x 是鳍面一点在局部坐标系下的横坐标；θ_m 是鳍面一点 p 切线与基线 x 轴之间的最大摆动角度(幅值)；d 是鳍面点 p 到基线 x 轴的垂直距离；f 是波动频率；λ 是波动波长。

为了近似计算波动鳍运动产生的水动力，本章采用了流体阻力模型，该模型被广泛应用于解决波动鳍动力学问题[13]。基于流体阻力模型，三维波动鳍的水动力计算公式[14-17]如下所示：

$$F_x = \frac{1}{2}\rho C_n \int_0^{h_m} \int_0^{l_m} \frac{h^3(\partial_t\theta)^2(\partial_x\theta)}{1+h^2(\partial_x\theta)^2}\mathrm{sgn}(\partial_t\theta)\mathrm{d}x\mathrm{d}h \quad (6.5)$$

式中，h_m 是鳍面宽度；l_m 是鳍面投影长度；ρ 是水的密度；C_n 是定常流体阻力系数；sgn(·)是符号函数[18]；θ 被定义为

$$\theta(x,t) = \theta_m \sin(2\pi ft - 2\pi x/\lambda) \quad (6.6)$$

由于仿真计算中波动鳍基线静止，而实验中波动鳍基线运动，即使运动和几何条件一致，两者结果也不能直接比较。因此，进一步开展基于流体阻力模型对

仿真计算结果进行补偿矫正。用 F_{x1} 表示宽度为 0.12m，实验中对应的具有基线运动($h_2=0.08$m)的鳍面模型产生的水动力。F_{x2} 表示宽度为 0.12m，基线静止的标准鳍面运动产生的水动力，即鳍面运动形式与第 5 章数值仿真中鳍面运动一致。定义力的修正系数 K_x 为

$$K_x = \frac{F_{x1}}{F_{x2}} \tag{6.7}$$

式中，F_{x1} 和 F_{x2} 根据上述流体阻力模型进行计算，流体阻力系数在 K_x 的定义式中可以直接消去，因此 K_x 的计算不会引入任何经验常数。注意到，计算 F_{x1} 时，鳍面宽度方向的积分区间为$[h_2, h_1+h_2]$，h_2 表示实验中电机臂的长度。修正系数 K_x 能够将实际的实验测量值和仿真计算结果联系起来。假如理论、仿真和实验结果都不存在误差，应有以下关系成立：

$$F_{x(实验结果)} = K_x F_{x(仿真结果)} \tag{6.8}$$

将 $K_x F_{x(仿真结果)}$ 称为仿真修正结果。进一步，基于流体阻力模型公式(6.5)和矫正公式(6.7)计算不同运动条件下的 F_{x1} 和 F_{x2}。计算结果表明，K_x 不是一个常数，并随着运动学参数的变化而产生略微变化，修正系数 K_x 取变化结果的均值，为 5.71。同理，流体阻力模型还可以计算 y 和 z 方向的水动力[19,20]，由于 z 方向的周期性水动力均值为零，因此不讨论 F_z。本节仅采用流体阻力模型计算不同条件下 y 方向的水动力合力，进而确定 y 方向的修正系数。计算结果表明，K_x 约为 3.23。

6.4 三维波动推进性能变化规律验证

本节旨在分析实验测试结果和仿真计算结果间的差异，对比讨论三维波动推进水动力性能变化规律，进而验证计算结果的可靠性和准确性。本节中，采用的仿真数据来源于第 5 章中 cIBM 计算结果，同时基于流体阻力模型补偿了运动基线的影响。实验测试中，当三维波动鳍运动稳定后，通过传感器连续采集波动鳍水动力性能参数在 15 个波动周期内的变化数据。实验结果处理上，本节求取了波动鳍稳定运动后的水动力性能指标的周期平均值，并基于实验数据的标准偏差绘制误差棒，最终结果以"均值±标准偏差"的形式体现。

6.4.1 推力变化规律验证

实验首先研究了三种不同幅值下波动鳍水动力性能变化规律。测试过程中，保持波动鳍波动频率始终为 1Hz，波长为 0.5m。三种幅值条件下，平均水动力系数的变化规律如图 6.6 所示。就变化趋势而言，实验测试得到的平均水动力系数随着来流速度增大而减小，变化趋势与仿真结果一致。当幅值较小而流速较大时，

$\overline{C}_{F_x}$ 可能出现负值,说明此时的波动鳍无法产生正推进运动。结果表明,实验预测值与仿真计算值之间的整体误差较小,最大误差出现在零来流条件下,此时,关于 $\overline{C}_{F_x}$ 的预测误差最大约25%,而整体数据的平均相对误差约19%,如图6.6(c)所示。实验关于 $\overline{C}_{F_y}$ 的预测准确性略低于 $\overline{C}_{F_x}$。图6.6(d)中,$\overline{C}_{F_y}$ 的实验测试值与仿真计算值之间的相对误差最大,整体数据的平均相对误差约为27%。

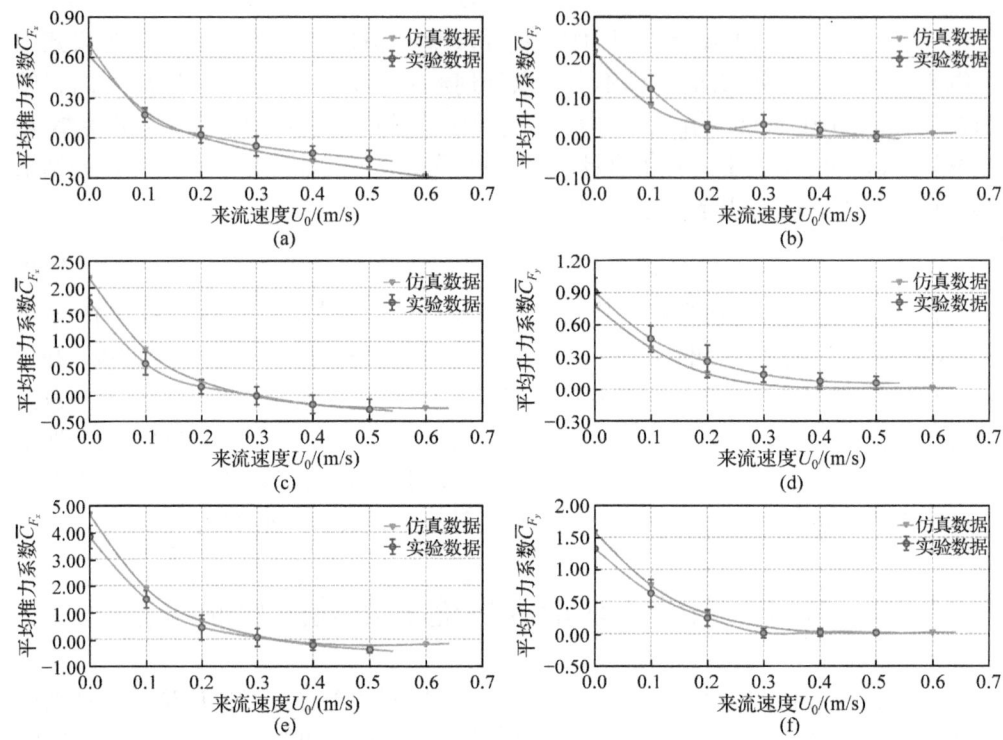

图 6.6 不同幅值条件下 $\overline{C}_{F_x}$ 和 $\overline{C}_{F_y}$ 随来流速度 U_0 变化的规律

(a) 幅值 15°,$\overline{C}_{F_x}$ 随来流速度变化的规律;(b) 幅值 15°,$\overline{C}_{F_y}$ 随来流速度变化的规律;(c) 幅值 25°,$\overline{C}_{F_x}$ 随来流速度变化的规律;(d) 幅值 25°,$\overline{C}_{F_y}$ 随来流速度变化的规律;(e) 幅值 35°,$\overline{C}_{F_x}$ 随来流速度变化的规律;(f) 幅值 35°,$\overline{C}_{F_y}$ 随来流速度变化的规律

不同频率条件下,实验测量得到的波动鳍水动力系数如图6.7所示。实验中,幅值和波长为定值,即 $\theta_m = 35°$,$\lambda = 0.5\text{m}$。无量纲系数总是着随来流速度增大而减小。同时观察到,当来流速度为零时,$\overline{C}_{F_x}$ 近似是一个与频率无关的量。仿真计算表明,$\overline{C}_{F_x}$ 约 4.68,实验结果则表明这个定值约为 4.05,实验相对于仿真结果的相对误差为 13%。零来流下水动力系数为定值意味着三维波动鳍产生的水动力与频率平方成正比。随着波动频率增大,$\overline{C}_{F_x}$ 实验结果和仿真结果之间的相对

误差逐渐增大，当 f = 1.5Hz 时，数据间平均相对误差约 20%。图 6.7 展示了 $\overline{C}_{F_y}$ 随着 U_0 变化呈现先减小后增大的趋势，即趋势函数存在驻点。同时，来流速度增大也会导致驻点取值增大。仿真结果也表明零来流情况下 $\overline{C}_{F_y}$ 也是一个频率无关量，约为 1.58。实验测试结果表明，$\overline{C}_{F_y}$ 约为 1.26，实验相对于仿真结果的相对误差为 20%。实验测试结果与仿真结果的相对误差也随着频率增大而增大，当 f=1.5Hz 时，对于 $\overline{C}_{F_y}$，数据间平均相对误差约 34%。

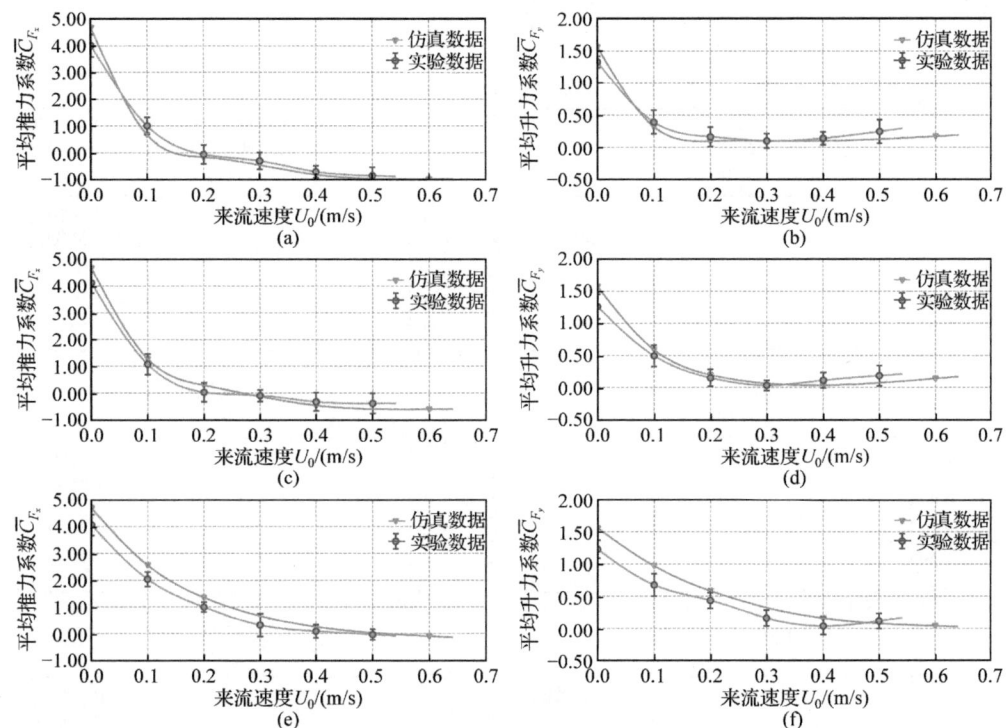

图 6.7 不同频率条件下 $\overline{C}_{F_x}$ 和 $\overline{C}_{F_y}$ 随来流速度 U_0 变化的规律

(a) 频率 0.5Hz，$\overline{C}_{F_x}$ 随来流速度变化的规律；(b) 频率 0.5Hz，$\overline{C}_{F_y}$ 随来流速度变化的规律；(c) 频率 0.75Hz，$\overline{C}_{F_x}$ 随来流速度变化的规律；(d) 频率 0.75Hz，$\overline{C}_{F_y}$ 随来流速度变化的规律；(e) 频率 1.5Hz，$\overline{C}_{F_x}$ 随来流速度变化的规律；(f) 频率 1.5Hz，$\overline{C}_{F_y}$ 随来流速度变化的规律

不同波长条件下，实验测量得到的波动鳍水动力系数如图 6.8 所示。实验中，幅值和频率为定值，θ_m = 35°，f = 1Hz。当波长小于鳍长时($\lambda \leqslant 1.0$m)，$\overline{C}_{F_x}$ 的实验预测结果非常接近于仿真结果，数据之间的平均相对误差不超过 24%，最大误差依然是出现在零来流条件下。$\overline{C}_{F_y}$ 的实验结果与仿真结果具有一定偏差，且实验测试结果总是偏大。当 λ = 1.333m 时，$\overline{C}_{F_y}$ 的实验结果与仿真结果间的平均相对

误差最大,约为36%。另外,固定来流速度只考虑波长变化,实验和仿真结果都表明,$\overline{C}_{F_x}$ 和 $\overline{C}_{F_y}$ 都随着波长增加而减少。然而,波长较小时,$\overline{C}_{F_x}$ 的变化率更大,即曲线变得更为陡峭,变化范围也更大。波长较大时,$\overline{C}_{F_x}$ 变化更为平缓。如果波长无限增大,波动鳍的波动运动将演变成一个平板的振荡运动,且侧向将成为推力产生的主要方向,同时水动力系数都将趋于零。

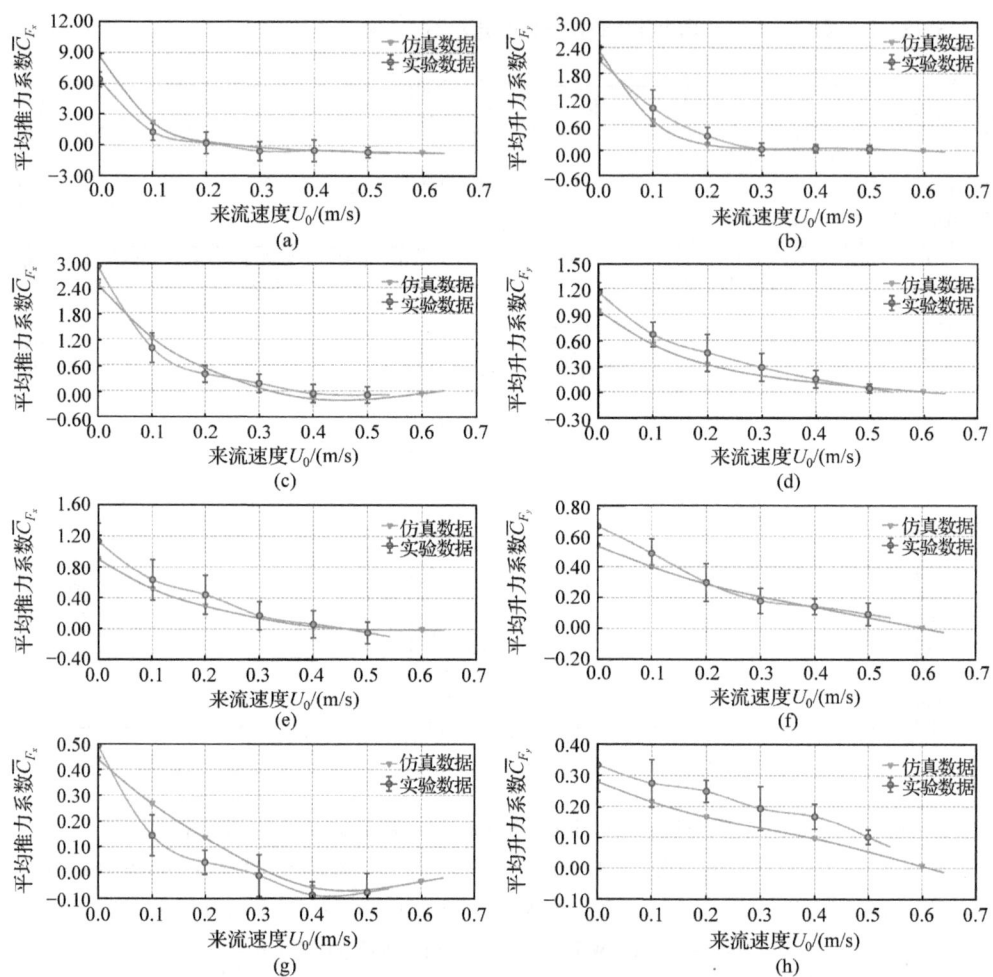

图 6.8 不同波长条件下 $\overline{C}_{F_x}$ 和 $\overline{C}_{F_y}$ 随来流速度 U_0 变化的规律

(a) 波长 0.333m,$\overline{C}_{F_x}$ 随来流速度变化的规律;(b) 波长 0.333m,$\overline{C}_{F_y}$ 随来流速度变化的规律;(c) 波长 0.666m,$\overline{C}_{F_x}$ 随来流速度变化的规律;(d) 波长 0.666m,$\overline{C}_{F_y}$ 随来流速度变化的规律;(e) 波长 1.0m,$\overline{C}_{F_x}$ 随来流速度变化的规律;(f) 波长 1.0m,$\overline{C}_{F_y}$ 随来流速度变化的规律;(g) 波长 1.333m,$\overline{C}_{F_x}$ 随来流速度变化的规律;(h) 波长 1.333m,$\overline{C}_{F_y}$ 随来流速度变化的规律

水动力实验中,误差主要来源是研究选用的商业伺服舵机(商业舵机)。商业舵机均采用开环角度控制策略,实验测试过程中无法确定其摆动角度是否达到了指定位置。研究发现,商用舵机的运动性能难以满足鳍面大幅值、高频率摆动的实际需求,商业舵机摆角通常无法达到预设值。相似地,Xia 等[21]在利用商业舵机研制两栖波动推进机器人时,指出当运动幅值大于 45°,或者频率大于 2Hz 时,商业舵机的运动性能将无法满足实际波动运动的需求。对于变波长实验,实验采用的样机只具有 11 根鳍条,实验结果表明,当波数大于 3 时,鳍面上行波运动将会失真,导致测试数据具有较大偏差,因此实验中鳍面的波长应该大于 0.333m。

6.4.2 实验准确性对比

如表 6.1 所示,本小节总结了一些有关波动推进水动力性能测试的实验研究。相关研究领域中,对波动推进性能预报的研究大多基于 CFD 数值计算,少部分基于实验测试,同时开展两方面工作并进行对比验证的研究十分稀少。

表 6.1　不同实验研究中三维波动推进性能预报准确性总结

相关研究	数值模型	实验测试	相对误差/%
本章	基于 cIBM 的三维波动鳍仿真	基于循环水槽平台的三维波动推进水下性能测试实验	推力系数:19~25 升力系数:20~36 自推进速度:6~24 功率系数:19~31
Zhang 等[22]	基于 WMLES 模型的三维波动鳍仿真	三维波动鳍推力测试实验	推力:16
Sefati 等[23]	基于流体阻力模型的三维波动推力估计	三维波动推进样机推力测试实验	推力:28
Rahman 等[24]	基于有限分析法的三维波动鳍仿真	三维波动推进样机水动力实验	推力系数:17
陈振汉[19]	三维波动推进样机仿真	基于造波平台的三维波动推进样机水面稳定性测试实验	推力:21~28 偏航力矩:23~27
伍志军[25]	基于有限体积法的三维仿生鳐鱼模拟	仿生鳐鱼机器鱼水动力实验	推力:27~34 游动速度:16~28
Liu 等[26]	三维波动鳍仿真	波动推进样机水动力实验	推力:10~27

表 6.1 表明,几乎所有实验研究都只测试了三维波动推进样机在不同运动条件下的推力,仅有极少数研究开展了样机自推进速度的实验测试,如本书一样同时开展推力、自推进速度和水动力功率测试的相关研究几乎没有。通过横向对比

不同研究的实验测试准确性，结果表明，现阶段波动推进性能测试实验的结果误差普遍在 20%～30%，而部分实验研究仅考虑了单一变量下波动推进性能测试，实验场景简单，准确性较高。综合来看，本章开展的三维波动推进水动力性能预报实验，阐明了三维波动鳍推力、自推进速度和水动力功率的基本测试原理，相继开展了变幅值、变频率、变波长、变来流速度等多变量条件下的实验测试，实验完成度较高，实验测试结果的准确性也达到相关研究领域的中等及以上水平，相关实验测试方法有望推广到其他水下波动推进机器人的性能测试中。尽管如此，受伺服电机性能、鳍条数目限制等因素的影响，实验中波动鳍的鳍面波形运动依然具有一定程度的失真，波动鳍样机设计和水动力功率测量方法还有优化空间，以进一步提高实验预报准确性。

6.5 流场可视化结果分析

PIV 是一种非侵入性流体力学实验技术，通过记录和分析流体中注入粒子的运动轨迹，进而解析流体速度矢量场，实现流体运动轨迹可视化。PIV 实验原理和平台如图 6.2 和图 6.9 所示。实验前需向循环水槽中添加足够的荧光粒子。高功率激光发生器位于水槽实验段正下方，如图 6.9 所示，激光束照射流体并与荧光

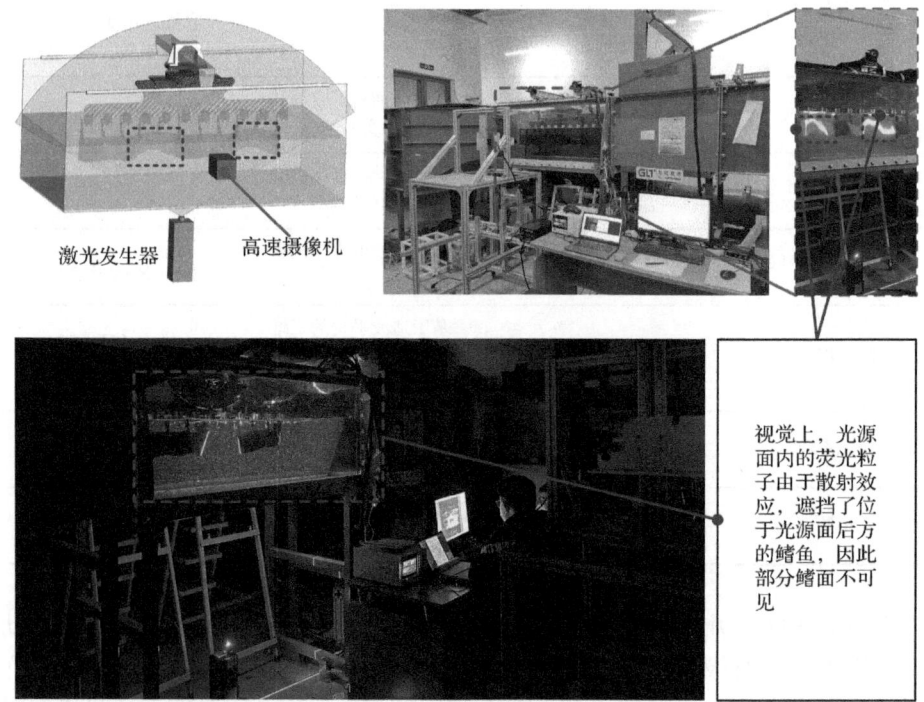

图 6.9　PIV 实验原理和平台示意图

粒子相互作用，进而产生散射现象，形成一幅具有颗粒影像的二维平面图。高速摄像机位于水槽实验段正前方，捕捉波动鳍运动纵向截面内的流场粒子瞬时运动轨迹。在获取流场粒子运动图像后，采用开源软件 PIVlab 进行图像分析和流体运动速度解算，最终得到纵向截面内流体速度分布图。

当波动鳍幅值为 35°，频率为 1Hz，波长为 1m，来流速度为 0m/s 时，运动稳定后流场可视化结果如图 6.10 所示。图 6.10(a)展现了高速摄像机采集的波动鳍运动原始图像。图 6.10(a)中，鳍长为 1m 的连续波动鳍仅有一半鳍面能被观察到，而另一半鳍面如同消失一般。产生这种视觉现象的原因是，鳍面上一个行波运动过程中，一半行波总是会位于激光光源面前方，也总有一半行波位于光源面后方，光源面内粒子与激光束发生散射作用并遮挡后方鳍面，如图 6.10 所示。波长为 1m 的波动鳍面上只有一个行波，因此图像中波动鳍可视长度恰好是总鳍长的一半。

图 6.10(b)展示了 PIV 程序对原始图像进行二值化预处理后得到的结果，图像预处理的目的在于增强粒子和流体间图像对比度。图 6.10(c)是 PIV 程序后处理的结果，基于开源软件 PIVlab 分析了鳍面纵向截面内流体速度分布规律，其中，黄色实线代表流线，黑色箭头代表速度向量，云图通过速度大小进行着色处理。图 6.10(d)

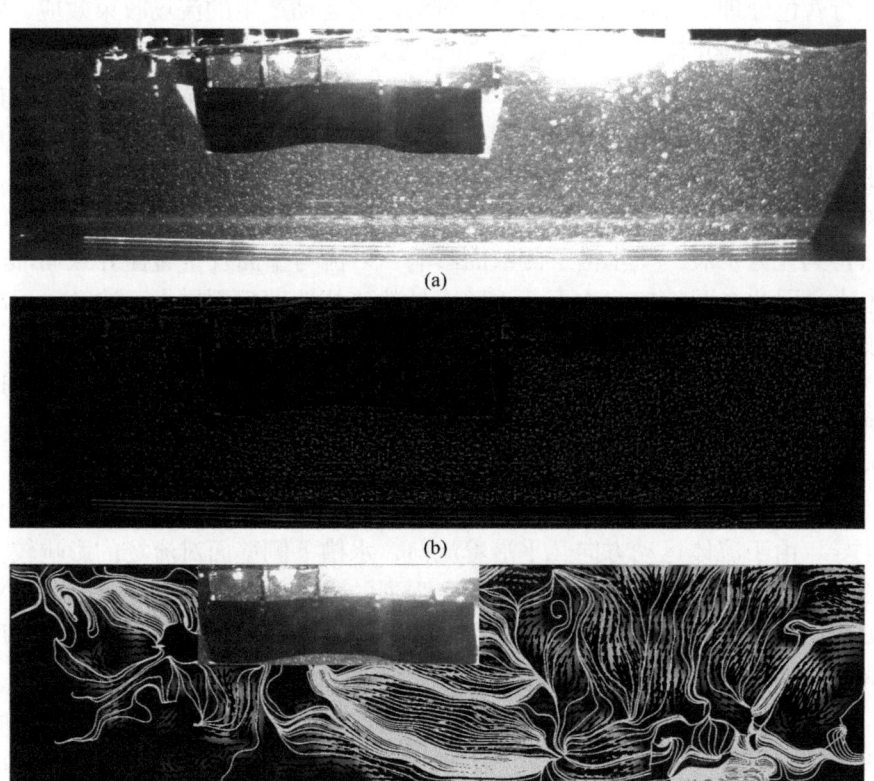

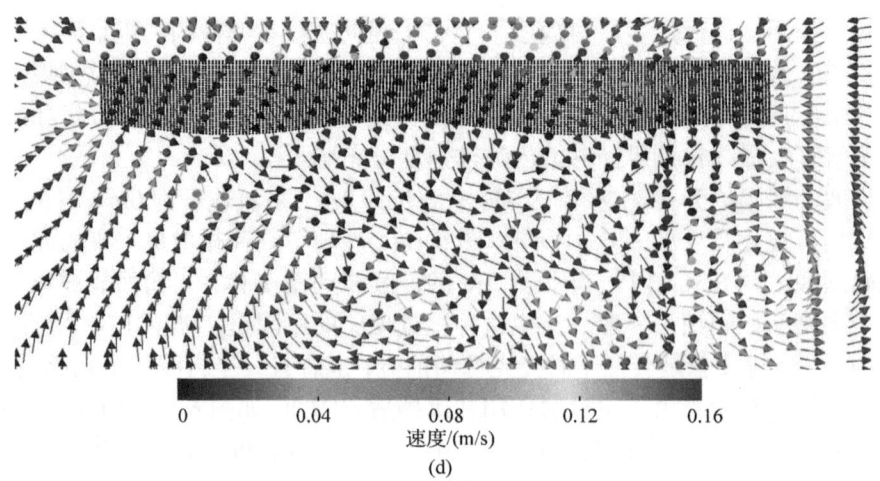

图 6.10　来流速度为零时，PIV 可视化结果与数值仿真结果对比(扫描章前二维码查看彩图)
(a) 高速摄像机采集的原始图像；(b) PIV 程序二值化预处理结果；(c) PIV 程序后处理结果；(d) 数值仿真结果

是对应条件下数值仿真计算得到的流场速度向量分布图，速度向量也通过速度大小进行着色处理。图 6.10(d)展现了三维波动鳍运动产生的流场收束效应，即鳍面运动吸引周围静止流体汇聚到鳍面，在行波运动下加速流体并形成射流。图 6.10(c)中，鳍面前半段区域内来流速度较小，主要呈现了周围流体汇聚鳍面的过程。位于鳍面后半段的流体具有明显的向下运动趋势，图中射流角约 31°，与仿真结果几乎一致，实际可视化结果展现了与仿真结果近似的流场演化规律。然而，实际实验水槽尺寸较小，这导致实验水槽下侧壁面离鳍面过近，鳍面运动产生的射流无法得到充分发展。受水槽下侧壁面影响，射流与壁面发生碰撞导致局部流体动量增大，因此在图 6.10(c)中下侧近壁面处的流体速度反而增大。波动鳍运动产生的射流角越大，这种碰撞效应越明显。

来流速度增大至 0.4m/s，流场可视化结果如图 6.11 所示。过大的来流速度导致波动鳍运动无法产生正推力，同时流场射流角为零，仿真结果如图 6.11(c)所示。此时，波动鳍流场呈现钝体绕流特征，流场结构几乎不受波动运动影响。大来流速度条件下实验和仿真结果基本一致，如图 6.11(b)所示，流体运动主要受来流速度主导。由于流体运动方向几乎沿着流向，水槽下侧壁面对流场的影响较小，波动鳍产生的射流也不会与下侧壁面发生强烈的碰撞作用。研究表明，在 PIV 程序后处理结果中波动鳍前缘斜角处存在来流速度不连续的局部区域，PIV 程序后处理算法没有正确解析局部流场速度。

当波动鳍幅值为 25°，频率为 1Hz，波长为 0.5m，来流速度为 0.1m/s 时，流场可视化结果如图 6.12 所示。此时，波动鳍面上具有两个完整行波，且行波波速是来流速度的 5 倍，因此波动鳍能产生较大正推力。数值上，波动鳍产生的射流

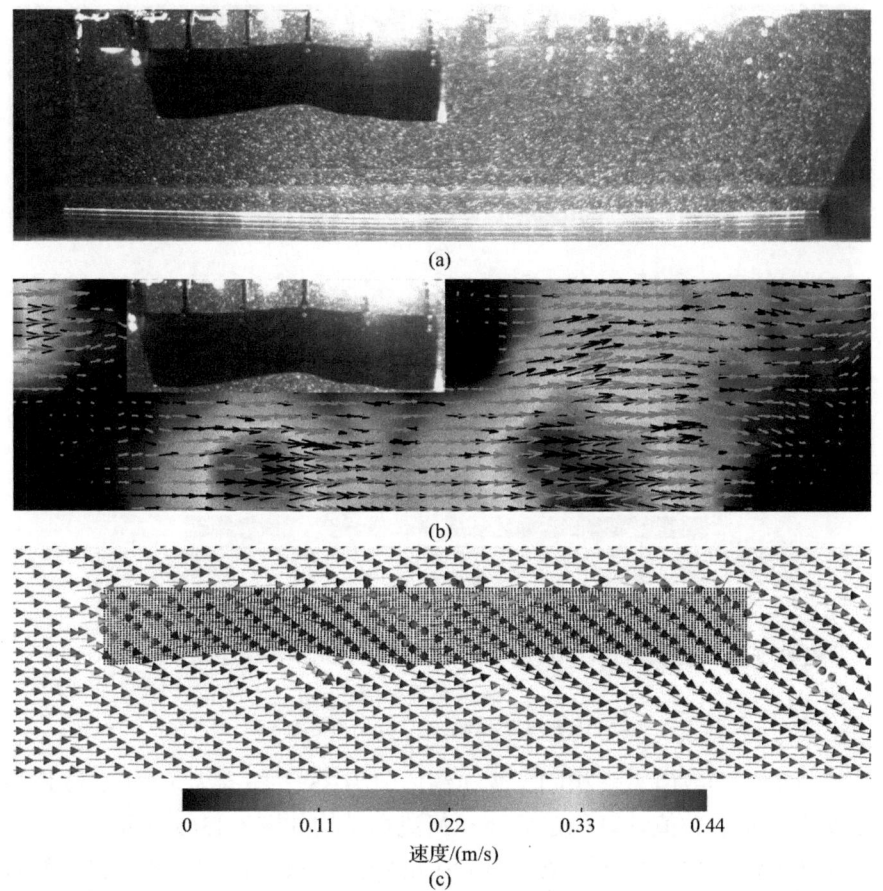

图 6.11 来流速度为 0.4m/s 时，PIV 可视化结果与数值仿真结果对比(扫描章前二维码查看彩图)
(a) 高速摄像机采集原始图像；(b) PIV 程序后处理结果；(c) 数值仿真结果

结构如图 6.12 所示。在 PIV 程序后处理结果中，如图 6.12(a)所示，波动鳍前半区域内流体运动速度主要沿着流向，与仿真结果一致，而在波动鳍中后段区域内，流体开始具有一个斜向运动速度，预示着斜向射流的生成。然而，图 6.12(a)中波动鳍后缘处流场速度并没有完全得到正确解析，后缘处 PIV 程序后处理结果与仿真结果具有明显差距。另外，图 6.12(a)右上角处存在一定的回流现象，这在仿真结果中并不存在。回流现象的产生有两个原因：其一是波动鳍离自由水面较近，大尺度波动运动使得自由面产生波浪，形成回流；其二是波动鳍在下游和两侧距离水槽壁面过近，尾流无法得到充分发展，受壁面影响形成回流。

正如之前讨论的，PIV 测试平台实际尺寸过小导致波动鳍流场发展不充分，这使得流场后处理结果与数值仿真模拟结果之间存在一定差距。为进一步展示水槽下壁面对流场发展的影响，研究以实验水槽实际尺寸构建仿真计算区域，其余

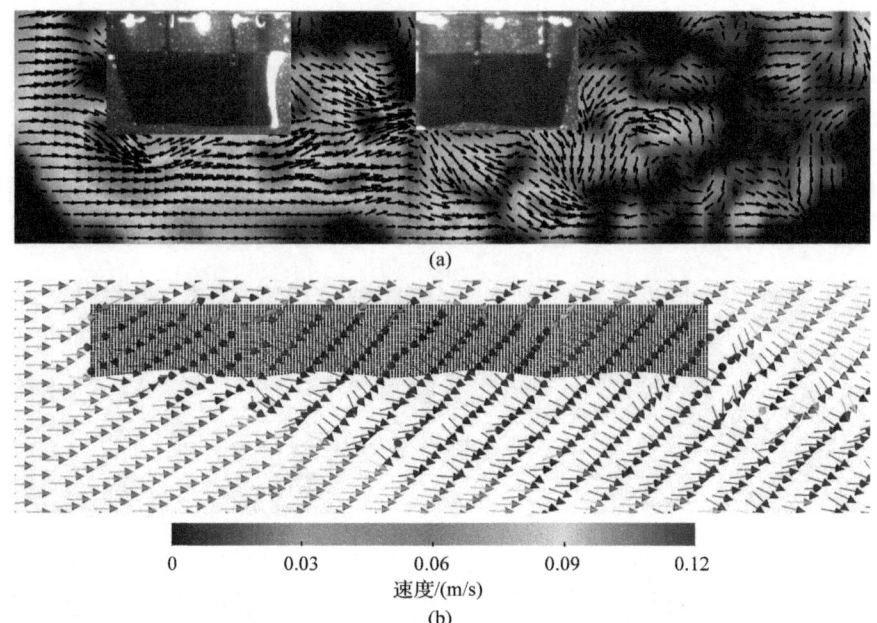

图 6.12　幅值为 25°，来流速度为 0.1m/s 时，PIV 可视化结果与数值仿真结果对比(扫描章前二维码查看彩图)
(a) PIV 程序后处理结果；(b) 数值仿真结果

计算策略与第 5 章数值策略相同，波动鳍幅值为 35°，频率为 1.5Hz，波长为 1m，来流速度为 0m/s，数值计算稳定后波动鳍流场结构如图 6.13(b)所示，数值计算区域前后侧和下侧壁面离鳍面距离与实验中的距离一致。由于下侧壁面离鳍面过近，波动鳍产生的尾流无法得到充分发展，且流场中也无法观察到清晰的射流角。波动运动产生的收束效应导致周围流体汇聚到鳍面，但是，当斜向射流与下侧壁面发生碰撞时，一部分流体产生回流，另一部分流体继续向后运动，这种流体运动现象与充分发展的尾流模式并不一致。对应条件下，PIV 程序后处理结果如图 6.13(a)所示。由于此时波动鳍运动频率增大至 1.5Hz，运动产生的斜向射流更为强烈，射流与壁面之间的碰撞作用也更加明显，PIV 程序后处理结果也展示了受壁面影响斜向射流产生了分叉现象。

本节简要分析了波动鳍流场可视化结果，并将 PIV 程序后处理结果与对应条件下数值仿真结果进行了对比验证。结果表明，PIV 程序后处理结果描述的流场大尺度演化规律与仿真结果基本一致，从 PIV 程序后处理结果中也能清楚观察到三维波动鳍运动产生的收束效应、尾流射流等物理现象。然而，受实验水槽尺寸、近自由水面等因素影响，实验中波动鳍尾流并没有得到充分发展，出现了壁面碰撞、回流等干扰现象，PIV 程序后处理结果呈现出的流场细节较少，后处理结果

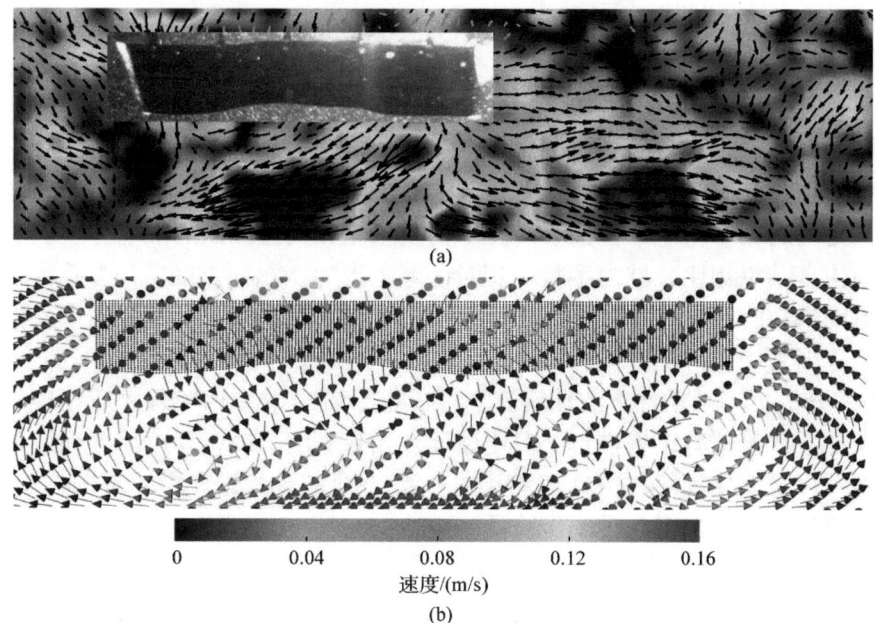

图 6.13 当仿真计算区域尺寸与实验水槽相同时，PIV 可视化结果与数值仿真结果对比
(扫描章前二维码查看彩图)
(a) PIV 程序后处理结果；(b) 数值仿真结果

中部分流体区域出现了速度不连续分布现象，因此波动鳍尾流发展过程与仿真结果相比存在一定差距。高精度、高准确性的波动运动复杂流场可视化实验依然是未来研究的难点和重点。

6.6 本章小结

本章主要基于水动力性能测试实验平台进一步探究了三维波动推进在不同运动条件下的水动力性能，并基于 PIV 测量技术分析了三维波动鳍真实流场演化规律，相关结果与三维数值仿真结果形成对照，验证了数值模型预测结果的准确性和可靠性。首先，开展了三维波动鳍样机研制和水动力性能测试平台搭建，阐明了三维水动力实验测试原理，并提出了一种基于系牵实验平台估算三维波动鳍自推进速度的实验方法。其次，针对实验中存在的波动鳍基线运动对水动力性能的影响，基于流体阻力模型并且在不引入经验参数的情况下提出了一种矫正方法。通过将实验和数值仿真修正结果进行对比分析，两者结果的一致性展现了本章仿真策略和实验测试方法的可靠性。最后，基于 PIV 测试技术开展了流场可视化研究，并对实验中 PIV 程序后处理结果存在的误差进行了简要分析。相关结论以指导后续水下波动推进机器人的设计和研制。

通过本章实验研究，得到的主要成果与结论如下：

（1）提出了一种基于系牵实验平台估算三维波动鳍自推进速度的实验方法，实验和仿真结果关于自推进速度预测的一致性证明了该方法的可靠性。

（2）提出了一种基于流体阻力模型的基线运动影响矫正方法。

（3）对比分析了不同运动条件下，三维波动鳍水动力性能仿真结果和实验实测数据之间的相对误差，验证了研究中仿真策略和实验测试的准确性。表明实验数据与仿真结果相比，推力系数的相对误差范围为19%~25%，升力系数的相对误差范围为20%~36%，自推进速度的相对误差范围为6%~24%，功率系数的相对误差范围为19%~31%。

（4）分析了不同条件下波动鳍流场可视化图像，并将PIV程序后处理结果与对应条件下数值仿真结果进行了对比验证。结果表明，PIV程序后处理结果展现的流场大尺度演化规律与仿真结果基本一致，三维波动推进产生的流场收束效应、尾流射流角等结论也得到进一步验证。

参 考 文 献

[1] WANG X, WU Q, WANG Y, et al. Structure design, kinematic modeling, and motion planning of novel ray-inspired amphibious robots [J]. Chinese Journal of Engineering, 2024, 46(9): 1594-1603.

[2] WEI C, HU Q, SHI X, et al. A comparison for hydrodynamic performance of undulating fin propulsion on numerical self-propulsion and tethered models [J]. Ocean Engineering, 2022, 265: 112471.

[3] WEI C, HU Q, LI S, et al. Hydrodynamic interactions and wake dynamics of fish schooling in rectangle and diamond formations [J]. Ocean Engineering, 2023, 267: 113258.

[4] 尹洋, 李林科, 吴天书, 等. 一种基于LabVIEW光器件PIV测试的方法和系统: CN116659809A [P]. 2023-08-29.

[5] MORONTSEV A A, KARPOV G O, ILYIN S O, et al. Microstructure and thermal and rheological properties of low-molecular-mass ethylene-vinyl acetate copolymer [J]. Russian Journal of Applied Chemistry, 2023, 96(1): 73-82.

[6] WANG R Q, ZHANG C, TAN W J, et al. Soft robotic fish actuated by bionic muscle with embedded sensing for self-adaptive multiple modes swimming [J]. IEEE Transactions on Robotics, 2025, 41: 1329-1345.

[7] 尹盛林. 仿生波动鳍水陆两栖机器人设计与控制技术研究 [D]. 西安: 西安交通大学, 2021.

[8] TSUJI Y, YASHIRO D, KATO Y, et al. Design of a thrust controller for propeller driven systems operating at multiple wind velocities and propeller angular velocities [J]. Ieej Journal of Industry Applications, 2023, 12(6): 1060-1067.

[9] FENG Y, XU X, LIU B, et al. Study on influence mechanism of front hydrofoil on hydrodynamic performance of flapping fin [J]. Journal of Huazhong University of Science Technology(Natural Science Edition), 2023, 51(4): 10-17.

[10] WEN L, WANG T, WU G, et al. A novel method based on a force-feedback technique for the hydrodynamic investigation of kinematic effects on robotic fish[C]. Shanghai: Proceedings of the 2011 IEEE International Conference on Robotics and Automation, 2011.

[11] ZENG Y, HU Q, SUN L, et al. Nonlinear dynamics research of ground undulatory fin robot with flexible deformation and frictional contact [J]. Soft Robotics, 2024, 12(2): 253-267.

[12] NGUYEN V T, NGUYEN T T, DANG T L, et al. A computational fluid dynamics study of force generation by bio-

inspired continuous undulating fins[C]. Singapore: Proceedings of the AETA 2022: Recent Advances in Electrical Engineering and Related Sciences: Theory and Application, 2024.

[13] ZHOU J, YU N, LIU S, et al. Inspired by the black ghost knifefish: Bionic design of undulatory fin with 2-dof rays and its propulsion performance [J]. Applied Bionics and Biomechanics, 2023, 2023(1): 7831175.

[14] NAM ANH P H, CHOI H S, HUANG J, et al. Study on oscillatory and undulatory motion of robotic fish [J]. Applied Sciences, 2024, 14(8): 3239.

[15] SHI X, CHEN Z, ZHANG T, et al. Hydrodynamic performance of a biomimetic undulating fin robot under different water conditions [J]. Ocean Engineering, 2023, 288: 116068.

[16] SFAKIOTAKIS M, FASOULAS J, GLIVA R. Dynamic modeling and experimental analysis of a two-ray undulatory fin robot[C]. Hamburg: Proceedings of the 2015 IEEE/RSJ International Conference on Intelligent Robots and Systems (IROS), 2015.

[17] CHEN Z, HU Q, CHEN Y, et al. Water surface stability prediction of amphibious bio-inspired undulatory fin robot[C]. Prague: Proceedings of the 2021 IEEE/RSJ International Conference on Intelligent Robots and Systems (IROS), 2021.

[18] SEFATI S, NEVELN I D, ROTH E, et al. Mutually opposing forces during locomotion can eliminate the tradeoff between maneuverability and stability [J]. Proceedings of the National Academy of Sciences, 2013, 110(47): 18798-18803.

[19] 陈振汉. 仿波状鳍机器人水面稳性与推进性能研究 [D]. 西安: 西安交通大学, 2022.

[20] JIE W, YAWEI Z, XUENAN G, et al. Theoretical and numerical studies on a five-ray flexible pectoral fin during labriform swimming [J]. Bioinspiration & Biomimetics, 2019, 15(1): 16007.

[21] XIA M, WANG H, YIN Q, et al. Design and mechanics of a composite wave-driven soft robotic fin for biomimetic amphibious robot [J]. Journal of Bionic Engineering, 2023, 20: 934-952.

[22] ZHANG J, BAI Y, ZHAI S, et al. Numerical study on vortex structure of undulating fins in stationary water [J]. Ocean Engineering, 2019, 187: 106166.

[23] SEFATI S, NEVELN I, MACIVER M A, et al. Counter-propagating waves enhance maneuverability and stability: A bio-inspired strategy for robotic ribbon-fin propulsion[C]. Rome: Proceedings of the IEEE, 2012.

[24] RAHMAN M M, TODA Y, MIKI H. Computational study on a squid-like underwater robot with two undulating side fins [J]. Journal of Bionic Engineering, 2011, 8(1): 25-32.

[25] 伍志军. 基于晶吻鳐的波动推进数值模拟及其实验研究 [D]. 哈尔滨:哈尔滨工业大学, 2015.

[26] LIU G, YU Y L, TONG B G. Optimal energy-utilization ratio for long-distance cruising of a model fish [J]. Physical Review E Statistical Nonlinear & Soft Matter Physics, 2012, 86(1): 016308.

第三部分　波动推进机器人性能

第7章 波动推进机器人水动力性能

本章彩图

7.1 引　　言

前文从理论、二维仿真、三维仿真和性能测试等角度对波动推进鳍的水动力性能进行了介绍，目的是指导设计一种水下波动推进机器人。因此，本章将从水下波动推进机器人的设计的视角，重点对机器人的水动力性能进行介绍。首先，通过对尼罗河魔鬼鱼的形态特征和动力特性研究，探究其背鳍波动推进机理，并效仿其背鳍生理结构，进行仿生波动鳍推进单元结构设计，搭建出机器人实体，并针对控制需求，开展控制系统设计，最终形成完整的水下波动推进机器人设计方案。进一步，对水下波动推进机器人的水动力性能开展仿真和实验验证，研究机器人的推进及转向原理，揭示机器人不同运动模式对水动力性能的影响。

7.2 波动推进机器人结构设计

7.2.1 总体需求设计

波动推进机器人(简称"机器人")类似于尼罗河魔鬼鱼的高效波动，具有完整的机器人设计方案。机器人实体为后续驱动控制算法和水下闭环控制技术验证提供了载体。

机器人的设计是围绕其功能和技术指标展开的。机器人的功能实现包括以下部分：

(1) 机器人采用仿生波动鳍完成在水下环境下的推进工作；
(2) 机器人可以实现前进、倒游、转弯及水中上浮、下潜等运动模式；
(3) 机器人可以承载任务载荷；
(4) 操作者可采用无线电对机器人进行远程遥控。

机器人的主要技术指标如表7.1所示。

表 7.1 机器人的主要技术指标

技术指标	具体数值
样机质量	<10kg
最大下潜深度	>2m

续表

技术指标	具体数值
水下最大直行速度	>300mm/s
浮潜速度	>100mm/s
有效承载质量	>2kg
空气无线遥控距离	>500m

7.2.2 机器人机械结构设计

仿生波动鳍推进单元的作用就是通过控制波动鳍的变形与流体相互作用产生推力，使机器人实现水下多维度推进。推进单元的设计包括波动鳍数量设计、鳍条鳍面设计、机器人本体结构设计及机器人流线型外壳设计四部分[1-4]。

1) 波动鳍数量设计

如图7.1所示，尼罗河魔鬼鱼必须通过身体弯曲配合背鳍波动才能实现转弯和变向运动，然而对于现代工程技术而言，难以利用机电系统实现类似的身体结构，此类转弯运动控制依靠的是性能强大的中枢神经系统，控制的复杂度远超研究范围。

图 7.1 尼罗河魔鬼鱼转弯[2]

针对以上问题，机器人的波动鳍数量设置为2个，通过控制2个波动鳍的推力差产生偏航力矩，实现转弯运动。如图7.2所示，两列仿生波动鳍对称设置在机器人的左右两侧，波动鳍通过鳍条连接件与数字电机的输出轴连接，数字电机固定在机器人底板上。

与尼罗河魔鬼鱼的单鳍推进相比，双列波动鳍推进单元设计具有以下优点：

(1) 结构简单。不需要借助身体弯曲或者鱼鳔，仅凭借两列仿生波动鳍波动或拍动即可实现水中转弯和上浮、下潜运动。

图 7.2 仿生波动鳍推进单元布置

(2) 稳定性好。水中直游运动时,两侧推进单元的侧向力和扭矩相互抵消,实现扭矩自平衡,而尼罗河魔鬼鱼则需要借助身体来抵消侧向力。

(3) 操控简单。只需改变波动鳍的波形参数即可实现推力和操纵力矩的调节,进而控制机器人的姿态变化。

2) 鳍条鳍面设计

机器人在水下运动时,鳍面需要产生足够柔顺的波动变形,此时鳍面应足够软和光滑;水下工作环境对于鳍面材料特性的不同要求给鳍面设计带来了困难,鳍面材料的改性研究涉及材料学和流体力学等多学科的基础理论,以及原材料配比、混合与成型控制等材料加工工艺,这些都远远超过了本书所属学科领域的研究范围。

针对以上问题,提出了一种新型的波动鳍鳍面设计方法。其设计过程描述如下:首先,将氟胶板或者热塑性聚氨酯(TPU)板材裁剪成扇环形,扇环形的尺寸参数如表 7.2 所示;其次,如图 7.3 所示,在扇环形的内环的两端施加预紧力,将内环拉成直线;最后,将波动鳍固定到机器人上。此时的鳍面在预紧力的作用下具备一定的刚性,同时扇形环本身的材料质地较软,能够形成连续的波动变形与水作用产生推力,实现了刚柔结合的设计目标。此设计不需要对鳍面材料进行化学加工与改造,节约了经济和时间成本。

表 7.2 扇环形尺寸参数

形状	圆心角/(°)	内环半径/mm	外环半径/mm	厚度/mm	展弦比
扇环形	90	382	532	3	0.167

3) 机器人本体结构设计

机器人本体相当于机器人的"骨架"和"内部器官",如图 7.4 所示,其由底

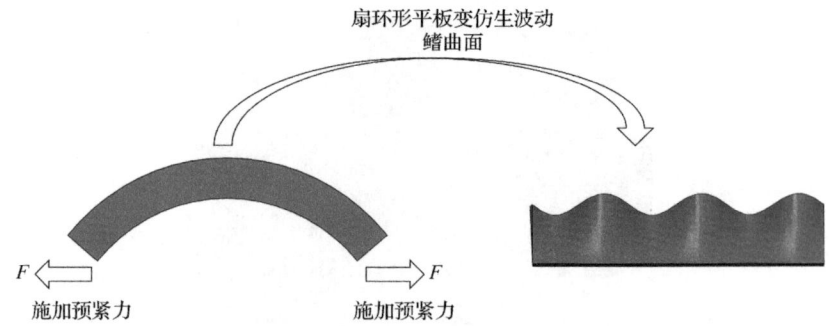

图 7.3 仿生波动鳍鳍面成型过程

板、电源舱、功能舱和电子舱组成。

(1) 底板。底板采用左右对称的布局设计,两侧各放置了 9 个防水舵机,防水舵机输出轴通过鳍条连接件与仿生波动鳍连接。底板采用碳纤维材料切割加工而成,底板的作用是保持机器人的刚度,同时作为其他零部件固定的基准。

(2) 电源舱。电源舱放置在底板的前端,采用光敏树脂 3D 打印成型。电源舱内放置了锂电池、电源管理模块、金属氧化物半导体场效应晶体管(MOS)开关、漏水监测传感器和温湿度传感器等元器件。电源舱的作用是当两栖机器人处于无线控制运行模式时,给机器人的所有电子元器件提供电力。

(3) 功能舱。功能舱是指机器人的中部区域,此空间用于放置惯性测量单元 IMU 和深度传感器等感知元件,以及外部供电/通信线缆和用于配重调平的配重块/浮力泡棉等功能部件。

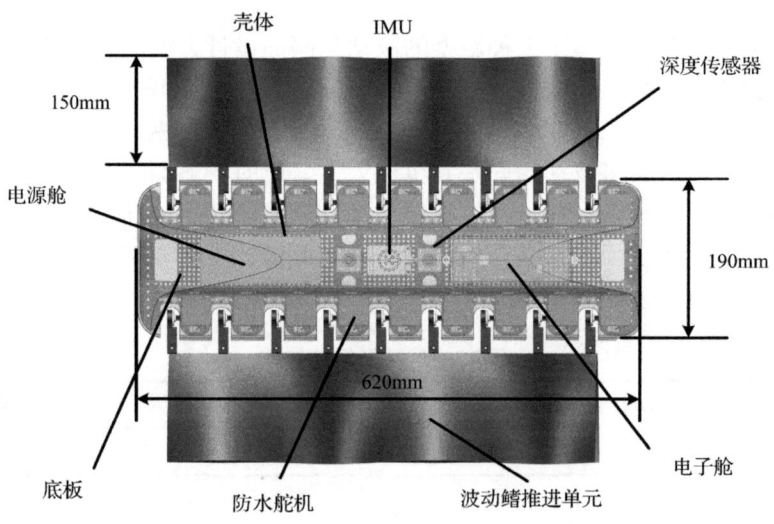

图 7.4 仿生波动鳍水下波动推进机器人总体结构

(4) 电子舱。电子舱放置在机器人的后端，采用光敏树脂 3D 打印成型。电子舱内放置主控制板、无线遥控接收器、漏水监测传感器和温湿度传感器等电子元器件，所有零部件均采用机械或化学胶水进行固定。

4) 机器人流线型外壳设计

机器人的外壳设计原则是在保证机器人内部具备足够的空间容纳所有零部件的基础上，通过流体动力学优化设计，使得外壳具备良好的流线型，以减少机器人在水下的航行阻力。截至本书出版前，在机体减阻设计研究领域广泛采用的是计算流体动力学(CFD)技术，与实验流体力学技术相比，CFD 技术拥有成本低、耗时少和适应性强等优点，因此广泛应用在飞行器和汽车的外形减阻设计领域中。

本小节选择的 CFD 工具是 ANSYS FLUENT 软件，其具有用户界面友好和算法健壮等优点。根据机器人的水下环境流体的基本属性，建立机器人外壳流体动力学计算分析的控制方程。由于水为不可压缩流体，因此忽略体积力后，得到的湍流控制方程如下：

运动方程为

$$\frac{dv}{dt} = \frac{\mu}{\rho}\nabla^2 v - \frac{1}{\rho}\nabla p \tag{7.1}$$

连续性方程为

$$\nabla \cdot v = 0 \tag{7.2}$$

式中，v 是流场速度；p 是压力；μ 是动力黏性系数；ρ 是水的密度；∇ 是拉普拉斯算子。

在考虑了机器人外壳表面流体流动的复杂性之后，选择 Realizable k-ε 湍流模型。在 Realizable k-ε 湍流模型中，k 和 ε 的定义如下：

$$\frac{\partial}{\partial t}(\rho k) + \frac{\partial}{\partial x_i}(\rho k u_i) = \frac{\partial}{\partial x_j}\left(\left(\mu + \frac{\mu_t}{\sigma_k}\right)\frac{\partial k}{\partial x_j}\right) + G_k + G_b - \rho\varepsilon - Y_M + S_k \tag{7.3}$$

$$\frac{\partial}{\partial t}(\rho\varepsilon) + \frac{\partial}{\partial x_i}(\rho\varepsilon u_i) = \frac{\partial}{\partial x_j}\left(\left(\mu + \frac{\mu_t}{\sigma_\varepsilon}\right)\frac{\partial \varepsilon}{\partial x_j}\right) + \rho C_1 S_\varepsilon$$

$$- \rho C_2 \frac{\varepsilon^2}{k + \sqrt{v\varepsilon}} + C_{1\varepsilon}\frac{\varepsilon}{k}C_{3\varepsilon}G_b + S_\varepsilon \tag{7.4}$$

式中，u_i 是水的流动速度；μ_t 是水的黏性系数；G_k 是层流速度梯度引起的湍流动能；G_b 是浮力引起的湍流动能；Y_M 是扩散产生的波动；C_1、C_2、$C_{1\varepsilon}$、$C_{3\varepsilon}$ 是定常数；σ_k、σ_ε 是湍流普朗特数；S_k、S_ε 是用户自定义的参数。

对计算区域的流场及机器人外壳体的网格进行离散处理，然后联立求解上述方程组，就能得到外壳体周围的速度场分布和压力分布。

为了探究机器人的头尾部形状对其流体阻力的影响，设计了 3 款不同形状的外壳模型。如图 7.5 所示，模型 1 采用前低后高的曲线设计，模型 2 采用扁平式设计，模型 3 在模型 2 的基础上，增加了头部的倾角。

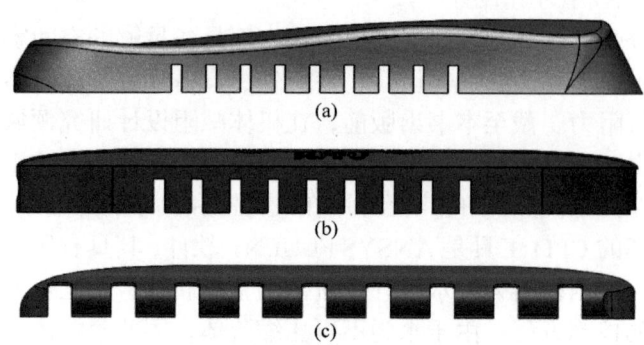

图 7.5　不同形状外壳模型
(a) 模型 1；(b) 模型 2；(c) 模型 3

利用 ANSYS FLUENT 软件对以上三种外壳在 0.5m/s、1.0m/s、1.5m/s、2.0m/s 和 2.5m/s 五种不同来流速度下的流体阻力进行了仿真分析。以模型 1 为例，仿真过程中，外壳体采用的是非结构四面体网格，以适应外壳的复杂结构；外部计算区域采用的是结构网格，以提升计算效率。在边界条件设定中，将外壳上游定义为速度入口，下游尾部定义为压力出口，计算区域四周则设置为壁面。湍流模型求解采用的是 PISO 算法，残差收敛标准被设定为 10^{-5}。最终经过网格数量和时间步长独立性验证后，确定了网格的数量为 130 万，时间步长为 0.005s，迭代次数为 30 次。

模型流体阻力的仿真结果如图 7.6 所示，从图中可以看出，在相同的来流速

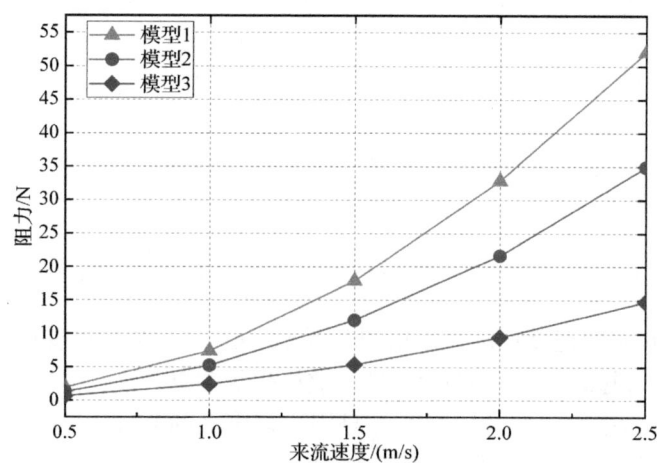

图 7.6　模型流体阻力的仿真结果

度下，采用了扁平化设计的模型 2 和模型 3 的阻力远小于模型 1，说明扁平化设计的减阻效果更好。来流速度为 0.5m/s 时，模型 3 阻力仅为 0.328N，说明在来流速度比较低时，机器人外壳阻力不会对机器人的性能造成显著的影响。当来流速度提升到 2.5m/s 时，模型 3 的外壳阻力增加到 14.91N，而模型 1 的外壳阻力则达到惊人的 52.08N，说明优化外壳形状对于提升机器人在高来流速度下的性能具有重要的意义。

为进一步探究形状是如何影响阻力的，图 7.7 给出了三种外壳模型在 2.5m/s 来流速度下的速度云图(水流方向从左往右)。从图中可以看出，模型 1 的流体在头部与壳体碰撞导致的动能损失太大，而后部凸起则进一步限制了水流向后传播，这就是模型 1 阻力最大的原因，而模型 2 和模型 3 的碰撞损失小，速度流线过渡更加平滑，尾流更小，因此它们的阻力更小。

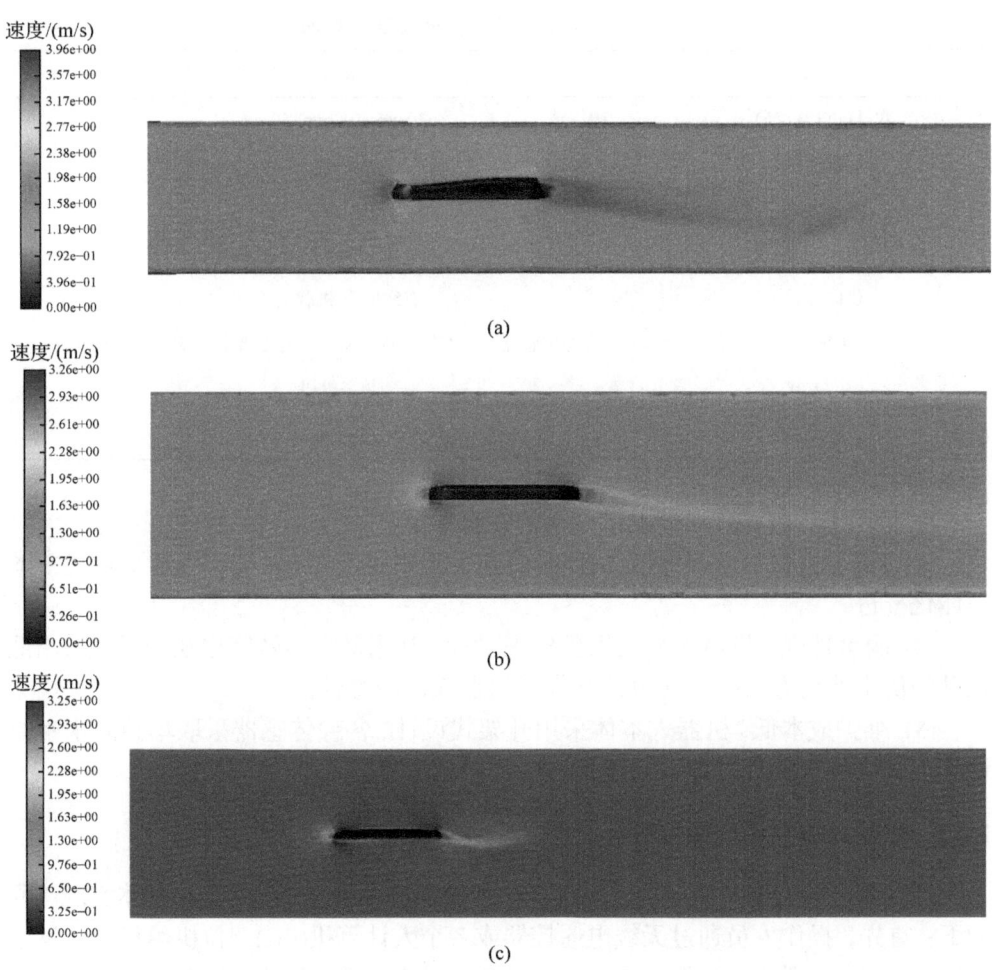

图 7.7 三种外壳模型在 2.5m/s 来流速度下的速度云图(扫描章前二维码查看彩图)
(a) 模型 1 速度云图；(b) 模型 2 速度云图；(c) 模型 3 速度云图

为了便于定量对比三种外壳的减阻效果,引入阻力系数对阻力进行无量纲处理。表 7.3 给出了三种外壳的阻力系数计算结果,由表可知,模型 3 的阻力系数比模型 2 约小 35%,验证了其是更优的外壳设计,因此最终采用模型 3 的外壳设计方案。

表 7.3 阻力系数计算结果

外壳模型	模型 1	模型 2	模型 3
阻力系数 C_d	0.503	0.447	0.289

在完成机器人机械结构设计后,得到水下波动推进机器人的基本参数如表 7.4 所示。

表 7.4 水下波动推进机器人基本参数

类别	特性
尺寸(长×宽×高)	620mm×190mm×50mm
样机质量	约 5kg
通信方式	有缆通信/无线通信(水面)
通信距离	无线通信距离大于 800m
供电方式	有线电缆/机载电池
传感器	姿态传感器、深度传感器、漏水检测传感器、温湿度传感器
驱动方式	数字电机
工作温度	−5~50℃

综上所述,水下波动推进机器人的特点如下:
(1) 运动范围广。采用刚柔结合的仿生波动鳍推进方式,可实现水下环境中的一体化推进。
(2) 隐蔽性强。机器人采用黑色外观设计,利用低噪声数字电机驱动,采用低扰动的仿生波动方式,这些设计增强了机器人的隐蔽性。
(3) 维护成本低。机器人本体采用开架式设计,各种传感器采取单独防水密封设计,可以减少器件故障时的维护和检修时间成本。

7.2.3 机器人控制系统硬件设计

控制系统的功能是使机器人完成操作者给定的各种运动指令,其具体实现流程如下:首先,操作人员通过无线电遥控器或者个人计算机(PC)上位机给机器人发送运动控制指令;其次,机器人接收指令之后,对指令进行解析,同时通过各种传感器数据得到自身的状态信息,判断此时是否适合执行操作者给定的指令;再次,机器人主控制芯片调用函数进行计算，将控制指令转化为 18 个防水舵机的转动角度序列，并将角度序列转化为 PWM 信号；最后，输出时序电平驱动防水舵机输出轴旋转到指定角度，带动鳍条驱动鳍面运动，使机器人完成给定的运动指令。

上述流程涉及机器人控制系统的四大核心模块，即负责操作人员与机器人之间交互的指挥控制系统、统筹协调机器人运动与感知的底层驱动控制系统、负责收集机器人内外部信息的感知系统，以及直接驱动电机运动的动力系统，本节将对四大系统的功能和设计细节进行阐述。

1. 指挥控制系统设计

指挥控制系统的功能包含以下两部分：一是运动控制，操作者利用手持无线电遥控器或者 PC 上位机给机器人发送运动控制指令；二是状态监测，利用 PC 上位机对机器人的方位和运行状态进行实时监测。由于无线电波在水下会强烈衰减而无法正常工作，因此机器人在水下采用有缆通信。

1) 无线电控制

无线电控制采用的是 6 通道手持遥控器及配套的接收机，其具体参数如表 7.5 所示。遥控器与接收机采用的是触点对频的方式进行配对，遥控器将油门和方向等通道的控制量转化为 PPM 信号发送到接收机，接收机接收到来自遥控器的控制指令之后，会将具体指令转化为不同通道的高低电平信号。机器人主控制芯片通过输入捕获中断的方式获取接收机不同通道的电平之后，对电平的时序进行解码即可还原出遥控器的油门、方向及其他按键对应的控制量，然后利用编程算法将这些控制量转化为具体的控制指令，如油门控制量大小对应两栖机器人的波动鳍摆动频率，方向控制量对应两栖机器人的左右和上下运动，按键对应两栖机器人的运行环境等，即可实现两栖机器人的无线电控制。

表 7.5 无线电遥控器参数

参数	数值/特性
通道数	6
通信频段	2.400～2.483GHz
发射功率	≤70MW
微调方式	电子微调模式
通信距离(空气)	大于 800m
调制方式	FHS
发射器与接收机对频方式	触点对频
接收机信号	PPM/SBUS

注：FHS 表示频率跳跃同步；SBUS 表示串行通信协议。

2) PC 上位机控制

PC 上位机控制系统用于机器人的运动控制和运行状态的实时监测。与无线电控制相比，PC 上位机与机器人采用有缆通信，具有传输速率快、通信容量大及抗干扰能力强等优点，缺点就是有线电缆限制了机器人的运动空间。PC 上位机交互界面基于 Qt Creator 平台设计，上位机交互界面如图 7.8 所示。

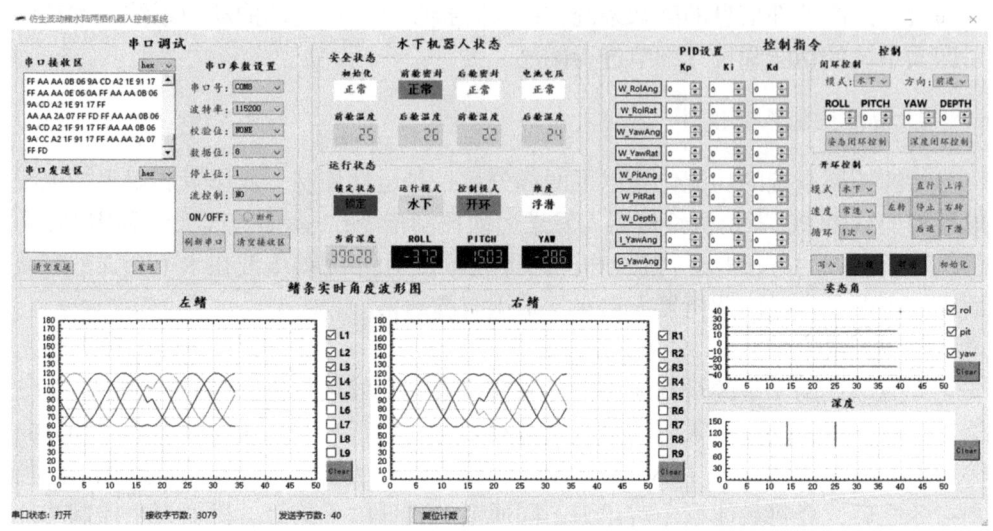

图 7.8 上位机交互界面

上位机交互界面包括四个区域：

(1) 串口调试区域。包括初始化串口参数设置及串口数据的收发，用于串口调试。

(2) 水下机器人状态区域。用于机器人姿态角、深度及机器人运行状态的实时监测。

(3) 控制指令区域。用于发送机器人的二维平面运动和纵向浮潜运动的开环控制，以及航向和深度闭环控制指令的发送，包括 PID 控制参数的设置等。

(4) 运行状态可视化区域。用于实时显示每个电机实时输出角度、机器人姿态角和实时深度等。

从图 7.8 中可以看出，上位机交互界面具有模块清晰、简洁有序和功能齐全等特点，PC 上位机与机器人采用全双工异步串行通信，在 Qt Creator 内嵌的串口通信函数加持下，确保两者之间通信的稳定和实时性。上位机控制系统可在 Windows、Linux 及 Mac OS 等主流操作系统中运行。

2. 底层驱动控制系统设计

底层驱动控制系统是机器人主控制板和运行在芯片上的控制算法的统称，其核心参数如表 7.6 所示。

表 7.6　机器人底层驱动控制系统核心参数

参数	数值/型号
CPU	STM32F407ZGT6
运行频率	168MHz
FLASH	板载 1024KB，外扩 16MB
RAM	板载 192KB，外扩 1MB
功耗	238uA/MHz
引出 IO	100(90 个通用 IO)
尺寸	80mm×50mm
供电电压	5V

注：CPU 表示中央处理器；FLASH 表示闪存；RAM 表示随机存储；IO 表示输入输出。

为了满足机器人通信和感知的需要，还配置了多种传感器和通信模块等外设。各种外设与核心控制板的硬件连接如图 7.9 所示。

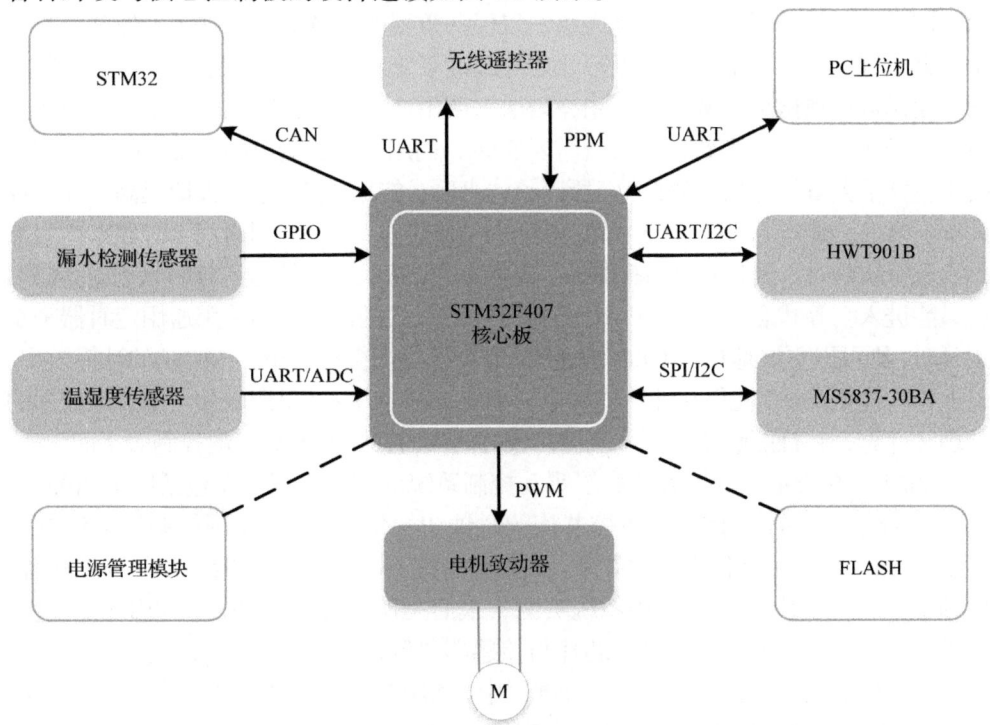

图 7.9　机器人控制板外围硬件连接框图

CAN-一种总线通信协议；STM32-一类嵌入式芯片统称；GPIO-输入输出口；UART-异步通信；ADC-拟数字转换；PPM-一种通信接收协议；PWM-脉宽调制技术；SPI-串行外设接口；I2C-一种总线通信协议；HWT901B-姿态传感器芯片；MS5837-30BA-深度传感器芯片；M-电机

底层驱动控制系统的软件设计要实现的基本功能包括三部分：

(1) 通信管理。主控芯片与传感器、无线电发射机及上位机之间的通信，如主控芯片通过 I2C 通信协议与 MS5837-30BA 通信，获取传感器的压力示数，经过转换计算后得到机器人的当前深度。

(2) 驱动管理。包括主控芯片的时钟、IO 口、中断优先级、传感器等外设的初始化，以及初始化异常和故障(如漏水)处理等。

(3) 任务调度。功能是通过解析操作者给定的指令，进行任务的调度和执行。主要包括任务的创建与执行、任务优先级配置及时序管理等。

综上所述，机器人主控芯片既要接收操作指令和传感器数据，又要进行指令解析计算，在进行大量数据处理与计算的同时，还要保证控制系统的实时性，这对主控芯片的计算能力提出了挑战。为了提高主控芯片的计算效率和加快指令执行速度，做了以下优化工作：第一，采用裸机系统编程，而不是实时操作系统(RTOS)，因为裸机系统编程的实现难度更低，并且占用的系统资源更少，与主控芯片更加符合，而为了弥补裸机编程处理速度的不足，大量采用了中断处理机制，采用前后台系统，给不同的任务划分了相对应的优先级，以保证重要的任务能够得到优先处理，弥补了轮询系统中任务只能按顺序循环执行导致的系统实时性差等不足。第二，将所有的三角函数都离散成了数组，采用查表法来调用这些函数，发现用 ARM 公司数学库在线求解一条三角函数指令大概需要 $50\mu s$，而用查表法的时间<$1\mu s$。由于控制代码中包含了大量的三角函数计算，所以整体来看，查表法有助于极大地提高芯片计算效率。第三，摒弃了利用 delay 函数实现延时的方法，而是利用通用定时器来产生节拍实现系统延时。因为 delay 函数拥有最高的优先级，当系统进入延时状态时，CPU 就只能进入空等状态，这对 CPU 的资源是一种极大的浪费，而采用通用定时器来实现延时，则可以更好地释放 CPU 的性能，有助于提高微控制单元(MCU)的计算效率。以上这些优化方法，使得在计算资源比较小的控制芯片上，也能成功实现大量数据的处理和计算，并且能够使控制系统保持较好的实时性，实现良好的控制效果。

如图 7.10 所示，机器人的底层驱动控制系统的控制流程主要包括以下四部分：

(1) 硬件初始化。首先是主控芯片的时钟初始化检查，防止因控制板电池电量不足、强磁场干扰或芯片老化导致的时钟失效；其次是中断初始化，主要是设置中断触发条件，以最大化利用系统资源；最后是所有传感器外设的初始化，包括各种传感器 IO 口使能以及主控芯片与传感器之间的应答是否正常等。

(2) 安全检查。在上电前及运行过程中，利用漏水检测传感器和温湿度传感器对电子密封舱内的密封状况和温湿度进行检测，确保机器人能够安全运行。

(3) 数据收发。数据接收包括 HWT901B 的姿态角和姿态角速度数据、MS5837-30BA 的压力数据、无线电接收机的电平信号，以及上位机通过串口发送过来的控制指令和 PID 控制参数等数据。数据发送则是根据设定的通信协议将机器人的传感器数据和运行状态信息通过串口实时上报到给上位机控制系统，并在人机交互界面实时显示出来。此外，MS5837-30BA 的压力信号转换为深度信息、温湿度信息及密封状态，既能监控舱内散热情况，也能反映舱内是否存在漏水情况。

(4) 驱动控制。驱动控制包括开环和闭环控制两种模式，其中开环控制是人为给定舵机的控制角度，用于验证所提出的 CPG 控制算法；闭环控制要求机器人将操作者的给定的目标控制量(如左转 30°)转化为具体的舵机控制角度，其对传感器的测量精度及闭环控制算法的鲁棒性均有较高的要求。

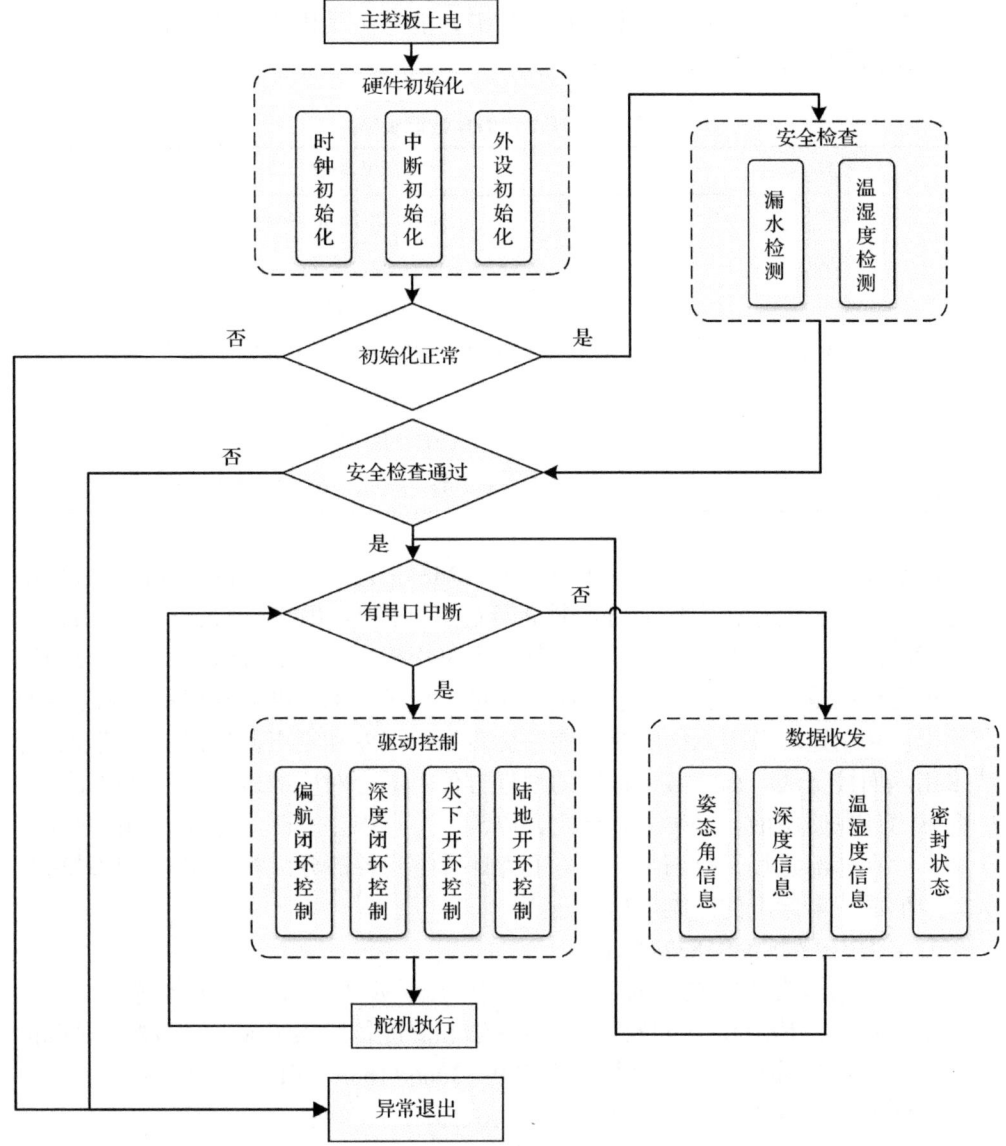

图 7.10 机器人的底层驱动控制系统框图

3. 感知系统设计

机器人搭配了多种传感器,其中姿态传感器和深度传感器的精度及稳定性等指标对于机器人的方位状态估计准确性有着重要影响,因此传感器的选型及传感器的标定是机器人感知系统设计的重点。

1) 姿态传感器 HWT901B

HWT901B 是一款集成了陀螺仪、加速度计及 RM3100 地磁场传感器的高精度 9 轴姿态传感器,其防水级别达到 IP67,能够满足机器人的水下工作需要。HWT901B 的具体性能参数如表 7.7 所示。

表 7.7 HWT901B 性能参数

参数	数值/特性
尺寸	55mm×36.8mm×24mm
质量	90～100g
功耗	≤360MW
测量维度	三维加速度、三维角速度、三维磁场、三维角度
量程	加速度±16g,陀螺仪±2000(°)/s,角度±180°
角度精度	X 轴、Y 轴 0.05°,Z 轴 1°
稳定性	加速度 0.01g,角速度 0.05(°)/s,角度 0.01°

由于 HWT901B 是利用微机电系统(MEMS)工艺制造的,温度和磁场强度的变化及加工和装配过程中均会引入测量误差,因此在使用前需要进行校准和标定。陀螺仪的误差来源是温湿度的变化,其校准采用积分推算的方法,利用精度更高的加速度计测量得到的角度信息对陀螺仪进行校正。加速度计的误差来源主要是芯片生产和制造环节引入的安装误差、标定系数误差和零点偏移误差,其校正方法采用六面校正法。由于各个地区的地理方位不同,对应的地磁场信息也不同,因此磁力计在使用前也必须进行标定,以消除零点误差。磁力计标定的原理是基于在不存在外部磁场干扰情况下,将磁力计按空间各部分旋转 360°时,地球磁场矢量应形成一个标准的三维椭球。

2) 深度传感器 MS5837-30BA

深度传感器安装在机器人底板上,用于测量水下深度。深度传感器型号为 MS5837-30BA,其由高线性度的水压传感器和温度传感器组成,能够提供精确的 24 位压力和温度输出,压力测量量程为 0～30bar(1bar=10^5Pa)。

深度 h 与传感器压力 P 的转换关系为液体压力定律:

$$P = \rho g h \tag{7.5}$$

传感器压力测量数值受温度的影响较大,因此需要对测量数据进行温度补偿修正计算,具体流程如图 7.11 所示。

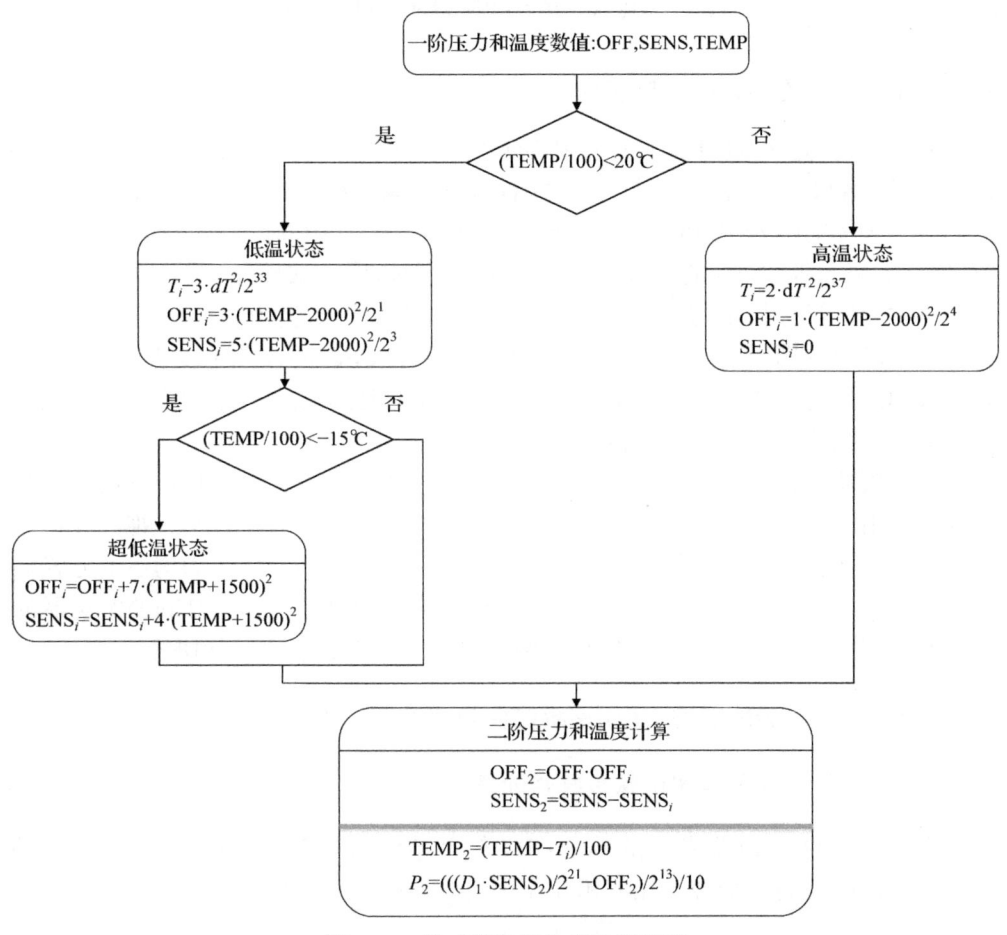

图 7.11 传感器温度补偿计算流程

OFF_i-与真实温度的偏差;$SENS_i$-真实温度的敏感度;$TEMP_i$-真实温度

4. 动力系统设计

动力系统是机器人的动力来源,其设计重点是电机控制。电机采用的是高性能的数字伺服舵机,其角度控制是基于脉宽调制(pulse-width modulation,PWM)技术实现的。基于 PWM 波的舵机控制过程如下:舵机通过信号线接收来自外部的 PWM 电平脉冲序列(周期为 20ms,高电平范围为 0.5~2.5ms),并与其内部的基准信号(周期为 20ms,宽度为 1.5ms)进行对比,解算出目标控制角度与其输出轴角度的偏差,再利用舵机内部反馈控制机制,实现角度控制。通过给定 9 个舵机的不同角度序列和更改序列之间的时间间隔,可以调节仿生波动鳍推进单元的波幅、频率和相位差,进而改变波动鳍推力的大小和方向，最终实现机器人多模态运动控制。

7.3 波动推进驱动控制优化

7.3.1 中枢模式发生器的控制原理

生物学家经过研究发现，自然界中的脊髓动物各种节律性的运动形式，如行走、跳跃、飞翔和潜水等均是由位于脊髓的中枢模式发生器(CPG)[5]产生的，其可以在没有外部反馈信息或者上级控制指令的情况下，通过低级神经中枢的自激振荡产生周期性的节律输出信号，控制对应的肌肉部位执行相应的序列动作，实现身体的运动控制[6-8]。

科学家通过分析生物(如七鳃鳗)的神经元结构，模仿生物的 CPG 结构建立了人造 CPG 网络拓扑模型，并通过数学建模完成了 CPG 的参数化表达[9, 10]。这种人造 CPG 具有鲁棒性好、输出信号稳定和适应性强等优点，已被广泛应用在仿人、仿生蛇和仿生鱼等仿生机器人运动控制中[11-13]。

当前机器人控制领域广泛采用的 CPG 按模型来源可分为生物物理模型、递归神经网络、连接模型和神经元振荡器模型等几种[14-16]。其中，基于神经元振荡器模型的人造 CPG 是一种通过对生物神经元结构的模仿，或人为构造的方式建立神经元振荡器耦合关系的数学模型[17, 18]。采用的基于霍普夫(Hopf)振荡器的 CPG 模型就是其中的一种，它具有模型简单、参数少和求解速度快等优点。

7.3.2 基于 Hopf 振荡器的 CPG 系统建模与特性

1. 单个 CPG 模型数学建模与特性分析

本节采用的 Hopf 振荡器的单个 CPG 模型结构如图 7.12 所示，其输出信号是通过振荡器内部的两个神经元的相互作用自激振荡产生的[19, 20]。

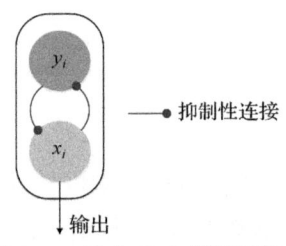

图 7.12 单个 CPG 模型结构图

引入偏置系数来调整输出曲线的偏置，改进后的 CPG 方程描述如下[15]：

$$\begin{cases} \dot{x}_i = \lambda \left(A^2 - (x_i+d_i)^2 - y_i^2 \right)(x_i+d_i) - 2\pi f y_i + c_{x,i} \\ \dot{y}_i = \lambda \left(A^2 - (x_i+d_i)^2 - y_i^2 \right) y_i + 2\pi f (x_i+d_i) + c_{y,i} \end{cases} \quad (7.6)$$

如图 7.13 所示，CPG 的状态变量输出结果为随时间周期性变化的连续光滑曲线。

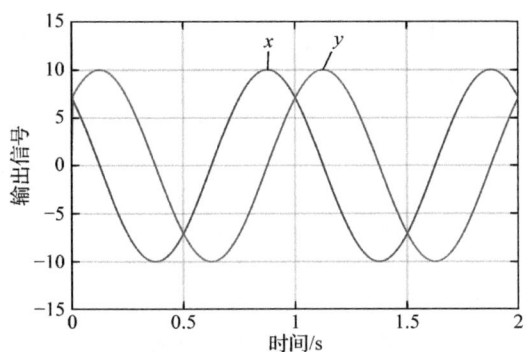

图 7.13　状态变量 x 和 y 输出曲线

为了研究 Hopf 振荡器 CPG 方程的输出特性，本节对式(7.6)的输出信号与 CPG 方程特征参数之间的关系进行了仿真分析研究。

1) 收敛系数 λ

Hopf 振荡器 CPG 方程的典型特性之一就是其具有稳定的极限环[21,22]。极限环是相空间中的一组闭环曲线，系统稳定时，其状态变量会随着时间的推移收敛于该闭环曲线。如图 7.14 所示，当偏置系数为 0 时，三个状态变量的初值不一样，但是它们最终都将收敛于极限环半径等于幅值系数 A 的圆。收敛系数 λ 的作用就是它能够决定收敛的速度，收敛系数越大，CPG 方程输出信号波形达到稳定的时间就越短[23,24]。

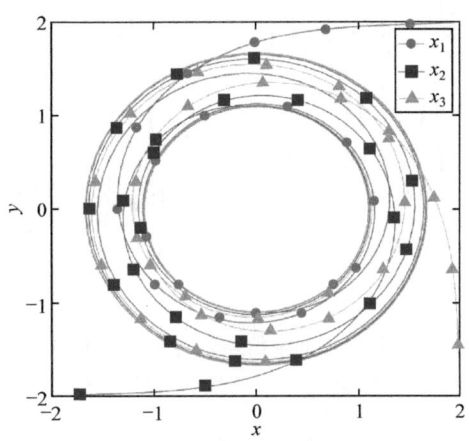

图 7.14　极限环收敛轨迹图

如图 7.15 所示，简谐输出曲线在波形过渡时会产生明显的突变，而 Hopf 振荡器 CPG 方程由于具备极限环特性，能够在特征参数突变时使输出波形能够平稳地过渡到稳定状态。

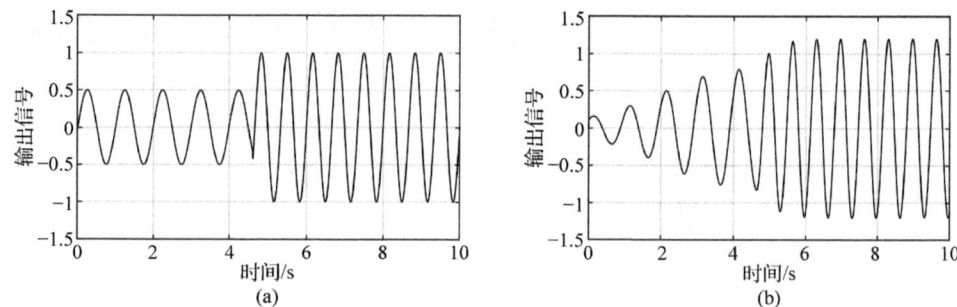

图 7.15 简谐输出曲线与 CPG 输出曲线对比图
(a) 简谐输出曲线；(b) CPG 输出曲线

2) 幅值系数 A

幅值系数 A 决定了 CPG 方程输出波形的幅值。如图 7.16 所示，输出信号幅值等于幅值系数。在实际的应用中，通常将幅值系数设置为 1，然后再乘以一个增益系数来实现输出信号幅值的调节。

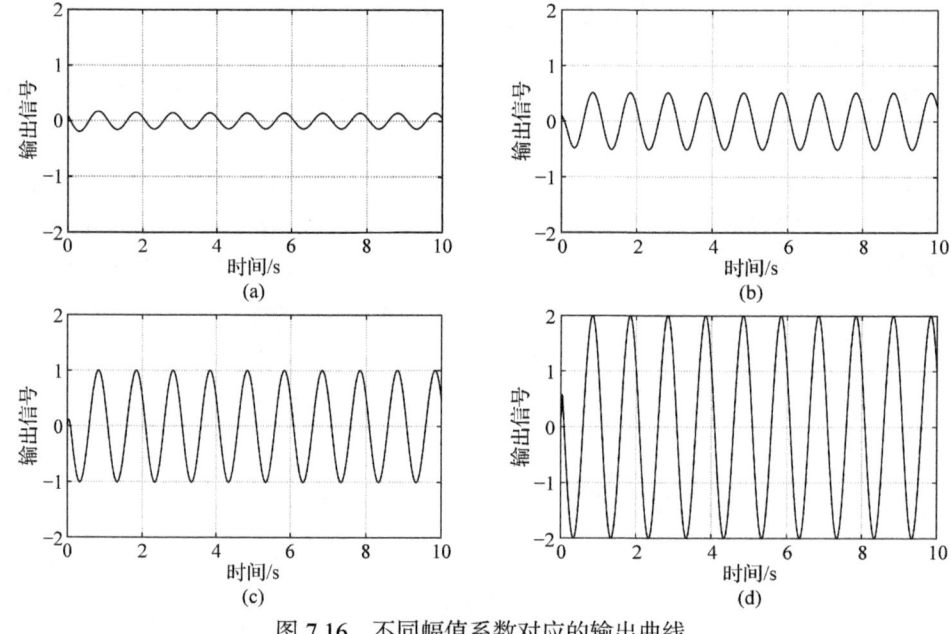

图 7.16 不同幅值系数对应的输出曲线
(a) $A=0.1$；(b) $A=0.5$；(c) $A=1.0$；(d) $A=2.0$

3) 频率系数 f

频率系数 f 决定了 CPG 方程输出波形的频率。如图 7.17 所示，随着频率系数 f 的增大，输出信号波形曲线也越来越密，从定量分析结果来看，输出信号波形的频率与 CPG 方程的频率系数 f 相等。

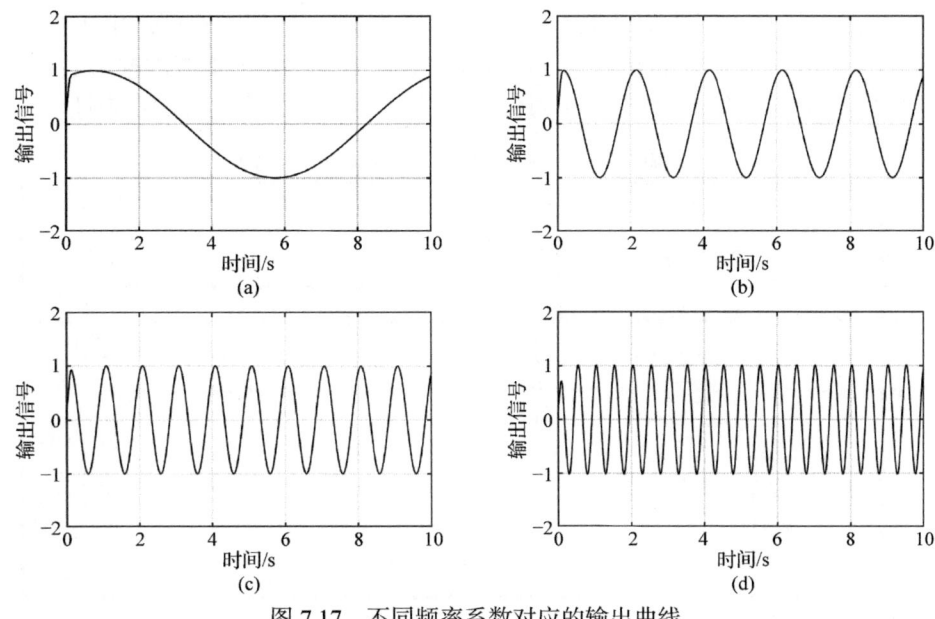

图 7.17　不同频率系数对应的输出曲线

(a) $f=0.1$；(b) $f=0.5$；(c) $f=1.0$；(d) $f=2.0$

4) 偏置系数 d

偏置系数 d 可以改变 CPG 输出曲线的平衡位置。如图 7.18 所示，当 $d=0$ 时，输出曲线的平衡位置为 0，当 $d<0$ 时，平衡位置大于 0，反之亦然。

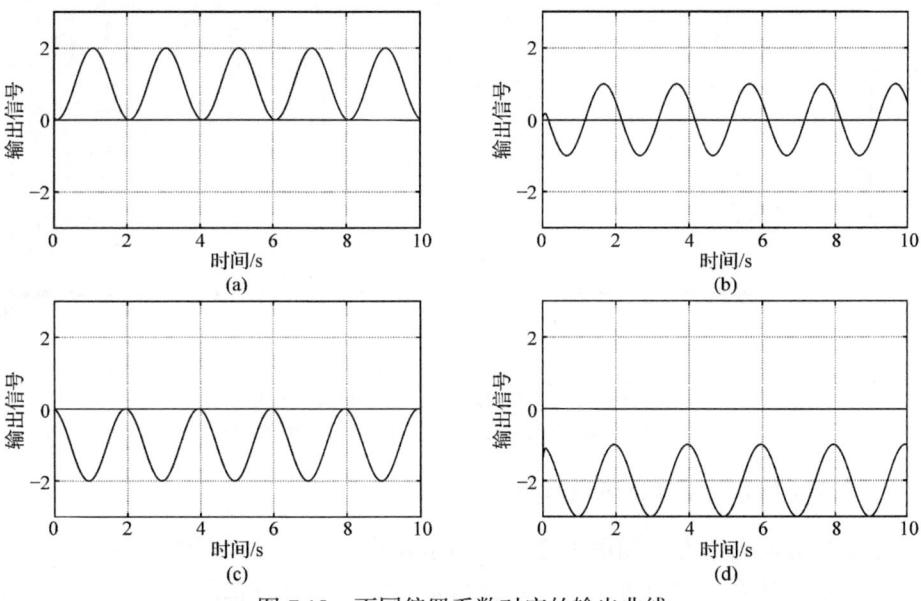

图 7.18　不同偏置系数对应的输出曲线

(a) $d=-1$；(b) $d=0$；(c) $d=1$；(d) $d=2$

综上所述，CPG 方程各个特征参数对输出信号波形的影响作用是相互独立的。如图 7.19 所示，当 CPG 特征参数同时变化时，CPG 输出信号曲线的幅值系数、频率系数和偏置系数的切换均是平滑过渡的，凸显了 CPG 方程良好的稳定性。

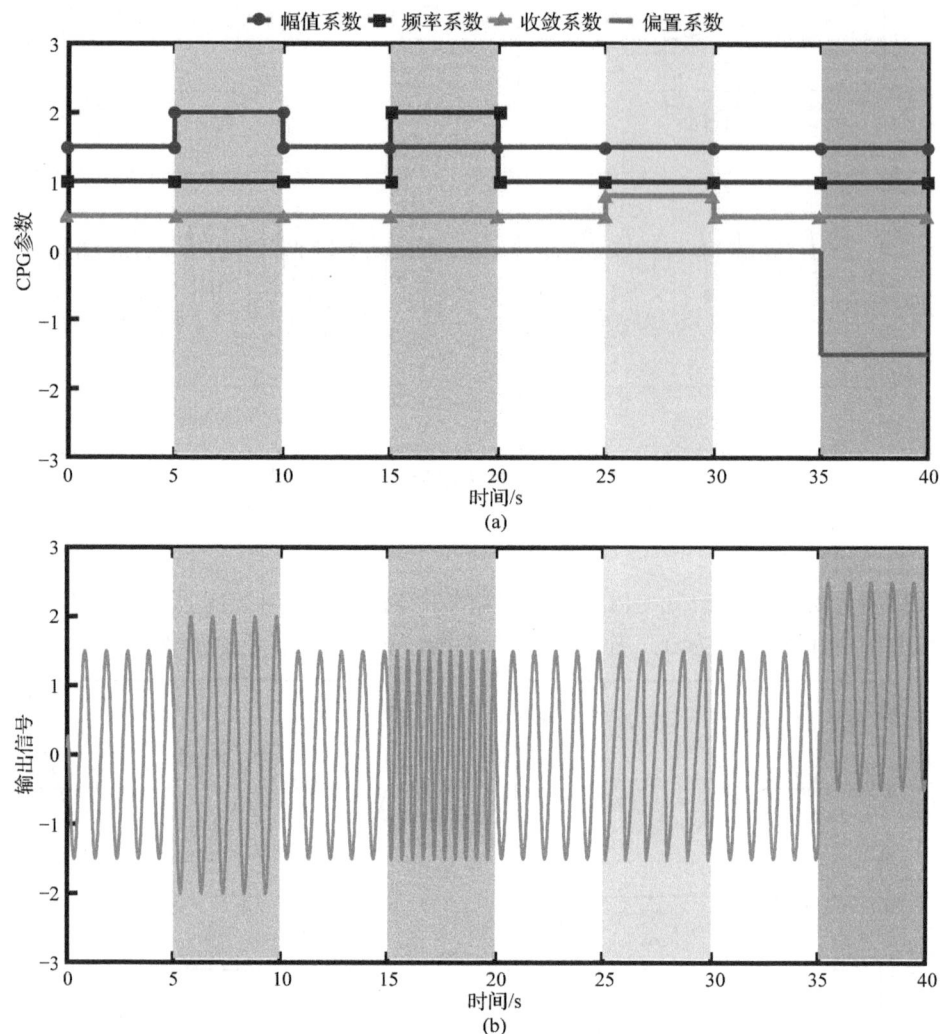

图 7.19　CPG 参数对输出信号曲线的影响
(a) CPG 参数随时间变化曲线；(b) 瞬时 CPG 输出信号

2. 多个 CPG 模型耦合建模与特性分析

常见的仿生机器人，如仿生蜘蛛和仿生四足机器人等，通常包括多个人造关节，其是通过对关节间的协调运动实现行走和爬行等基本运动的。从前文的分析可知，单个 CPG 模型能够产生一路输出信号，从而实现对一个人造关节的控制。

第 7 章 波动推进机器人水动力性能

因此,多关节机器人需要多个 CPG 模型进行控制,而这些 CPG 模型之间必须按照一定的关系建立耦合连接,构成多 CPG 网络拓扑结构,这样才能实现多关节的协同控制。

CPG 模型之间的耦合关系与耦合系数 $c_{x,i}$ 和 $c_{y,i}$ 有关,耦合关系最终体现在 CPG 模型输出曲线的相位差中。本小节将对多个 CPG 模型之间的耦合类型与输出特性进行研究,以揭示相位差与耦合系数之间的关系。

1) 两个 CPG 振荡器耦合

CPG 模型稳定振荡时,式(7.6)的状态变量可用极坐标表示为[20]

$$\begin{cases} x_i = r_i \cos\alpha_i - d_i \\ y_i = r_i \sin\alpha_i \end{cases} \tag{7.7}$$

如图 7.20(a)所示,CPG 模型 1 与 CPG 模型 2 的单向耦合是通过状态变量 x_1 与状态变量 y_2 连接实现的,假设 CPG 模型 2 的耦合系数矩阵为

$$\boldsymbol{C}_2 = \begin{bmatrix} c_{x,2} \\ c_{y,2} \end{bmatrix} = \begin{bmatrix} 0 \\ \varepsilon x_i \end{bmatrix} = \begin{bmatrix} 0 \\ \varepsilon r_1 \cos(\alpha_1 + \delta) \end{bmatrix} \tag{7.8}$$

式中,δ 是振荡器之间的相位差锁存系数。

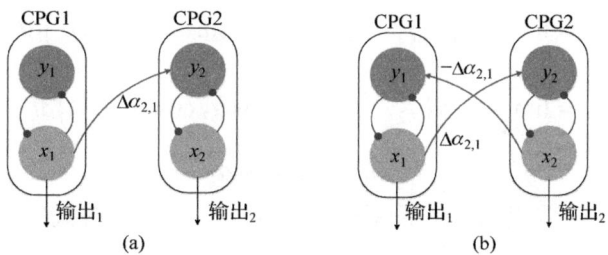

图 7.20 两个 CPG 振荡器耦合
(a) 单向耦合;(b) 双向耦合

式(7.6)可以看作是一个振荡的非线性动态系统:

$$\dot{\boldsymbol{q}}_i = F(\boldsymbol{q}_i) + \boldsymbol{p}_i \tag{7.9}$$

由非线性系统理论可知,式(7.9)可以用关于相位与收敛半径的极坐标描述:

$$\begin{cases} \dot{\alpha}_i = 2\pi f_i + p_{\alpha_i} \\ \dot{r}_i = F_r(r, \alpha_i) + p_{r_i} \end{cases} \tag{7.10}$$

式中,(α_i, r_i) 为极坐标下的状态变量;f_i 为振荡器的频率;(p_{α_i}, p_{r_i}) 为扰动向量 $\boldsymbol{p}_i$ 作用在相位和收敛半径方向的极坐标描述。

振荡器之间的相位关系主要取决于 p_{α_i},p_{α_i} 等于扰动向量 $\boldsymbol{p}_i$ 在极限环切线方

向的有效扰动[21]，即

$$p_{\alpha_i} = \boldsymbol{p}_i \cdot \boldsymbol{e}_\alpha = \boldsymbol{p}_i \cdot \frac{\dot{\boldsymbol{q}}_i}{|\dot{\boldsymbol{q}}_i|} = \boldsymbol{p}_i \cdot (-\sin\alpha_i, \cos\alpha_i)^{\mathrm{T}} \tag{7.11}$$

对于两个 CPG 振荡器耦合的情况，当振荡器稳定振荡时，CPG 振荡器的相位差应为恒定值 k，即

$$\Delta\alpha_{2,1} \equiv \alpha_2 - \alpha_1 \approx k \tag{7.12}$$

结合式(7.10)，可求得相位差的导数：

$$\Delta\dot{\alpha}_{2,1} \equiv \dot{\alpha}_2 - \dot{\alpha}_1 = 2\pi f_2 + p_{\alpha_2} - 2\pi f_1 \tag{7.13}$$

稳定振荡时，相位差为恒定值，其导数积分为 0，有

$$\lim_{t\to\infty}\int_{t_0}^{t}\Delta\dot{\alpha}_{2,1}\mathrm{d}t = 0 \tag{7.14}$$

联立式(7.11)、式(7.13)和式(7.14)求解，得到

$$\begin{aligned}
0 &= \lim_{t\to\infty}\int_{t_0}^{t}\left(2\pi(f_2 - f_1) + p_{\alpha_2}\right)\mathrm{d}t \\
&= \lim_{t\to\infty}\int_{t_0}^{t}\left(2\pi(f_2 - f_1) + \boldsymbol{p}_2\cdot(-\sin\alpha_2,\cos\alpha_2)^{\mathrm{T}}\right)\mathrm{d}t \\
&= \lim_{t\to\infty}\int_{t_0}^{t}\left(2\pi(f_2 - f_1) + \boldsymbol{C}_2\cdot(-\sin\alpha_2,\cos\alpha_2)^{\mathrm{T}}\right)\mathrm{d}t \\
&= \lim_{t\to\infty}\int_{t_0}^{t}\left(2\pi(f_2 - f_1) + \varepsilon r_1\cos\alpha_2\cos(\alpha_1 + \delta)\right)\mathrm{d}t \\
&= 2\pi(f_2 - f_1) + \varepsilon r_1\cos\alpha_2\cos(\alpha_1 + \delta)
\end{aligned} \tag{7.15}$$

假设两个 CPG 输出信号的频率相同，即 $f_2 = f_1$，求解式(7.15)得

$$\delta \approx \Delta\alpha_{2,1} - \frac{\pi}{2} \tag{7.16}$$

将式(7.16)代入式(7.8)，得到 CPG2 的耦合系数矩阵为

$$\boldsymbol{C}_2 = \begin{bmatrix} 0 \\ \varepsilon r_1\cos(\alpha_1 + \delta) \end{bmatrix} = \begin{bmatrix} 0 \\ \varepsilon\big((x_1+d_1)\sin(\Delta\alpha_{2,1}) + y_1\cos(\Delta\alpha_{2,1})\big) \end{bmatrix} \tag{7.17}$$

设定 $\lambda = 20, A = 30, f = 1, \varepsilon = 1, \Delta\alpha_{2,1} = -\dfrac{2\pi}{5}$，得到的两个 CPG 模型单向耦合时，各自的输出信号波形仿真结果如图 7.21 所示。

前文详细分析了两个 CPG 模型单向耦合的输出特性，类似地，当两个 CPG 模型双向耦合时，可求得 CPG1 的耦合系数矩阵为

$$\boldsymbol{C}_1 = \begin{bmatrix} 0 \\ \varepsilon r_2\cos(\alpha_2 + \delta) \end{bmatrix} = \begin{bmatrix} 0 \\ \varepsilon\big(-(x_2+d_2)\sin(\Delta\alpha_{2,1}) + y_2\cos(\Delta\alpha_{2,1})\big) \end{bmatrix} \tag{7.18}$$

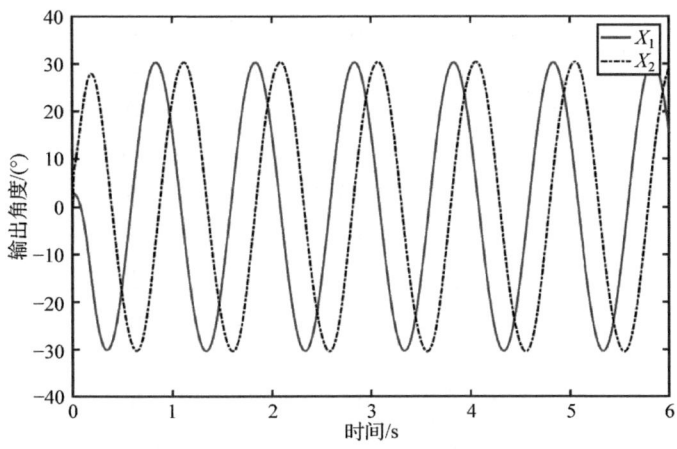

图 7.21　两个 CPG 振荡器耦合输出结果

2) 三个 CPG 模型耦合

当三个 CPG 模型采用前后链式耦合连接时，中间的 CPG2 状态变量同时与 CPG1 和 CPG3 作用。参照上述的推导，可以求解出当三个 CPG 模型依次耦合时，其各自的耦合系数矩阵为

$$\boldsymbol{C}_1 = \begin{bmatrix} 0 \\ \varepsilon\left(-(x_2+d_2)\sin(\Delta\alpha_{2,1}) + y_2\cos(\Delta\alpha_{2,1})\right) \end{bmatrix} \quad (7.19)$$

$$\boldsymbol{C}_2 = \begin{bmatrix} 0 \\ \varepsilon\left((x_1+d_1)\sin(\Delta\alpha_{2,1}) + y_1\cos(\Delta\alpha_{2,1}) - (x_3+d_3)\sin(\Delta\alpha_{3,2}) + y_3\cos(\Delta\alpha_{3,2})\right) \end{bmatrix}$$
$$(7.20)$$

$$\boldsymbol{C}_3 = \begin{bmatrix} 0 \\ \varepsilon\left((x_2+d_2)\sin(\Delta\alpha_{3,2}) + y_2\cos(\Delta\alpha_{3,2})\right) \end{bmatrix} \quad (7.21)$$

3) 多个 CPG 模型耦合

CPG 模型数量越多，模型之间的网络拓扑连接关系也越复杂。常见的多 CPG 模型耦合关系包括链式、辐射式和全连接式等[25]。不同的耦合关系在模型复杂度和求解速度上存在差异，在实际应用中，通常需要综合考虑机器人的类型、关节个数及关节之间的物理连接关系等因素来确定 CPG 模型之间的耦合连接关系。

为了便于描述各个 CPG 模型之间的耦合关系，引入耦合矩阵概念。矩阵的元素为各 CPG 模型之间的相位差大小，元素的正负号分别表示模型之间的兴奋连接和抑制连接。

链式、辐射式和全连接式耦合关系对应的耦合矩阵分别如下：

$$\boldsymbol{w}_{\text{chain}} = \begin{bmatrix} 0 & \Delta\alpha_{1,2} & 0 & \cdots & 0 \\ \Delta\alpha_{2,1} & 0 & \Delta\alpha_{2,3} & \cdots & 0 \\ 0 & \Delta\alpha_{3,2} & 0 & \cdots & 0 \\ \cdots & \cdots & \cdots & 0 & \cdots \\ 0 & 0 & 0 & \cdots & 0 \end{bmatrix}$$

$$\boldsymbol{w}_{\text{radio}} = \begin{bmatrix} 0 & \Delta\alpha_{1,2} & \Delta\alpha_{1,3} & \cdots & \Delta\alpha_{1,n} \\ \Delta\alpha_{2,1} & 0 & 0 & \cdots & 0 \\ \Delta\alpha_{3,1} & 0 & 0 & \cdots & 0 \\ \cdots & \cdots & \cdots & 0 & \cdots \\ \Delta\alpha_{n,1} & 0 & 0 & \cdots & 0 \end{bmatrix}$$

$$\boldsymbol{w}_{\text{fully}} = \begin{bmatrix} 0 & \Delta\alpha_{1,2} & \Delta\alpha_{1,3} & \cdots & \Delta\alpha_{1,n} \\ \Delta\alpha_{2,1} & 0 & \Delta\alpha_{2,3} & \cdots & \Delta\alpha_{2,n} \\ \Delta\alpha_{3,1} & \Delta\alpha_{3,2} & 0 & \cdots & \Delta\alpha_{3,n} \\ \cdots & \cdots & \cdots & 0 & \cdots \\ \Delta\alpha_{n,1} & \Delta\alpha_{n,2} & \Delta\alpha_{n,3} & \cdots & 0 \end{bmatrix}$$

7.3.3 基于 CPG 模型的机器人多模态运动控制

如图 7.22 所示，两栖机器人的共有 18 根驱动鳍条，因此其所需的 CPG 模型

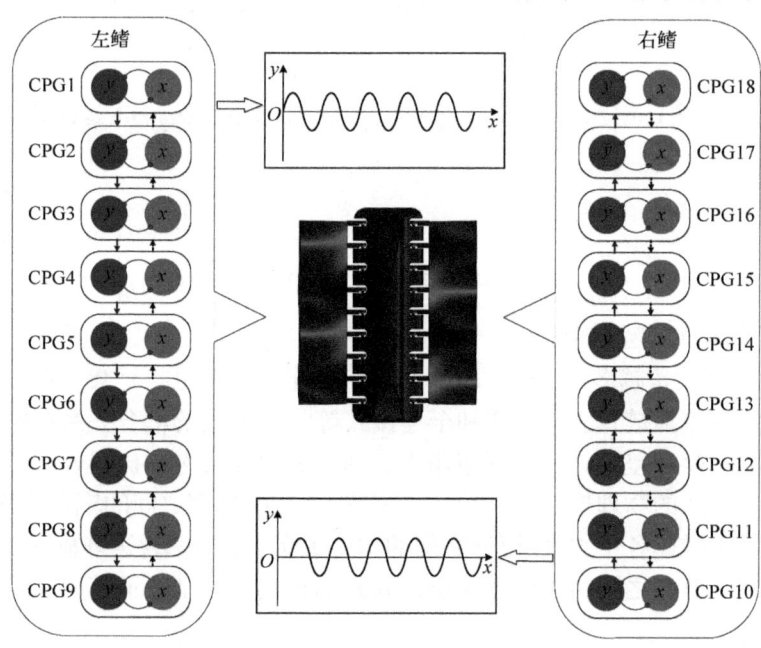

图 7.22 多 CPG 链式耦合的波动鳍驱动控制

个数为 18。CPG 模型之间采用的是前后链式耦合连接。通过改变每个 CPG 模型的特征参数及 CPG 模型之间的连接耦合权重系数，就能实现波动鳍波形的幅值、频率和波数的调整，进而控制波动鳍产生的推力大小和方向。

如图 7.23 所示，利用 CPG 的输出曲线来控制鳍条的转动角度，进而带动双列仿生波动鳍推进单元产生类正弦的波动运动变形。波动鳍与流体的相互作用，能够产生矢量的操纵力和操纵力矩，进而让机器人实现水下前进、水下倒退、原地转弯、行进中转弯，以及水下的上浮、下潜等多种运动模式。

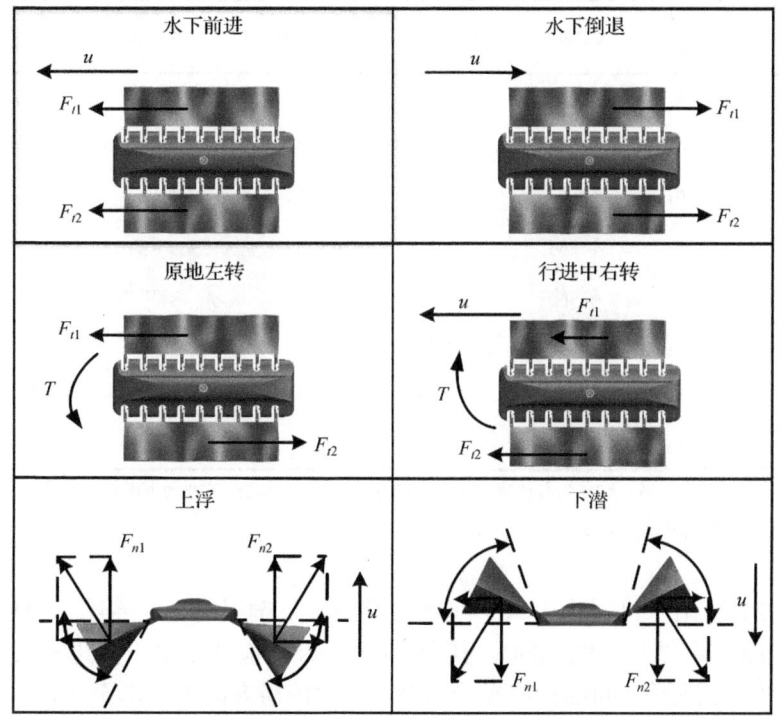

图 7.23 机器人运动模式

u-航行速度；F_{t1}-右侧鳍推力；F_{t2}-左侧鳍推力；T-转矩；F_{n1}-右侧鳍法向分力；F_{n2}-左侧鳍法向分力

将 CPG 方程的状态变量 x 的输出作为鳍条的角度控制量，并引入比例控制系数，就可将式(7.6)改写为

$$\begin{cases} \dot{x}_i = \lambda \left(A^2 - (x_i+d_i)^2 - y_i^2 \right)(x_i+d_i) - 2\pi f y_i + c_{x,i} \\ \dot{y}_i = \lambda \left(A^2 - (x_i+d_i)^2 - y_i^2 \right) y_i + 2\pi f (x_i+d_i) + c_{y,i} \\ \delta_i = \eta_i x_i \end{cases} \quad (7.22)$$

式中，δ_i 为第 i 根鳍条摆动角度；η_i 为输出比例系数。

综上所述，与机器人鳍条运动控制相关的 CPG 参数包括输出比例系数、收敛常数、幅值系数、偏置系数、频率系数及耦合系数。为了直观描述 CPG 参数与机器人运动模式控制的关系，表 7.8 给出了机器人在水下的运动模式所对应的 CPG 控制参数，表中的 K_1、K_2、K_3、K_4、K_5、K_6 为正实数。例如，欲让机器人从水下前进模式切换到水下倒退模式的时候，参照表 7.8 中参数可知，只需要改变耦合系数的正负，而无须改变其他控制参数就能够实现这种切换控制。

表 7.8 不同水下运动模式对应的 CPG 控制参数表

运动模式	输出比例系数	收敛常数	幅值系数	偏置系数	频率系数	耦合系数
水下前进	$\eta_i = K_1$	$\lambda = K_2$	$A = K_3$	$d = K_4$	$f = K_5$	$\Delta\alpha_{i,j-1} = -K_6$
水下倒退	$\eta_i = K_1$	$\lambda = K_2$	$A = K_3$	$d = K_4$	$f = K_5$	$\Delta\alpha_{i,j-1} = K_6$
原地左转	$\eta_i = K_1$	$\lambda = K_2$	$A = K_3$	$d = K_4$	$f = K_5$	$\Delta\alpha_{i,j-1}^{\text{left}} = -K_6$
原地右转	$\eta_i = K_1$	$\lambda = K_2$	$A = K_3$	$d = K_4$	$f = K_5$	$\Delta\alpha_{i,j-1}^{\text{right}} = -K_6$
行进中左转	$\eta_i = K_1$	$\lambda = K_2$	$A = K_3$	$d = K_4$	$f^{\text{left}} < f^{\text{right}}$	$\Delta\alpha_{i,j-1} = -K_6$
行进中右转	$\eta_i = K_1$	$\lambda = K_2$	$A = K_3$	$d = K_4$	$f^{\text{left}} > f^{\text{right}}$	$\Delta\alpha_{i,j-1} = -K_6$
上浮	$\eta_i = K_1$	$\lambda = K_2$	$A = K_3$	$d = K_4$	$f^{\text{up}} < f^{\text{down}}$	$\Delta\alpha_{i,j-1} = 0$
下潜	$\eta_i = K_1$	$\lambda = K_2$	$A = K_3$	$d = K_4$	$f^{\text{up}} > f^{\text{down}}$	$\Delta\alpha_{i,j-1} = 0$

注：f^{left} 为左转频率系数；f^{right} 为右转频率系数；f^{up} 为上浮频率系数；f^{down} 为下潜频率系数；$\Delta\alpha_{i,j-1}^{\text{left}}$ 为左转耦合系数；$\Delta\alpha_{i,j-1}^{\text{right}}$ 为右转耦合系数。

图 7.24 给出了机器人由水下前进切换到水下倒退时，左鳍鳍条对应的 CPG 模型输出曲线(右鳍与左鳍相同)。其中，$t=0\sim6$s 对应的是水下前进模式，此时鳍条 1～9 的摆角波形之间的相位差为负数，波的传播方向为头部至尾部，由于推力与波传播方向相反，机器人实现前进；$t=6\sim16$s 鳍条的摆角波形相位关系开始转化为依次超前，经过一定的过渡之后，波形之间的相位差达到稳定值，机器人实现倒退运动。

综上所述，从 CPG 模型的数学描述和输出曲线特性可以看出，CPG 的最终输出结果实际上就是简谐曲线，CPG 模型的内部机制让简谐曲线拥有抗突变的优点。在实际的应用中发现，CPG 变量的初值对于 CPG 方程的求解速度和求解准确性有很大的影响，初值选取不好甚至会导致 CPG 方程解算失败。CPG 方程的解算涉及大量的浮点数计算，在线解算会占用控制板大量的控制资源。因此，先利用 MATLAB 软件获取 CPG 方程解算结果，然后将其制作成表格，再采用查表法来调用 CPG 离散数据，以提高计算效率和准确性。此时只需对这组基础的离散

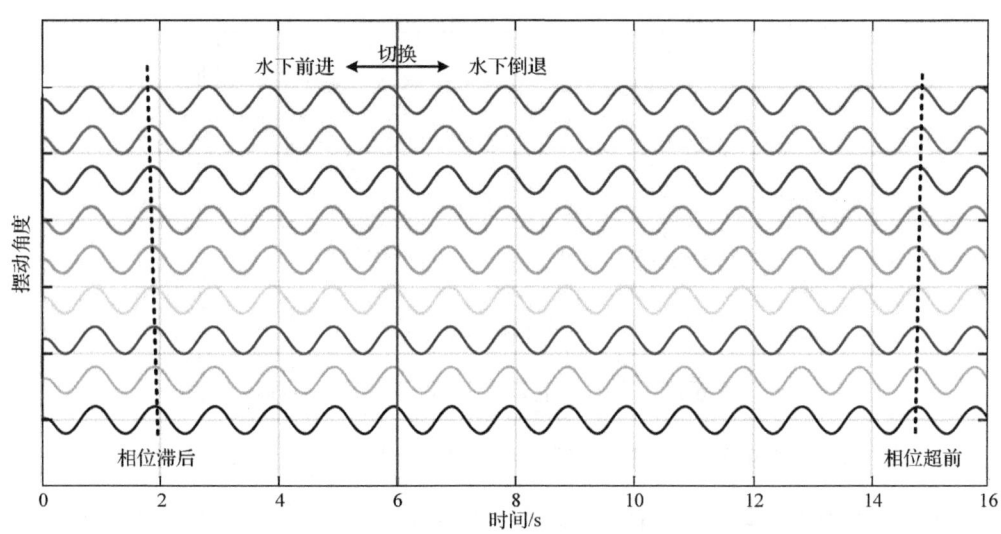

图 7.24 鳍条摆动角度曲线
从上到下依次为鳍条 1~9 的摆角波形

数据进行简单的算数运算，即可实现对波动鳍的摆幅、频率和波数的调整。

7.4 波动推进机器人性能分析

7.4.1 波动推进机器人推进机理分析

在本小节中，取机器人坐标系 O-XYZ 中的 X 轴负方向为推力正值(与机器人前进方向同向)，取 Y 轴正向为升力正值，Z 轴正向为侧向力正值，横滚力矩、偏航力矩、俯仰力矩则分别取 X 轴、Y 轴、Z 轴正向为正值。同时，为区分左右侧波状鳍运动参数，用 f_R 表示右侧波动频率，f_L 表示左侧波动频率，并定义波状鳍展弦比 AR 为鳍宽与鳍长比值。本节以 $A=15°$，$n=1$，$AR=0.3$ 状态下的运动为例，采用大涡模拟法对水下波动推进机器人直行推进和转向游动机理进行分析。

1. 直行推进机理

如图 7.25 所示，在水下波动推进机器人受力稳定后提取单个周期内推力和升力随时间变化曲线。可以看出，在一个完整的波状鳍运动周期内，升力具有一个完整的周期性波形，而推力变化包含了两个波形。此时，推力的平衡位置在 1N 附近，而升力则表现为在一个周期内正负交替产生，均值为零，两者受力变化与波状鳍上的涡结构演化密切相关。

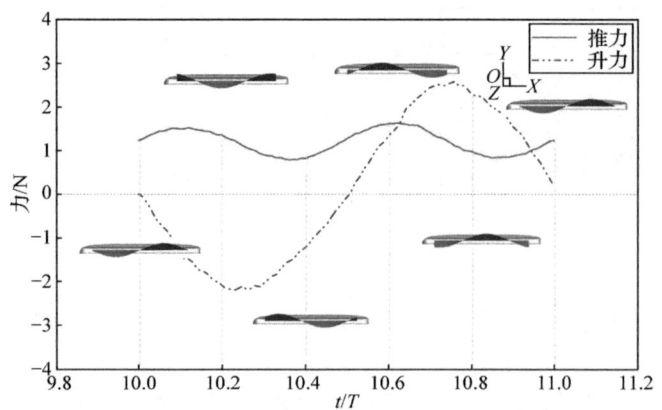

图 7.25　模型单个周期内推力和升力随时间变化曲线(f=2Hz，AR=0.3，n=1)

图 7.26 为 t/T=2.1，f=1Hz，行波沿 X 轴正方向传递，展向位置 Z/l_m=0.5 纵剖面处的速度矢量图，由于波状鳍的运动，促使波状鳍的产生强烈的射流[17]，如图 7.26 中蓝色空心箭头所示，射流具有较大的向后速度分量，由反作用原理可知此时将产生前进的推力，绿色箭头处速度矢量较为稀疏，对波状鳍影响较小。

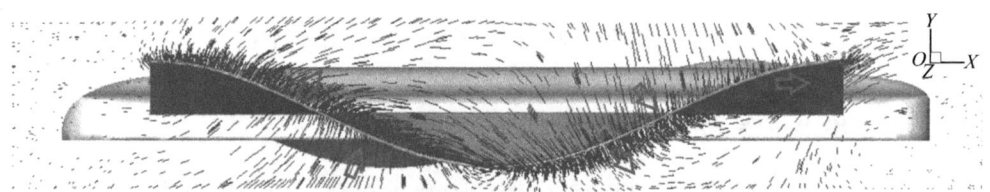

图 7.26　速度矢量图(t/T=2.1，f=1Hz，Z/l_m=0.5，n=1)

(扫描章前二维码查看彩图)

为进一步理解水下波动推进机器人的直行推进机理，本小节对一个周期内波状鳍上的涡结构演化展开分析，其中涡结构显示采用经典涡分析准则——Q 准则进行提取[18]。图 7.27 为涡结构演化等值面图，其中 Q=1，由于机器人左右侧波状鳍运动形式与结构的对称性，其产生的涡结构也呈现出对称性，因此针对左侧波状鳍涡结构进行分析。从图 7.27 中可以看出，涡结构主要有流向涡和尾涡，在一个周期内产生两个分布在波状鳍外边缘的流向涡，将流向涡按照生成的时间先后顺序依次编号为 L1~L4，L1 涡最先生成，L4 涡最晚生成。结合图 7.25、图 7.26 分析可知，在 t/T=10.0 时刻，波状鳍外边缘分布有发展较为充分的 L1、L2 两个流向涡，并分别处在鳍面的下方和上方，此时机器人升力为零，推力也处在平衡位置 1.2N 附近；在 t/T=10.0~10.2，波状鳍向后传递行波的过程中，L1 涡在波状鳍尾端下表面发生脱落，L2 得到进一步发展，在波状鳍前端下表面初步生成 L3

涡，而推力由平衡位置先增大至最大值 1.5N 后回至平衡位置附近，升力则单调减小临近最小值-2.3N 处；在 t/T=10.2～10.4 过程中，L1 完全脱落成为尾涡的一部分，L2、L3 涡则进一步发展，该过程无涡脱落，因此推力减小，升力呈现上升趋势；在 t/T=10.4～10.6 过程中，L2 涡在波状鳍尾段上表面发生脱落，L3 涡继续向后传递发展，L4 涡在波状鳍前端上表面初步生成，推力由最小值增大至峰值，而升力则进一步向最大值逼近；在 t/T=10.6～10.8 过程中，L2 涡完全脱落至尾涡，L3、L4 涡向后发展传递，推力减小至最小值附近，升力已达最大值；在 t/T=10.8～11.0 过程中，L3 涡得到充分发展，有脱落趋势，L4 涡进一步发展，推力呈现上升变化，临近平衡水平线处，而升力逐渐减小。至此，波状鳍一个波动周期结束，鳍面运动状态和涡结构分布回到初始时刻，L3、L4 涡与 L1、L2 涡相对应，是下个周期的初始涡，不断循环交替演化。结合图 7.25 可知流向涡的脱落与有利于推力的产生，并得到如下规律：

(1) 在机器人单周期内的波动运动过程中，交替产生了分别分布于波状鳍外边缘上、下表面的两个流向涡并向后传递，依次脱离波状鳍成为尾涡的一部分，不断循环。

(2) 一个波动周期内，推力具有两个波峰，而升力波动周期是推力周期的 2 倍，与波动周期一致，位于波状鳍下表面的流向涡从尾端脱落时，推力将达到峰值，而升力临近最小值；位于波状鳍上表面的流向涡脱落时，推力再次达到峰值，而升力向最大值逼近；在两个流向涡生成发展过程中，无涡脱落，推力向最小值递减。

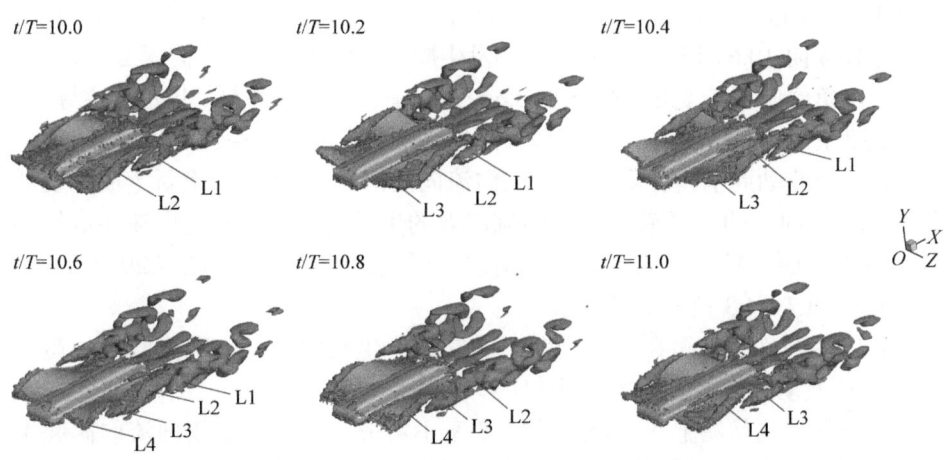

图 7.27 Q 准则下涡结构演化等值面图(Q=1)

由图 7.28 机器人涡结构等值面 X 方向涡量云图可见，其左右两侧波状鳍上的流向涡呈对称分布且方向相反，因此选择右侧波状鳍展开进一步分析。

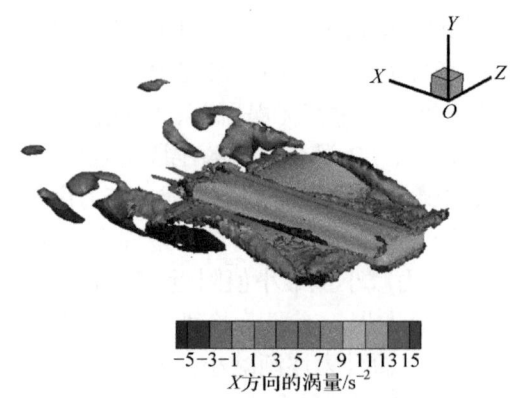

图 7.28 $t/T=10.0$ 时刻,涡结构等值面 X 方向上的涡量云图(扫描章前二维码查看彩图)

图 7.29 为 $Q=1$ 时的涡结构等值面上的 X 方向的涡量云图,右侧波状鳍向 X 轴正方向传递,颜色表示涡的旋转方向。流向涡交替出现在鳍面外边缘的上下表面,相邻的流向涡旋方向相反,且随着行波向后传递,流向涡得到充分发展并脱落,观察图 7.29 中 L2 涡发现,在 $t/T=10.0$ 时刻其位于波状鳍前端,并得到一定程度的发展;在 $t/T=10.6$ 时刻,经过发展,其最终在尾端脱落,同时波状鳍前端形成新的正向流向涡 L4;在 $t/T=10.6\sim11.0$ 过程,新的正向 L4 进一步发展,进入新的波动周期;负向流向涡 L3 在 $t/T=10.2$ 时刻生成,逐渐向后发展扩大,直至 $t/T=11.0$ 得到充分发展,进入下个循环周期,与 $t/T=10.0$ 时刻的 L1 类似,开始脱落,并将在 $t/T=11.2$ 时刻形成新的负向流向涡。进一步结合图 7.27 可以看出,在 $t/T=10.0\sim10.4$ 过程中,正向流向涡 L2 起主要作用,此时升力始终向下,为负值;当 t/T 由 10.4 向 10.6 时刻转变时,L2 涡发生脱落,此时转变为负向涡 L3 起主要作用,升力由负值向正值变化;在 $t/T=10.6\sim11.0$ 中,L3 不断发展,仍占据主导地位,升力始终为正值,直至进入下一周期,开始新的循环变化。由此可得出如下规律:

(1) 一个波动周期内伴随着一个正向流向涡的发展、脱落、重新生成并发展至初始状态,同时,也伴随着一个负向流向涡的生成与脱落,且正向流向涡始终处于外边缘上表面,负向流向涡始终只出现在下表面处,分别如图 7.29 中的 L2、L4 正向涡和 L1、L3 负向涡所示。

(2) 观察正负流向涡在一个周期内的交替产生与脱落,表明流向涡的运动速度与波状鳍波动速度的方向和大小保持一致。

(3) 升力与波状鳍上正负流向涡演变密不可分,当鳍面上正向流向涡起主要作用时,升力为负值,而当负向涡占据主导作用时,升力则为正值。

2. 转向游动机理

仿波状鳍机器人的转向游动一般可分为原地转向和行进中转向两种方式,可

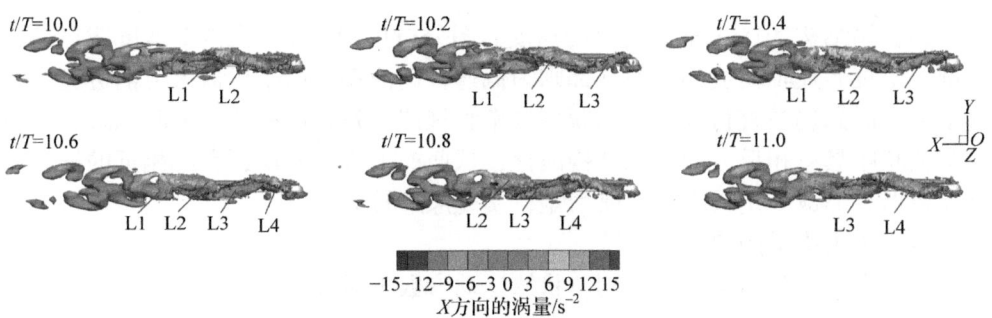

图 7.29 f=2Hz,AR=0.3,n=1,Q=1 时涡结构等值面 X 方向上的涡量云图演化过程(扫描章前二维码查看彩图)

根据场景需要切换到不同的转向模式[22],实现灵活运动,本节对该两种方式转向过程中的涡结构演化进行介绍。

1) 原地转向机理

图 7.30 为水下波动推进机器人 $f_R = f_L$ =2Hz 时原地转向时的三维涡结构,与直行推进过程的涡结构演化不同,由于此时机器人为原地转向状态,左右侧波状鳍等参数反向运动,且无前进速度,仅偏航力矩作用,因此左右侧波状鳍产生的流向涡运动方向相反,在相对波动方向的波状鳍尾端形成尾涡,即产生明显的环形涡,在图 7.30 中标记为 T-R、T-L。

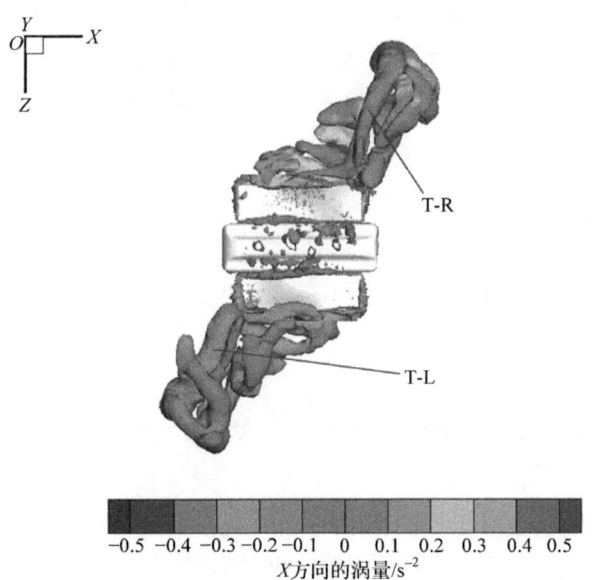

图 7.30 t/T=10.0 水下波动推进机器人原地转向过程三维涡量等值面(Q=1)(扫描章前二维码查看彩图)

结合涡结构的在 X 轴方向上的速度云图分析可知，环形涡内部速度明显高于外部，呈现高速轴向流动，而外部则为低速轴向流动；由于机器人无前进速度，其上的流向涡仍与直行推进时的脱落频率和规律一致，但相邻涡的间隔减小。左右侧波状鳍具有相反方向的涡结构演化，从而产生方向相反，大小相近的推力，促使机器人形成一定大小的偏航力矩，实现原地转向。

2) 行进中转向机理

行进中转向是指由于左右侧波状鳍运动参数不对称引起机器人在产生推力的同时形成偏航力矩，由此实现行进中转向。图 7.31(a)为水下波动推进机器人转向过程中的受力曲线，可以看出，左右侧波动频率的非对称性，机器人所受的侧向力均值不为零，产生向频率较小一侧的侧向作用力；升力随时间推移后趋于稳定，且均值为零，这是由于单波状鳍在一个波动周期内产生的升力是以零点为平衡点的波动曲线，即使左右侧波状鳍频率、幅值、波数不等，机器人的升力均值始终为零，仅对升力幅值产生影响；推力则受左右侧不同频率影响呈现围绕一正值波动的情况，且波动周期受较高频率主导，在一个最大频率周期内仍存在两个峰值的现象。由图 7.31(b)的力矩曲线中可以看出，机器人产生了具有较大波动但均值为零的俯仰力矩，这是因为在波状鳍向后传递行波的运动形式下，鳍面上的高低压区域向后依次传递，对一个周期内机器人前后形成的升力大小不同；横滚力矩主要受升力和侧向力影响，由于升力均值为零，因此此处主要受左右侧波动频率不同产生均值不为零的侧向力影响。该机器人主体为扁平状，因而侧向力力臂小，故横滚力矩均值为接近零的波动曲线；左右侧推力大小的不同促使机器人产生均值为正值的偏航力矩，与推力波动频率相同，受频率较大一侧波状鳍的主导。

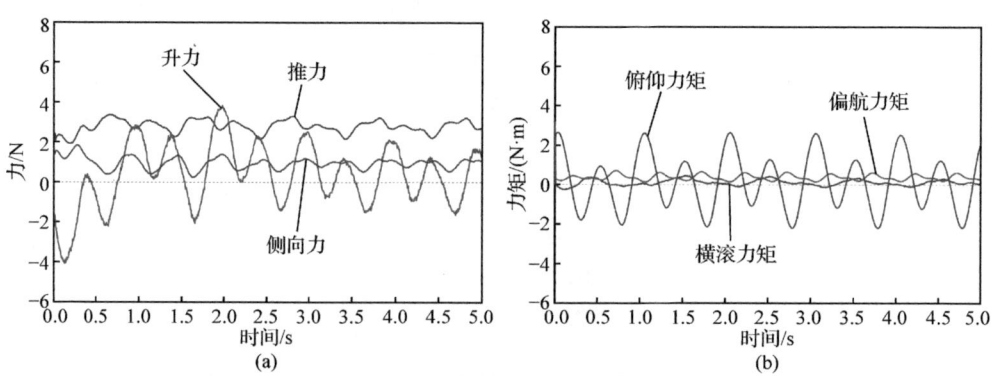

图 7.31　水下波动推进机器人转向过程中的受力时间历程图(f_R=2Hz, f_L=1Hz)
(a) 受力曲线；(b) 力矩曲线

图 7.32 为转向过程中水下波动推进机器人三维涡量等值面演化过程，与图 7.27 所示直行推进过程涡结构不同，左右侧的涡结构呈现出明显的非对称特征。首先，

左侧波状鳍波动频率较小,是右侧的一半,其涡结构的强度明显小于右侧涡结构,且涡脱落频率仅为右侧波状鳍的一半,波动频率的不同将导致两侧涡结构演化的差异,进而使得左侧波状鳍产生推力小于右侧波状鳍,因此两侧推力大小的不同促使机器人产生偏航力矩,从而完成转向运动。

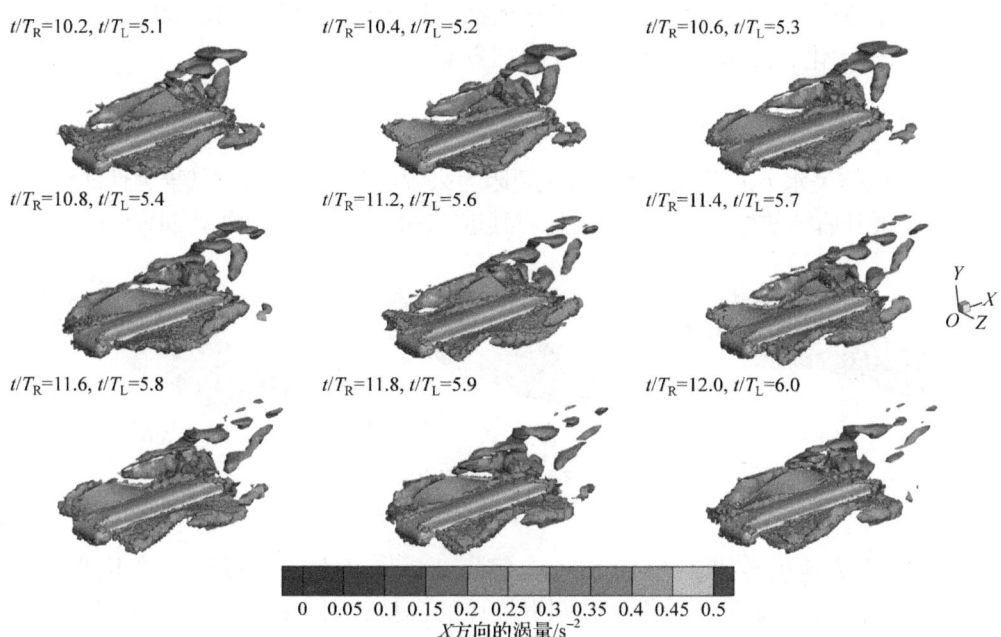

图 7.32 水下波动推进机器人行进转向过程三维涡量等值面演化过程($Q=1$)

(扫描章前二维码查看彩图)

T_L-左侧波状鳍波动周期;T_R-右侧波状鳍波动周期

从涡的演变历程可见,$t/T_L=5.1 \sim 5.2$ 过程,位于左侧波状鳍下方的流向涡发生脱落,在 $t/T_L=5.4 \sim 6.0$ 过程,重新在波状鳍前端下方生成并进一步发展,进入下一循环换周期,而在 $t/T_L=5.4 \sim 5.6$ 过程,上方的流向涡发生脱落,并在后续时刻内重新生成发展。由于右侧波状鳍的频率是左侧的 2 倍,因此其涡结构演化速率是左侧的 2 倍,在 $t/T_L=5.5$ 时刻完成一个周期的涡结构演变,并进入新的循环周期,如图 7.32 中 $t/T_L=5.6$ 时刻,右侧波状鳍涡结构与 $t/T_L=5.1$ 时刻的涡结构分布情况相近,表明右侧波状鳍此时已进入新的演化过程。观察图 7.32 中涡结构在 X 方向上的涡量云图可知,由于右侧波状鳍频率大于左侧波状鳍,其流向涡沿 X 方向向后传递的速度明显大于左侧,并在波状鳍尾部形成强于左侧的尾涡,从而产生大于左侧波状鳍的推力,促使机器人在前进过程中实现转向。综合机器人左右两侧波状鳍上的涡结构演化及 X 方向上的速度云图可知,波动频率较大的一侧波状鳍其上的涡结构具有更快的演变速率及向后传递速度,这将导致左右两侧产生推力差，形成偏航力矩，实现机器人在行进中转向。

7.4.2 波动推进机器人推力性能预测

基于上述机器人水面稳性优化和推进机理分析结果，展开机器人的推力性能预测分析，为样机研制与调试提供指导依据，具体包含中部舱体减阻设计、波状鳍鳍面结构优化和静水下推力性能预测三方面。

1. 中部舱体减阻设计

中部舱体是水下波动推进机器人主要阻力来源部位，直接影响其推力性能优劣。因此，在展开后续的推力性能研究前先对其进行减阻优化，设计模型如图 7.33 所示。

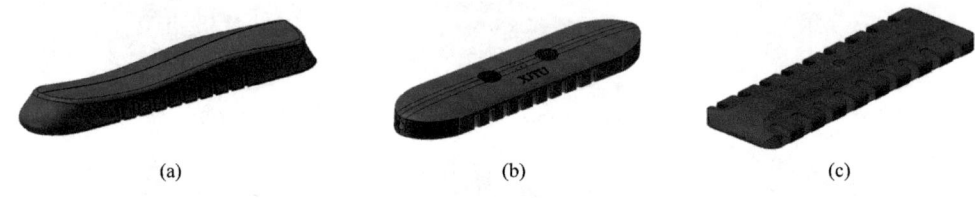

图 7.33 不同中部舱体设计模型
(a) 模型 1；(b) 模型 2；(c) 模型 3

设定来流速度范围为 0～2.5m/s，每隔 0.5m/s 取值，所受阻力变化曲线如图 7.34 所示。结果表明，采用扁平圆滑设计的模型 3 阻力比模型 1 和模型 2 小得多，其中，模型 1 的阻力最大。在来流速度为 0.5m/s 时，模型 3 阻力仅为 0.33N，表明在机器人中低速游动时，中部舱体阻力未对机器人推进性能造成显著影响。

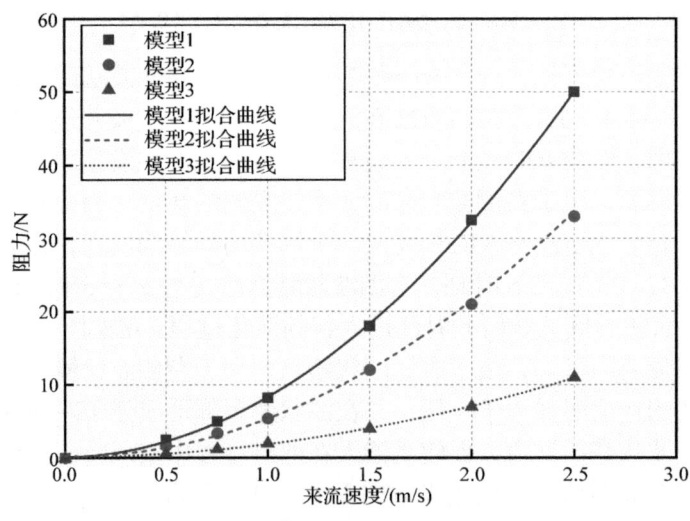

图 7.34 不同中部舱体的阻力曲线

为进一步定量分析三种模型设计的减阻效果，根据式(7.23)对阻力进行无量纲化处理，获得三种模型的阻力系数如表 7.9 所示。由表可知，三种模型的阻力系数依次递减，其中模型 3 的阻力系数比为模型 1 减小了 42%，比模型 2 减小了 35%，表明模型 3 具有更好的减阻效果，因此最终选择模型 3 作为中部舱体设计方案。

$$\begin{cases} C_\mathrm{T} = \dfrac{F_\mathrm{T}}{0.5\rho V^2 S_\mathrm{e}} \\ C_\mathrm{L} = \dfrac{F_\mathrm{L}}{0.5\rho V^2 S_\mathrm{e}} \\ C_\mathrm{Y} = \dfrac{F_\mathrm{Y}}{0.5\rho V^2 S_\mathrm{e}} \end{cases} \quad (7.23)$$

式中，F_T 为推力；C_T 为推力系数；V 为波状鳍与水的相对速度；S_e 为机器人在水中的有效横截面积；F_L 为升力；C_L 为升力系数；F_Y 为侧向力；C_Y 为侧向力系数。

表 7.9 三种模型的阻力系数

中部舱体	模型 1	模型 2	模型 3
阻力系数	0.50	0.45	0.29

2. 波状鳍鳍面结构优化

为进一步探究波状鳍鳍面结构对机器人推进性能的影响，本节受自然界其他 MPF 鱼类启发，设计了三种不同仿生对象的波状鳍结构，三种模型沿俯视方向的投影面积相等，展弦比不同，具体如图 7.35 所示。

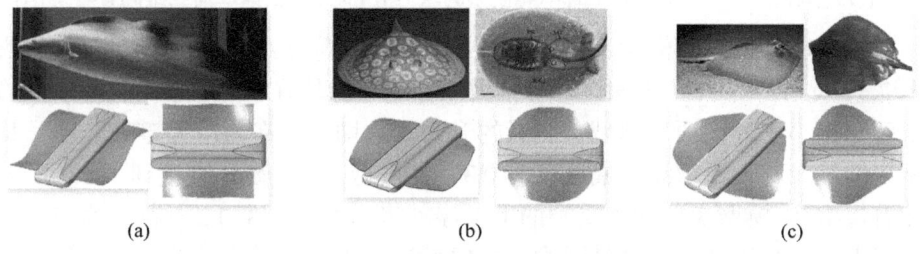

图 7.35 不同波状鳍鳍面设计模型
(a) 模型 1(仿尼罗河魔鬼鱼)；(b) 模型 2(仿缸鱼)；(c) 模型 3(仿鳐鱼)

一个周期内三种波状鳍模型的压力分布情况如图 7.36 所示。可见模型 1 的压力远小于模型 2 和模型 3，这是由于模型 2 和模型 3 的鳍面呈现首尾缩小过渡状，其展弦比均大于模型 1，在鳍面展弦比较大处摆动时所受的水动力更大。

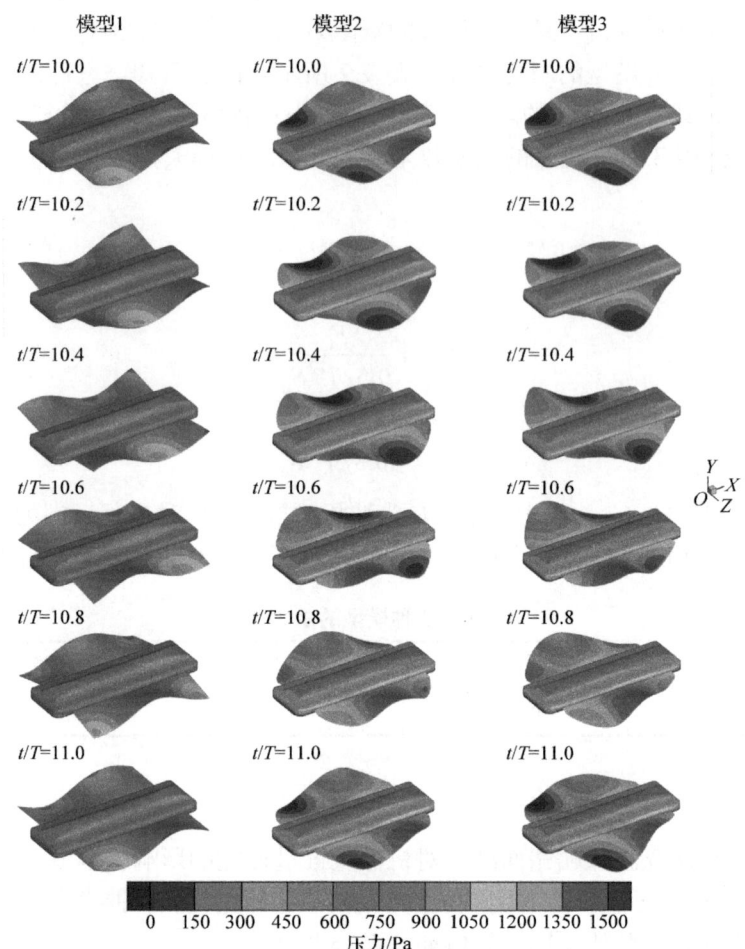

图 7.36　θ_m=15°，f=2Hz，n=1 时不同模型的压力分布云图(扫描章前二维码查看彩图)

进一步地分析三种模型下推力 F_T、升力 F_L 和侧向力 F_Y 随时间的变化情况，如图 7.37 所示。图 7.37 表明，三者推力系数绝对值均在 0.4 附近，但模型 1 的波动幅度明显小于其他两个模型；三者的升力系数均呈现在均值为零处波动，其中模型 1 的最大升力系数波动幅度仅为 0.3，而模型 2、模型 3 则达到了 1.8 以上，意味着模型 2、模型 3 运动中受到的上下浮动将远大于模型 1；三者的侧向力系数都在零点附近小幅波动，这是因为三种模型均采用左右对称设计，左右侧波状鳍产生的侧向力互相抵消。

图 7.38 为三种鳍面结构随频率增加后的推力变化曲线，从图中可发现，模型 1 的推力虽小于模型 2、模型 3，但其推力系数大于模型 2、模型 3。因此，考虑推进性能、运动稳定性和两栖运动等因素，最终选择推力相近，推力系数更大，升力系数波动较小的模型 1 作为鳍面形状。

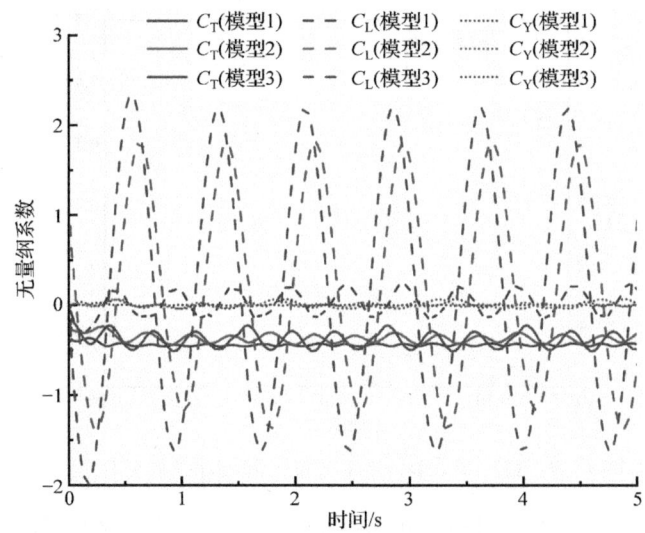

图 7.37 $\theta_m=15°$，$f=2$Hz，$n=1$ 时不同鳍面模型的受力曲线(扫描章前二维码查看彩图)

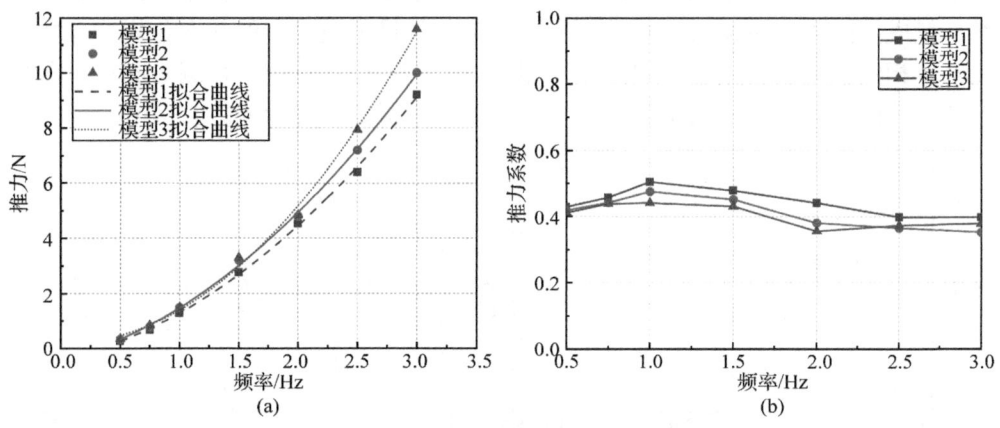

图 7.38 $\theta_m=15°$，$n=1$ 时不同鳍面模型的推力变化
(a) 推力；(b) 推力系数

在确定鳍面形状后，进一步分析鳍面展弦比对推力性能的影响。取 5 组不同展弦比的波状鳍进行数值预测，仿真结果如图 7.39 所示。图 7.39 表明，随着展弦比的增大，推力和推力系数也逐渐增大，有利于提升机器人的推力性能，但应注意的是，一味地增大展弦比将对实际鳍面驱动机构要求过高，导致难以实现等问题。

3. 静水下推力性能预测

根据建立的波状鳍动力学理论模型和 CFD 分析(数值模拟)方法，本节以展弦比 0.3 为例，展开不同波动幅值、频率和波数等参数对机器人推力特性的预测分析。图 7.40 为不同参数下水下波动推进机器人产生的总推力理论模型计算结果

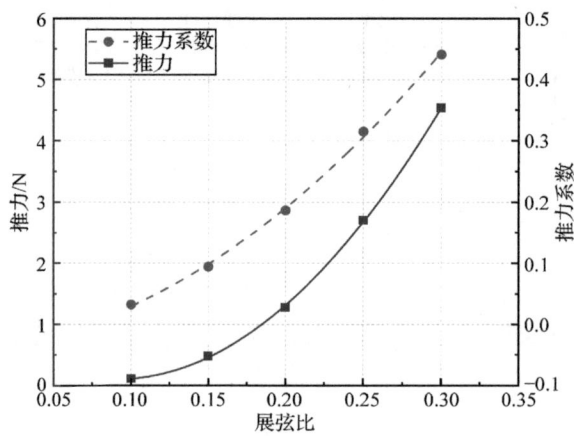

图 7.39 $\theta_m=15°$, $f=2Hz$, $n=1$ 时推力随波状鳍展弦比变化曲线

与数值模拟结果的对比,由图可知,尽管理论模型结果与数值模拟结果存在一定的偏差,数值模拟结果在波峰出现小幅振荡,这是由于机器人在近水面区域波动时易造成周围水面波动对自身的二次效应引起的推力波动,但其变化规律和数量级基本相同,平均值接近,因此在机器人设计前期可通过理论预测不同运动参数下波状鳍产生的推力,初步筛选最优运动参数,提高推力性能。

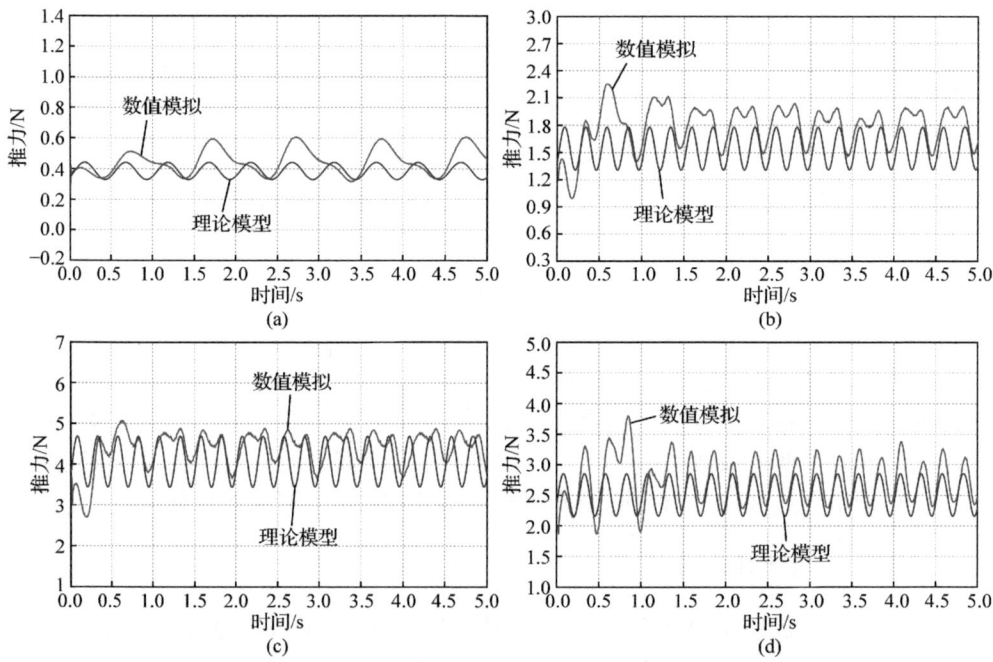

图 7.40 不同参数下理论模型计算结果和数值模拟结果对比分析
(a) $\theta_m=10°$, $f=1Hz$, $n=1$; (b) $\theta_m=10°$, $f=2Hz$, $n=1$; (c) $\theta_m=15°$, $f=2Hz$, $n=1$; (d) $\theta_m=15°$, $f=2Hz$, $n=0.5$

图 7.41(a)为不同波动幅值下,机器人推力随频率增加的变化曲线,可见数值模拟结果与理论模型结果吻合,推力与频率平方呈线性关系,随频率增加推力将不断增大。结合图 7.41(b)可知,幅值增大推力也将逐渐增加。应注意的是,运动幅值和频率的不断增大,将对波状鳍实际驱动机构的强度、响应速度和寿命等提出更高的要求,过高的参数将导致样机运动失真或烧毁。

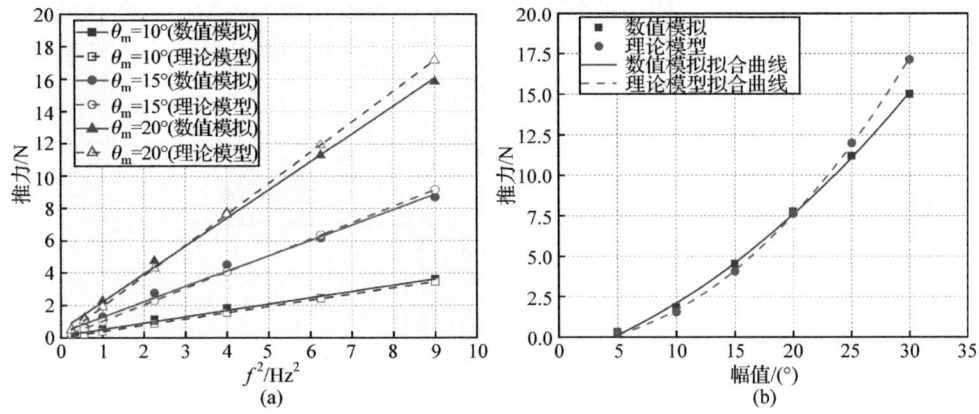

图 7.41　幅值对推力的影响($n=1$)
(a) 不同幅值下推力随频率变化;(b) 推力随幅值变化曲线($f=2$Hz)

图 7.42(a)为波状鳍在不同波数下,总推力随频率增加的变化曲线,图中显示推力仍与 f^2 保持线性关系,频率增加促使推力上升,在波数为 1,频率为 3Hz 时,可达最大推力 9N。结合图 7.42(b)中的推力随波数增加的变化曲线可知,推力随波数增加呈现先增大后减小的变化,在波数为 1 时推力达到最大值 4.1N 左右。因此,可见频率的增大均有利于推力性能的提升,而波数增加促使机器人推力先增大后减小,存在一个最优运动波数($n=1$)。

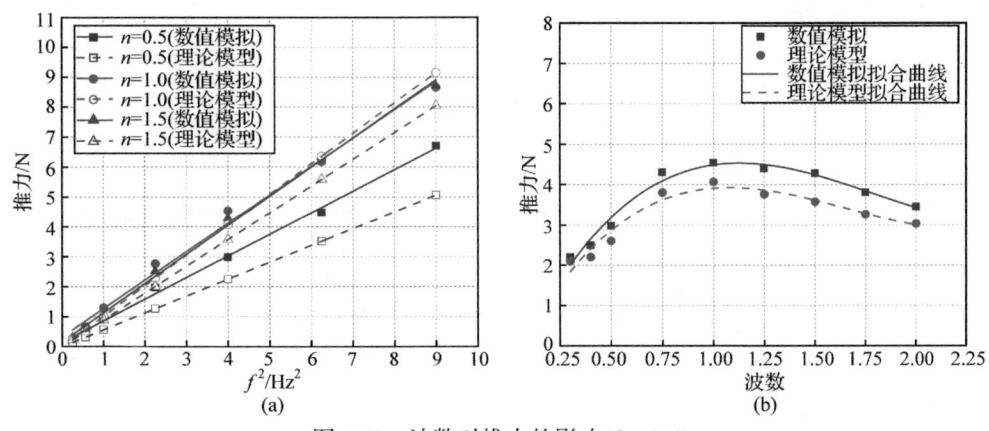

图 7.42　波数对推力的影响($\theta_m=15°$)
(a) 不同波数下推力随频率变化;(b) 推力随波数变化曲线($f=2$Hz)

7.4.3 波动推进机器人转向性能预测

1. 原地转向

水下波动推进机器人的转向性能由偏航力矩决定,其偏航力矩随波动幅值、频率和波数的变化规律如图 7.43 和图 7.44 所示。由图可知,随频率、幅值的增加,偏航力矩也将增大,而随波数的增大,偏航力矩先增大后减小,存在最优波数 1 使得偏航力矩性能最佳。由于偏航力矩本质是左右侧波状鳍推力差产生的,因此各参数对偏航力矩的影响规律与推力结果相似。

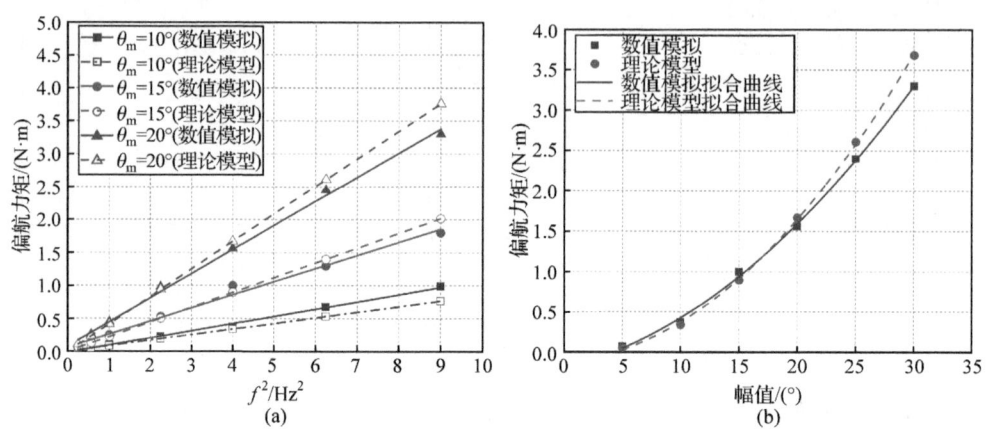

图 7.43 变参数对偏航力矩的影响($n=1$)

(a) 频率对偏航力矩的影响;(b) 幅值对偏航力矩的影响

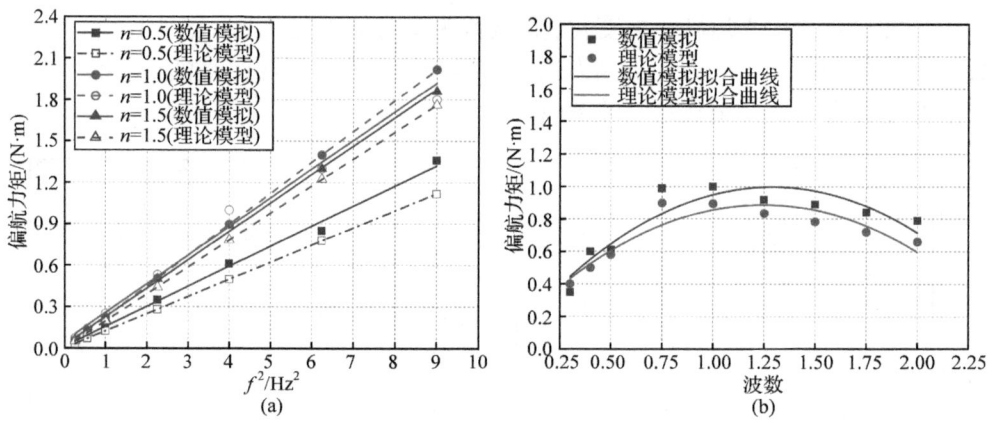

图 7.44 波数变化对偏航力矩的影响($\theta_m=15°$)

(a) 频率对偏航力矩的影响;(b) 波数对偏航力矩的影响

2. 行进中转向

水下波动推进机器人的转向包含原地转向和行进中转向,在实际行进转向过程中为保证稳定性，通常采用左右波状鳍不对称波动频率方式实现。因此，本节取幅值为15°、波数为1、展弦比为0.3，来流速度为0m/s，以及不同的左右频率来探究行进转向中的偏航力矩变化。

结合图7.44和表7.10分析可得，偏航力矩变化周期主要受最高频率一侧的波状鳍波动周期影响，呈现周期为波状鳍周期一半的规律波动变化；当最高频率相同或最低频率相同时，偏航力矩与频率差展现出一定的正相关性，即频率差越大偏航力矩越大，如图7.45(a)所示。图7.45(b)表明推力与左右频率和大小正相关，即左右频率越大推力也越大，符合推力产生原理。图7.45(c)则表明不对称频率导致升力不为零，且频率和增加升力均值小幅增大。同时，由于左右波状鳍的不对称频率波动使得其侧向力之和也不为零，侧向力与频率差呈正相关性，即频率差越大侧向力越大，在实际控制中，应尽量减小升力和侧向力带来的影响。

表 7.10　不同左右频率组合下受力均值结果

组别	f_R/Hz	f_L/Hz	M_Y/(N·m)	F_T/N	F_L/N	F_Y/N
1	2.0	0.5	0.44	2.3	3.8	1.8
2	2.0	1.0	0.34	2.8	4.0	0.92
3	2.5	0.5	0.63	3.2	4.1	2.2
4	2.5	1.0	0.54	3.7	4.2	1.3

在波状鳍$Z/l_m=0.5$处纵剖面的速度流线图如图7.46所示，此时左右波状鳍沿X轴正向做不对称频率波动。可见，频率较高的右侧波状鳍的速度流线比左侧更为密集，两侧行波尾端均有涡街形成与脱落，其中流线较为密集一侧的周围流场速度和涡街脱落速度更快，所产生的推力与偏航力矩更大。

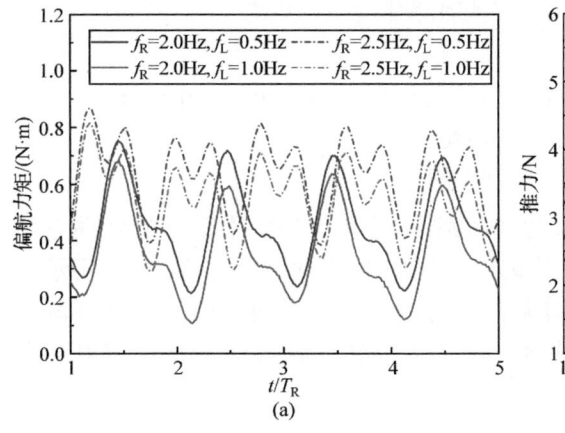

(a)

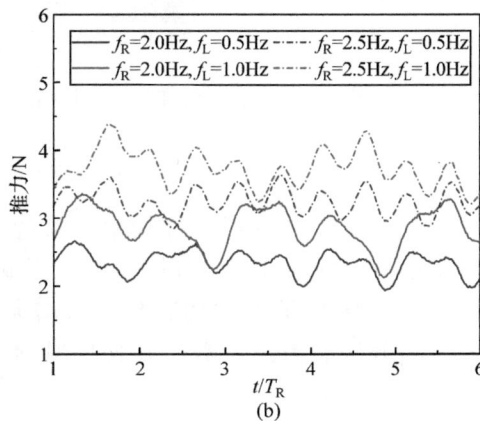

(b)

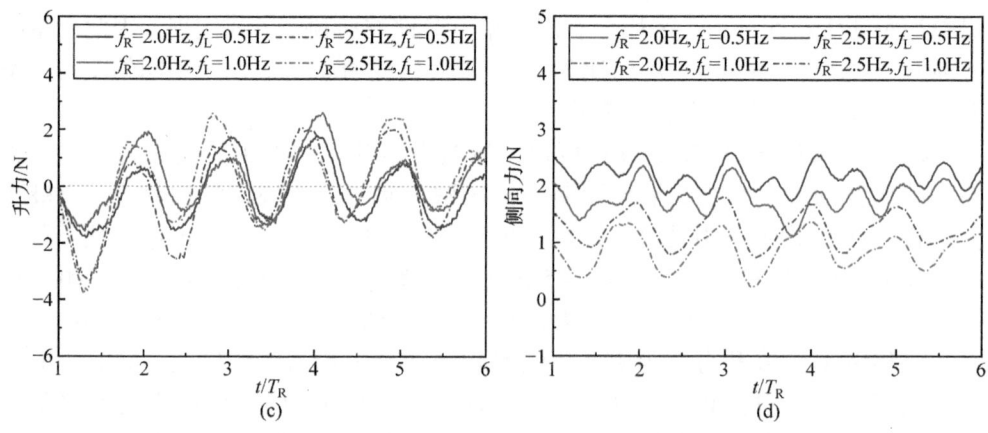

图 7.45 左右不对称频率受力瞬时变化曲线(扫描章前二维码查看彩图)
(a) 偏航力矩；(b) 推力；(c) 升力；(d) 侧向力

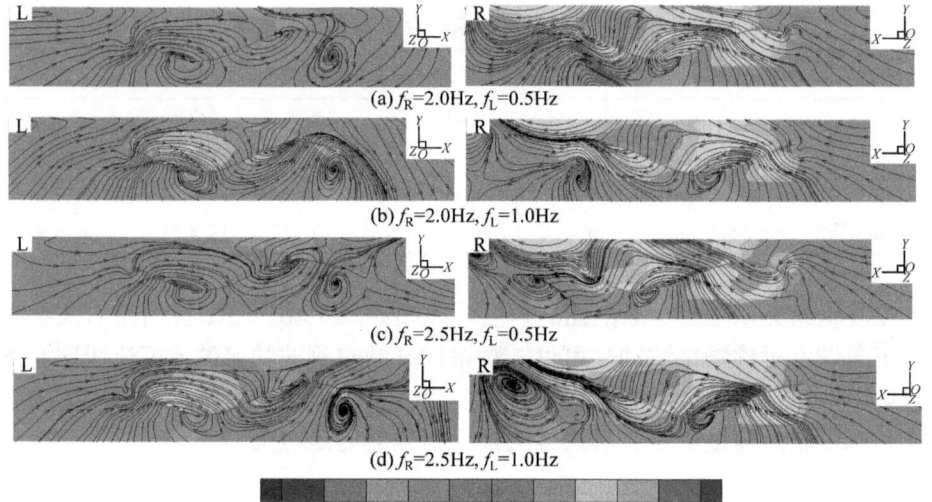

图 7.46 左右不对称频率波状鳍纵向剖面速度流线图($Z/l_m=0.5$, $t/T_R=2.1$)
(扫描章前二维码查看彩图)
L-左侧波状鳍；R-右侧波状鳍

设定 6 组左右不对称频率，保持波状鳍左侧频率 1Hz 不变，波状鳍右侧频率由 0.5Hz 逐渐增加到 3.0Hz，其偏航力矩瞬时变化曲线如图 7.47 所示。结合图 7.48 分析可知随着频率差增大，偏航力矩由负值向正值变后并逐渐增大，随着偏航力矩系数增长速度减缓，机器人的转向性能将先快速提升后趋于平缓。

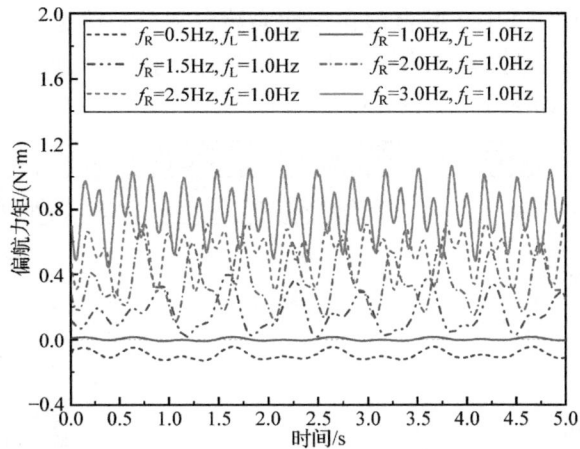

图 7.47 不对称频率对偏航力矩的影响(扫描章前二维码查看彩图)

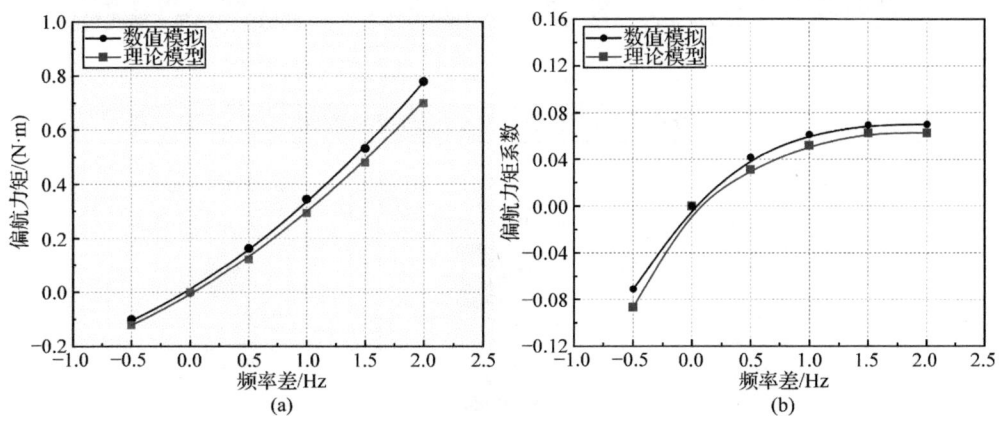

图 7.48 偏航力矩随左右频率差变化关系曲线
(a) 偏航力矩；(b) 偏航力矩系数

7.5 波动推进机器人推进性能实验

基于前文的理论模型及数值模型研究，本节通过相关实验进行验证。首先介绍实验平台设计，然后开展机器人推进性能及转向性能实验，通过实验验证所提出的推力和偏航力矩预测方法的有效性。

7.5.1 实验平台设计

机器人的实验框架分为样机组装、实验台搭建和波动推进机器人水面稳性与推进性能实验验证，其中实验台包含稳性实验台和推进性能实验台，通过力和力矩传感器测量推力、稳性复原力矩和偏航力矩，并将数据上传至计算机进行处理，实验方案总体框架如图 7.49 所示。

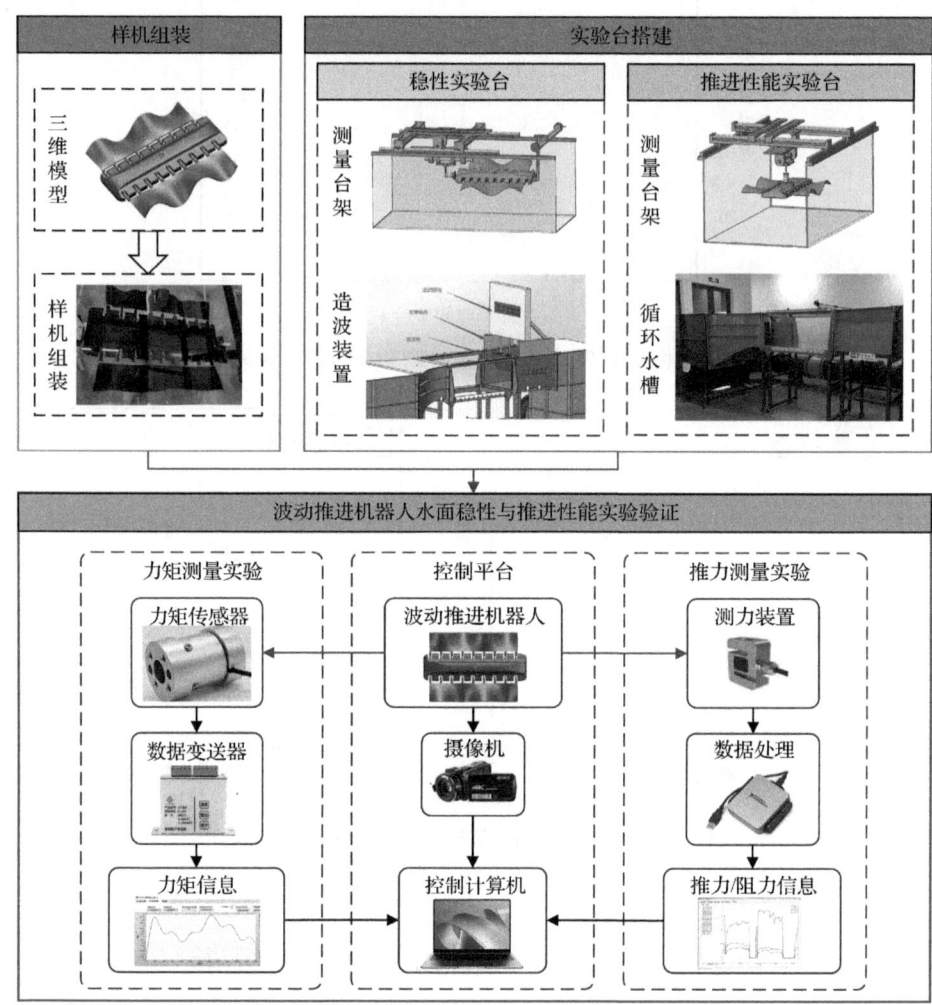

图 7.49　实验方案总体框架图

1. 推力测量台架

推力测量原理则是基于杠杆原理，将连接杆一端与机器人尾部连接，另一端与力传感器固连，连接杆的中部支点与台架铰接，如图 7.50 所示。根据式 $F_2 = F_1 \cdot L_1 / L_2$ 求得机器人实际推力 F_2，F_1 为传感器读数值，L_1 为动力臂，L_2 为从力臂。

图 7.50　推力测量台架
1-连接杆；2-导轨；3-力传感器；4-机器人；5-数据采集卡；6-数据处理上位机

2. 偏航力矩测量台架

偏航力矩测量台架如图 7.51 所示，扭矩传感器上端与循环水槽上的固定台架固定，下端与样机中部固定连接，改变波状鳍运动参数，样机产生的偏航力矩传递至传感器，并上传至上位机记录与处理，完成测量。

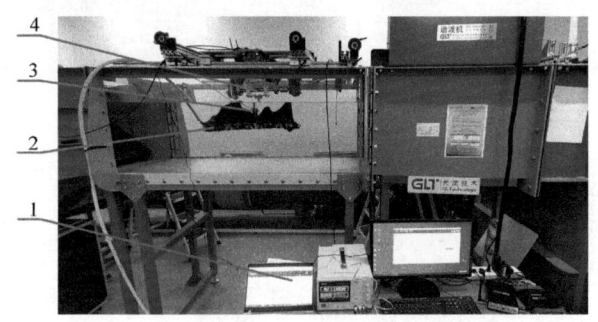

图 7.51　偏航力矩测量台架
1-上位机；2-机器人；3-扭矩传感器；4-固定台架

7.5.2　推力性能实验

1. 鳍面优化推力性能实验

根据前文设计的波状鳍结构，展开鳍面推力性能预测优化实验，分析不同模型的水下波动推进机器人运动情况，不同波状鳍设计模型的样机实物图如图 7.52 所示。

静水工况下不同鳍面模型产生的推力如图 7.53 所示，可见实验结果与数值模拟随频率增加偏差不断增大，这是因为波动频率超出舵机响应频率，角度失真；三种鳍面产生的推力接近，且随展弦比增大推力增加。因此，综合考虑运动稳定性和机器人两栖运动需求，最终确定模型 2 为较优鳍面方案，这与前文预测结论一致。

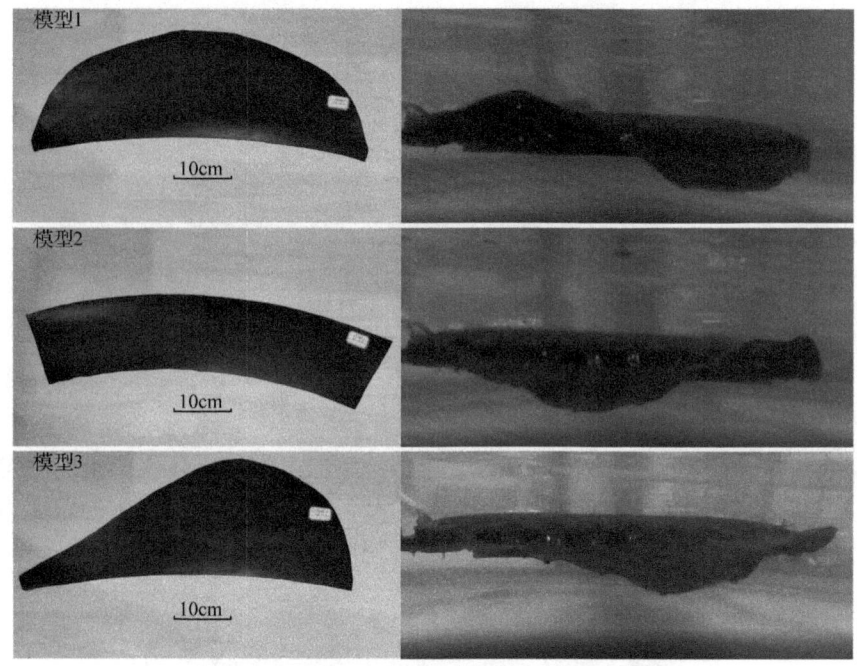

图 7.52 不同波状鳍设计模型的样机实物图

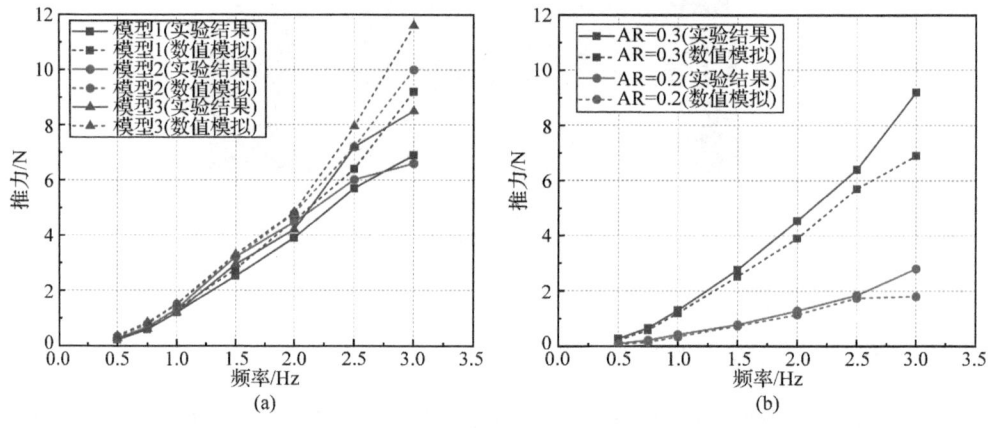

图 7.53 不同鳍面设计模型结果对比
(a) 鳍面形状；(b) 鳍面展弦比影响(模型 2)

2. 静水工况下推力性能实验

不同运动参数下对推力的影响如图 7.54 所示，数据表明，数值模拟和实验结果在 2.5Hz 频率内与实验结果相近，平均预测准确率约为 76%，验证了推力预测方法具有可靠的准确性，可用于指导样机设计与控制；当频率超过 2.5Hz，数值模拟和实验结果相差较大，这是受频率超过舵机峰值转速导致的角度失步及水池壁面水波反射影响。

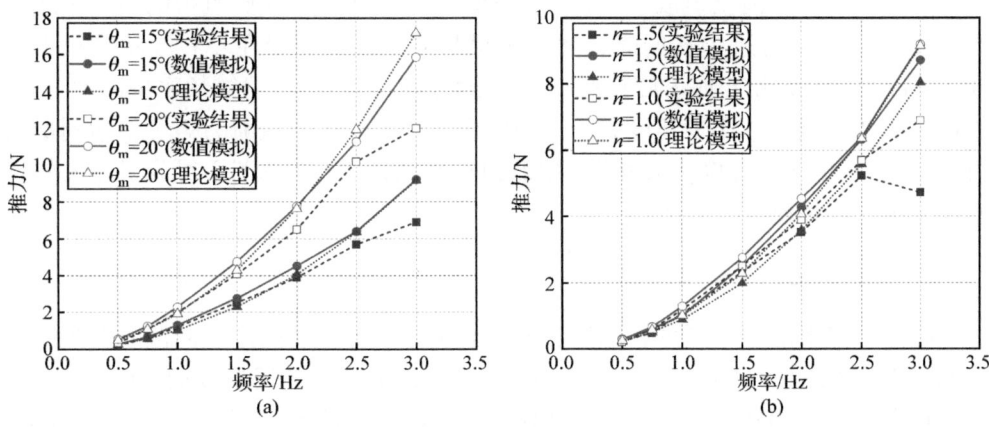

图 7.54 不同参数下推力测量结果
(a) 幅值；(b) 波数

7.5.3 转向性能实验

本小节进一步开展机器人在推进过程中的转向性能实验，对不同工况、参数和转向方式下产生的转向力矩进行测量，验证预测方法的可行性。本节中默认参数设定为 $f=2\text{Hz}$，$\theta_m=15°$，$n=1$，$AR=0.3$。

1. 静水工况下转向性能实验

与推力分析结果相似，机器人原地转向的偏航力矩特性如图 7.55(a)所示，当波动频率在 2.5Hz 内时，数值模拟与实验结果吻合良好，规律一致，此时偏航力

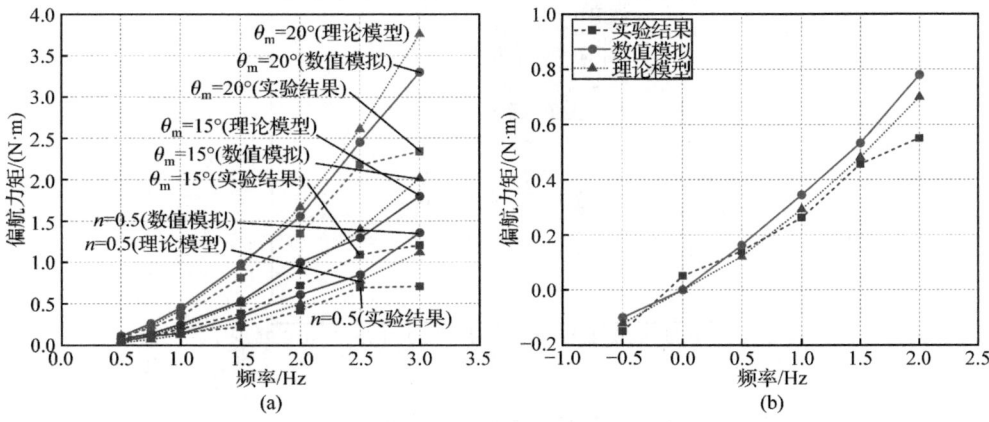

图 7.55 偏航力矩变化曲线
(a) 原地转向；(b) 行进中转向

矩预测结果准确性可达 75%以上，频率进一步增大时，误差快速增大，原因在于舵机相应速度和水池反射波影响，当 $f=3\text{Hz}$, $\theta_\text{m} = 20°$ 时，实验测得的最大偏航力矩为 $2.3\,\text{N·m}$。行进中转向时，实验结果与数值模拟曲线在左右波状鳍频率差 $-0.5\sim1.5\text{Hz}$ 时预测准确率大于 80%，超出此范围时，右侧波状鳍频率将达到 3Hz，舵机无法及时响应，出现角度失步，因此误差增大，实验偏航力矩结果达到最大值 $0.55\,\text{N·m}$。以上实验结果表明，偏航力矩预测方法的有效性，可为机器人的转向性能优化和控制奠定基础。

2. 波浪工况下转向性能实验

波浪工况下的波动频率、幅值和波数对机器人原地转向产生的偏航力矩的影响如图 7.56 所示，偏航力矩本质上是依靠左右侧波状鳍的反向波动产生的力矩，因此具有与推力相似的变化规律，相比静水工况，波浪工况下机器人偏航力矩明

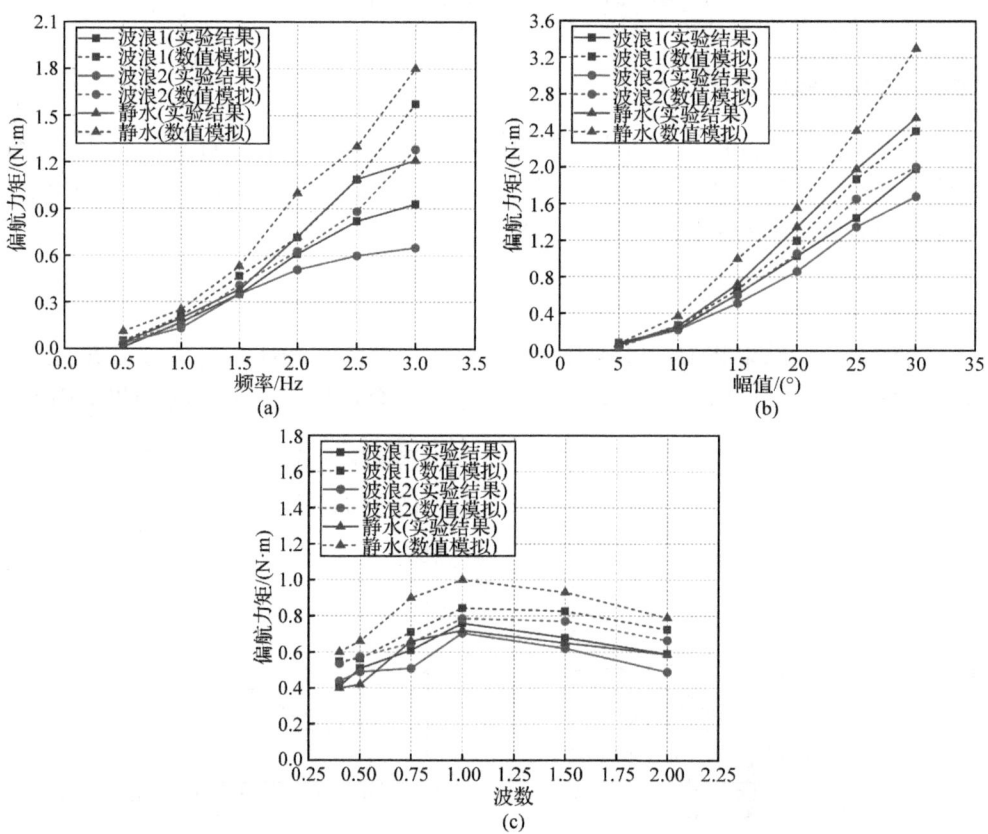

图 7.56　波浪工况下不同运动参数对偏航力矩的影响
(a) 频率；(b) 幅值；(c) 波数

显减小，转向性能下降，增加波动频率和幅值可使其增大，改善转向性能，但应考虑实际舵机性能。通过实验表明，数值模拟曲线可有效反映出机器人实际转向性能变化，对实验研究具有指导和先验作用。

7.6 本章小结

本章通过对尼罗河魔鬼鱼的形态特征和动力特性研究，探究其背鳍波动推进机理，并效仿其背鳍生理结构，进行仿生波动鳍推进单元结构设计，搭建出机器人实体，同时针对控制需求，开展控制系统设计，最终形成完整的机器人设计方案。基于此，本章重点对水下波动推进机器人的水动力性能开展了相关研究，并搭建了推力和偏航力矩测量台架，对机器人在不同波状鳍设计方案下的推力变化进行了实验研究。首先，研究结果表明，鳍面模型1在满足推力前提下，升力系数波动更小，更有利于保证机器人的运动稳定性，验证了鳍面性能预测与优化结论；其次，实验验证了推力随波动参数的实验变化曲线与预测结果吻合，验证了前文对单波动鳍水动力性能的研究结论；最后，根据不同工况下采用不同的转向方式机器人产生的偏航力矩进行了实验研究，实验结果表明，预测方法可有效反映机器人的偏航性能变化，可为机器人偏航性能优化和运动控制提供指导参考。

参 考 文 献

[1] ZENG Y B, HU Q, SUN L J, et al. Nonlinear dynamics research of ground undulatory fin robot with flexible deformation and frictional contact [J]. Soft Robotics, 2024, 12(2): 253-267.

[2] LI Y, CHEN L, WANG Y, et al. Design and experimental evaluation of the novel undulatory propulsors for biomimetic underwater robots [J]. Bioinspiration & Biomimetics, 2021, 16(5): 056005.

[3] LI G H, MA P L, FANG X, et al. Study on thrust increase characteristics of separated undulating fins [J]. Ocean Engineering, 2024, 313: 119292.

[4] LI X, SUO Z, LIU D, et al. Bionic multi-legged robots with flexible bodies: Design, motion, and control [J]. Biomimetics, 2024, 9(10): 628.

[5] FENG Y, ZOU T, XU X. Numerical simulation of the self-propelled swimming performances and mechanisms of a biomimetic robotic fish with undulating fins under different fin waveforms [J]. Physics of Fluids, 2024, 36(12): 121917.

[6] NGUYEN V, VO D Q, DUONG V, et al. Reinforcement learning-based optimization of locomotion controller using multiple coupled CPG oscillators for elongated undulating fin propulsion [J]. Mathematical Biosciences and Engineering, 2022, 19(1): 738-758.

[7] LI G, LIU G, MA P, et al. Study on stable thrust of separated undulating fins[J]. Ocean Engineering, 2024, 306: 118046.

[8] OUYANG W, CHI H, PANG J, et al. Adaptive locomotion control of a hexapod robot via bio-inspired learning [J]. Frontiers in Neurorobotics, 2021, 15: 627157.

[9] 乔贵方, 韦中, 张颖, 等. 基于双层级 CPG 的 3 维蛇形机器人运动控制方法 [J]. 机器人, 2019, 41(6): 779-787.

[10] KORKMAZ D, OZMEN KOCA G, LI G, et al. Locomotion control of a biomimetic robotic fish based on closed loop sensory feedback CPG model [J]. Journal of Marine Engineering & Technology, 2021, 20(2): 125-137.

[11] 高琴. 基于振荡器的蛇形机器人 CPG 运动控制方法 [D]. 大连: 大连理工大学, 2017.

[12] ZHOU C L, LOW K H. Design and locomotion control of a biomimetic underwater vehicle with fin propulsion [J]. IEEE/ASME Transactions Mechatronics, 2012, 17(1): 25-35.

[13] BUCHLI J, IJSPEERT A J, MURATA M, et al. Distributed central pattern generator model for robotics application based on phase sensitivity analysis[C]. Berlin: Proceedings of the Biologically Inspired Approaches to Advanced Information Technology: First International Workshop, 2004.

[14] HELAL K, ALBADIN A, ALBITAR C, et al. Workspace trajectory generation with smooth gait transition using CPG-based locomotion control for hexapod robot [J]. Heliyon, 2024, 10(11): e31847.

[15] ZHANG T J, HU Q, LI S J, et al. A CPG-based framework for flexible locomotion control and propulsion performance evaluation of underwater undulating fin platform [J]. Ocean Engineering, 2023, 288: 116118.

[16] LI G H, MA P L, LI G B, et al. Hydrodynamic performance of undulating fin in oscillating mode [J]. Physics of Fluids, 2025, 37(1): 015215.

[17] 周佑丞. 基于 CPG 神经网络的两栖机器人运动控制研究 [D]. 合肥: 中国科学技术大学, 2016.

[18] TAKEDA K, TORIKAI H. Smooth gait transition in hardware-efficient CPG model based on asynchronous coupling of cellular automaton phase oscillators [J]. Nonlinear Theory and Its Applications, 2021, 12(3): 336-355.

[19] YU J Z, WU Z X, WANG M, et al. CPG network optimization for a biomimetic robotic fish via PSO [J]. IEEE Transactions on Neural Networks & Learning Systems, 2016, 27(9): 1962 - 1968.

[20] ZHANG Y N, CUI R X, LI H Q, et al. CPG-Fuzzy heading control for a hexapod robot with arc-shaped blade legs [J]. Journal of Intelligent & Robotic Systems, 2024, 110(1): 6045.

[21] HAN Q, CAO F X, YI P, et al. Motion control of a gecko-like robot based on a central pattern generator [J]. Sensors, 2021, 21(18): 6045.

[22] WEI C, LI S M, HU Q. Hydrodynamic performance analysis of formations of dual three-dimensional undulating fins [J]. Ocean Engineering, 2024, 305: 117939.

[23] ZHANG M, WANG C, SU Y. Hydrodynamic characteristics of an electric eel-Like undulating fin [J]. Journal of Applied Fluid Mechanics, 2023, 16(5): 1030-1043.

[24] SHENG L Y, QIAO H, YANG B Z, et al. Kinetic analysis and design of a bio-inspired amphibious robot with two undulatory fins [C]. Xining: 2021 IEEE International Conference on Real-time Computing and Robotics (RCAR), 2021.

[25] 张栋. 牛鼻鲼游动过程中柔性变形对水动力影响研究 [D]. 西安: 西北工业大学, 2020.

第 8 章 波动推进机器人水面稳性分析

本章彩图

8.1 引 言

波动推进机器人主要应用于陆地与江海等两栖环境，在水陆环境切换中水面工况下存在风浪作用、载荷变化等干扰问题，确保良好的水面稳性是机器人稳定、持久工作的关键。在船舶稳性理论中，稳性是指船舶受外界干扰发生倾斜，当外力干扰消失时船舶自动恢复到原先平衡位置的能力。船舶的倾斜一般由横向倾斜(简称"横倾")和纵向倾斜(简称"纵倾")两种基本浮态组成，按照倾斜力矩作用形式也可分为静稳性和动稳性，其中静稳性又可细分为小倾角稳性(横倾角<10°)和大倾角稳性。船舶的纵倾一般都是小倾角，且稳性比横倾时更为稳定，因此本章引用船舶稳性理论，重点研究机器人在静水和波浪工况下的水面横稳性，主要包括小倾角稳性、大倾角稳性及动稳性三方面。同时，对比了不同工况、载荷和横倾角对机器人水面稳性的影响，为水下波动推进机器人进一步提升推进性能和结构优化提供保障。

8.2 波浪理论

8.2.1 常见波浪理论

波浪理论是数值造浪的基础，由此构建出各类波浪模拟水槽[1]。波浪理论的演化逐渐由线性理论向非线性理论与湍流理论过渡，一般可根据波浪表面具有的不同形态划分为两大类，即规则波和不规则波[2]。规则波具备固定的波浪要素及鲜明的波峰波谷，其波面形态与间歇曲线相似；不规则波的形态不固定，由许多不同波形和波浪要素呈随机分布的波系组成。本小节结合实际问题与实验条件，以规则波为重点研究工况，分别模拟线性微幅波(线性波)和二阶斯托克斯(Stokes)波(非线性波)[3-5]两种波浪工况下波动推进机器人的水面稳性与推进性能[3]。

1. 线性微幅波

早在 1845 年，艾里(Airy)便提出微幅波理论[6]，通过势函数构建波浪运动的线性波浪理论，根据势函数中的能量守恒定律和连续方程，研究微幅波理论。在小幅值推进波研究中，针对自由表面条件存在的非线性问题，为精确求解速度势，通常作出如下假设[7]：①流体为无黏性、不可压缩的均匀流体；②流体做有势运动，重力为唯一外力；③幅值或波高与波长相比是小量。

具体的波浪参数定义如图 8.1 所示，ζ 为不同时刻下的液面高度，c 为波速，$c = \omega / k'$，沿 x 轴正向传播，z 轴与 xOy 面垂直，A 为幅值，L_w 为波长，h_a 为水深，SWL 为静止水面。

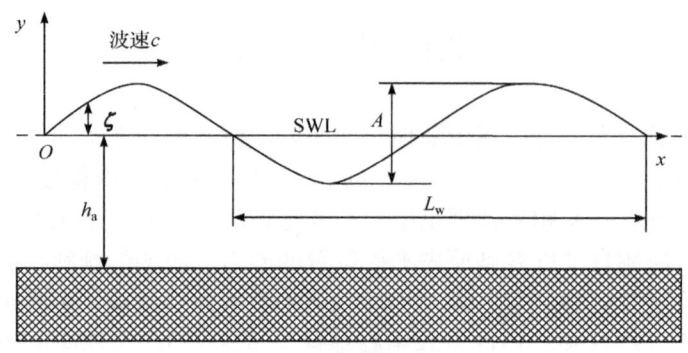

图 8.1 波浪参数示意图

根据微幅波理论[8]，其速度势函数和波形可分别描述为

$$\varphi(x,y,t) = \frac{gA}{2\omega} \frac{\cosh k'(y+h_a)}{\cos(k'h_a)} \sin(k'x - \omega t) \tag{8.1}$$

$$\begin{cases} \zeta(x,t) = A\cos(k'x - \omega t) \\ k' = 2\pi / L_w \\ \omega = \sqrt{gk' \tanh(k'h_a)} \end{cases} \tag{8.2}$$

式中，t 为瞬时时间；k' 为波浪波数；ω 为波浪频率；g 为重力加速度。

水质点在 x、y、z 三个方向上的速度分量可分别表示如下：

$$u_x = \frac{gk'A}{\omega} \frac{\cos(k'(y+h_a))}{\cosh(k'h_a)} \cos\beta \cos(k'x - \omega t)s \tag{8.3}$$

$$u_y = \frac{gk'A}{\omega} \frac{\cos(k'(y+h_a))}{\cosh(k'h_a)} \sin\beta \cos(k'x - \omega t) \tag{8.4}$$

$$u_z = \frac{gk'A}{\omega} \frac{\sin(k'(y+h_a))}{\cosh(k'h_a)} \sin(k'x - \omega t) \tag{8.5}$$

式中，β 为水质点与 x 轴的夹角。

根据上述微幅波理论给出的波面运动方程及水质点运动速度，即可确定计算流体动力学软件中数值造浪水槽入口的速度边界条件，为数值造浪提供理论依据。

2. 二阶 Stokes 波

现代波浪理论一般假设水体无旋、无黏性且不可压缩，针对不同相对水深的波浪可划分为浅水波浪、深水波浪，以及介于两者间的有限水深波浪。由 Stokes 提出的 Stokes 波浪理论[9, 10]，是通过波高与波长之比波陡参数 ε 展开的，构建不同阶次下的拉普拉斯(Laplace)控制方程与边界条件，进而求出不同阶次的速度势函数[11]。相比线性微幅波理论，二阶 Stokes 理论在一定程度上考虑了非线性的影响，可模拟更大的波高，其波峰变得尖陡，波谷则变得平坦，波峰波谷不再对称于静水面，且与实际海浪更为接近[12-14]。

在二维平面有限水深条件下，由势流理论可推导出二阶 Stokes 波浪的速度势函数 $\varphi(x,y,t)$ 与波面方程 $\zeta(x,t)$ 分别为

$$\varphi(x,y,t) = \frac{AL_w}{2T_w}\frac{\cosh(k'(y+h_a))}{\sinh(k'h_a)}\sin(k'x-\omega t) + \frac{3\pi A^2}{16T_w}\frac{\cosh(2k'(y+h_a))}{\sinh^4(k'h_a)}\sin(2(kx-\omega t)) \tag{8.6}$$

$$\zeta(x,t) = \frac{A}{2}\cos(k'x-\omega t) + \frac{\pi A^2}{8L_w}\frac{\cosh(k'h_a)}{\sinh^3(k'h_a)}(\cos(2k'h_a)+2)\cos(2(k'x-\omega t)) \tag{8.7}$$

式中，T_w 为波浪周期，$T_w = 2\pi/\omega$。

在 x、y 方向上对二阶 Stokes 波速度函数进行求导，求得波浪水质点在 x、y 方向上的运动速度表示为

$$u_x = \frac{\partial \varphi}{\partial x} = \frac{\pi A}{T_w}\frac{\cosh(k'(y+h_a))}{\sinh(k'h_a)}\cos(k'x-\omega t) + \frac{3}{4}\frac{\pi^2 A}{T_w}\frac{\cosh(2k'(y+h_a))}{\sinh^4(k'h_a)}\cos(2(kx-\omega t)) \tag{8.8}$$

$$u_y = \frac{\partial \varphi}{\partial y} = \frac{\pi A}{T_w}\frac{\sinh(k'(y+h_a))}{\sinh(k'h_a)}\sin(k'x-\omega t) + \frac{3}{4}\frac{\pi^2 A}{T_w}\frac{\sinh(2k'(y+h_a))}{\sinh^4(k'h_a)}\sin(2(kx-\omega t)) \tag{8.9}$$

根据上述波面方程与速度势函数推导确定了二阶 Stokes 波浪的入口速度边界条件，对比线性微幅波理论，二阶 Stokes 波的势函数增加了二阶项，但波长和波速仍与线性波相同。

3. 造波与消波

自 20 世纪末，数值模拟在宏观与微观中均得到迅速发展，计算机数值模拟技术在各研究领域中得到了广泛应用，结合波浪数学模型可模拟波浪、流体与结构物的相互作用，为水下相关研究提供了有效的技术手段。数值造波法[11]的出现促使数值模拟与物理造波法相结合，进一步推动了造波法向前发展。

根据原理可将数值造波法分为仿物理造波法和纯数值造波法。其中，仿物理造波法是基于实验水槽造波机原理，通过模拟固体运动作为扰动源，将其数值化后以边界条件嵌入数值水槽中，常见的有活塞式和柱塞式造波法[15]，如图 8.2 所示。

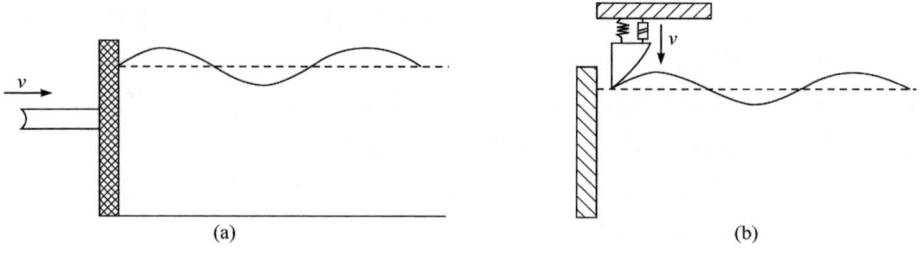

图 8.2 常见仿物理造波法示意图
(a) 活塞式；(b) 柱塞式

仿物理造波法具有原理简单、易实现等优势，其以实际造波机为原型，易与现实模型相匹配，便于将模拟结果与实验验证相结合，此外，该类方法的造波公式也可从物理造波机实际运动方程中获取。在数值模拟中，由于仿物理造波法涉及动边界，一般数值水槽尺寸较大，网格数量多，采用此方法将会大幅增大计算量，消耗大量计算资源，造成计算时间缓慢和计算成本增加等问题。

纯数值造波法与仿物理造波法不同，是一种利用数值计算优势构建出的理想化造波法[16]，通过造波边界或改变原函数项的方法实现造波，常见的有边界造波法和原函数造波法[17]。纯数值造波法不涉及边界运动问题，极大地减少了计算量和计算时间，是截至本书出版时应用最为广泛的数值造波法之一。纯数值造波法以理论解析解为依据，基于波浪理论模型给定数值计算的入口边界条件，从而实现数值造波。

综合上述分析，基于波浪理论知识和实际情况，本小节最终选用计算效率较高、造波效果较好的边界造波法进行波浪模拟。同时，在数值造波水槽中还需设置消波段，避免出口处波浪发生二次反射，使得反射波与入射波相互叠加，造成波浪水槽不稳定，引起计算结果发散。本小节在波浪模拟过程中采用了常见的网格衰减法和阻尼消波法，网格衰减法是指在数值水槽尾端设置一定长度的渐变稀疏网格区域，通过数值耗散来降低波浪在出口处的反射；阻尼消波法是指在动量方程中添加阻尼项，使流体速度在消波段中逐渐降为零，从而达到消波目的，加入消波项后的动量方程如下[7]：

$$\frac{\partial u_x}{\partial t}+u_x\frac{\partial u_x}{\partial x}+u_y\frac{\partial u_x}{\partial y}=-\frac{1}{\rho}\frac{\partial p}{\partial x}+g_x+u_y\left(\frac{\partial^2 u_x}{\partial x^2}+\frac{\partial^2 u_x}{\partial y^2}\right)-\sigma u_x \quad (8.10)$$

$$\frac{\partial u_y}{\partial t}+u_x\frac{\partial u_y}{\partial x}+u_y\frac{\partial u_y}{\partial y}=-\frac{1}{\rho}\frac{\partial p}{\partial y}+g_y+u_y\left(\frac{\partial^2 u_y}{\partial x^2}+\frac{\partial^2 u_y}{\partial y^2}\right)-\sigma u_y \quad (8.11)$$

$$\sigma(x)=\alpha(x-x_1)(x-x_2) \quad (8.12)$$

式中，σ 为线性阻尼系数；α 为消波强度系数；x_1 为消波段起始坐标值；x_2 为消波段末端坐标值。

8.2.2 波浪理论数值验证

在进行波浪工况下波动推进机器人的性能数值预测分析前，必须验证数值造浪结果的正确性，因此本节对数值造浪结果与波浪理论模型进行对比。基于上述网格划分策略和仿真参数设定，选取时间步长为 $1/100T$，并在 ANSYS FLUENT 求解器中采用从速度入口处开始计算的波状明渠流初始化方法，数值模拟在未放入机器人时的二阶 Stokes 波，如图 8.3 所示。波动推进机器人仍处于初级研究阶段，运动速度、性能等还有待迭代完善，同时考虑实际实验设备条件，因此本小节主要针对二级海况下的小波浪工况模拟，取波浪波高 0.1m，波长 2m。可在图 8.3 中观察到流场尾部的波高逐渐趋于平缓，这是由于尾部存在消波段，避免形成反射波影响计算收敛性，波高沿程分布如图 8.4 所示。

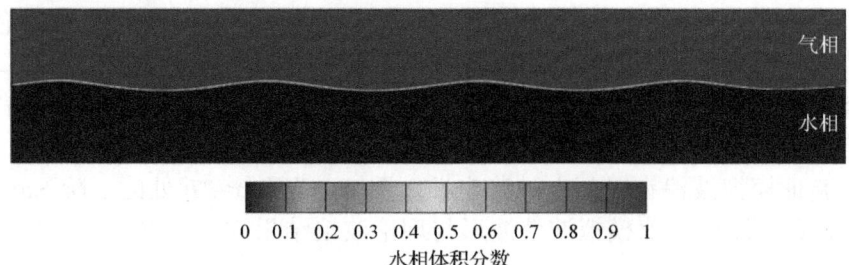

图 8.3　2s 时刻二阶 Stokes 波波形图(扫描章前二维码查看彩图)

图 8.4　自由液面波高分布图(扫描章前二维码查看彩图)

图 8.5 为静水状态下的流场压力分布云图，由于仿真是在重力场条件下进行的，因此压力呈现分层递增状态。图 8.6 为波浪状态的压力分布云图，波浪的起

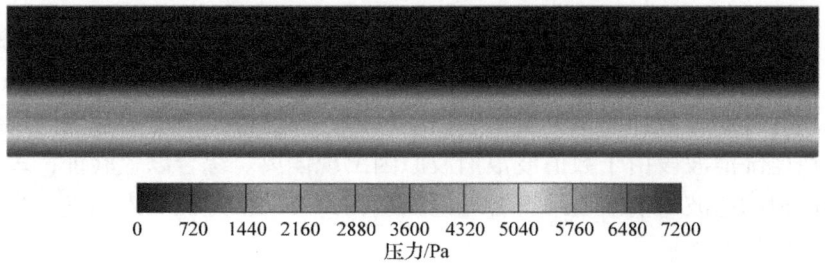

图 8.5　静水状态流场压力分布(扫描章前二维码查看彩图)

伏引起波峰处水位高于静水面，而波谷则低于静水面，因此水压相比静水下呈现波动分布。整体上，两个状态下的流场压力与实际情况相符合。

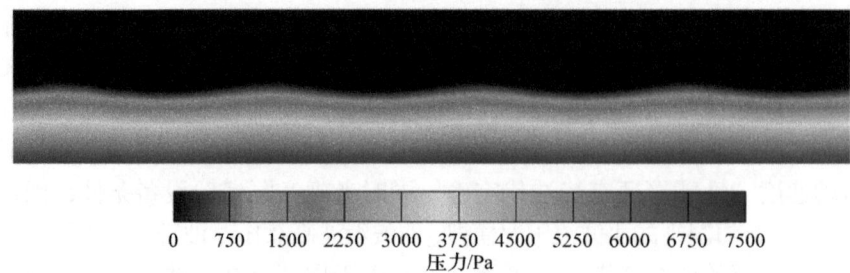

图 8.6　波浪状态压力分布(扫描章前二维码查看彩图)

数值造浪正确性的验证通常是将波浪时程曲线、波形空间分布与理论波浪计算值进行对比分析。波浪时程曲线分析一般是在固定位置处取定一点，设置虚拟波高仪，监测波浪在该点处的波面高度随时间的变化，然后根据波浪理论中对应位置的波形计算结果进行对比分析，观察两者时程曲线是否吻合，其主要用于验证模拟波浪在时间上的稳定性。图 8.7 为在 $x=2L$ 处的二阶 Stokes 波浪时程曲线，图中数值模拟波浪波形与理论波浪结果吻合，数值波浪在时间上稳定。

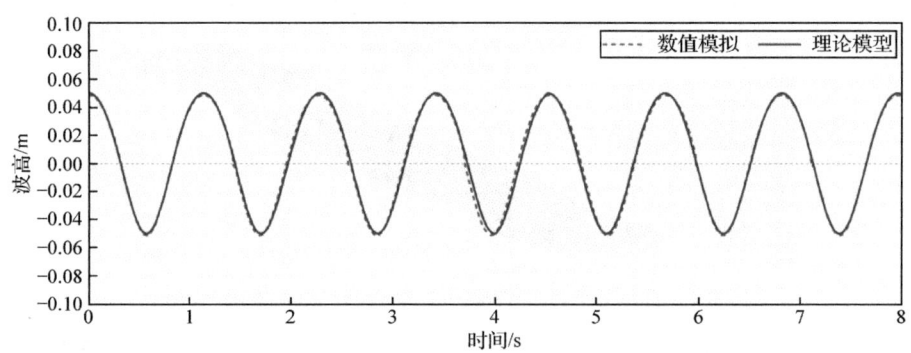

图 8.7　造浪数值模拟与波浪理论模型时程曲线对比

波形空间沿程分布对比方法是指波浪达到时间稳定后，某时刻下数值模拟和理论模型两种方法中波形沿程分布的吻合程度。取定时间 $t=5s$，波高 0.1m，波长 2m 的二阶 Stokes 波如图 8.8 所示，由图可知，数值模拟波形与理论波浪结果吻合，仅在尾部消波段由于数值波浪消波原因出现偏离。综合以上验证，表明所采用数值模拟的造波与消波效果符合理论预期，为波动推进机器人的进一步数值预测探究提供技术保证。

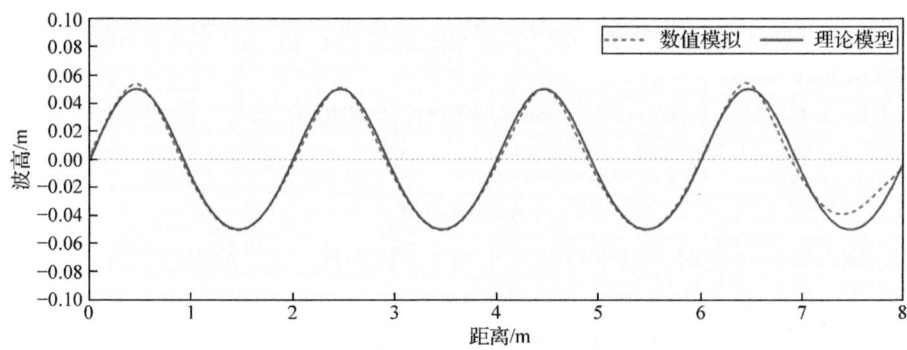

图 8.8　造浪数值模拟与波浪理论模型波形沿程分布对比

8.3　水面稳性理论建模

水面稳性理论模型是基于流阻理论和船舶稳性知识建立的，对于复杂多变的波浪流场环境，由于受限于多类假设条件，将难以构建满足预测准确性要求的稳性模型，因此本节主要针对静水工况构建水面稳性模型，而对波浪工况下的稳性预测将在 8.5 节中采用数值模拟方法展开。

8.3.1　水面稳性理论

1. 小倾角稳性

图 8.9 为一船舶横剖面，设船舶正浮于水面时的水线为 WL，受到外部干扰力矩后缓慢倾斜至水线 W_1L_1，船舶质量及重心位置 K 点不变，倾斜后排水体积 ∇ 保

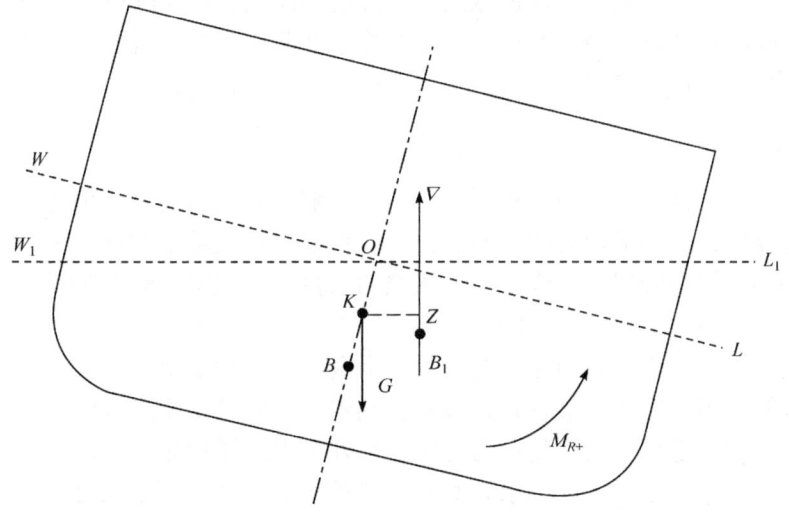

图 8.9　船舶横剖面示意图

持不变，$\nabla = G$，浮心则由原先的 B 点移动至 B_1 点，设 Z 点为重心到倾斜后浮力作用线的垂足点。

由图 8.9 可知，倾斜后浮心的移动将使浮力和重力形成一稳性复原力矩(简称"复原力矩")，其大小为

$$M = \nabla \cdot \overline{KZ} \tag{8.13}$$

在排水体积一定时，复原力矩大小与 $\overline{KZ}$ 成正比，$\overline{KZ}$ 称为稳性臂，是船舶稳性的重要影响参数，也是稳性分析的关键[18]。

小倾角倾斜时的水线 W_1L_1 又称等体积倾斜水线，倾斜后 W_1L_1 水线通过正浮时水线面的形心，结合倾斜角度即可确定倾斜后的水线面。基于重心移动原理即可求出倾斜前后浮心移动距离 $\overline{BB_1}$，设倾斜前后的浮力作用线相交于 M 点，将小倾角倾斜时浮心的移动近似认为浮心绕 M 点旋转，因倾斜角 ϕ 很小，圆弧 $\overset{\frown}{BB_1} \approx \overline{BB_1}$，则 $\overline{BM} \approx \overline{BB_1}/\phi$，又因船舶重心和原浮心间距离已知，则

$$\overline{KZ} = \overline{KM}\sin\phi = (\overline{BM} - \overline{KB})\sin\phi \tag{8.14}$$

2. 大倾角稳性

当倾斜角度大于 10°时称为大倾角倾斜，此时入水和出水楔形不对称导致小倾角倾斜的假设不再成立，等体积倾斜水线不再通过正浮水线面的漂心，浮心的移动轨迹不再是圆弧，且倾斜前后浮力作用线的交点 M 将随倾角而变动。此时，复原力臂(又称"静稳性臂")随倾斜角的变化关系较为复杂，无法以公式明确表示，因此通常采用绘制静稳性曲线的方法计算不同水线和倾斜角度下的静稳性臂，最后根据计算结果绘制静稳性横截曲线和静稳性曲线，在实际应用时只需根据水线位置和倾斜角度查取静稳性臂[19]。通过静稳性曲线可获取机器人稳性消失角和复原力矩变化，从而完成稳性安全校核，指导样机设计优化。

3. 动稳性

上述静稳性臂是指倾斜力矩缓慢作用于船舶，使其以近乎零角速度转动至倾斜力矩与复原力矩相平衡时的复原力臂[20]。但是，在实际工作环境中，机器人可能受到外界突然的倾斜力矩作用，如风浪的吹打，因此实际船舶倾斜时具有一定的角速度，与静力作用完全不同。

在动稳性中，当倾斜力矩与复原力矩平衡时，船舶倾斜角速度达到最大值，由于惯性的作用，船舶将继续减速倾斜直到停止，此时复原力臂成为动稳性臂。因此，根据动能定理，仅当复原力矩做功与外来力矩做功相等时，船舶才停止倾斜。设外来力矩大小恒定，则求解此时倾斜角度的关键在于复原力矩做功与倾斜角的关系。由复原力矩做功(式(8.15))可知，T_R 与倾斜角关系可用静稳性曲线积分

表示，称之为动稳性曲线，通过动稳性曲线即可在已知外力矩大小的情况下获取船舶的动倾角及最小倾覆力矩等信息：

$$T_R = \int_0^\phi M_R \mathrm{d}\phi = \nabla \int_0^\phi l \mathrm{d}\phi \tag{8.15}$$

综上所述，小倾角稳性是指横倾角在 10°以内的静稳性，通常以复原力矩作为稳性表征量；横倾角大于 10°的则为大倾角稳性，一般采用复原力矩绘制静稳性曲线，从而获取稳性消失角、最小倾覆力矩和极限静倾角等大倾角稳性表征量；动稳性则考虑了外力产生的角速度，对静稳性曲线进行积分获得动稳性曲线，进而求取水面动态稳定性表征量极限动倾角。

8.3.2 机器人稳性建模

当水面运动过程中发生横倾时，机器人产生的总复原力矩为左右侧波状鳍和中部舱体排水体积变化产生的复原力矩之和。其中，横倾后中部舱体产生的复原力矩将在 8.4.1 小节进行详细描述；由左右侧波状鳍波动运动产生的复原力矩可根据上述波状鳍动力学模型推导获得，如图 8.10 所示，最终仿生波状鳍水面稳性理论计算模型如下：

$$\begin{cases} M_{f_{nz_k}} = \iint_D \overline{PA} \cdot f_{nz_k} \mathrm{d}l\mathrm{d}h = \iint_D \left| p_{y_k} - G_{y_k} \right| \cdot f_{nz_k} \mathrm{d}l\mathrm{d}h \\ M_{f_{ny_k}} = \iint_D \overline{GA} \cdot f_{ny_k} \mathrm{d}l\mathrm{d}h = \iint_D \left| p_{z_k} - G_{z_k} \right| \cdot f_{ny_k} \mathrm{d}l\mathrm{d}h \\ M_R = \sum_{k=1}^2 (M_{f_{nz_k}} + M_{f_{ny_k}}) + M_{ct} \end{cases} \tag{8.16}$$

式中，$k=1,2$ 分别表示机器人左右两侧波状鳍；$M_{f_{nz_k}}$ 为波状鳍升力 f_{nz_k} 对过重心 G 的 x 轴复原力矩；D 为波状鳍入水区域；$M_{f_{ny_k}}$ 为波状鳍侧向力 f_{ny_k} 对 x 轴的复原力矩；G_{y_k}、G_{z_k} 为机器人重心 G 在对应一侧波状鳍坐标系下的坐标；M_R 为机器人横倾后产生的总复原力矩；M_{ct} 为机器人舱体横倾后产生的复原力矩。

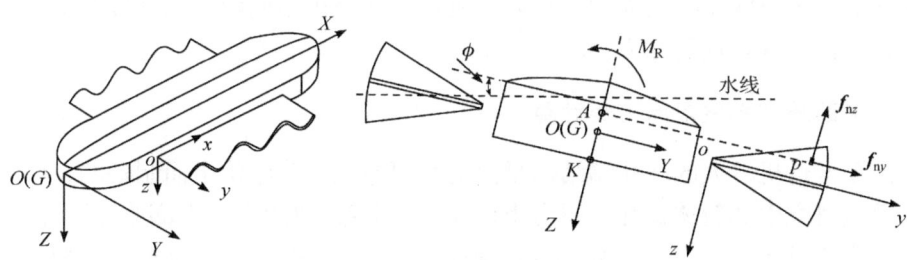

图 8.10 波状鳍机器人复原力矩分析示意图

将波动推进机器人运动过程中的受力无量纲化[21]：

$$\begin{cases} C_T = \dfrac{F_T}{0.5\rho V^2 S_e} \\ C_L = \dfrac{F_L}{0.5\rho V^2 S_e} \\ C_Y = \dfrac{F_Y}{0.5\rho V^2 S_e} \end{cases} \tag{8.17}$$

$$\begin{cases} C_{M_Z} = \dfrac{M_Z}{0.5\rho V^2 S_e L} \\ C_{M_Y} = \dfrac{M_Y}{0.5\rho V^2 S_e L} \\ C_{M_X} = \dfrac{M_X}{0.5\rho V^2 S_e L} \end{cases} \tag{8.18}$$

$$V = V_{\text{wave}} - V_\infty = \lambda f - V_\infty \tag{8.19}$$

式中，F_T 为推力；C_T 为推力系数；V 为波状鳍与水的相对速度；S_e 为机器人在水中的有效横截面积；F_L 为升力；C_L 为升力系数；F_Y 为侧向力；C_Y 为侧向力系数；M_Z 为绕 Z 轴的偏航力矩；C_{M_Z} 为偏航力矩系数；M_Y 为绕 Y 轴的俯仰力矩；C_{M_Y} 为俯仰力矩系数；M_X 为绕 X 轴的横滚力矩；C_{M_X} 为横滚力矩系数；V_{wave} 为波状鳍波速；λ 为波状鳍波长；f 为波动频率；V_∞ 为入口处来流速度。

8.4 中部舱体稳性优化

根据 8.3 节的稳性理论模型分析可知，机器人水面复原力矩由中部舱体体积复原力矩和波状鳍波动力矩组成，前文已介绍波状鳍产生的复原力矩变化，因此本节主要在静水工况下分析中部舱体复原力矩的理论计算，利用数值模拟结果可视化功能揭示波状鳍机器人的稳性复原机理，并分析不同舱体设计方案下的稳性结果，对比择取较优稳性方案。

8.4.1 中部舱体稳性复原力矩计算

波动推进机器人的波状鳍结构是由尼罗河魔鬼鱼背鳍仿生而制备的，由于本小节重点研究中部舱体稳性复原力矩计算，此处暂定为矩形。中部舱体设计方面，本小节主要基于内部空间规划和外形减阻要求提出如图 8.11 所示的两种设计模型，具体模型设计参数如表 8.1 所示。

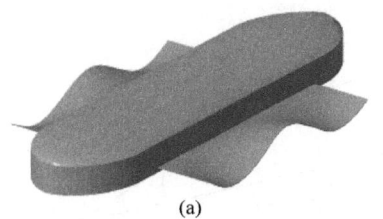 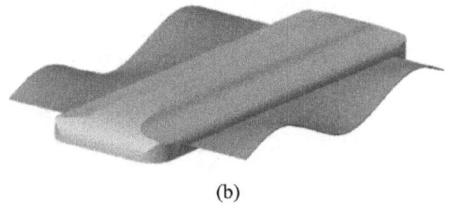

图 8.11 不同波状鳍机器人设计模型
(a) 模型 1；(b) 模型 2

表 8.1 具体模型设计参数

项目	模型 1(长×宽×高)	模型 2(长×宽×高)
整体尺寸/(m×m×m)	1.0×0.52×0.1	0.63×0.42×0.053
中部舱体/(m×m×m)	1.0×0.20×0.1	0.63×0.20×0.053
波状鳍/(m×m×m)	0.6×0.15×0.002	0.5×0.1×0.002

模型 1、模型 2 的理论复原力矩求解过程相同，因此此处仅以模型 1 为例，介绍中部舱体体积复原力矩的计算方法。在小倾角稳性计算中，通常假设机器人倾斜后的水线为等体积倾斜水线，可通过式(8.14)求出稳性臂，进一步与排水体积相乘即可求出小倾角下的横倾复原力矩 M_{ct}。

机器人的水面大倾角稳性通常采用郭洛瓦诺夫法对其稳性表征量复原力矩进行数学分析，同时结合三维建模软件的模型属性分析功能辅助计算。如图 8.12 所示，机器人正浮于水线 W_0L_0，吃水深度为 d_0，排水体积为 ∇_0，横倾后排水体积为 ∇_ϕ，浮心位于 B_0 处，高度为 $\overline{KB_0}$。后倾后水线为 $W_\phi L_\phi$，与 W_0L_0 相交于 O 点，出、入水楔形体积为 V_1 和 V_2，MN 为通过 O 点的计算静矩的参考周线，c 为旋转点 O 至中心线的距离，S 为假定重心，z_g 为重心高度，l_s 为假定重心下的静稳性臂，在实际应用中通常假设 S 与 K 点重合。

根据合力矩原理，机器人浮于倾斜水线 $W_\phi L_\phi$ 时浮力作用线至轴线 MN 的距离为 l_ϕ：

$$\begin{cases} l_\phi = \overline{OE} = \dfrac{M_\phi}{\nabla_\phi} = \dfrac{M_\phi'' + M_\phi'}{\nabla_0 + \delta \nabla_\phi} \\ M_\phi'' = V_1 \overline{OA} + V_2 \overline{OB} \\ M_\phi' = -\nabla_0 \overline{OF} = -\nabla_0((d_0 - \overline{KB_0})\sin\phi + c\cos\phi) \\ \delta \nabla_\phi = V_1 - V_2 \end{cases} \quad (8.20)$$

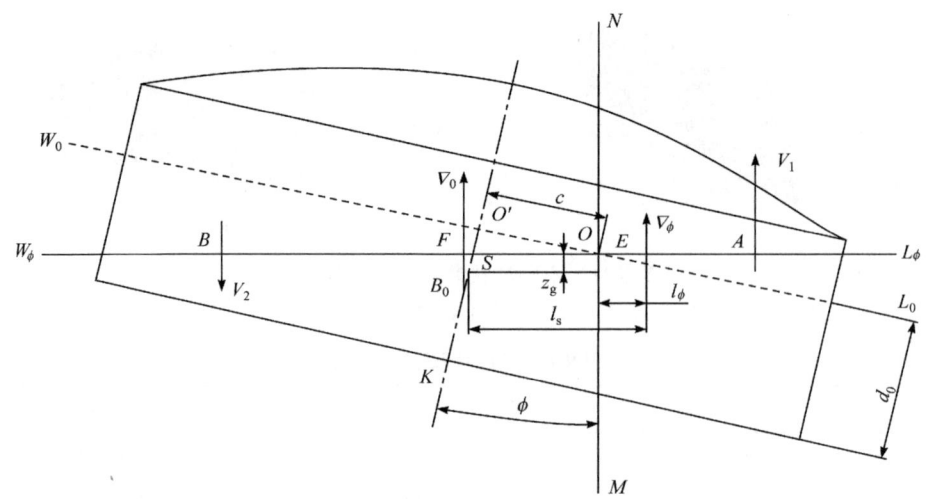

图 8.12 大倾角稳性复原力矩分析意图

求得 l_ϕ 后,即可求出浮力作用线至重力作用线的水平距离 l_s:

$$l_s = l_\phi + c\cos\phi + (d_0 - \overline{KS})\sin\phi \tag{8.21}$$

进而求出实际静稳性臂 l,并与排水体积相乘求得此时的舱体体积复原力矩:

$$l = l_s - z_g \cdot \sin\phi \tag{8.22}$$

$$M_{ct} = \nabla_\phi \cdot l \tag{8.23}$$

通过上述方法,利用计算机三维建模与质量属性分析功能可快速求出相应的稳性力臂和排水体积,进而求得中部舱体体积复原力矩,代入稳性理论模型即可获得波动推进机器人水面稳性理论结果,从而与数值模拟结果对比,最终通过实验验证,为样机稳性校核与优化设计提供理论依据。

8.4.2 稳性复原机理与结果对比

基于 8.2 节中的相关内容,开展波状鳍机器人水面稳性研究,机器人在不同负载情况下表现为不同的吃水深度,即水线,本小节选取 5 种不同的负载情况,分别对应水线 1(吃水深度 28mm)、水线 2(吃水深度 33mm)、水线 3(吃水深度 38mm)、水线 4(吃水深度 43mm)和水线 5(吃水深度 48mm)。设定波状鳍波数为 1.5,幅值为 15°,频率为 1Hz,分析机器人稳性复原机理和不同设计方案的稳性。由于设计模型 1 和模型 2 不同之处仅在于中部舱体设计,而波状鳍产生的稳性影响一致,因此本小节以模型 2 为对象分析复原机理,并与模型 1 进行稳性优化对比。

图 8.13 为设计模型 2 在水线 5 下横倾角为 60°时,由左右侧波状鳍和中部舱

体产生的稳性复原力矩变化曲线。由图可知，中部舱体产生的稳性复原力矩 M_x-kt 构成总稳性复原力矩 M_x-all 的主要组成部分，且随时间出现微幅波动；左侧波状鳍产生的稳性复原力矩 M_x-fin1 呈现类正弦规律变化，且周期与频率相等，但平衡位置出现在零点偏上处；右侧波状鳍稳性复原力矩 M_x-fin2 由于横倾角较大已完全脱离水面，因此产生的稳性复原力矩近似为零；总稳性复原力矩近似为左右侧波状鳍和中部舱体产生的稳性复原力矩叠加，说明波动推进机器人稳性复原力矩确由波状鳍和中部舱体叠加作用而成。

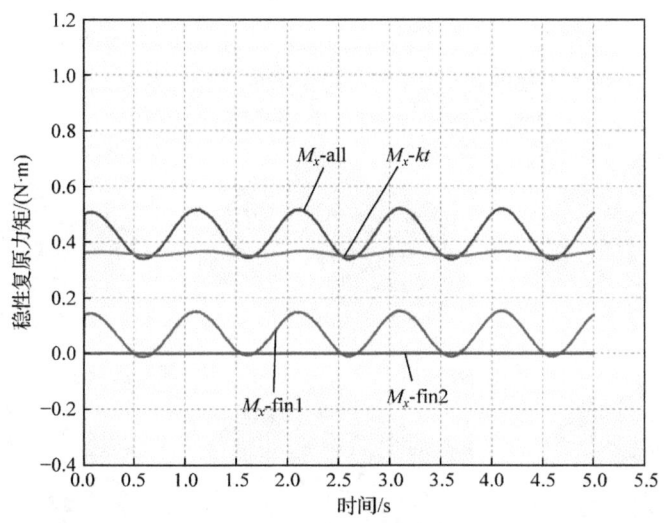

图 8.13　波动推进机器人稳性复原力矩组成

波动推进机器人设计模型 2 在水线 5 时不同横倾角下的稳性复原力矩随时间变化曲线如图 8.14 所示。结果表明，稳性复原力矩随时间呈现与波状鳍波动周期相等的类正弦规律变化；随横倾角增大稳性复原力矩先增大后减小，在 40°左右时达到最大值；横倾角为 10°时，稳性复原力矩峰值大小相对较小，而当横倾角进一步增大时，稳性复原力矩峰值基本保持不变，这是由于小横倾角下，右侧波状鳍仍部分浸入水中，并产生与左侧波状鳍相反的稳性复原力矩，抵消了部分正向的稳性复原力矩，这与前文稳性模型理论分析结果一致。

波动推进机器人在水线 1 下横倾角为 10°时一个运动周期内的压力云图如图 8.15 所示，此时右侧波状鳍基本浮出水面暴露在空气中，因此相比左侧波状鳍，其压力较小。一个周期内波状鳍鳍面向后传递了一个完整的行波，并在波谷附近形成高压区，波峰附近形成低压区，随着波状鳍运动高低压区在鳍面上交替出现并向尾部传递直至脱落。因此，波状鳍运动产生的推力、升力及侧向力将出现周期性波动，由此产生的稳性复原力矩将呈现与波动周期相关的类正弦变化。

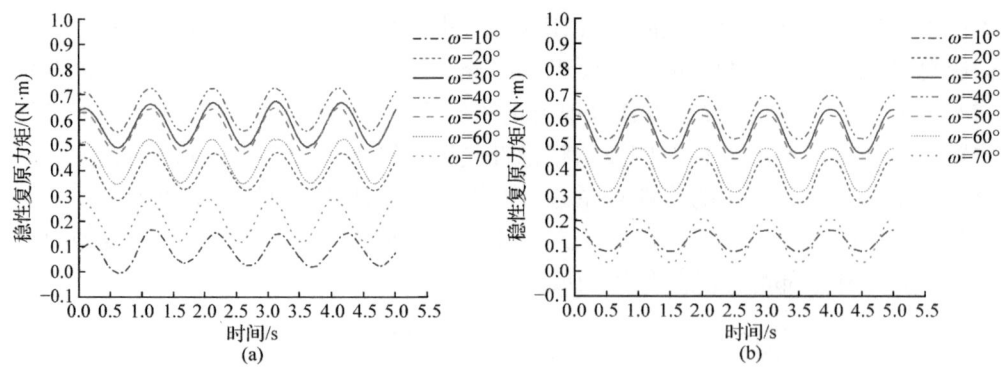

图 8.14 水线 5 下稳性复原力矩随时间变化曲线(扫描章前二维码查看彩图)
(a) 数值模拟计算结果；(b) 理论模型计算结果

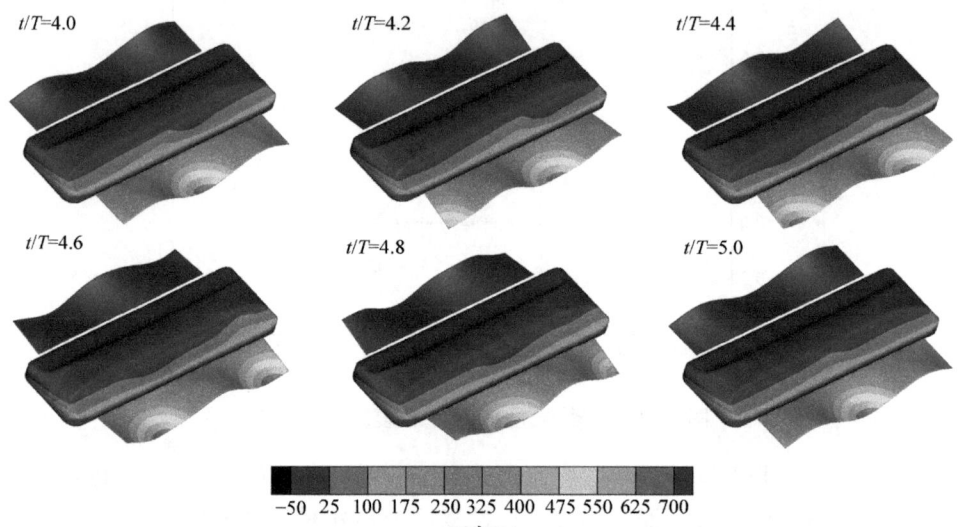

图 8.15 一个周期内的波动推进机器人压力云图(扫描章前二维码查看彩图)

稳性分析中为确保机器人具有足够的安全性，通常取其稳性复原力矩波动曲线中的最小值作为评价依据。采用不同计算方法时的稳性复原力矩变化曲线如图 8.16 所示，可知稳性复原力矩随横倾角增大先增大后减小，理论模型计算结果与数值模拟计算结果相近且均小于理论模型计算(忽略波状鳍)结果，表明波状鳍运动对机器人水面稳性影响明显，忽略波状鳍影响将导致预估稳性偏大，从而危及机器人使用性能。

取定最大吃水深度水线 5 下的稳性复原力矩变化曲线作为模型 1、模型 2 的稳性结果对比，如图 8.17 所示。图中静稳性曲线能达到的最大纵坐标对应机器人在横倾过程中具有的最小倾覆力矩，当外来横倾力矩超过此值，机器人将发生倾覆；静稳性曲线可达到的最大横坐标对应稳性消失角，此时稳性复原力

第 8 章 波动推进机器人水面稳性分析

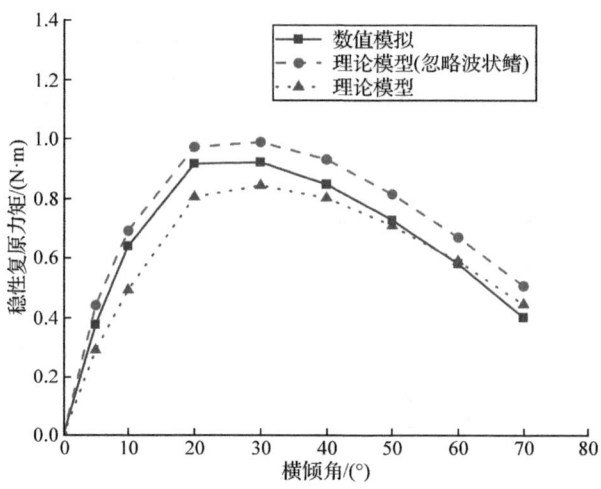

图 8.16 水线 1 下不同计算方法的稳性复原力矩曲线

矩为零，机器人不具备复原能力，稳性消失。结果表明，模型 1 的最小倾覆力矩(最大稳性复原力矩)约为 1.35N·m，大于模型 2 的 0.56N·m，但模型 2 的无量纲化稳性复原力矩系数始终大于模型 1，且模型 2 的稳性消失角为 72°，而模型 1 的稳性消失角仅为 68°。由于模型 1 整体宽度比模型 2 更大，其静稳性曲线的最大稳性复原力矩对应的横倾角比模型 2 大，此现象正与船舶稳性理论一致，是由船宽大者甲板边缘入水角较小引起的。对比可知，模型 2 始终具有更高的稳性复原力矩系数和稳性消失角，能够更好提升波动推进机器人稳性，避免机器人过早发生倾覆，因此最终选择模型 2 作为较优稳性设计方案。在实际样机设计与稳性校核中，可通过该方法快速完成样机稳性对比优化，改善结构设计。

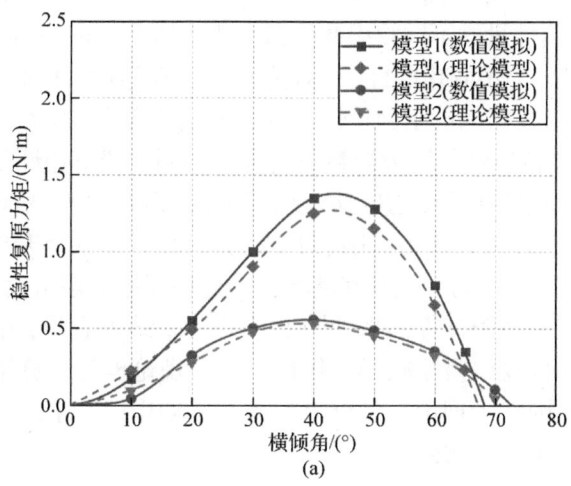

(a)

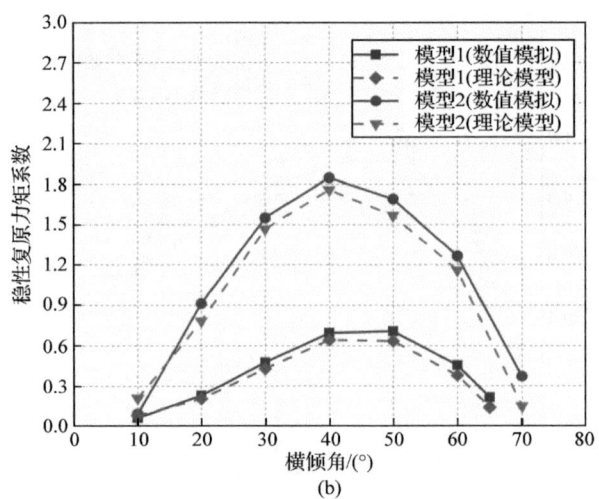

图 8.17 水线 5 下不同波动推进机器人设计方案的稳性对比
(a) 模型 1、模型 2 的静稳性曲线(稳性复原力矩)；(b) 模型 1、模型 2 的稳性复原力矩系数

8.5 稳 性 预 测

通过 8.4 节确定了舱体的最终设计方案，本节将基于模型 2 进一步展开其在静水和波浪两种工况下的水面稳性研究，分析负载(水线)和频率对水面稳性的影响。

8.5.1 静水下稳性预测

1. 水线对稳性的影响

针对波动推进机器人水面和水下航行工况切换等场景，对其在不同载荷下的水面稳性展开研究，负载量的不同将引起机器人排水体积、重心的改变，即水线变化。机器人横向稳性可分为小倾角稳性、大倾角稳性及动稳性，其中，小倾角稳性是指横倾角在 0°～10°时机器人的水面稳性，由于横倾角变化范围小，为便于分析，选取横倾角为 5°时进行稳性复原力矩数值研究，不同水线下稳性复原力矩随时间变化如图 8.18 所示。由图中可以看出，小倾角下稳性复原力矩仍呈现类正弦规律波动变化，随着水线上升这种波动幅值逐渐下降，这是由于水线上升出水一侧波状鳍出水面积逐渐减小，产生与另一侧波状鳍相反的稳性复原力矩增大，波动幅值缩小。

小倾角稳性复原力矩计算结果如图 8.19 所示。结果表明，小倾角下随排水体积增加，机器人稳性复原力矩减小，稳性下降；理论模型计算结果相比数值模拟结果偏大，主要原因在于理论模型仅考虑鳍面运动作用产生的力，未考虑流场或者尾流对机器人产生的二次效应。

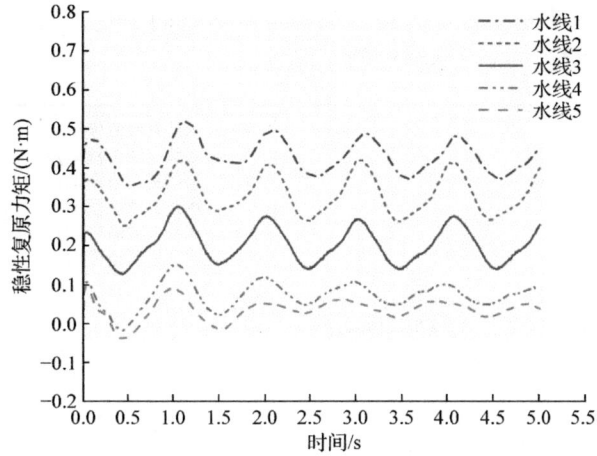

图 8.18 不同水线下数值模拟稳性复原力矩随时间变化

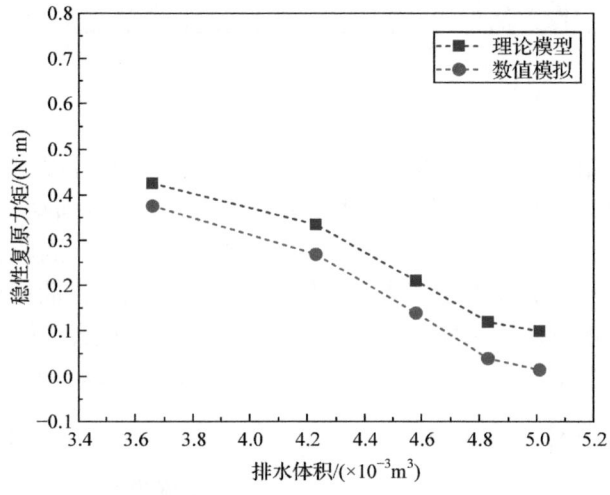

图 8.19 小倾角稳性复原力矩变化

为进一步探究不同水线下机器人的大倾角稳性,选取吃水深度分别为 28mm、38mm 及 48mm 的水线 1、水线 3 及水线 5 进行稳性复原力矩计算,并通过插值拟合获得两栖机器人的静稳性曲线,如图 8.20 所示。结果表明,理论模型预测结果与数值计算结果相似,说明该理论模型能够有效预测波状鳍机器人的水面稳性。同时,随着排水量的增加,机器人的稳性复原力矩和稳性消失角逐渐减小。当排水量为水线 1 时,机器人具有较大的稳性复原力矩,最小倾覆力矩可达 0.93N·m,且稳性消失角达最大值 81°。当排水量为水线 5 时,由于负载增加,机器人吃水深度和重心上升,此时最大稳性复原力矩达最小值约为 0.56N·m,稳性消失角达最小值,约为 72°。由此可以看出,机器人的最小稳性横倾角范围是 0°~72°。在此稳性范围内，稳性复原力矩为正。当超过该范围时，稳性复原力矩变为负值，使机器人无复原可能，从而继续倾斜至倾覆。

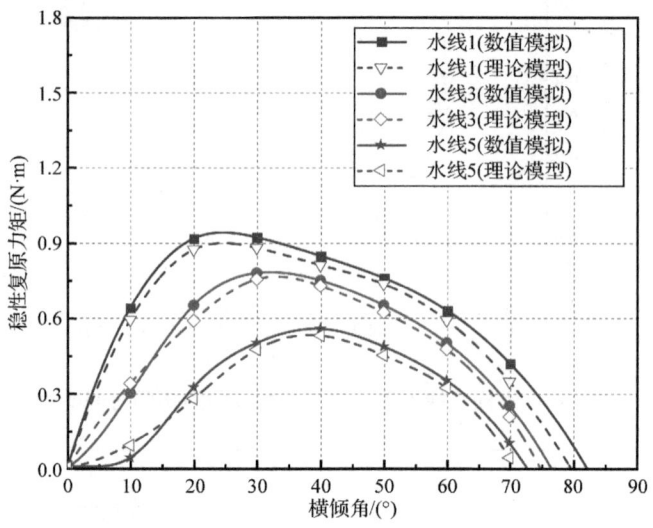

图 8.20 不同水线的静稳性曲线

与静稳性采用稳性复原力矩作为衡量指标不同，动稳性以稳性复原力矩做功为衡量指标。因此，稳性复原力矩做功与横倾角的关系是水面动稳性分析的关键，当横倾角为 ϕ 时，稳性复原力矩做功 T_R 由式(8.15)可求得。因此，基于上述静稳性曲线，可进一步积分获得机器人动稳性曲线，根据动稳性曲线可在已知外力的条件下确定波动推进两栖机器人的动倾角及其能承受的最大横倾力矩，如图 8.21

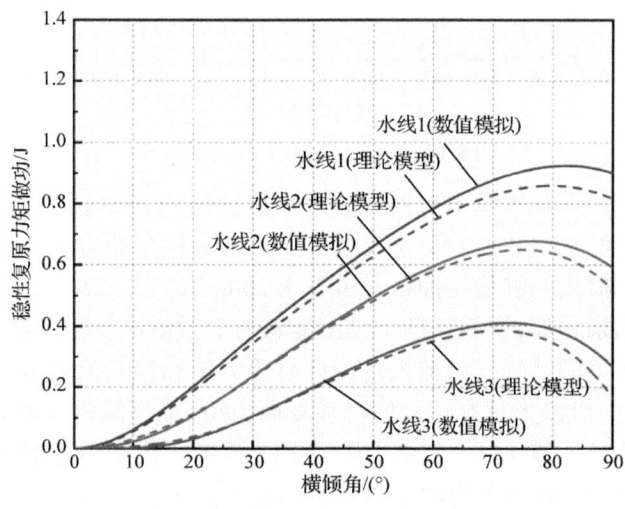

图 8.21 不同水线的动稳性曲线

所示。结果表明,水线上升稳性复原力矩做功减小;当横倾角增大时,机器人稳性复原力矩做功先增大后出现小幅下降,其原因在于机器人在达到稳性消失角后稳性复原力矩将出现负值,做功减小。

2. 波状鳍频率对稳性的影响

调整波动频率实现灵活运动是尼罗河魔鬼鱼调整游动状态的主要方式,是实现波动推进机器人两栖自主无人控制运动的关键技术。本部分针对波状鳍机器人调频后的水面稳性展开研究,将机器人设定在水线 3,获得水面稳性复原力矩结果如图 8.22 所示。图 8.22 表明,在小倾角范围内,机器人的小倾角稳性复原力矩随频率的增大而减小,在频率为 3Hz 时,稳性复原力矩趋近于 0,稳性几乎消失。

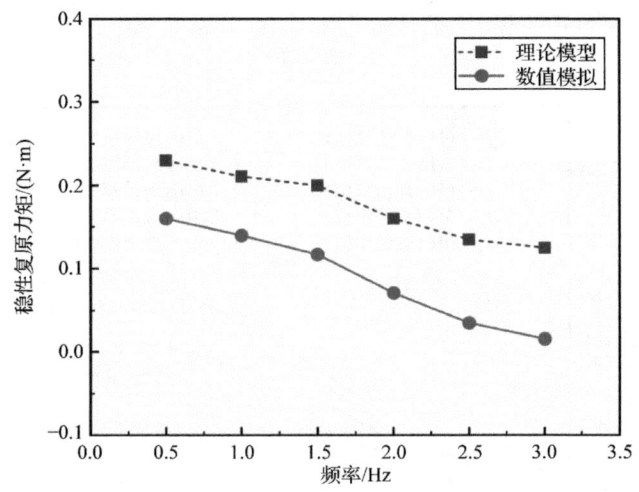

图 8.22 波动频率对小倾角稳性复原力矩的影响

如图 8.23(a)所示,当横倾角进一步增大至大倾角范围时,机器人稳性随横倾角增大而先增大后减小,并且在 30°处达到最小倾覆力矩;同时,频率的增大导致稳性消失角由 75°减小至 56°,最小倾覆力矩由 0.75N·m 减小至 0.21N·m,且随着频率逐步增大,稳性消失角和稳性复原力矩减小趋势愈加明显,机器人大倾角稳性随波动频率增大而快速下降。图 8.23(b)结果表明,波动频率增大,稳性复原力矩做功减小,频率一定时,随横倾角的增大,稳性复原力矩做功 T_R 先增大,在达到图 8.23(a)中的稳性消失角后,稳性复原力矩为负值,力矩做负功,稳性复原力矩做功小幅下降,且当 $f=3.0$Hz 时,横倾角增大到 82°附近时,稳性复原力矩做功将出现负值。可见频率对机器人稳性影响十分显著,在机器人稳性校核中应充分考虑调频带来的稳性变化,确保机器人在良好稳性的前提下合理调节波动频率。

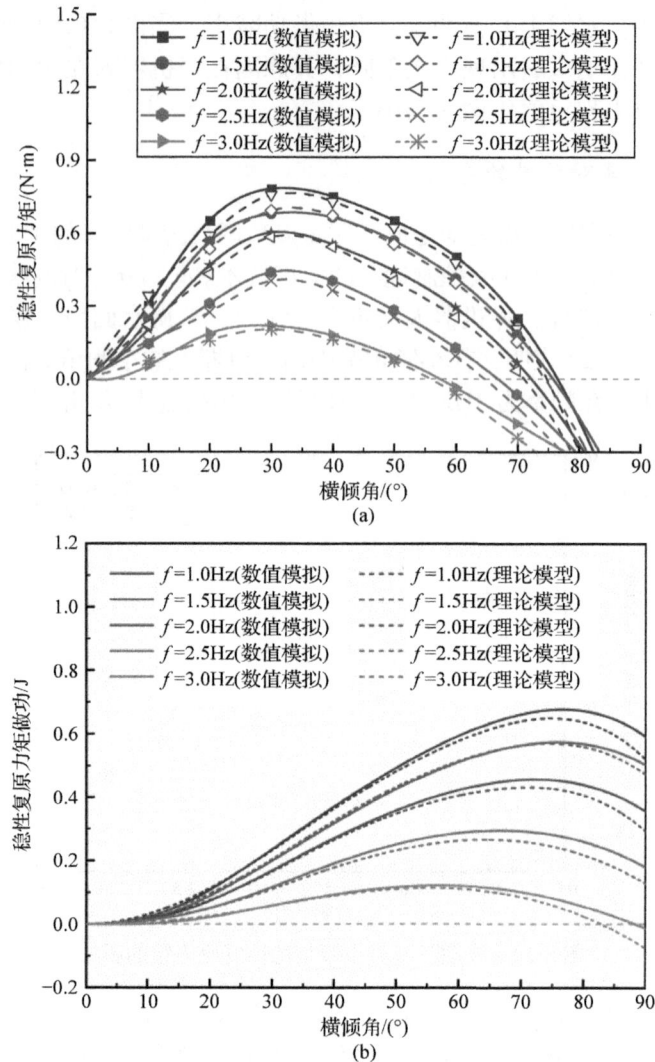

图 8.23 波动频率对稳性的影响(扫描章前二维码查看彩图)
(a) 静稳性曲线；(b) 动稳性曲线

8.5.2 波浪下稳性变化

完成波动推进机器人静水下水线及频率对水面稳性影响的预测分析后，进一步根据一级、二级海况中的波浪工况下的水面稳性变化展开预测。取两组具体波浪参数如表 8.2 所示，并结合实际工作情景，设定每一组波浪工况存在迎浪和顺浪两种情况。

表 8.2　具体波浪参数

项目	波高/cm	波长/cm	波浪模型
波浪 1	6	200	Airy 微幅波
波浪 2	10	200	二阶 Stokes

令机器人工作在水线 1 状态下，图 8.24 为机器人在不同波浪在迎浪、顺浪工况下的小倾角稳性复原力矩随排水体积变化而变化的曲线，图中数据表明，四种工况下机器人的稳性复原力矩都将随排水体积增大而减小，这与静水工况中的规律一致。同时，可见在迎浪下的水面稳性要比顺浪下更好，其主要原因在于顺浪航行时波状鳍波速与波浪速度相反，导致其周围流场紊乱并与波状鳍发生二次效应影响。

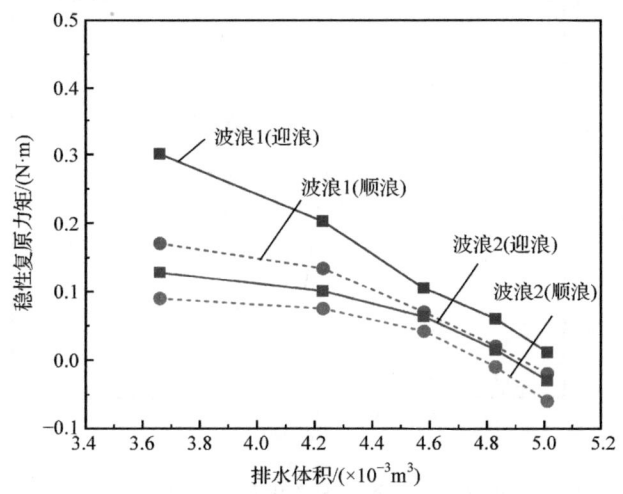

图 8.24　不同波浪工况下机器人小倾角稳性复原力矩变化

波浪工况变化对稳性的影响如图 8.25 所示，结果表明，机器人处在波高更大的波浪 2 时稳性复原力矩明显小于波浪 1，此时稳性消失角约为 74°，小于波浪 1 的 79°，且顺浪工况下的稳性复原力矩与稳性消失角小于迎浪工况，与小倾角相似，说明机器人稳性出现下降。

与图 8.20 中对应的静稳性曲线相比，四组波浪工况下的稳性复原力矩均小于静水工况，但稳性消失角下降幅度较小，这是由于波状鳍运动产生的水面波动一定程度上阻碍了其周围波浪流动，减小了波浪带来的稳性影响。

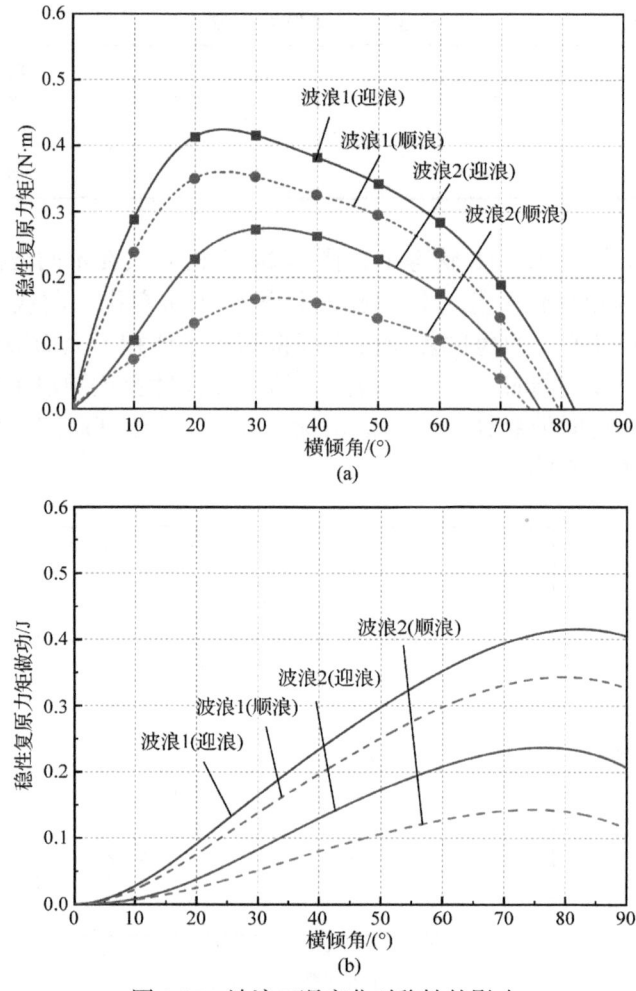

图 8.25 波浪工况变化对稳性的影响
(a) 静稳性曲线；(b) 动稳性曲线

8.6 波动推进机器人水面稳性实验

本节通过相关造浪及稳性实验对机器人稳性开展相关验证。第 7 章已经介绍了机器人样机总体设计及实验平台搭建，本节先对造浪实验台进行补充说明，并完成规则波造波验证；然后进行波动推进机器人水面稳性实验，包括静水和波浪两种工况下的稳性实验，从而对稳性预测结果进行分析研究。

8.6.1 造浪实验台搭建

本小节涉及波浪工况模拟，采用柱塞式造波法生成规则波，造波机装置如

图 8.26 所示，其主要由造波驱动装置、造波板和水槽组成，通过伺服电机驱动造波板上下规律运动即可产生规则波。

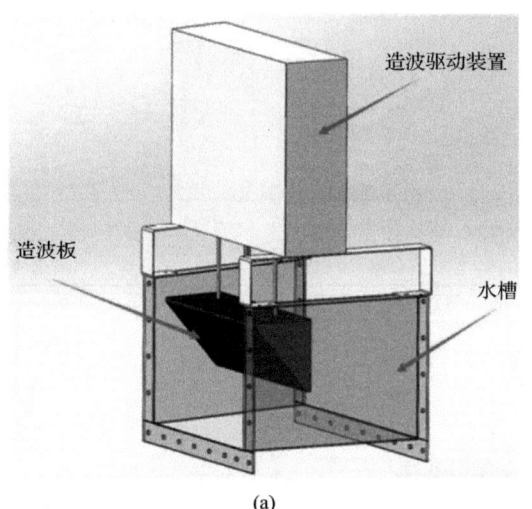
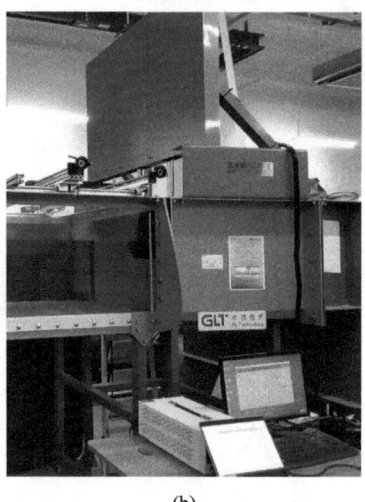

(a)   (b)

图 8.26 造波机装置
(a) 造波机模型；(b) 造波机实物

波浪 2 的实际造波效果如图 8.27 所示，通过波高仪实时获取波高随时间变化情况，如图 8.28 所示。

图 8.27 波浪 2 的实际造波效果

待一定时间造波稳定后，基于波高仪测得监测点位置的波高时程曲线如图 8.29 所示，可见实验造波结果与数值模拟和理论模型相吻合，表明该造波法可有效造出规则波，为后续波浪工况模拟奠定基础。

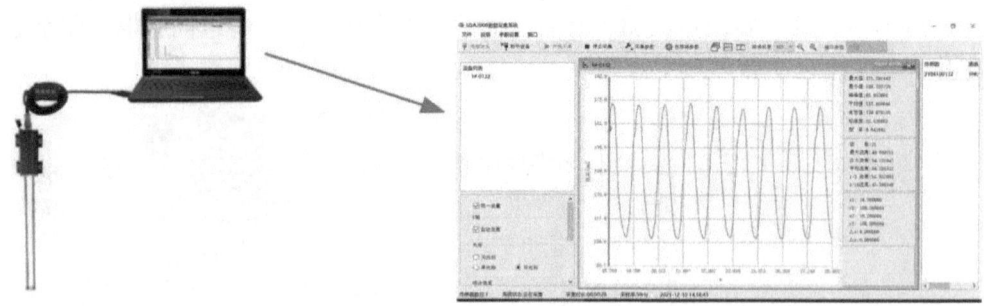

图 8.28 波高仪

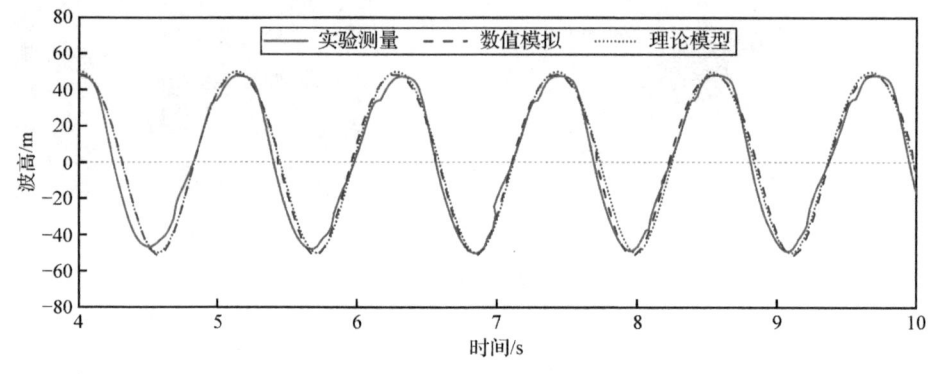

图 8.29 造波验证

8.6.2 静水工况下稳性实验

在静水工况下,设定机器人每组横倾角间隔为 10°,随着横倾角的加大,机器人浮出水面的区域将进一步增大,具体不同横倾角下机器人右侧波状鳍运动位置如图 8.30 所示。

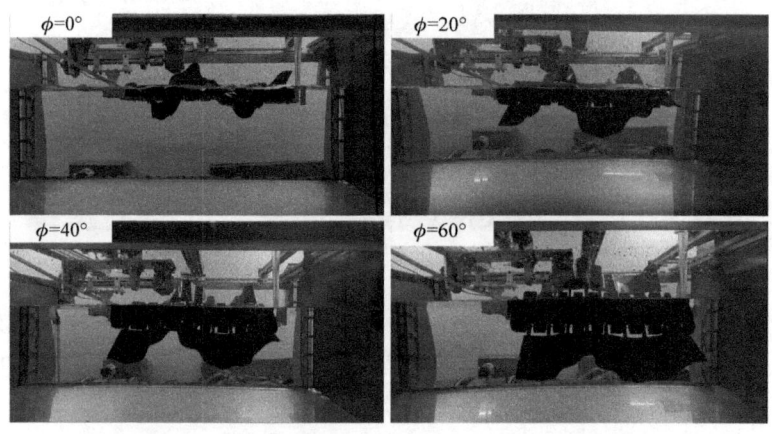

图 8.30 不同横倾角下机器人右侧波状鳍运动位置

不同横倾角和水线测得稳性复原力矩结果如图 8.31 所示，可见其变化趋势一致，吻合度较好。小倾角下机器人稳性复原力矩的数值模拟和理论模型结果均大于实验结果，最大偏差分别为 25%和 42%；大倾角稳性中，三种方法的静稳性曲线相近，实验倾覆力矩小于预测结果，水线 1、水线 5 的预测稳性消失角分别约为 80°和 71°，与实验测得的 74°和 65°对比偏差均为 6°。不同频率对机器人稳性影响情况如图 8.32 所示，小倾角中，频率增大引起机器人周围水面波动加剧影响测量，预测结果与实验结果相差较大；在静稳性曲线中，理论模型与实验结果相符，最小准确率大于 66%，各频率下的稳性消失角预测值均大于实验结果，误差

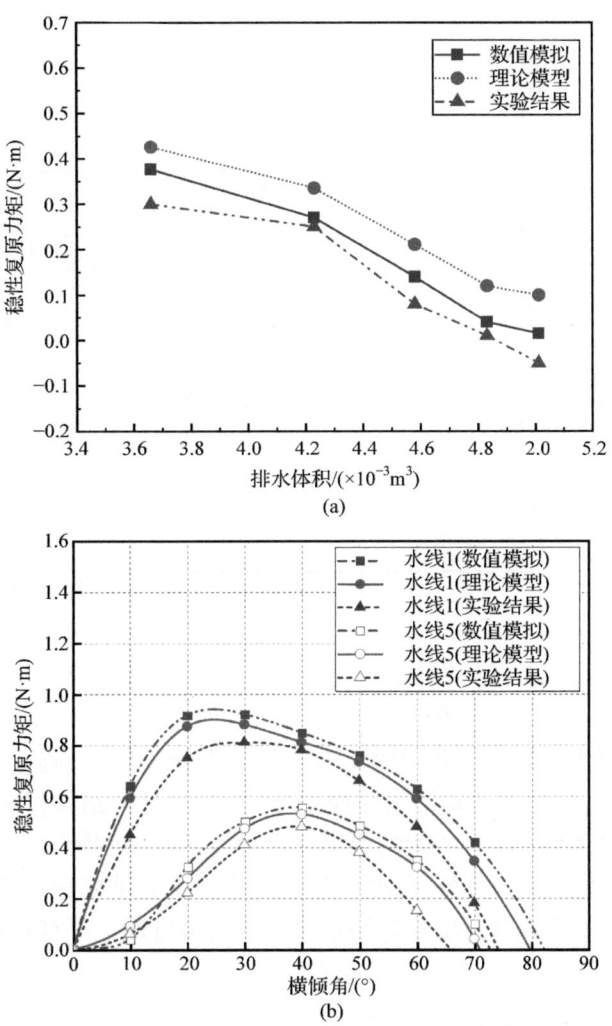

图 8.31 不同横倾角和水线下的稳性复原力矩实验结果
(a) 小倾角稳性；(b) 大倾角稳性

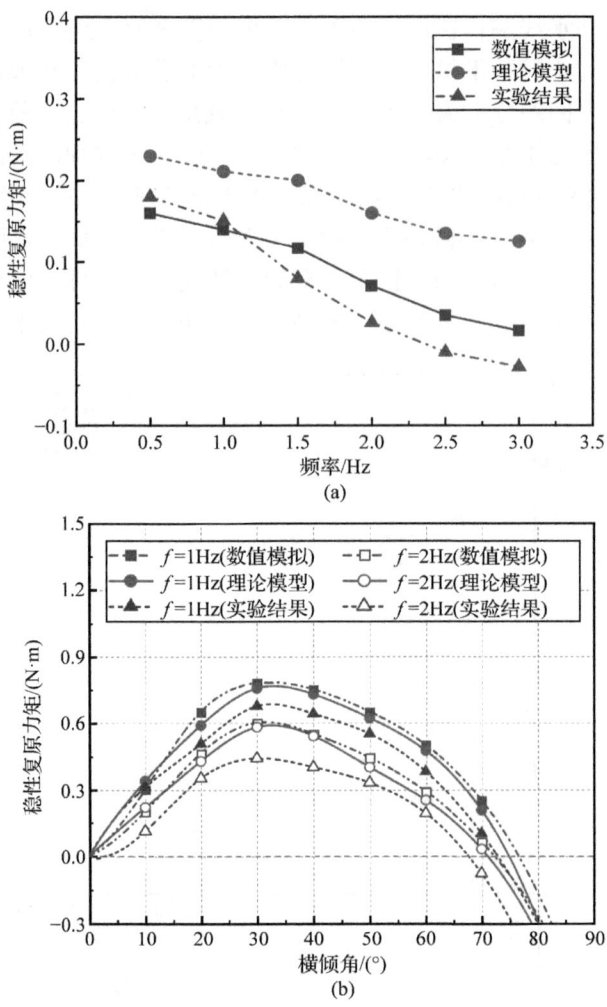

图 8.32 不同波动频率稳性复原力矩实验结果
(a) 小倾角稳性；(b) 大倾角稳性

范围在±5°。通过上述数据分析可知，小倾角稳性中，两种预测方法与实验结果变化趋势一致，数值模拟与实验结果曲线吻合，而理论计算结果相比实验数据偏大，主要由于理论模型不计出水一侧鳍面仍有部分浸入水中的影响；大倾角稳性中，静稳性曲线三种结果吻合良好，受壁面反射波影响实验结果稳性略低于预测结果。以上分析结果验证了本章提出的稳性预测方法的可行性，可有效预测和指导机器人稳性优化设计。

8.6.3 波浪工况下稳性实验

基于前文的造波法，本节以波浪 2 为例，实验验证波浪工况下的机器人稳性变化及预测方法的有效性。在波浪 2 参数下迎浪和顺浪的实验结果如图 8.33 所示，由于循环水槽宽度有限，波浪工况下壁面引起的反射波对机器人稳性复原力矩测量产生影响，因此稳性复原力矩的实验结果明显小于数值模拟，但两者变化规律保持一致，迎浪工况下的稳性复原力矩和稳性消失角均大于顺浪工况，稳性消失角的实验结果分别为 67°和 63°，数值预测误差保持在±10°。上述结论表明，本章的预测方法可有效反映波状鳍机器人在波浪工况下的稳性变化规律，对实验研究具有指导和先验作用。

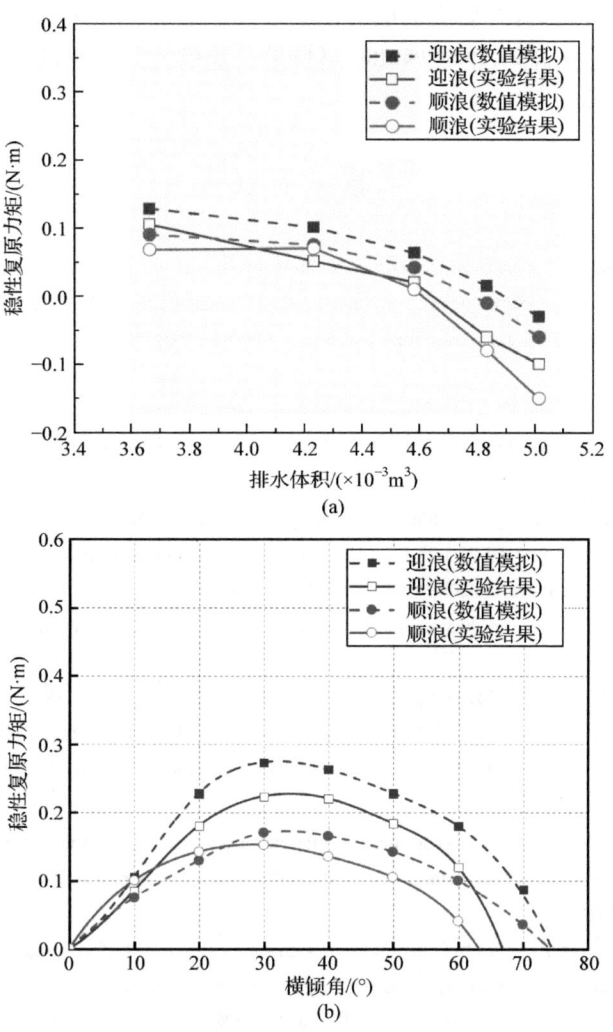

图 8.33 波浪 2 工况下稳性变化曲线
(a) 小倾角稳性；(b) 大倾角稳性

8.7　本章小结

本章针对机器人存在的波浪工况模拟问题，根据线性微幅波和二阶 Stokes 波理论分析结果，确定采用边界造波法、网格衰减法和阻尼消波法进行数值造波与消波。进一步，结合 CFD 方法设计完成了波动推进机器人的水面稳性与推进性能数值模拟平台，确定了数值预测的具体流程方法，并完成了网格与时间步的无关性验证，仿真结果表明，数值模拟造浪与理论模型结果一致。本章的预测方法可有效反映波动推进机器人的稳性和推进性能，能够有效指导波动推进机器人的设计指导与性能优化。

参 考 文 献

[1] TIAN Y, LIU Z. Stability analysis of the ship deck foreign-matters-cleaning robot moving with ship [C]. Wuhan: Proceedings of the International Conference on Automation and Intelligent Technology (ICAIT), 2024.

[2] PAN D, LIU Z, ZHOU Z, et al. Analysis of wave parameters on the uprighting process of a grounded and capsized ship [J]. Water, 2023, 15(9): 1654.

[3] ZHANG P, ZHANG T, WANG X. Hydrodynamic analysis and motions of ship with forward speed via a three-dimensional time-domain panel method [J]. Journal of Marine Science and Engineering, 2021, 9(1): 87.

[4] PAN D, LIU Z, ZHANG Q, et al. Mechanical behavior analysis of a non-single-point stranded ship under the combined action of wind, waves and tides [J]. Ain Shams Engineering Journal, 2024, 15(9): 102920.

[5] HOLLM M, DOSTAL L, FISCHER H, et al. Study on the interaction of nonlinear water waves considering random seas [J]. PAMM, 2021, 20(1): e202000307.

[6] SHUGAN I, CHEN Y Y. Airy-type bichromatic wave pulses on the sea surface and generation of rogue waves [J]. AIP Advances, 2023, 13(8).

[7] 鲁晶晶. 基于边界造波法的三维数值波浪水池研究 [D]. 武汉: 华中科技大学, 2018.

[8] 冯陈. 风浪流载荷作用下海洋平台应急撤离系统运动特性数值模拟研究 [D]. 哈尔滨: 哈尔滨工程大学, 2018.

[9] KOZLOV V, LOKHARU E. Global bifurcation and highest waves on water of finite depth [J]. Archive for Rational Mechanics and Analysis, 2023, 247(5): 98.

[10] LIU G, KUMAR N, HARCOURT R, et al. Bulk, spectral and deep water approximations for Stokes drift: Implications for coupled ocean circulation and surface wave models [J]. Journal of Advances in Modeling Earth Systems, 2021, 13(2): e2020MS002172.

[11] CANARD M, DUCROZET G, BOUSCASSE B. Generation of controlled irregular wave crest statistics in experimental and numerical wave tanks [J]. Ocean Engineering, 2024, 310: 118676.

[12] 董志, 詹杰民. 基于 VOF 方法的数值波浪水槽以及造波、消波方法研究 [J]. 水动力学研究与进展 A 辑, 2009, 24(1): 15-21.

[13] DØSKELAND Ø, GAO Z, SAEVIK S. A numerical study on the value of response forecasting for offshore construction work [J]. Ocean Engineering, 2024, 309: 118561.

[14] YADAV S, DEBROY P. Generation of stable linear waves in shallow water in a numerical wave tank [J]. Journal of Applied Fluid Mechanics, 2022, 15(2): 537-549.

[15] ASLAMI M H, BENAZIR B, KUSWANDI K. Solitary wave generation using moving boundary in shallow water SPH flow model [C]. Mataram: AIP Conference Process, 2024.

[16] IIN H, ZHANG S, UZDIN A M, et al. Numerical study on hydrodynamic characteristics, wave forces and dynamic responses of offshore jacket platform under tsunami-like solitary waves [J]. Ocean Engineering, 2025, 318: 120147.

[17] LAMBERT W, BRIZZOLARA S, WOOLSEY C. The effect of a linear free surface boundary condition on the steady-state wave-making of shallowly submerged underwater vehicles [J]. Journal of Marine Science and Engineering, 2023, 11(5): 981.

[18] LIU L W, YAO C B, FENG D K, et al. Numerical study of the interaction between the pure loss of stability, surf-riding, and broaching on ship capsizing [J]. Ocean Engineering, 2022, 266: 112868.

[19] 朱军, 刘瑞杰, 葛义军, 等. 规则波浪中舰船纯稳性丧失计算研究 [J]. 中国舰船研究, 2017, 12(3): 1-6.

[20] SERANI A, DIEZ M, VAN WALREE F, et al. URANS analysis of a free-running destroyer sailing in irregular stern-quartering waves at sea state 7 [J]. Ocean Engineering, 2021, 237: 109600.

[21] ANH P H N, CHOI H S, HUANG J F, et al. Study on oscillatory and undulatory motion of robotic fish [J]. Applied Sciences-Basel, 2024, 14(8): 3239.